"十二五"职业教育国家规划教材
经全国职业教育教材审定委员会审定

模具制造工艺

新世纪高职高专教材编审委员会 组编
主　编　滕宏春
副主编　朱桂林　滕冰妍
主　审　余年生

第三版

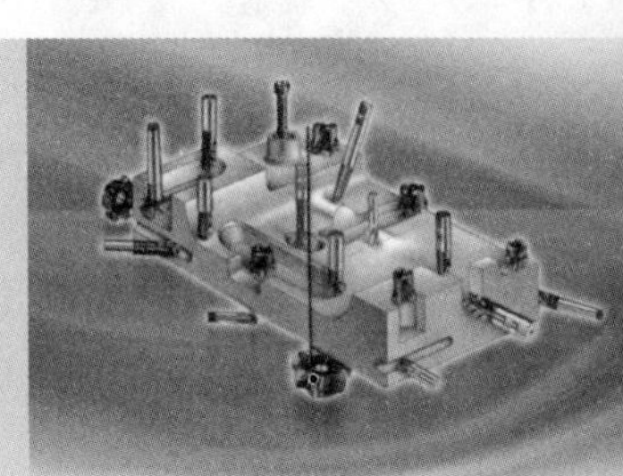

附赠光盘

大连理工大学出版社

图书在版编目(CIP)数据

模具制造工艺 / 滕宏春主编. — 3版. — 大连 : 大连理工大学出版社，2013.1(2019.9 重印)
新世纪高职高专模具设计与制造类课程规划教材
ISBN 978-7-5611-7621-4

Ⅰ. ①模… Ⅱ. ①滕… Ⅲ. ①模具—制造—工艺—高等学校—教材 Ⅳ. ①TG760.6

中国版本图书馆 CIP 数据核字(2013)第 024203 号

大连理工大学出版社出版
地址:大连市软件园路 80 号　邮政编码:116023
发行:0411-84708842　邮购:0411-84708943　传真:0411-84701466
E-mail:dutp@dutp.cn　URL:http://dutp.dlut.edu.cn
大连日升彩色印刷有限公司印刷　　大连理工大学出版社发行

幅面尺寸:185mm×260mm　印张:19.25　字数:467 千字
附件:光盘 1 张
2007 年 6 月第 1 版　　2013 年 1 月第 3 版
2019 年 9 月第 13 次印刷

责任编辑:刘　芸　　责任校对:夏广春
封面设计:张　莹

ISBN 978-7-5611-7621-4　　定　价:45.00 元

总序

我们已经进入了一个新的充满机遇与挑战的时代,我们已经跨入了21世纪的门槛。

20世纪与21世纪之交的中国,高等教育体制正经历着一场缓慢而深刻的革命,我们正在对传统的普通高等教育的培养目标与社会发展的现实需要不相适应的现状作历史性的反思与变革的尝试。

20世纪最后的几年里,高等职业教育的迅速崛起,是影响高等教育体制变革的一件大事。在短短的几年时间里,普通中专教育、普通高专教育全面转轨,以高等职业教育为主导的各种形式的培养应用型人才的教育发展到与普通高等教育等量齐观的地步,其来势之迅猛,发人深思。

无论是正在缓慢变革着的普通高等教育,还是迅速推进着的培养应用型人才的高职教育,都向我们提出了一个同样的严肃问题:中国的高等教育为谁服务,是为教育发展自身,还是为包括教育在内的大千社会?答案肯定而且唯一,那就是教育也置身其中的现实社会。

由此又引发出高等教育的目的问题。既然教育必须服务于社会,它就必须按照不同领域的社会需要来完成自己的教育过程。换言之,教育资源必须按照社会划分的各个专业(行业)领域(岗位群)的需要实施配置,这就是我们长期以来明乎其理而疏于力行的学以致用问题,这就是我们长期以来未能给予足够关注的教育目的问题。

众所周知,整个社会由其发展所需要的不同部门构成,包括公共管理部门如国家机构、基础建设部门如教育研究机构和各种实业部门如工业部门、商业部门,等等。每一个部门又可作更为具体的划分,直至同它所需要的各种专门人才相对应。教育如果不能按照实际需要完成各种专门人才培养的目标,就不能很好地完成社会分工所赋予它的使命,而教育作为社会分工的一种独立存在就应受到质疑(在市场经济条件下尤其如此)。可以断言,按照社会的各种不同需要培养各种直接有用人才,是教育体制变革的终极目的。

随着教育体制变革的进一步深入，高等院校的设置是否会同社会对人才类型的不同需要一一对应，我们姑且不论，但高等教育走应用型人才培养的道路和走研究型（也是一种特殊应用）人才培养的道路，学生们根据自己的偏好各取所需，始终是一个理性运行的社会状态下高等教育正常发展的途径。

高等职业教育的崛起，既是高等教育体制变革的结果，也是高等教育体制变革的一个阶段性表征。它的进一步发展，必将极大地推进中国教育体制变革的进程。作为一种应用型人才培养的教育，它从专科层次起步，进而应用本科教育、应用硕士教育、应用博士教育……当应用型人才培养的渠道贯通之时，也许就是我们迎接中国教育体制变革的成功之日。从这一意义上说，高等职业教育的崛起，正是在为必然会取得最后成功的教育体制变革奠基。

高等职业教育还刚刚开始自己发展道路的探索过程，它要全面达到应用型人才培养的正常理性发展状态，直至可以和现存的（同时也正处在变革分化过程中的）研究型人才培养的教育并驾齐驱，还需要假以时日；还需要政府教育主管部门的大力推进，需要人才需求市场的进一步完善发育，尤其需要高职教学单位及其直接相关部门肯于做长期的坚忍不拔的努力。新世纪高职高专教材编审委员会就是由全国100余所高职高专院校和出版单位组成的、旨在以推动高职高专教材建设来推进高等职业教育这一变革过程的联盟共同体。

在宏观层面上，这个联盟始终会以推动高职高专教材的特色建设为己任，始终会从高职高专教学单位实际教学需要出发，以其对高职教育发展的前瞻性的总体把握，以其纵览全国高职高专教材市场需求的广阔视野，以其创新的理念与创新的运作模式，通过不断深化的教材建设过程，总结高职高专教学成果，探索高职高专教材建设规律。

在微观层面上，我们将充分依托众多高职高专院校联盟的互补优势和丰裕的人才资源优势，从每一个专业领域、每一种教材入手，突破传统的片面追求理论体系严整性的意识限制，努力凸现高职教育职业能力培养的本质特征，在不断构建特色教材建设体系的过程中，逐步形成自己的品牌优势。

新世纪高职高专教材编审委员会在推进高职高专教材建设事业的过程中，始终得到了各级教育主管部门以及各相关院校相关部门的热忱支持和积极参与，对此我们谨致深深谢意，也希望一切关注、参与高职教育发展的同道朋友，在共同推动高职教育发展、进而推动高等教育体制变革的进程中，和我们携手并肩，共同担负起这一具有开拓性挑战意义的历史重任。

新世纪高职高专教材编审委员会

2001年8月18日

 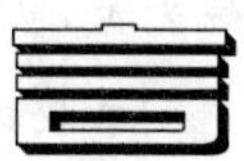

前　言

《模具制造工艺》(第三版)是"十二五"职业教育国家规划教材、普通高等教育"十一五"国家级规划教材,也是新世纪高职高专教材编审委员会组编的模具设计与制造类课程规划教材之一。

本次修订是在南京工业职业技术学院与中航工业南京金城机械集团校企合作建设项目成果的基础上进行的,主要突出如下特色:

1. 根据《高等职业学校专业教学标准》中的核心课程模具制造工艺编制、模具制造综合实训对教学内容和核心能力的要求进行编写,与"模具制造工"国家职业资格标准对应。

2. 教材紧跟高职教育的最新发展并吸收最新的改革成果,连续修订至第三版,在内容上不断凝练,更加贴近企业现代模具制造技术对人才能力的要求;在形式上围绕工学结合、学做合一的教学模式改革的思路,不断适应基于工作过程的"学中做、做中学"的教学改革。

3. 按照基于工作过程系统化设计的思想梳理知识点和技能点,实现以项目引领、任务驱动为主线的纵向贯通,明确课程教学的总体目标、项目的教学目标、教学单元的具体知识及能力目标,清晰、可测地建立了能有效实现目标的教学形态(包括教学模式、教学方法、考核评价体系)。

4. 校企共同开发。教材以项目实施贯穿始终,项目均来源于企业。可通过"学中做、做中学"掌握必备的知识点和技能点,按照项目实施的"六步法"来达到项目的整体要求,最后写出综合报告。每个项目都配备了知识和能力测评系统,能够配合检验学习效果。项目最终有综合考核,以实现阶段性教学目标。最后以典型的二类模具为载体,全面检验适应岗位的综合能力。

5.本教材配有省级精品课程网,网络学习平台资源丰富,并随书配备独立的课程资源系统光盘,包括课程标准、教学课件、素材资源、测评系统。

本教材由九个项目组成:了解现代模具制造技术概况;卡位套切削加工工艺参数确定;型腔模具加工工艺规程编制;模板切削加工装备选择;型腔模具数控电火花加工;齿轮落料凹模线切割加工;空调机垫片冲裁复合模的装配与调试;罩盖注塑模具的制造与装配;综合训练。

本教材由南京工业职业技术学院滕宏春任主编,中航工业南京金城机械集团朱桂林、滕冰妍任副主编,南京工业职业技术学院高梅、朱秀琳、宋海潮以及沈阳职业技术学院赵世友、山东交通职业学院吴明清参与了部分内容的编写。具体编写分工如下:滕宏春编写项目一~六;滕冰妍编写项目七、八、九;朱桂林编写项目八的部分内容;高梅、朱秀琳、宋海潮编写项目二~四的部分内容;赵世友、吴明清编写项目七的部分内容。全书由滕宏春负责统稿。广东机电职业技术学院余年生审阅了全书并提出了许多宝贵的意见和建议,在此深表感谢!

在编写本教材的过程中,我们参考、引用和改编了国内外出版物中的相关资料以及网络资源,在此对这些资料的作者表示诚挚的谢意!请相关著作权人看到本教材后与出版社联系,出版社将按照相关法律的规定支付稿酬。

尽管我们在教材特色的建设方面做出了许多努力,但由于编者水平有限,教材中仍可能存在一些疏漏和不妥之处,恳请各教学单位和读者在使用本教材时多提宝贵意见,以便下次修订时改进。

编　者

2012年12月

所有意见和建议请发往:dutpgz@163.com

欢迎访问教材服务网站:http://www.dutpbook.com

联系电话:0411-84707424　84706676

目录

项目一 了解现代模具制造技术概况

知识目标

- 了解模具及其制造技术的现状、特点及发展趋势。
- 了解现代模具制造的流程、工艺任务及基本内容。

能力目标

- 能说出冲压、注塑、压铸、锻造四大类模具制造的特点。
- 能说出现代模具制造企业的基本概况。

一 项目导入

有些用途的产品需要模具成形(型)生产,模具的设计与制造水平决定了成形(型)产品的形状、尺寸精度、生产周期和生产成本。模具种类较多,其结构特点与成形(型)产品的形状、精度和成形(型)设备密切相关,同时与制造工艺水平也密不可分。

图 1-1 所示为座椅摇臂零件,该零件的成型工艺和成型精度关系到使用在各种场合的座椅的舒适度。如图 1-2 所示为模具制造车间,图 1-3 所示为模具装配图。

通过了解座椅摇臂零件的作用、要求、模具结构、模具制造技术的特点以及模具制造工艺流程,能回答出产品和模具的关系以及模具是如何制造的等问题,并了解模具加工装备、加工刀具和装配流程。

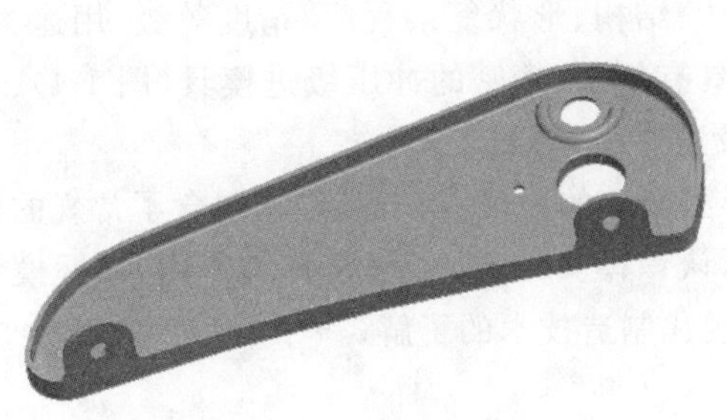

图 1-1 座椅摇臂零件

图 1-2 模具制造车间

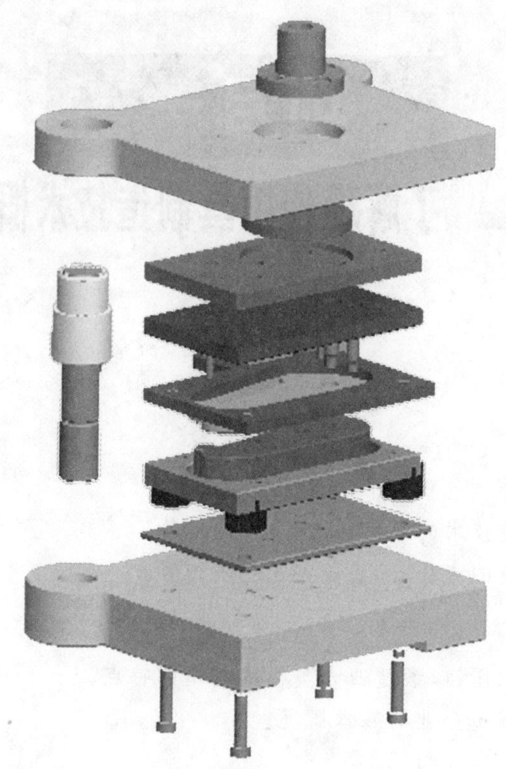

图 1-3 模具装配图

二 项目分析

模具是一种专用工具，能成形(型)各种金属或非金属材料的零件制品，是限定生产对象的形状和尺寸的装置。模具是产品批量生产中必不可少的重要工艺装备，是非批量生产、技术含量高、附加值高的产品，是实现少无切削不可缺少的工具，广泛用于工业生产中的各个领域，如汽车、摩托车、家用电器、仪器、仪表、电子等，它们中 60%～80%的零件都需要用模具来制造；高效大批量生产的塑料件、螺钉、螺母和垫圈等标准件也需要用模具来生产；工程塑料、粉末冶金、橡胶等材料的零件以及合金压铸、玻璃成型等更需要用模具来生产。模具技术水平的高低已成为衡量一个国家制造业水平高低的重要标志，并在很大程度上决定着产品质量、效益和新产品的开发能力。

模具的类型比较多，可根据产品的材料、性能、结构、形状复杂程度、精度等级、用途、批量等进行分类。现代模具制造中比较典型的模具有复杂、精密的冲压级进模具(图 1-4)、车灯注塑模具(图 1-5)、精密压铸模具(图 1-6)以及锻造模具(图 1-7)。

本项目选择的是典型板材冲压模具，属于小型简单的冲裁模具，其结构包含了常规的模架、工作零件、标准件等。通过这套简单的模具，认识模具结构，了解模具的作用，掌握模具制造的一般工艺流程，扩展对复杂、高精密模具现代制造技术的了解。

图 1-4　冲压级进模具

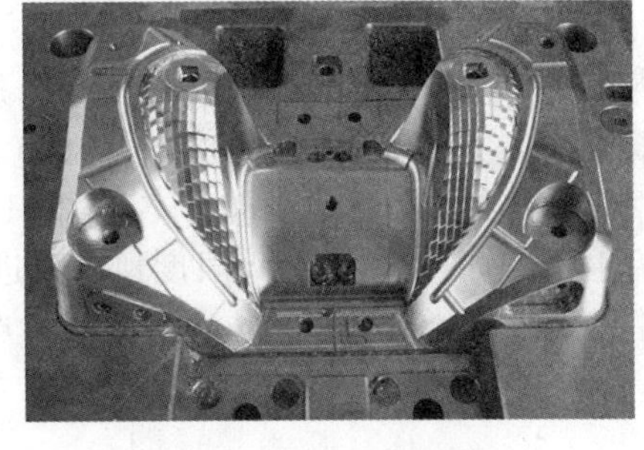

图 1-5　车灯注塑模具

图 1-6　精密压铸模具

图 1-7　锻造模具

模具制造技术在我国经济转型期对制造技术的整体升级起到了至关重要的作用。模具制造技术发展快,涉及的领域多,信息量大且关联着很高的技术性。学习模具制造技术重在实践,同时要充分利用现代化信息手段了解最新技术信息,不断完善和梳理出能提高技术水平的思路和方法。

(一)模具制造的特点及现代模具制造流程

1. 模具制造的特点

(1)单件、多品种生产。模具是高寿命专用工艺装备,每套模具只能生产某一特定形状、尺寸和精度的制件,这就决定了模具生产属于单件、多品种生产。

(2)生产周期短。由于新产品更新换代的加快和市场竞争的日趋激烈,要求模具的生产周期越来越短。模具的生产管理、设计和工艺工作都应该适应这一要求,要提高模具的标准化水平,要用现代模具制造技术手段缩短制造周期,提高质量,降低成本。

(3)要求成套性生产。当某个制件需要用多副模具加工时,前一模具所制造的是后一模具的毛坯,模具之间相互牵连制约,只有最终制件合格,这一系列模具才算合格。因此,在模具的生产和计划安排上必须充分考虑这一特点。

(4)模具要求精度高和表面粗糙度低。

(5)模具要求寿命高,以降低制造成本。

(6)模具制造具有经验性的特点,模具制造的装配、调试是非常重要的,也是影响制造周期的重要因素。

2. 现代模具制造流程

保证模具质量、制造周期、良好的劳动条件、模具成本低廉、工艺水平先进是模具制造的基本要求。

现代模具制造技术主要基于各种知识，利用 CAD/CAE/CAM/PDM 技术，并以 PDM 技术为主导，力图使模具最大限度地由先进的设备直接制造出来，其流程如图 1-8 所示，可以从中归纳出现代模具制造技术的主要特点：

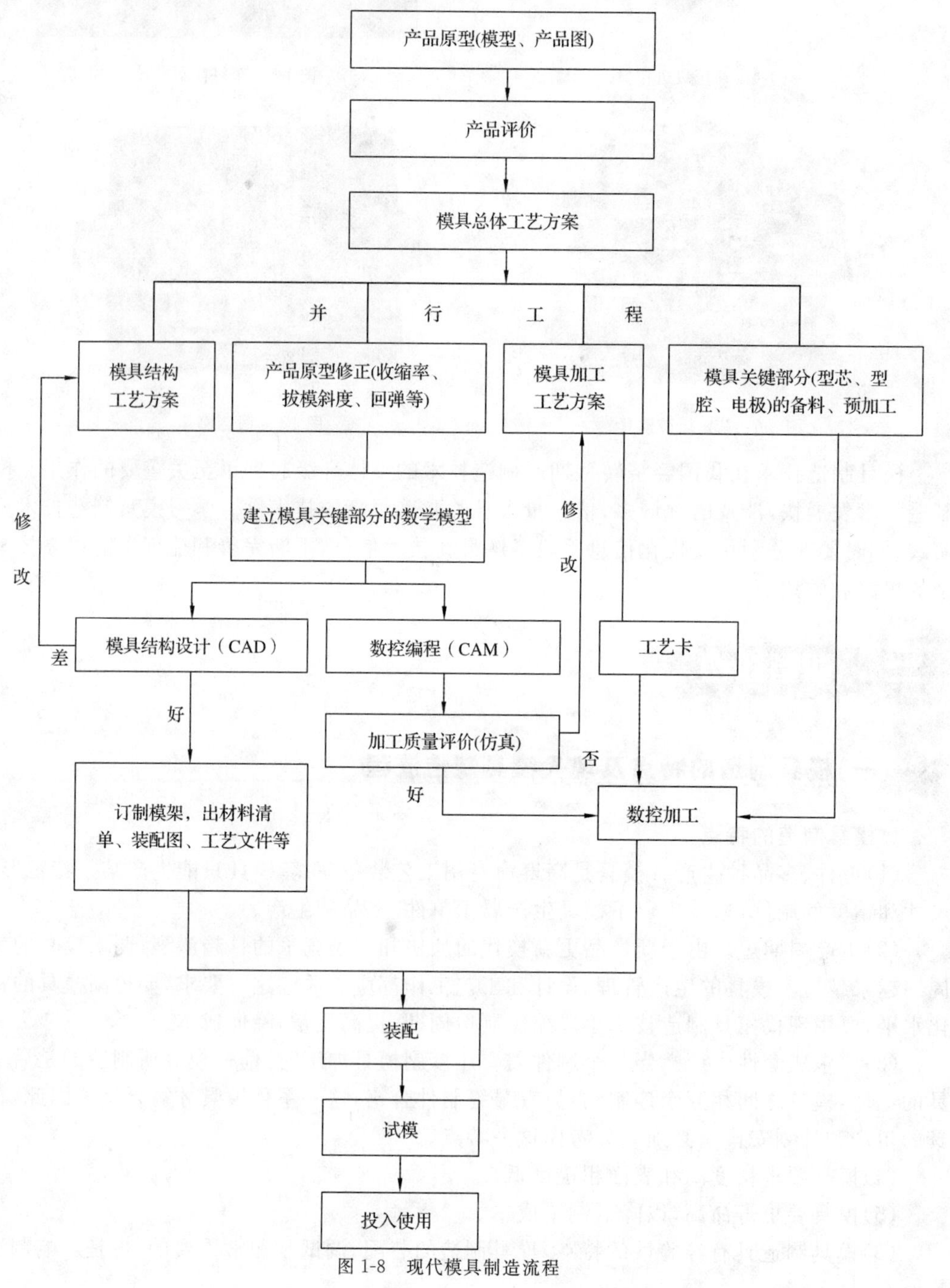

图 1-8 现代模具制造流程

(1)现代制模从模具关键部分开始，逐步外延总装出整副模具，设计与制造基于共同的数学模型，可以在模具总体工艺方案的指导下通过公共数据库并行通信、相互协调、共享信息，避免重复劳动，加工周期短。

(2)现代制模通过计算机数据模拟和仿真技术来完善模具结构，返修少，成本低。

(3)现代制模应用快速成型(PRM)技术，可以逆向制造模具。

(二)模具零件的分类及模具制造装备

1. 模具零件的分类

(1)模架

冲压模模架由上模座、下模座、导柱、导套四个部分组成，如图 1-9 所示，现行的国家标准是《冲模滚动导向模架》(GB/T 2852—2008)。注塑模模架一般由定模板、动模板、导柱、导套、垫板、推杆组成，如图 1-10 所示，现行的国家标准是《塑料注射模模架》(GB/T 12555—2006)。

图 1-9　冲压模模架结构

图 1-10　注塑模模架结构

(2)成形(型)工作部件

模具成形(型)工作部件的结构趋于复杂、精密，典型的有圆杆类凸模(图 1-11)、套类型芯(图 1-12)、异形凸模(图 1-13)、异形孔凹模(图 1-14)、盲孔型腔(图 1-15)、曲面凸模(图 1-16)、复杂曲面凸模(图 1-17)、覆盖件凸模(图 1-18)和大型曲面成形模(图 1-19)。

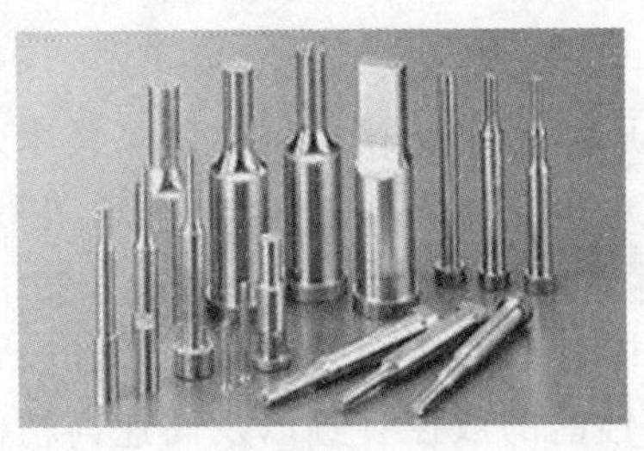

图 1-11　圆杆类凸模

图 1-12　套类型芯

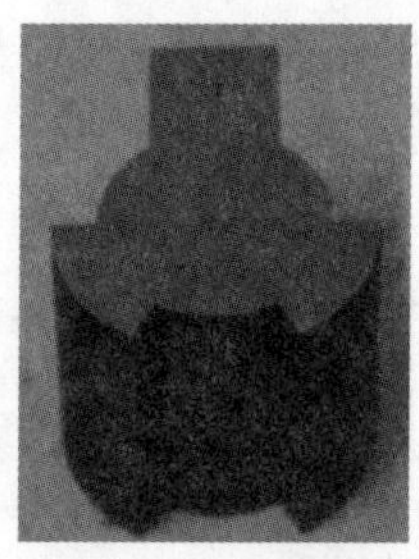

图 1-13 异形凸模

图 1-14 异形孔凹模

图 1-15 盲孔型腔

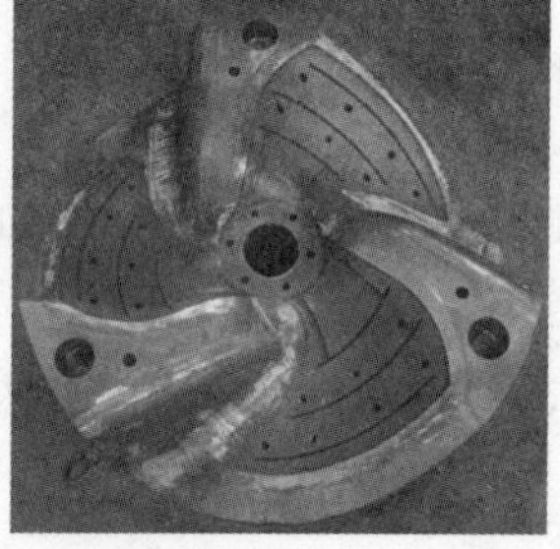

图 1-16 曲面凸模

图 1-17 复杂曲面凸模

图 1-18 覆盖件凸模

图 1-19 大型曲面成形模

2. 模具制造装备

(1)加工设备

①普通机械加工设备

在模具制造企业中,一般配备少量的普通车床,关键的设备是普通铣床、龙门刨床、坐标镗床、摇臂钻床、平面磨床和万能磨床。

②普通数控加工设备

现代模具制造企业为了提高生产率和产品质量,数字化模具制造装备技术水平不断提高,所用的设备有数控车床、数控加工中心、数控电火花成形机床和数控电火花线切割机床。

③高效精密加工设备

当今世界的加工中心和数控铣床应用直线电动机、内装式电主轴、DD 电动机(力矩电动机)、双伺服电动机双丝杠驱动(重心驱动)、高性能的数控装置以及高速高精伺服控制技术、高分辨率高精度的位置检测技术、热补偿技术、激光技术、三～五轴加工的 CAM 技术等先进技术的最新成就,并具有向高速化、高精化、复合化、智能化、柔性化、五轴加工方向发展的趋势。

• 精密加工中心

日本沙迪克公司的 MC430L 高速加工中心的特点是机床的 X、Y、Z 轴均采用直线电动机驱动，直线电动机与工作台直接连接，具有低振动、低噪声、免维护的特点，实现了高响应、高精度的控制。采用能将冷却液温度控制在±0.15 ℃以内的高性能冷却装置对电主轴进行冷却，并采用直接冷却直线电动机线圈的方法，减少了机床的热变形。机床各轴采用分辨率为 0.03 mm 的光栅尺作闭环控制。数控系统通过预读 1000 个程序段的 SEPT 高速高精控制，保证高速加工的精度。瑞士米克朗公司的 HSM300 高速加工中心和 HSM500U 五轴联动高速加工中心的主轴转速高达 50000 r/min。美国法道加工中心有限公司的 VMC4020C 立式加工中心采用高刚性的矩形导轨结构，X、Y、Z 轴的行程为1016 mm×508 mm×711 mm，主轴转速为 7500 r/min，主轴功率为 16.8 kW(163 N·m)，定位精度为±0.005 mm，重复定位精度为±0.0025 mm。沈阳机床集团的 GMB2040m5x 龙门式五轴加工中心及 VMC1051、VMC850 立式加工中心的特点是床身、立柱、工作台、主轴箱等均采用高强度铸铁，并配置合理的加强筋结构，使整机刚性和精度保持性好。

日本碌碌产业株式会社高速高精度微细加工机 MEGAⅢ2400，其定位精度为±0.3 μm，重复定位精度为±0.1 μm，最小设定单位为 0.1 μm，圆度为 1 μm；主轴回转速度为 40000 r/min(可选 50000 r/min)，Z 轴时间常数为 40 ms(加速度为 0.6g)；可进行超小直径 0.03 mm 的加工、钻孔加工(SK、NAK 材料)、R0.05 内角精铣加工(HPM 材料)以及直径 0.1 mm 研磨孔的加工(ZrO_2 材料)。瞄准顶尖高精度加工领域的 ROKU2ROKU 高速高精度微细加工机 NANO221，使用圆弧插补切直径 20 mm，切削速度为 200 mm/min，圆度误差仅为 0.8 μm；采用 6000 mm/min 的快速切削，也能获得 2.3 μm 的圆度误差。

数控磨削技术向高速化、复合化、智能化方向发展，磨削中心的砂轮主轴转速达 12000 r/min，砂轮线速度高达 170 m/s，采用直线电动机驱动的工作台最大进给速度高达 120 m/min，显示出通过采用高速行程提高磨削效率，向高速化方向发展的趋势。复合化磨削的机床上配有刀库，一次装夹可完成磨削、铣削、钻削等复合加工。

• 微细电加工

高速切削技术具有明显的优势，但也有不足，比如保证窄槽加工精度还比较困难，因此，高速切削加工与数控电火花加工相辅相成，形成自动化生产单元，即可推进数控电加工的发展。

单向(低速)走丝电火花线切割机床(LSWEDM)目前已发展到相当高的水平，以往和连续轨迹坐标磨床相比存在的表面质量问题(变质层)已得到了解决，目前用 LSWEDM 机床加工的硬质合金模具的寿命已等于或高于磨削加工的硬质合金模具的寿命。

瑞士阿奇夏米尔的 AC VertexIF LSWEDM 机床，其电极丝直径范围为 0.02～0.20 mm，也就是说，具有通用直径(0.1～0.2 mm)电极丝和细丝切割功能。利用细丝切割模块，可实现电子、医学、钟表和精密机械部件的超精密微细加工，如用直径 0.02 mm 的细丝可加工半径仅为 0.015 mm 的内清角。该机床还增加了双丝系统，可使用两个丝轴，每个丝轴可使用不同直径的电极丝，粗加工用直径0.1 mm的电极丝，精加工用直径 0.05 mm 的电极丝，两个丝轴可自动交换(相当于电极自动交换)，由专用的传感器监控，且一个导丝器可适用直径为 0.02～0.20 mm 的电极丝的精密导向。全自动走丝控制系统使穿丝循环全自动运行，保证电极丝交换和多腔加工自动穿丝的可靠性，且自动穿丝十分精准，只要穿丝孔的直径大于丝径 50 μm，就能进行自动穿丝。机床的加工工艺指标达到了顶级水平，其最佳表面粗糙度 Ra 值可达 0.05 μm。由于所有轴都由双测量系统精确地控制在 0.1 μm 精度范围内，并与其他高精度加工技术相结合，故可使加工精度达到小于 1 μm 的水平，加工表面没有变质层，更重要的是单边配合精度可达1.5 μm。

苏州三光科技股份有限公司推出的 DK7632 机床具有无电解脉冲电源，从粗加工到精加工都能防止电解现象的产生，改善了模具表面质量；开发的精密加工引擎使加工表面粗糙度 Ra 值达到0.3 μm；运用电源再生技术实现了能量的循环再利用，节省能源 40%～60%，整机的发热量也大大降低。

苏州电加工机床研究所的 DK7632 LSWEDM 机床同样具有从粗到精的无电解加工过程，以改善表面质量，纳秒级脉宽无电阻电源节能超过 50%，具有半自动穿丝功能，其加工精度不大于 5 μm。北京安德建奇数字设备有限公司研制的 AW510 LSWEDM 机床具有水浸式加工方法和热平衡控制系统以及无限流电阻和无电解加工电源，还具有半自动穿丝功能，最大切割速度大于 250 mm^2/min，最小轮廓误差小于±3 μm，表面粗糙度 Ra 值小于0.4 μm。

• 数控特种加工技术

通常利用光能、声能和超声波等来完成加工的技术，如快速成型制造技术等，它们为现代模具制造提供了新的工艺方法和加工途径。

模具抛光虽有多种方法，但一般都用手工进行，特别对于形状复杂的模具，更需由熟练工进行手工抛光。日本沙迪克公司的 EB300 电子束抛光机可将抛光工艺机械化，与手工抛光相比，大幅度缩短了抛光时间。电子束抛光是用 2 μs 高能量脉冲电子束进行一次性照射，在不损伤本体的情况下，对表面进行光整加工，以达到改善表面粗糙度的目的。EB300 能一次性进行直径为 60 mm 的大面积、高能量的脉冲电子束照射，使照射表层仅有几微米熔化，从而光整表面，并实现表面改性，提高模具寿命。如反射镜模具加工，在电火花成形机上加工后 Ra 值为 1.3 μm，然后用有效直径为 60 mm 的大面积电子束照射，使 Ra 值达到 0.2 μm，加工时间为 20 min。又如接插件模具加工，在电火花成形机上加工后 Ra 值为 0.42 μm，用电子束照射后表面粗糙度 Ra 值达到 0.12 μm，加工时间为 8 min。

(2)加工刀具、磨具

由于模具的种类不同及不同部位所选用的材料不同，比如模具的形状复杂(图1-20)、结构特殊(图 1-21)以及材料强度、硬度高，所以模具加工刀具、磨具的选择是模具制造技术中的重点和难点。

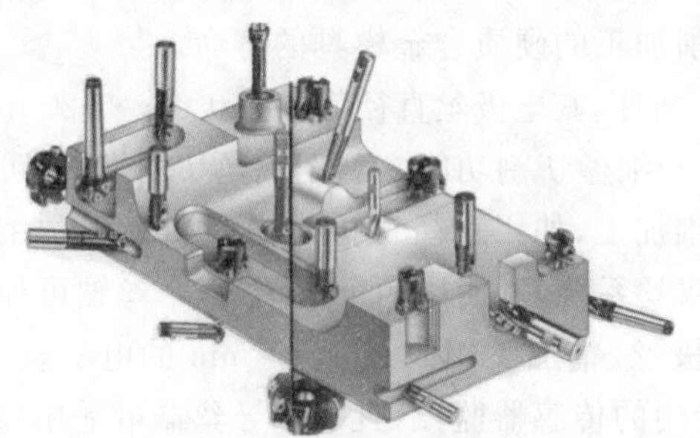
图 1-20 铣削加工的刀具

图 1-21 模具的特殊结构

（三）我国模具制造技术的现状

我国模具工业从起步到飞跃发展，历经了半个多世纪的时间。近二十几年来，我国模具工业的发展一直保持比较高的增长速度，“九五”期间我国模具工业年均增长率为13%，“十五”期间我国模具工业年均增长率为15%，“十一五”期间我国模具工业年均增长率为12%～15%，目前我国模具产值占全世界模具总产值的8%左右，模具年生产总量已位居世界第三。与此同时，我国模具技术水平也有了很大的发展和提高，大型、精密、复杂、高效和长寿命模具又上了一个新台阶，模具质量及寿命明显提高，模具交货期大大缩短。模具CAD/CAE/CAM技术广泛地得到应用，并开发出了自主版权的模具CAD/CAE/CAM软件。经过“十一五”期间的努力，我国模具水平已排入亚洲先进水平的行列。

在冲压模具方面，我国设计和制造的电动机定/转硅钢片硬质合金多工位自动级进模，电子、电器行业用的50余工位的硬质合金多工位自动级进模等，都达到了国际同类模具产品的技术水平。凹模镶件的重复定位精度小于0.005 mm，步距精度小于0.005 mm，模具成形表面粗糙度达到0.1～0.4 μm。

在塑料模具方面，能设计并制造汽车保险杠及整体仪表盘大型注射模具，该模具重达几十吨，尺寸精度可达到10 μm，型腔表面粗糙度 *Ra* 值为0.1 μm，型芯表面粗糙度 *Ra* 值为3.2 μm，模具寿命达到30万次以上，已达到国际同类模具产品的技术水平。

虽然我国模具工业在过去10多年中取得了令人瞩目的发展，但许多方面与工业发达国家相比仍有较大的差距。例如，精密加工设备在模具加工设备中占的比重较低，CAD/CAE/CAM技术的普及率不高，许多先进的模具技术应用不够广泛等，致使相当一部分大型、精密、复杂和长寿命模具仍然依赖进口。

1. 模具产品水平

衡量模具产品水平主要应考虑模具加工的制造精度、表面粗糙度、复杂程度以及模具的使用寿命和制造周期等。目前国内外模具产品水平仍有很大差距，见表1-1～表1-3。

表1-1　　模具制造精度

项目	国外	国内
注射模型腔精度	0.005～0.01 mm	0.02～0.05 mm
注射模表面粗糙度	*Ra* 值为0.05～0.10 μm	*Ra* 值为0.20 μm
冷冲模尺寸精度	0.003～0.005 mm	0.01～0.02 mm
冷冲模表面粗糙度	*Ra* 值为0.20 μm以下	*Ra* 值为0.6～0.8 μm
级进模步距精度	0.002～0.005 mm	0.003～0.01 mm

表1-2　　模具生产周期

项目	国外	国内
中型塑料模	1个月左右	2～4个月
高精度级进模	3～4个月	4～5个月
汽车覆盖件模	6～7个月	12月以上

表 1-3 模具寿命

项目		国外	国内
压铸模	锌、锡压铸模	100～300 万次	20～30 万次
	铝压铸模	100 万次以上	20 万次
	铜压铸模	10 万次	0.5～1 万次
	黑色金属压铸模	0.8～2 万次	0.15 万次
塑模	非淬火钢模	10～60 万次	10～30 万次
	淬火钢模	100～300 万次	50～100 万次
冷冲模	合金钢制模	500～1000 万次	100～300 万次
	硬质合金制模	2 亿次	1 亿次
	刃磨	使用 500～1000 万次刃磨 1 次	使用 100～300 万次刃磨 1 次
锻模	普通锻模	2.5 万次	1 万次
	精锻模	1.5～2 万次	0.3～0.8 万次
	玻璃模	30～60 万次	10～30 万次

2. 制造技术水平

(1)模具制造技术水平随着制造设备水平的提高而提高

随着先进、精密和高自动化程度的模具加工设备的应用，如数控仿形铣床、数控加工中心、精密坐标磨床、连续轨迹数控坐标磨床、高精度低损耗数控电火花成形加工机床、慢走丝精密电火花线切割机床、精密电解加工机床、三坐标测量仪、挤压研磨机等模具加工和检测设备的应用，拓展了可进行机械加工的模具范围，提高了加工精度，降低了制件的表面粗糙度，大大提高了加工效率，推进了模具设计与制造一体化的发展。但在加工和定位精度、加工表面粗糙度、机床刚性、稳定性、可靠性、刀具和附件的配套性方面，与国外相比仍有较大差距。

(2)模具制造技术水平随着模具新材料的应用而提高

模具材料是影响模具寿命、质量、生产率和生产成本的重要因素。

(3)模具制造技术水平随着标准化程度的提高而提高

模具的标准化是模具工业与模具技术发展的重要标志。到目前为止，我国已经制定了冲压模具、塑料模具、压铸模具和模具基础技术等 50 多项国家标准，近 300 多个标准号，基本满足了国内模具生产技术发展的需要。商品化程度是以标准化为前提的，随着标准的颁布和实施，模具的商品化程度也大大提高。商品化推动了专业化生产，降低了制造成本，缩短了制造周期，提高了标准件的内外部质量，也促进了新型材料的应用。

(4)模具制造技术水平随着模具现代化设计与制造技术的发展而提高

随着计算机技术的发展与应用，计算机辅助模具设计与制造(CAD/CAM)技术日趋成熟，模具设计与制造一体化技术已经实现。计算机辅助设计与制造不仅提高了设计速度，还可以实现成形(型)的模拟，优化设计参数；可以依据设计模型进行自动加工程序的编制，还可以实现加工结束后的自动检测。

由于计算机技术的普及，使得 CAD/CAE/CAM/PDM 等一系列用于设计、生产、管理的软件得到了广泛的应用，整体提高了模具产品的设计与制造水平，也增加了对复合型高技能人才的迫切需求。常用的软件有 Pro/ENGINEER、UG、Cimatron、Mastercam、SolidEdge、Topsolid、CAXA、DelCAM 等，这些软件功能完善，覆盖了几何建模、工业设计、工程制图、仿真分析、数控编程等领域，使模具的设计速度和质量都有了大幅度的提高。尤其是 CAD/CAE/CAM 的一体化系统结构，使模具设计、工艺分析和加工做到了无缝连接，可直接将 CAD 的数据生成 NC 加工程序，大大提高了工作效率。

四 项目实施

项目实施任务单见表 1-4。

表 1-4　　项目实施任务单

要求：通过学习、查找资料，填写下面内容，并以此归纳总结，写出一份 2000 字的调研报告		
	汽车覆盖件冲压模具	汽车塑料模具
制造工艺特点		
制造装备特点		
模具制造工艺师岗位要求		
国内主要分布区域		
CAD/CAE/CAM/PDM 一体化技术应用情况		
调研综述：		

五 知识、能力测试

（一）判断题

1. MC430L 高速加工中心机床的 X、Y、Z 轴采用直线电动机驱动是为了达到高响应、高精度。（　）

2. 用光栅尺作闭环控制可使分辨率达到 0.03 mm。（　）

3. 五轴高速加工中心的主轴转速高达 50000 r/min。（　）

4. 加工中心机床的重复定位精度只能达到±0.0025 mm。（　）

5. 目前没有办法加工直径为 0.03 mm 的小孔。（　）

6. 电火花线切割机床加工中的变质层问题无法解决。（　）

7. 我国级进模制造技术水平能达到步距精度小于 0.005 mm。（　）

8. 我国汽车覆盖件模具制造周期已经达到国际先进水平。（　）

9. 我国锻造模具寿命已经达到国际先进水平。（　）

10. 我国在模具制造技术中已经全面应用 CAD/CAE/CAM/PDM 一体化技术。（　）

(二)简答题

1. 到 2020 年,我国模具行业的发展目标是什么?

2. 级进模的生产特点是什么?

3. 注塑模的生产特点是什么?

4. 汽车覆盖件模具制造的特点是什么?

5. 日本沙迪克公司的 EB300 电子束抛光机的技术特点是什么?

6. 瑞士阿奇夏米尔的 AC VertexIF LSWEDM 机床的技术特点是什么?

六 拓展知识

(一)我国模具技术的发展趋势

当前,我国工业生产的特点是产品的品种多、更新快和市场竞争激烈,在这种情况下,用户对模具制造的要求是交货期短、精度高、质量好、价格低,因此,模具工业的发展趋势是非常明显的。

1. 模具粗加工技术向高速加工发展

模具产品中成形(型)零件的日趋大型化以及高效率生产要求的一模多腔(如塑封模已达到一模几百腔),使得模具日趋大型化,提高模具粗加工效率是缩短制造周期的途径之一。

以高速铣削为代表的高速切削加工技术是模具零件外形表面粗加工发展的方向。高速铣削可以大大改善模具表面的质量状况,并可大大提高加工效率和降低加工成本。超高速加工中心的切削进给速度可达 30~76 m/min,主轴转速可达 40000~100000 r/min,加速度可达 1 g,换刀时间可缩短到 1~2 s,这样就大幅度提高了加工效率。如在加工压铸模时,加工效率可提高 7~8 倍,并可获得 Ra 值不大于 1 μm 的加工表面粗糙度,形状精度可达 10 μm,可加工硬度达 60HRC 的模具。高速切削加工与传统切削加工相比还具有温升低(加工工件只升高 3 ℃)、热变形小等优点。因此,高速铣削加工技术的发展促进了模具加工的发展,特别给汽车、家电行业中大型腔模具的制造注入了新的活力。另外,毛坯下料出现了高速锯床、阳极切割和激光切割等高速、高效率加工设备,精加工出现了高速磨削设备和强力磨削设备。

随着零件微型化和模具结构发展的要求(如多工位级进模工位数的增加以及其步距精度的要求提高),精密模具的精度已由原来的 5 μm 提高到 2~3 μm,今后有些模具的加工精度公差会要求在 1 μm 以下,这就要求发展超精加工。

2. 成形表面的加工向精密、自动化方向发展

成形表面的加工向计算机控制和高精度加工方向发展。数控加工中心、数控电火花成形加工设备、计算机控制连续轨迹坐标磨床和配有 CNC 修整装配与精密测量装置的成形磨削加工设备等的推广使用,是提高模具制造技术水平的关键。

电火花铣削加工技术也称为电火花创成加工技术,这是一种替代传统的用成形电极加工型腔的新技术,它是用高速旋转的简单的管状电极作三维或二维轮廓加工(像数控镜一样),因此不再需要制造复杂的成形电极,这显然是电火花成形加工领域的重大发展。国外已有使用这种技术的机床在模具加工中应用,预计这一技术在今后将得到进一步的发展。

3. 光整加工技术向自动化方向发展

当前模具成形表面的研磨、抛光等加工仍然以手工作业为主，不但花费工时多，而且劳动强度大、表面质量低。工业发达国家正在研制由计算机控制、带有磨料磨损自动补偿装置的光整加工设备，可以对复杂型面的三维曲面进行光整加工，并开始在模具加工中使用，大大提高了光整加工的质量和效率。

4. 逆向制造工程制模技术的发展

以三坐标测量仪和快速成型制造技术为代表的逆向制造技术，是一种以复制为原理的制造技术，这种技术特别适用于多品种、少批量、形状复杂的模具制造，对缩短模具制造周期，进而提高产品的市场竞争能力有重要意义。

快速成型制造(RPM)技术是美国首先推出的。它是伴随着计算机技术、激光成型技术和新材料技术的发展而产生的，是一种全新的制造技术，是基于新颖的离散/堆积(即材料累加)成型思想，根据零件的 CAD 模型，快速自动完成复杂的三维实体(模型)制造。RPM 技术集精密机械制造技术、计算机技术、NC 技术、激光成型技术和材料科学最新发展的高科技技术于一体，被公认为是继 NC 技术之后的又一次技术革命。

RPM 技术可直接或间接用于模具制造。首先通过立体光固化(SLA)、叠层实体制造(LOM)、激光选区烧结(SLS)、三维打印(3D-P)、熔融沉积成型(FDM)等不同方法得到制件原型，然后通过一些传统的快速制模方法，获得长寿命的金属模具或非金属的低寿命模具。快速制模主要有精密铸造、粉末冶金、电铸和熔射(热喷涂)等方法。采用这些方法制模，具有技术先进、成本较低、设计与制造周期短、精度适中等特点，从模具的概念设计到制造完成，仅用传统加工方法所需时间的 1/3 和成本的 1/4 左右。因此，快速制模技术与快速成型制造技术的结合将是传统快速制模技术进一步深入发展的方向。用 RPM 技术制造出原型实物后，再使用旋转技术铸造出热硬化橡胶模具，即可快速、低成本地制造出小批量零件，发展前景很好。

RPM 技术还可以解决石墨电极压力振动(研磨)成型法中母模(电极研具)制造困难的问题，使该法获得新生。青岛海尔模具有限公司还构建了基于 RE(逆向工程技术)/RPM 的模具并行开发系统，它具有开发质量高、开发成本低及开发周期短等优点。

5. 模具 CAD/CAE/CAM/CAPP 技术将有更快的发展

模具 CAD/CAM 技术在模具设计与制造中的优势越来越明显，它是模具技术的又一次革命，普及和提高 CAD/CAM 技术的应用是模具制造业发展的必然趋势。

(1)CAD/CAM 技术：用于建模和为数控加工提供 NC 程序。

(2)CAE 技术：主要是针对不同的模具类型，以相应的基础理论，通过数值模拟方法达到预测产品成形(型)过程的目的，并可改善模具设计。

(3)仿真技术：主要是检测模具数控加工的 NC 程序，减少实际加工过程中的失误。

(4)网络技术：通过局域网和广域网达到异地同步通信、及时解决问题的目的。

(二)模具制造工艺及其课程的任务

所谓模具制造工艺，就是把设计转化为产品的过程。模具制造工艺的任务就是研究并探讨制造的可行性和如何制造的问题，在先进的工艺和良好的劳动条件下，怎样以低成本、短周期制造出高质量的模具。

成本、周期和质量是模具制造的主要技术经济指标。寻求这三个指标的最佳值，单从模具制造的角度考虑是不够的，应综合考虑设计、制造和使用这三个环节，三者要协调。设计除考虑满足使用功能外，还要充分考虑制造的可行性；制造要满足设计要求，同时也制约设计，并指导用户使用；用户也要了解设计与工艺，以使得冲压和塑料等制品的设计在满足使用功能等前提下便于制造，为达到较好的技术经济指标奠定基础。

本课程是高职高专模具设计与制造专业的核心课程之一。通过本课程的学习，学生应掌握三个方面的关键技能：能操作普通机械加工设备和现代模具加工设备；能编制合理的工艺方案，并运用好各种加工设备加工出高质量的模具零部件；装配出高质量的成套模具。

由于现代工业生产的发展和材料成形(型)新技术的应用，对模具制造技术的要求越来越高。模具的制造方法已经不再只是过去传统意义上的一般机械加工，而是立足于一般的机械加工，又把现代加工技术及管理方法与一般机械加工方法进行有机结合。因此，通过本课程的学习，要求学生掌握机械加工工艺理论基础、切削刀具、模具加工工艺规程以及模具加工、装配，生产管理等方面的知识，同时要求学生了解模具现代制造技术，以提高分析较复杂的模具结构的工艺性和可加工性的能力。

本课程的体系中配有大量的实践学习内容，实践动手能力要求高，涉及的知识面较广。因此，学生除了重视课堂学习外，还要特别注重实践环节，尽可能使实践学习连贯、系统，以提高本课程的学习效果。

七 讨论题

1. 我国模具制造技术的发展趋势是什么？
2. 模具制造的基本要求是什么？
3. 学习本课程需要掌握哪三方面的关键能力？
4. 模具制造的特点是什么？
5. 现代模具制造流程的特点是什么？
6. 模具为什么要实施标准化工程？

项目二

卡位套切削加工工艺参数确定

知识目标

- 掌握金属切削过程的基本规律。
- 掌握切削三要素和刀具几何参数的定义。

能力目标

- 具有合理选择刀具几何参数的能力。
- 具有合理选择切削用量的能力。

一　项目导入

卡位套零件图如图 2-1 所示，其材料为 45 钢，坯料为 $\phi45\times80$ 热轧棒材。该零件既需要车削加工，又需要铣削加工和钻削加工，应合理选择刀具的几何参数并确定切削用量。

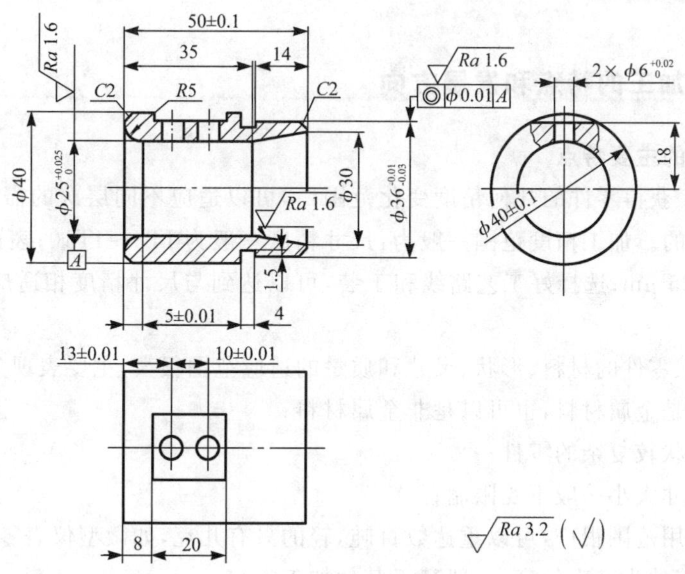

图 2-1　卡位套零件图

二 项目分析

首先分析卡位套零件图，在给定规格为 $\phi45\times80$ 热轧棒材的前提下，采用车削、钻削、铣削方法去除金属材料，其过程如图 2-2 所示。

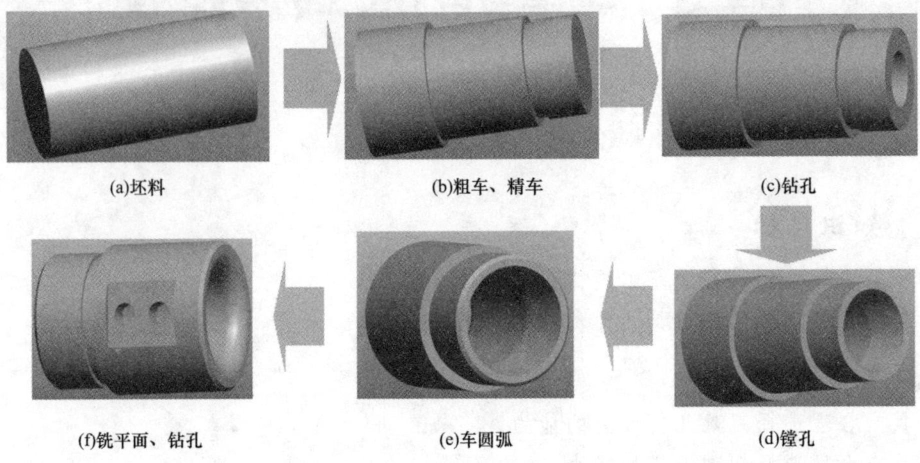

图 2-2 卡位套加工过程

按照切削加工流程选择外圆车刀、钻头、内孔车刀、铣刀，重点是正确确定背吃刀量、进给速度、切削速度，合理选择刀具几何参数。

三 必备知识

(一)切削加工的特点和发展方向

1. 切削加工的主要特点

(1)切削加工获得零件的几何精度变化范围广，可以适应不同层次的需要，这是其他加工方法难以达到的。加工精度范围一般为：尺寸精度一般为 IT5～IT10；表面粗糙度 Ra 值一般为 0.008～25 μm；选择好工艺路线和工装，可以达到与尺寸精度相适应的形状精度和位置精度。

(2)切削加工零件的材料、形状、尺寸和质量的适应范围很大，主要表现为：

①材料可以是金属材料，也可以是非金属材料；

②可以是形状较复杂的零件；

③零件的尺寸大小一般不受限制；

④质量的适用范围很广，可以重达数百吨，轻的只有几克，如微型仪表零件。

(3)切削加工的生产率较高，一般高于其他加工方法。

2. 切削加工的发展方向

目前，切削加工正朝着高精度、高效率、自动化、柔性化和智能化方向发展。

(1)加工设备朝着高精度、高速度、自动化、柔性化和智能化方向发展。加工中心、自适

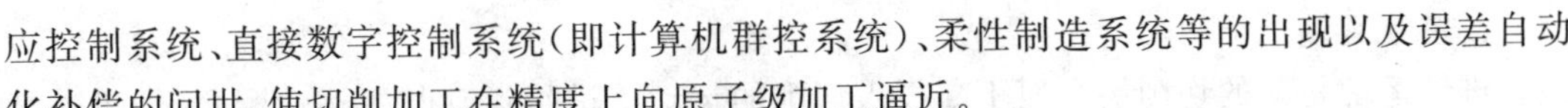

应控制系统、直接数字控制系统（即计算机群控系统）、柔性制造系统等的出现以及误差自动化补偿的问世，使切削加工在精度上向原子级加工逼近。

（2）刀具材料朝着超硬方向发展，陶瓷、聚晶金刚石（PCD）和聚晶立方氮化硼（PCBN）等超硬材料将被普遍应用于切削加工中，这将使切削速度迅速提高到每分钟数千米。

（3）生产规模由目前的小批量和单品种大批量向多品种变批量方向发展。

（4）切削加工将被融合到计算机辅助设计（CAD）与计算机辅助制造（CAM）、计算机集成制造系统（CIMS）等高新技术和理论中，实现设计、制造、检验（CAT）与生产管理等全部生产过程自动化。

（二）工件加工所需的运动、切削用量和切削层参数

1. 工件加工所需的运动

（1）切削运动

在金属切削加工中，获得所需表面形状并达到工件的尺寸要求，是通过切除工件上多余的金属材料来实现的。切除多余金属材料时，工件和刀具之间的相对运动称为切削运动。图 2-3 所示为钻、车、刨、铣、磨、镗削的切削运动。根据切削运动在切削加工中的功用不同，可将其分为主运动和进给运动。

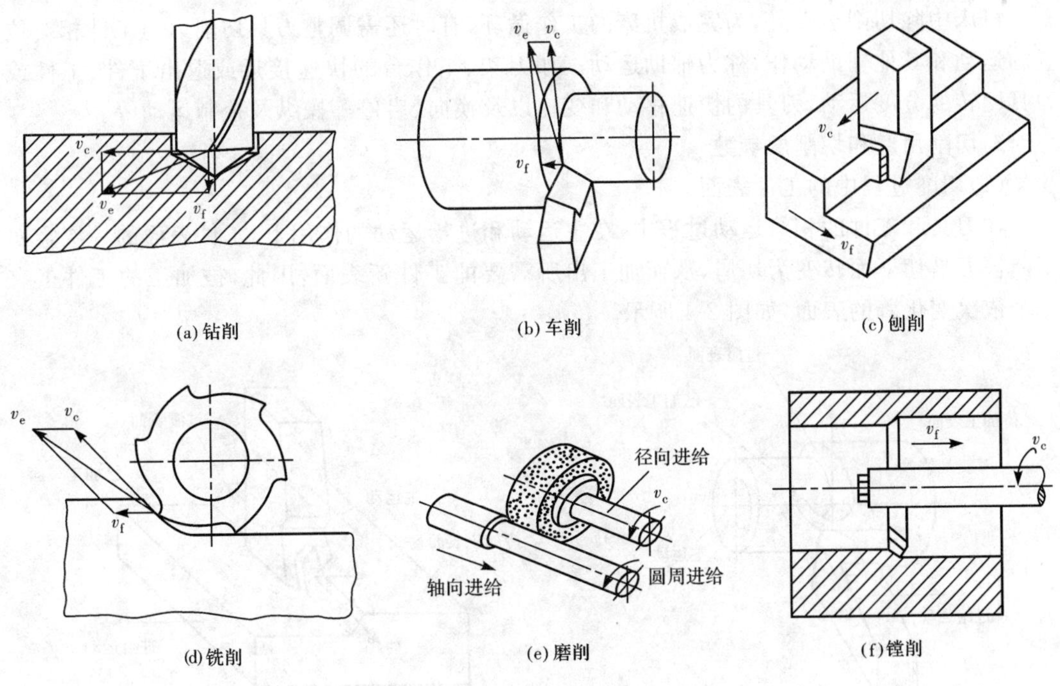

(a) 钻削　(b) 车削　(c) 刨削

(d) 铣削　(e) 磨削　(f) 镗削

图 2-3　几种常见加工方法的切削运动

①主运动

主运动是刀具和工件产生主要相对运动以切削金属层，从而形成加工表面所必不可少的最基本、最主要的运动。通常它的速度最高，消耗机床动力最多。一般机床的主运动只有一个，如车削、镗削加工时工件的回转运动，铣削、钻削时刀具的回转运动，以及刨削时刨刀的直线运动等都是主运动。

②进给运动

进给运动是新的切削层金属不断投入切削的运动。进给运动与主运动配合,即可连续或断续地切除金属层,并获得具有所需几何特性的加工表面。通常它消耗的动力比主运动小得多,可由一个(如车削)或多个运动(如外圆磨削)组成。根据刀具相对于工件被加工表面运动方向的不同,进给运动可分为纵向进给、横向进给、圆周进给、径向进给和切向进给等。此外,进给运动也可分为轴向进给运动(钻床)以及垂直和水平方向进给运动(铣床)。进给运动可以是连续的(如车外圆时车刀的纵向运动),也可以是周期间断的(如刨削时工件的横向移动)。

主运动可以由工件完成(如车削),也可以由刀具完成(如钻削、铣削)。进给运动也同样可以由工件(如刨削、磨削)或刀具(如车削、钻削)完成。

③合成切削运动

当主运动和进给运动同时进行时,由主运动和进给运动合成的运动称为合成切削运动,如图 2-3(a)、图 2-3(b)、图 2-3(d)所示。刀具切削刃上的选定点相对于工件的瞬时合成运动方向称为合成切削运动方向,其速度称为合成切削速度。合成切削速度 v_e 为同一选定点的主运动速度 v_c 与进给运动速度 v_f 的矢量和,即

$$\boldsymbol{v}_c + \boldsymbol{v}_f = \boldsymbol{v}_e$$

(2)辅助运动

机床中除切削运动外,为完成机床的工作循环,有时还需调整刀具切削刃与工件相对位置的运动和其他辅助动作,称为辅助运动。如刀架、工作台的快速接近或退出工件、工件或刀具回转的分度运动、刀具的快速移动和变速以及换向、启停等操纵及控制运动等。

2. 切削用量和切削层参数

(1)切削过程中的工件表面

在刀具和工件的相对运动过程中,在主运动和进给运动的作用下,工件表面的一层金属不断被刀具切下而转变为切屑,从而加工出所需要的工件新表面,因此,被加工的工件上有三个依次变化着的表面,如图 2-4 所示。

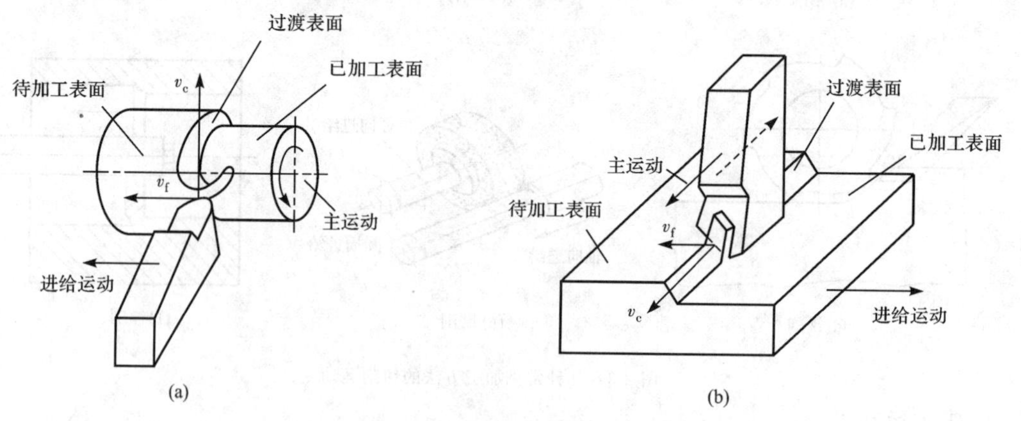

图 2-4 切削过程中工件上的表面

①待加工表面:工件上即将被切除的表面。

②已加工表面:已被切去多余金属而形成的符合要求的工件新表面。

③过渡表面:加工时由切削刃在工件上形成的那部分表面,并且是切削过程中不断变化

着的表面，它在待加工表面和已加工表面之间。

(2)切削用量

在切削加工过程中，需要根据不同的工件材料、工件结构、加工精度、刀具材料和其他技术经济要求来选择适宜的切削速度 v_c、进给量 f 和背吃刀量 a_p。切削速度 v_c、进给量 f 和背吃刀量 a_p 称为切削用量的三要素。

①切削速度 v_c

切削刃相对于工件的主运动速度称为切削速度，单位为 m/s 或 m/min。

当主运动为旋转运动时，切削速度可用下式计算：

$$v_c=\frac{\pi dn}{1000\times 60}\ (\mathrm{m/s}) \tag{2-1}$$

式中　d——切削刃上选定点处工件或刀具的最大直径(mm)；

n——工件或刀具的转速(r/s 或 r/min)。

当主运动为直线往复运动(如刨削)时，其平均速度可用下式计算：

$$v_c=\frac{2Ln_r}{1000\times 60}\ (\mathrm{m/s}) \tag{2-2}$$

式中　L——行程长度(mm)；

n_r——冲程次数(r/min)。

在转速 n 值一定时，切削刃上各点的切削速度 v_c 不同。考虑到刀具的磨损和已加工表面的质量，计算时取最大切削速度。如车外圆时，计算待加工表面上的速度；钻削时，计算钻头外径处的速度。当主运动为直线运动时，切削速度是刀具相对于工件的直线运动速度。

②进给量 f

刀具在进给运动方向上相对于工件的位移量称为进给量。当主运动是回转运动(如车削、钻削、磨削等)时，进给量指工件或刀具每转一周，两者沿进给方向的相对位移量，单位为 mm/r；当主运动为往复直线运动(如刨削)时，进给量指刀具或工件每往复一次，两者沿进给方向的相对位移量，单位是 mm/双行程或 mm/单行程。铣削、铰削时，由于刀具为多齿刀具，故用每齿进给量 f_z 表示，单位是 mm/齿。它与进给量的关系为

$$f=f_z z$$

进给速度 v_f 为

$$v_f=fn\ (\mathrm{mm/min})$$

③背吃刀量(切削深度)a_p

背吃刀量 a_p 是在与主运动和进给运动方向相垂直的方向上测量的工件上已加工表面和待加工表面间的距离，单位为 mm。外圆车削的背吃刀量是工件已加工表面和待加工表面之间的垂直距离(参见图 2-5)，单位为 mm。

主运动是回转运动时：

$$a_p=\frac{d_w-d_m}{2} \tag{2-3}$$

式中　d_w——工件上待加工表面直径(mm)；

d_m——工件上已加工表面直径(mm)。

主运动是直线运动时：

$$a_p=H_w-H_m$$

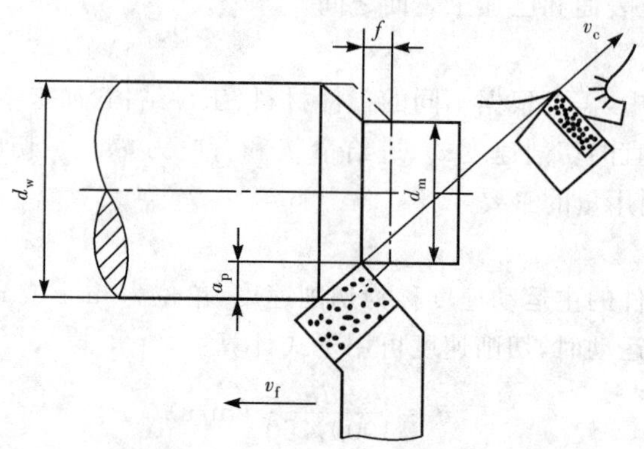

图 2-5 外圆车削时的切削用量

式中 H_w——工件上待加工表面厚度(mm);

H_m——工件上已加工表面厚度(mm)。

(3)切削层参数

以车削加工为例,如图 2-6 所示,工件每转一转,车刀沿工件轴线移动一段距离,即进给量 f(单位为 mm/r)。这时,切削刃从加工表面 I 的位置移至相邻的加工表面 II 的位置上,I、II 之间由车刀切削刃切下的一层金属称为切削层。在与切削速度方向相垂直的切削层截面内度量的切削层的尺寸称为切削层参数。

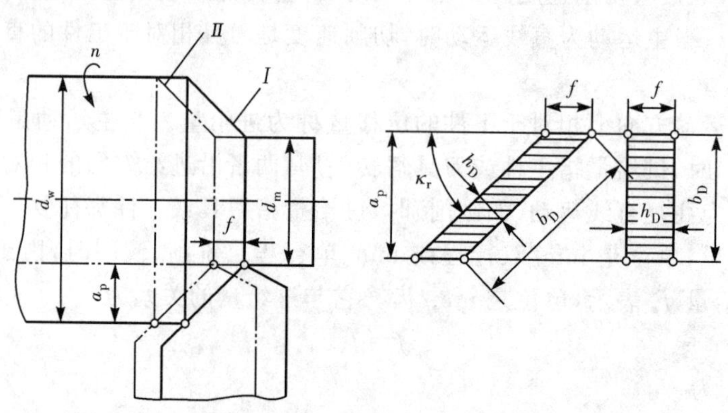

图 2-6 外圆车削时的切削层参数

切削层参数有以下几个:

①切削层的公称厚度 h_D

过切削刃上的选定点,在基面内测量的垂直于加工表面的切削层尺寸为切削层的公称厚度(单位为 mm)。纵车外圆时,如车刀主切削刃为直线,则

$$h_D = f\sin\kappa_r \tag{2-4}$$

②切削宽度 b_D

过切削刃上的选定点,在基面内测量的平行于加工表面的切削层尺寸为切削宽度(单位为 mm)。纵车外圆时,如车刀主切削刃为直线,则

$$b_D = \frac{a_p}{\sin\kappa_r} \tag{2-5}$$

可见，在 f 和 a_p 一定的条件下，主偏角 κ_r 越大，切削层的公称厚度 h_D 也越大，但切削宽度 b_D 越小；反之亦然。当 $\kappa_r=90°$时，$h_D=f$，$b_D=a_p$。

③切削面积 A_D

过切削刃上的选定点，在基面内测量的切削层的横截面面积为切削面积（单位为 mm^2）。对于车削，不论切削刃形状如何，切削面积均为

$$A_D=h_Db_D=fa_p \tag{2-6}$$

（三）切削刀具

1. 刀具的组成

切削刀具的种类繁多，结构各异，但是各种刀具切削部分的基本构成是一样的。其中外圆车刀是最基本、最典型的刀具，其他各种刀具（如刨刀、钻头、铣刀等）切削部分的几何形状和参数都可视为以外圆车刀为基本形态而按各自的特点演变而成的。

普通外圆车刀的构造如图 2-7 所示，包括刀柄部分和切削部分（又称刀头）。刀柄是车刀在车床上进行定位和夹持的部分。切削部分一般由三个表面、两个刀刃和一个刀尖组成，可简称为三面、两刃、一尖。

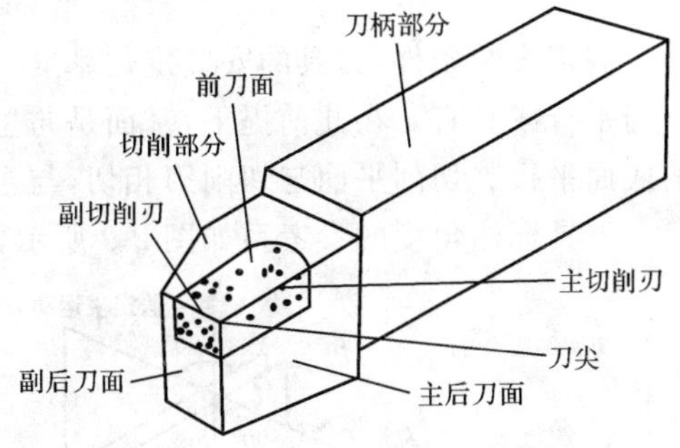

图 2-7　普通外圆车刀的构造

（1）三个表面

①前刀面 A_γ：刀具上切屑流过的表面。

②主后刀面 A_α：刀具上与加工表面相对的表面。

③副后刀面 A'_α：刀具上与已加工表面相对的表面。

（2）两个刀刃

①主切削刃 S：前刀面与主后刀面的交线，在切削过程中承担主要的切削工作。

②副切削刃 S'：前刀面与副后刀面的交线，在切削过程中参与部分切削工作，最终形成已加工表面，并影响已加工表面粗糙度的大小。

（3）一个刀尖

刀尖是主切削刃和副切削刃连接处的一部分切削刃，常指它们的实际交点。在实际刀具上常见的刀尖类型如图 2-8 所示，它分为修圆刀尖和倒角刀尖两类。

2. 刀具的几何参数

为定量地表示刀具切削部分的几何形状，必须把刀具放在一个确定的参考系中。度量刀具几何参数的参考系分为两类——刀具标注角度的参考系和刀具的工作角度参考系。

（1）刀具标注角度的参考系和刀具的标注角度

①刀具标注角度的参考系

刀具标注角度的参考系是用于定义刀具的设计、制造、刃磨和测量时其几何参数的参考系。刀具标注角度参考系的确定有两个假定条件：

假定运动条件：不考虑进给运动的大小，只考虑其方向，这时合成运动的方向就是主运动方向。

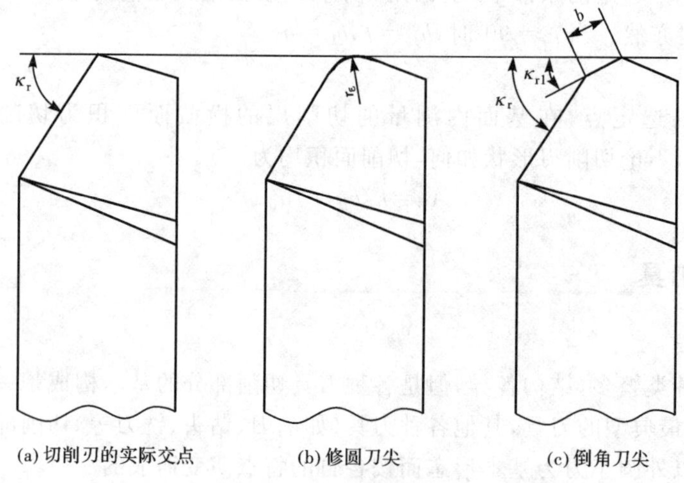

图 2-8 刀尖的类型

假定安装条件：刀具的安装定位基准与主运动方向平行或垂直，刀柄的轴线与进给运动方向平行或垂直。在此前提下，基面是与主运动方向垂直的平面。对车刀来讲，基面与刀柄的底面平行。切削平面与切削刃相切，与主运动方向平行。

刀具标注角度的参考系如图 2-9 所示，它由下列几个参考坐标平面组成：

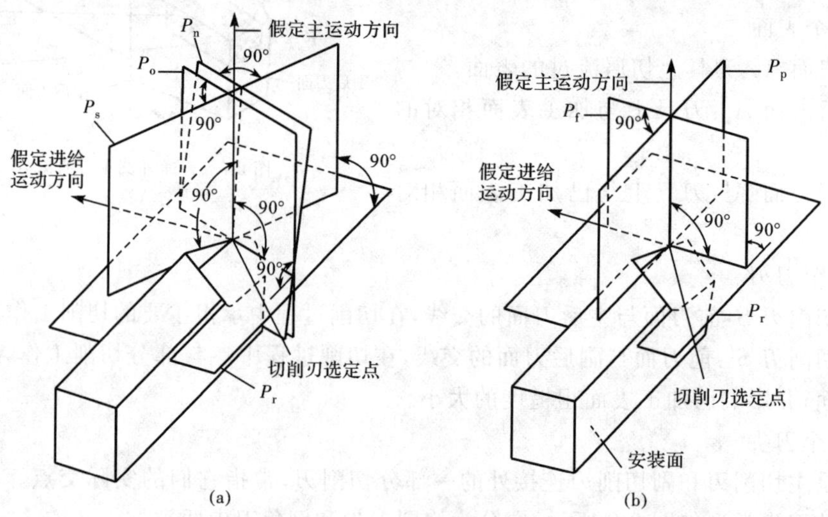

图 2-9 刀具标注角度的参考系

• 正交平面参考系：由基面 P_r、切削平面 P_s、正交平面 P_o 组成的正交坐标系。

基面 P_r：通过切削刃上的选定点，并与该点切削速度方向垂直的平面。

切削平面 P_s：通过切削刃上的选定点，与切削刃相切并垂直于基面的平面。它包含切削速度方向，切于工件上的过渡表面。

正交平面 P_o：通过切削刃上的选定点，同时垂直于基面和切削平面的平面。

• 法平面参考系：由基面 P_r、切削平面 P_s、法平面 P_n 组成的非正交坐标系。法平面参考系可由正交平面参考系转动一定角度得到。

法平面 P_n：通过切削刃上的选定点，垂直于切削刃在该点的切线的平面。实际是以主切削刃为法线的平面，主切削刃非水平，因此法平面非铅垂。

- 假定工作平面参考系和背平面参考系

假定工作平面 P_f：过切削刃上的选定点，垂直于基面且平行于进给运动方向的平面。它平行或垂直于刀具在制造、刃磨及测量时适合于安装或定位的一个平面或轴线。

背平面 P_p：过切削刃上的选定点，垂直于基面和假定工作平面的平面。

②刀具的标注角度

在刀具标注角度的参考系中测得的角度称为刀具的标注角度。标注角度应标注在刀具的设计图中，用于刀具的制造、刃磨和测量。在正交平面参考系中，刀具的标注角度如图2-10所示，它们分别在不同的参考坐标平面中测量。

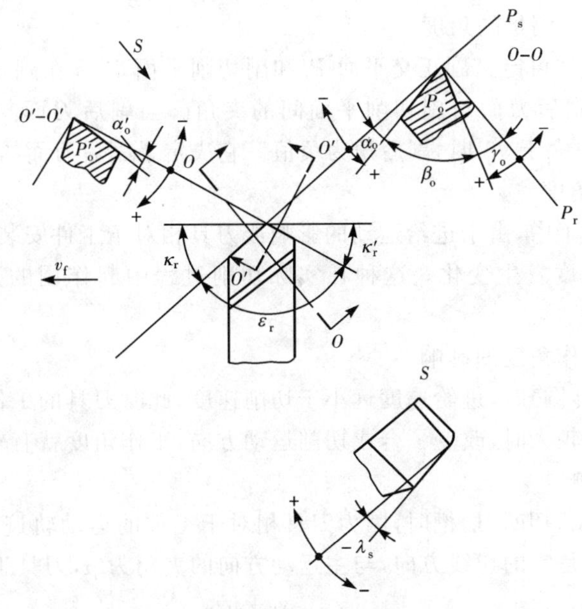

图 2-10　正交平面参考系中的刀具标注角度

- 在正交平面中测量的角度

前角 γ_o：前刀面与基面间的夹角。当前刀面与切削平面的夹角小于90°时，前角为正值；大于90°时，前角为负值。它对刀具切削性能有很大的影响。

后角 α_o：主后刀面与切削平面间的夹角。当主后刀面与基面间的夹角小于90°时，后角为正值；大于90°时，后角为负值。它的主要作用是减小主后刀面和过渡表面之间的摩擦。

楔角 β_o：前刀面与主后刀面间的夹角。它是由前角和后角得到的派生角度。

- 在基面中测量的角度

主偏角 κ_r：主切削刃在基面上的投影与进给运动方向间的夹角，它总是为正值。

副偏角 κ_r'：副切削刃在基面上的投影与进给运动反方向间的夹角。

刀尖角 ε_r：主切削平面与副切削平面间的夹角。它是由主偏角和副偏角得到的派生角度。

- 在切削平面中测量的角度

刃倾角 λ_s：主切削刃与基面间的夹角。一般取 $\lambda_s=-10°\sim+10°$。粗加工时常取负值，如图2-11(c)所示，这样可以增加刀头的强度；精加工时常取正值，如图2-11(a)所示，这样可以避免切屑擦伤已加工表面。λ_s 的正负值判别方法：当刀尖在主切削刃上为最高点时，λ_s 为正值；反之为负值。也可以用刀刃“抬头为正、低头为负”来判别 λ_s 的正负。

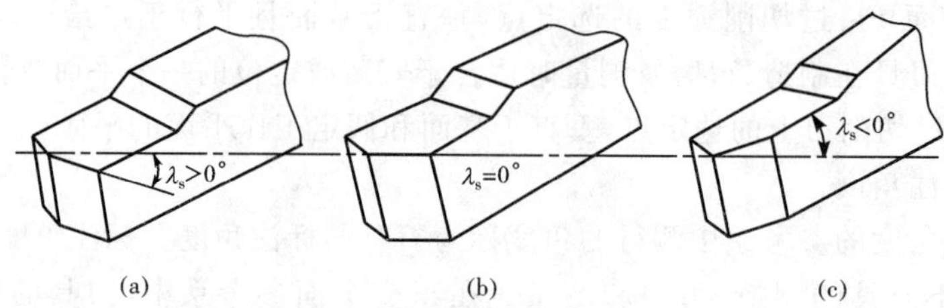

图 2-11 刃倾角正负值的判别

• 在副正交平面中测量的角度

在副切削刃上同样可定义副正交平面 P_o' 和副切削平面 P_s'。在副正交平面中测量的角度是副后角 α_o'，它是副后刀面与副切削平面间的夹角。当副后刀面与基面间的夹角小于 90°时，副后角为正值；大于 90°时，副后角为负值。它决定了副后刀面的位置。

(2)刀具的工作角度

在实际的切削加工中，由于进给运动的影响或刀具相对于工件安装位置发生变化，常常使刀具实际的切削角度发生变化。这种在实际切削过程中起作用的刀具角度，称为工作角度。

①进给运动对工作角度的影响

一般切削（如车外圆）时，进给速度远小于切削速度，此时刀具的工作角度近似等于标注角度。但在进给速度较大时，改变了合成切削运动方向，工作角度就有较大的改变。

• 横向进给的影响

如图 2-12(a)所示，切断、切槽时，因为刀具相对于工件的运动轨迹为阿基米德螺旋线，故合成切削运动方向是它的切线方向，与主运动方向的夹角为 μ，刀具工作前、后角分别为

$$\begin{cases}\gamma_{oe}=\gamma_o+\mu\\ \alpha_{oe}=\alpha_o-\mu\end{cases}$$

$$\tan\mu=\frac{v_f}{v_c}=\frac{f}{\pi d}$$

式中 f——刀具的横向进给量(mm/r)；

d——切削刃上选定点处的工件直径(mm)。

由上式可以看出，随着切削的进行，切削刃越靠近工件中心，μ 值越大，α_{oe} 值越小，有时甚至达到负值，对加工有很大影响，不容忽视。

• 纵向进给的影响

车螺纹时，如图 2-12(b)所示，合成运动方向与主运动方向之间形成夹角 μ_f，刀具左侧刃工作前、后角分别为

$$\begin{cases}\gamma_{fe}=\gamma_f+\mu_f\\ \alpha_{fe}=\alpha_f-\mu_f\end{cases}$$

$$\tan\mu_f=\frac{v_f}{v_c}=\frac{f}{\pi d}$$

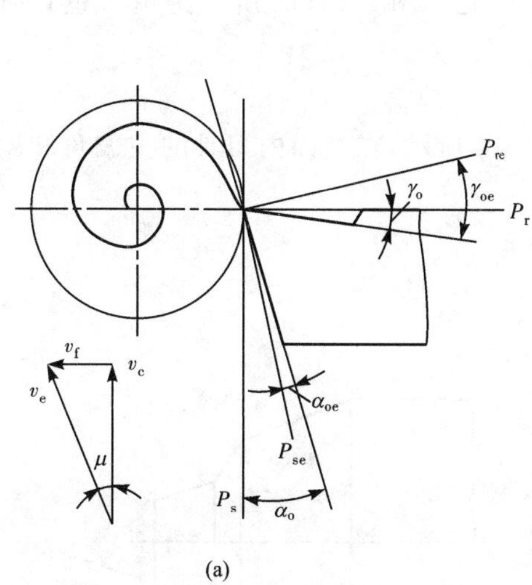

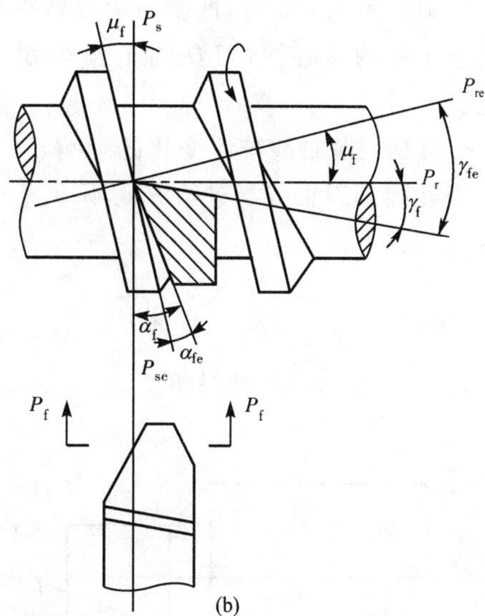

图 2-12　进给运动对工作角度的影响

由上式可以看出，随着 d 的减小，左侧刃 γ_{fe} 将增大，α_{fe} 将减小，右侧刃则相反。

②刀具安装位置对工作角度的影响

• 刀尖安装高低的影响

如图 2-13(a)所示为用 $\lambda_s=0$ 的外圆车刀纵车外圆的情况，刀尖高于工件的中心线，工作基面与基面之间有夹角 θ。这时，刀具的工作角度变化为

$$\begin{cases}\gamma_{oe}=\gamma_o+\theta\\ \alpha_{oe}=\alpha_o-\theta\end{cases}$$

$$\sin\theta=\frac{2h}{d}$$

式中　h——刀尖高于工件中心线的距离(mm)；

d——切削刃上选定点处的工件直径(mm)。

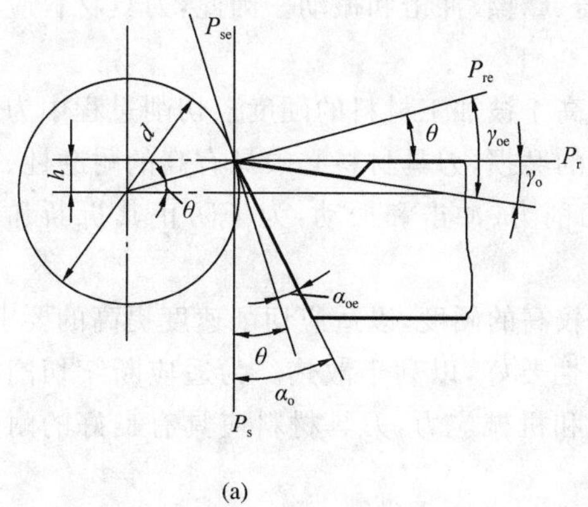

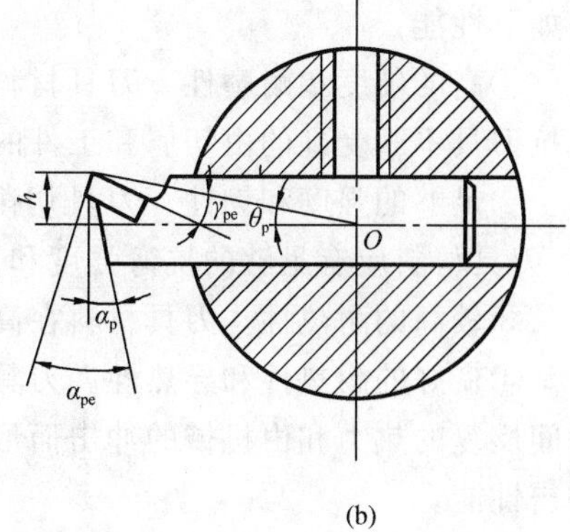

图 2-13　刀具安装高低对工作角度的影响

刀尖低于工件的中心线时，工作角度变化的情况可自行分析。

当刃倾角 $\lambda_s \neq 0$ 时，即使刀尖安装得与工件的中心线等高，但切削刃上的选定点都高于或低于工件的中心线，刀具的工作角度也会发生变化。图 2-13(b)所示为镗刀镗孔时的情况。

• 刀具安装轴线位置变化的影响

当外圆车刀轴线与进给方向不垂直时，如图 2-14 所示，在基面内刀具的主偏角和副偏角的变化如下：

$$\begin{cases}\kappa_{re} = \kappa_r + \delta \\ \kappa_{re}' = \kappa_r' - \delta\end{cases}$$

式中，δ 为刀具轴线的倾斜角度。

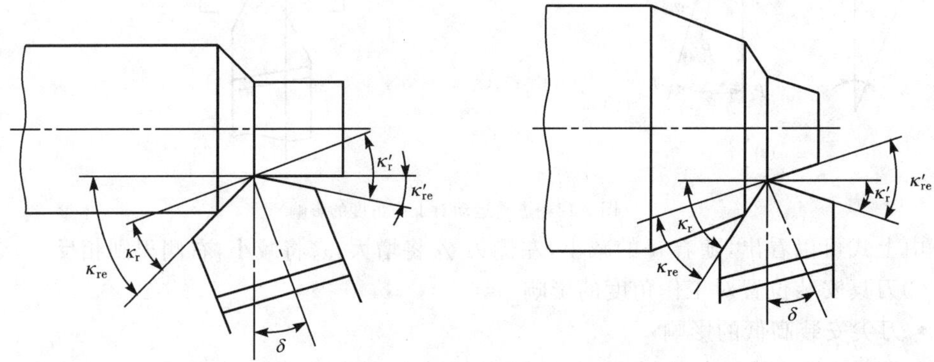

图 2-14 刀具安装轴线位置变化对工作角度的影响

3. 刀具材料

刀具材料指的是刀具切削部分的材料。在切削加工中，刀具的切削部分直接完成切除余量和形成已加工表面的任务。刀具材料是工艺系统中影响加工效率和加工质量的重要因素，也是最灵活的因素。采用合理的刀具材料可大大提高切削加工生产率，降低刀具的消耗，保证加工质量。

(1)刀具材料应具备的性能

刀具切削部分的材料在切削时承受高温、高压、摩擦、冲击和振动。因此，刀具材料应具备如下性能：

①高的硬度和耐磨性。刀具材料的硬度必须高于被加工材料的硬度。切削过程中为了抵抗刀具不断受到的由切屑和工件的摩擦而引起的磨损，刀具材料必须具有高的耐磨性。

②足够的强度和韧性。刀具切削时要承受切削力、冲击和振动，为了防止其折断和崩刃，刀具材料应有足够的抗弯强度和冲击韧性。

③较高的耐热性。刀具材料在高温下能保持较高的硬度，以适应切削速度提高的要求。

④良好的耐热性和导热性。刀具材料的导热性要好，以利于散热。为适应断续切削时瞬间反复的热力和由机械的冲击而形成的热应力和机械应力，刀具材料应具有良好的耐热冲击性能。

⑤良好的加工工艺性和经济性。刀具材料应具有良好的锻造性能、热处理性能、刃磨性能等，以便于制造。经济性是指刀具材料应结合本国资源，降低成本。

(2)常用刀具材料

常用刀具材料有高速钢、硬质合金、陶瓷、金刚石等。在生产中使用最多的是高速钢和硬质合金。

①高速钢

高速钢是含有较多的钨、铬、钼、钒等合金元素的高合金工具钢。它强度高，冲击韧性好，耐磨性和耐热性较高，在切削温度高达 500～650 ℃时仍能进行切削；其热处理变形小，能锻易磨，是一种综合性能好、应用较广泛的刀具材料。高速钢特别适合制造各种复杂的刀具，如铣刀、钻头、滚刀和拉刀等。高速钢按用途不同可分为普通高速钢和高性能高速钢。

• 普通高速钢　具有一定的硬度(63～66HRC)和耐磨性、高的强度和韧性，切削速度(加工钢料)一般不高于 50～60 m/min，不适合高速切削和硬的材料切削。常用牌号有 W18Cr4V 和 W6Mo5Cr4V2。

• 高性能高速钢　在普通高速钢的基础上，通过增加碳、钒的含量或添加钴、铝等合金元素而得到的耐热性、耐磨性更高的新钢种。它在 630～650 ℃时仍可保持 60HRC 的硬度，其刀具耐用度是普通高速钢的 1.5～3 倍，适于加工奥氏体不锈钢、高温合金、钛合金、超高强度钢等难加工材料。但这类钢种的综合性能不如通用型高速钢，不同的牌号只有在各自规定的切削条件下才能达到良好的加工效果，因此其使用范围受到限制。

②硬质合金

硬质合金是由高硬度、难熔的金属碳化物(WC、TiC 等)，用金属黏结剂(Co、Mo、Ni 等)在高温条件下制成的粉末冶金制品。其常温硬度可达 78～82HRC，能耐 800～1000 ℃高温，允许的切削速度是高速钢的 4～10 倍。但其冲击韧性与抗弯强度远比高速钢低，因此很少用其做整体式刀具。在实际使用中，一般将硬质合金刀块用焊接或机械夹固的方式固定在刀体上。常用的硬质合金有三大类：YG 类、YT 类和 YW 类(分别相当于 ISO 标准的 K 类、P 类、M 类)。

• 钨钴类硬质合金(YG)　由碳化钨和钴组成。这类硬质合金韧性较好，但硬度和耐磨性较差，适用于加工脆性材料(铸铁、有色金属等)。常用的牌号有 YG8、YG6 等，其中的数字表示钴的含量。钨钴类硬质合金中含 Co 越多，韧性越好。

• 钨钛钴类硬质合金(YT)　由碳化钨、碳化钛和钴组成。这类硬质合金的耐热性和耐磨性较好，但抗冲击韧性较差，主要用于加工钢料。常用的牌号有 YT5、YT15 等，其中的数字表示碳化钛的含量。碳化钛的含量越高，耐磨性越好，韧性越差。

• 钨钛钽(铌)类硬质合金(YW)　由在钨钛钴类硬质合金中加入少量的 TaC 或 NbC 而成。它具有上述两类硬质合金的优点，用其制造的刀具既能加工钢、铸铁、有色金属，也能加工高温合金、耐热合金及合金铸铁等难加工材料。常用的牌号有 YW1 和 YW2。

③其他刀具材料

• 涂层刀具材料　这种刀具材料是在韧性较好的硬质合金或高速钢基体上，涂覆一层硬质和耐磨性极高的难熔金属化合物而得到的。通过这种方法，使刀具既具有基体材料的强度和韧性，又具有很高的耐磨性。常用的涂层材料有 TiC、TiN、Al_2O_3 等。

• 陶瓷　用于制作刀具的陶瓷材料主要有 Al_2O_3 和 Si_3N_4 两类，刀片硬度可达 78HRC 以上，能耐 1200～1450 ℃高温，故能承受较高的切削速度。但其抗弯强度低，怕冲击，易崩刃。主要用于钢、铸铁、高硬度材料及高精度零件的精加工。

• 金刚石　金刚石分人造和天然两种。做切削刀具材料者，大多是人造金刚石，其硬度极高，可达 10000HV(硬质合金仅为 1300～1800HV)，其耐磨性是硬质合金的 80～120 倍。但其韧性差，对铁族材料亲和力大，因此一般不适宜加工黑色金属，主要用于有色金属以及非金属材料的高速精加工。

• 立方氮化硼(CBN)　这是人工合成的一种高硬度材料，其硬度可达 7300～9000HV，可耐 1300～1500 ℃高温，与铁族元素亲和力小。但其强度低，焊接性差，目前主要用于加工冷硬铸铁、高温合金和一些难加工材料。

(四)刀具几何参数的合理选择

刀具切削部分几何参数的选择，对切削变形、切削力、切削温度、刀具耐用度及加工质量等均有重要影响。为充分发挥刀具的切削性能，必须合理选择刀具的几何参数。

1. 前角的选择

增大前角 γ_o，可以减小切削变形，使切削力减小，切削温度降低，还可抑制积屑瘤的产生。但前角过大，会使刀具楔角减小，刀刃强度下降，刀具散热体积减小，刀具耐用度反而降低。因此，针对某一具体加工条件，客观上有一个最合理的前角取值。具体选择时应考虑以下几方面：

(1)工件材料

工件材料的强度和硬度越低，塑性越大，应选用的前角越大；反之应选用小一些的前角。当加工脆性材料时，其切屑呈崩碎状，切削力集中在刃口附近且有冲击，为防止崩刃，一般应选较小的前角。

(2)刀具材料

强度高和韧性好的刀具材料应选较大的前角。如高速钢刀具的前角比硬质合金刀具的前角要大；陶瓷刀具的韧性差，其前角应小一些。

(3)可加工性

粗加工和断续加工时，切削力较大且有冲击，为保证刀具具有足够的强度，应选较小的前角；精加工时，为提高刃口的锋利程度，提高表面加工质量，应选用较大的前角。当工艺系统刚性差或机床功率小时，宜选用较大的前角，以减小切削力和振动。对于数控机床、自动机床和自动线用刀具，为保证工作的稳定性和刀具耐用度，一般选用较小的前角。

用硬质合金刀具加工一般钢时，取 $\gamma_o=10°\sim20°$；加工灰铸铁时，取 $\gamma_o=8°\sim12°$。

2. 后角的选择

增大后角可以减小后刀面与已加工表面间的摩擦，并使刃口锋利，有利于提高刀具耐用度和已加工表面质量。但后角过大，将削弱切削刃强度，减小散热体积，使散热条件变差，反而使刀具耐用度降低。具体选择时应考虑以下几方面：

(1)工件材料

工件材料硬度、强度较高时，为保证切削刃强度，应取较小的后角；工件材料塑性越高，材料越软，为减小后刀面的摩擦对加工表面质量的影响，应取较大的后角。加工脆性材料时，切削力集中在刃口附近，应取较小的后角。

(2)切削厚度

切削厚度越大,切削力越大,为保证刃口强度和提高刀具耐用度,应选较小的后角。

(3)可加工性

粗加工时为提高强度,应取较小的后角;精加工时为减小摩擦,可取较大的后角。

(4)工艺系统刚性

当工艺系统刚性差时,可适当减小后角以防止振动。

车削一般钢和铸铁时,车刀后角通常取 6°~8°。

3. 主偏角、副偏角的选择

主偏角 κ_r 较小,则刀头强度高,散热条件好,已加工表面的粗糙度值小;其负面影响为背向力大,易引起工件变形和振动。κ_r 较大时,所产生的影响与上述相反。

主偏角 κ_r 的选用原则:通常粗加工时 κ_r 选大些,以利于减振,防止崩刃;精加工时 κ_r 选小些,以减小已加工表面的表面粗糙度值;工件材料的强度、硬度较高时,κ_r 应取小些,以改善散热条件,提高刀具耐用度;工艺系统刚性好时,κ_r 取小些,反之取大些。例如车削细长轴时,常取 $\kappa_r \geqslant 90°$,以减小背向力。

副偏角 κ_r'减小,可减小已加工表面的表面粗糙度值,提高刀具强度并改善散热条件,但会增加副后刀面与已加工表面间的摩擦,且易引起振动。

副偏角 κ_r'的选用原则:κ_r'的大小主要根据表面粗糙度的要求选取。通常在不产生摩擦和振动的条件下,应选较小的 κ_r'。工艺系统刚性好时,常取 $\kappa_r'=5°\sim10°$,最大不超过 15°;精加工时,刀具 κ_r'应更小些,必要时可磨出 $\kappa_r'=0°$的修光刃;用切断刀、铣槽刀等加工时,为保证刀头强度和刃磨后刀头宽度尺寸变化较小,取 $\kappa_r'=1°\sim2°$。

4. 刃倾角的选择

刃倾角 λ_s 主要影响切削刃受力情况、切屑流向(图 2-15)和刀头强度。当 $\lambda_s=0°$时,刀尖和主切削刃同时切入工件,切屑垂直于主切削刃方向流出;当 $\lambda_s<0°$时,主切削刃先切入工件,有利于保护刀尖,切屑流向已加工表面,易擦伤已加工表面,适用于粗加工和有冲击的断续切削;当 $\lambda_s>0°$时,刀尖先切入工件,刀尖受冲击,切屑流向待加工表面,适用于精加工。

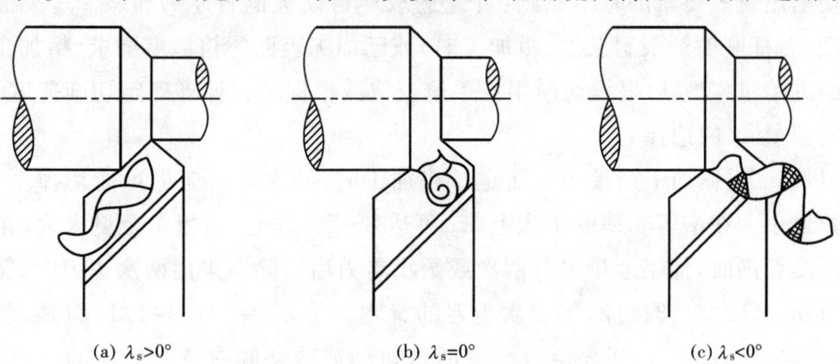

(a) $\lambda_s>0°$　(b) $\lambda_s=0°$　(c) $\lambda_s<0°$

图 2-15　刃倾角对切屑流向的影响

刃倾角 λ_s 的选用原则:主要考虑可加工性和切削刃受力情况。在加工一般钢料和铸铁时,无冲击的粗车取 $\lambda_s=0°\sim-5°$,精车取 $\lambda_s=0°\sim5°$;有冲击负荷或断续切削时,取 $\lambda_s=-5°\sim-15°$。加工高强度钢、冷硬钢时,为提高刀头强度,取 $\lambda_s=-10°\sim-30°$。工艺系统刚性不足时,为避免背向力过大,一般不宜采用负的刃倾角。

(五)切削用量的选择

切削用量不仅是在机床调整前必须确定的重要参数,而且其数值合理与否对加工质量、加工效率、生产成本等有着非常重要的影响。选择切削用量时,应在保证加工质量和刀具耐用度的前提下,充分发挥机床潜力和刀具切削性能,使切削效率最高,加工成本最低。

1. 切削用量的选择原则

(1)粗加工时切削用量的选择原则

一般以提高生产率为主,但也应考虑经济性和加工成本。首先选取尽可能大的背吃刀量;其次要根据机床功率和刚性的限制条件等,选取尽可能大的进给量;最后根据刀具耐用度确定最佳的切削速度。

(2)精加工时切削用量的选择原则

以保证加工质量为前提,并兼顾切削效率、经济性和加工成本。首先根据粗加工后的余量确定背吃刀量;其次根据已加工表面确定表面粗糙度要求,选取较小的进给量;最后在保证刀具耐用度的前提下尽可能选用较高的切削速度。

2. 切削用量的选择

(1)切削用量与切削加工生产率及刀具耐用度的关系

在切削加工中,金属切除率(单位时间内切除的材料体积,用 Q 表示,单位为 mm^3/min)与切削用量三要素 a_p、f、v_c 均保持线性关系,即其中任一参数增大一倍,都可使生产率提高一倍。但提高 v_c 一倍与提高 a_p、f 一倍,给刀具耐用度带来的影响却是完全不同的。切削用量三要素对刀具耐用度影响最大的是 v_c,其次是 f,再次是 a_p。因此,在保持刀具耐用度一定的条件下,增大背吃刀量 a_p 比提高进给量 f 的生产率高,比提高切削速度 v_c 的生产率更高。

(2)切削用量三要素的选择

选择切削用量三要素的基本原则:首先选取尽可能大的背吃刀量 a_p;其次根据机床进给机构强度、刀杆刚度等限制条件(粗加工时)或已加工表面的粗糙度要求(精加工时),选取尽可能大的进给量 f;最后根据切削用量手册查取或根据公式计算确定切削速度 v_c。

①背吃刀量 a_p 的选择

背吃刀量 a_p 根据加工余量多少而定。粗加工时,一次走刀应尽可能切掉全部余量,以使走刀次数最小。在中等功率的机床上,a_p 可达 8~10 mm。当粗车余量太大、工艺系统刚性较差或断续切削时,加工余量可分两次或数次走刀后切除。采用两次进刀时,第一次走刀的背吃刀量 $a_{p1}=(2/3\sim3/4)Z$,第二次走刀的背吃刀量 $a_{p2}=(1/3\sim1/4)Z$(注:Z 为单边加工余量,通常取 $Z=a_p$)。切削表层有硬皮的锻铸件或冷硬倾向较为严重的材料(例如不锈钢)时,应尽量使 a_p 值超过硬皮或冷硬层深度,以防刀具过快磨损。半精加工时,a_p 可取 0.5~2 mm;精加工时,a_p 可取 0.1~0.4 mm。

②进给量 f 的选择

粗加工时,由于对表面质量没有太高要求,故在工件和刀杆的强度和刚度以及刀片和机床进给机构的强度等允许的情况下,合理的进给量应是工艺系统所能承受的最大进给量。

实际生产中，经常采用查表法确定进给量。粗加工时，根据加工材料、车刀刀杆尺寸、工件直径及已确定的背吃刀量 a_p，由切削用量手册即可查得进给量 f 的值。

在半精加工和精加工时，则主要根据表面粗糙度要求、工件材料、刀尖圆弧半径、切削速度来选择进给量 f。

③切削速度 v_c 的选择

根据已经选定的背吃刀量 a_p、进给量 f 及刀具耐用度 T 来选择切削速度 v_c。可以根据生产实践经验在机床说明书允许的切削范围内查表选取，也可用下面公式计算得到：

$$v_c=\frac{C_v}{T^m a_p^{x_v} f^{y_v}}K_v \tag{2-7}$$

式中　C_v——切削速度系数；

m、x_v、y_v——分别表示 T、a_p、f 对 v_c 的影响程度，它们与工件材料、刀具材料等因素有关；

K_v——切削速度修正系数，它等于工件材料、毛坯表面状态、刀具材料、加工方式、主偏角等因素对切削速度的修正系数的乘积。

上式中的有关系数、指数均可由相关机械加工工艺手册查得。

在选择切削速度时，还应考虑以下几点：

- 精加工时，应尽量避开产生积屑瘤的速度区。
- 断续切削时，为减小冲击和热应力，应适当降低切削速度。
- 在易产生振动的情况下，机床主轴转速应在能进行稳定切削的转速范围内进行选择。
- 加工大件、细长件、薄壁件以及带铸、锻外皮的工件时，应选择较低的切削速度。

(3)机床功率的校核

切削功率 P_c 可由相关公式计算得出。机床有效功率 P_E' 为

$$P_E'=P_E\eta \tag{2-8}$$

式中　P_E——机床电动机功率；

η——机床传动效率。

如 $P_c \leqslant P_E'$，则选择的切削用量可在指定的机床上使用，此时机床有效功率没有得到充分利用，可以规定较低的刀具耐用度 T(如采用机夹可转位式刀片的刀具合理耐用度可选为 15～30 min)，或采用可加工性更好的刀具材料，以提高切削速度 v_c 的办法使切削功率增大，以充分利用机床有效功率，达到提高生产率的目的。如 $P_c > P_E'$，则说明选择的切削用量不能在指定的机床上使用，这时可调换功率较大的机床，或根据所限定的机床功率降低切削用量(主要是降低切削速度 v_c)。这时虽然机床功率得到了充分利用，但刀具的性能却未能充分发挥。

3. 切削用量选择示例

已知条件：工件材料为 45 钢(调质)，毛坯尺寸为 $\phi57$，装夹如图 2-16 所示。加工要求为外圆车削至 $\phi50\times250$，表面粗糙度 Ra 值为 3.2 μm。机床采用 CA6140 型卧式车床。刀具为焊接式硬质合金外圆车刀，刀具材料为 YT15，刀杆截面尺寸为 16×25，几何参数为 $\gamma_o=15°$，$\kappa_r=75°$，$\kappa_r'=6°$，$\lambda_s=6°$，$r_\varepsilon=1$ mm。

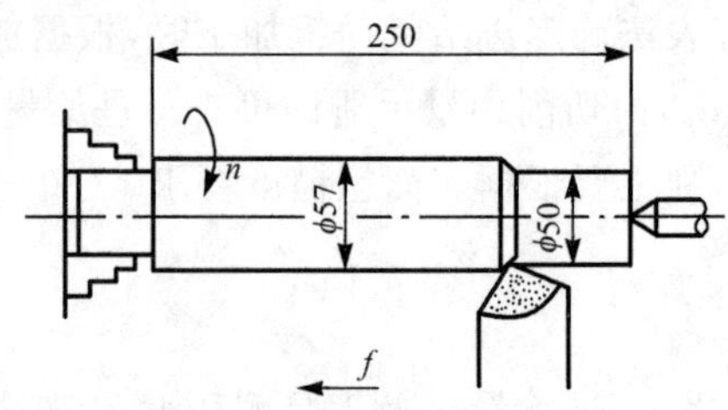

图 2-16 切削用量选择示例

解:因表面粗糙度有一定要求,故应分粗车和半精车两次切削。

(1)粗车切削用量的选择

①确定背吃刀量 a_p

因单边加工余量为 3.5 mm,所以粗车取 $a_p=3$ mm。

②确定进给量 f

根据工件材料、直径大小、刀杆截面尺寸及已定的粗车背吃刀量,从切削用量手册中查得 $f=0.45\sim0.6$ mm/r。按机床使用说明书中实有的进给量,取 $f=0.51$ mm/r。

③确定切削速度 v_c

根据已知条件和已经确定的 a_p,从切削用量手册中查得 $v_c=70\sim90$ m/min,取 $v_c=80$ m/min,然后计算主轴转速为

$$n=\frac{1000v_c}{\pi d}=\frac{1000\times80}{3.14\times57}=447\ \text{r/min}$$

按机床使用说明书选取实际的机床主轴转速 $n=450$ r/min,故实际的切削速度为

$$v_c=\frac{\pi dn}{1000}=\frac{3.14\times57\times450}{1000}=80.5\ \text{m/min}$$

④校验机床功率

略。

最终选择的粗车切削用量为 $v_c=80.5$ m/min,$f=0.51$ mm/r,$a_p=3$ mm。

(2)半精车切削用量的选择

①确定背吃刀量 a_p

取 $a_p=0.5$ mm。

②确定进给量 f

根据表面粗糙度 Ra 值 3.2 μm 和刀尖圆弧半径 $r_\varepsilon=1$ mm,从切削用量手册中查得 $f=0.2\sim0.3$ mm/r(预设切削速度 $v_c>50$ m/min)。按机床使用说明书上实有的进给量,取 $f=0.24$ mm/r。

③确定切削速度 v_c

根据已知条件和已确定的 a_p、f 值,从切削用量手册中查得 $v_c=120$ m/min,然后计算出机床主轴转速为

$$n=\frac{1000v_c}{\pi d}=\frac{1000\times120}{3.14\times(57-6)}=749\ \text{r/min}$$

按机床使用说明书选取实际的机床主轴转速 $n=710$ r/min。

故实际的切削速度为

$$v_c=\frac{\pi dn}{1000}=\frac{3.14\times(57-6)\times710}{1000}=114\ \text{m/min}$$

最终选择的半精车切削用量为 $v_c=114$ m/min,$f=0.24$ mm/r,$a_p=0.5$ mm。

四　项目实施

按照项目给定条件和要求，计算出各工步的切削用量，见表 2-1。

表 2-1　　各工步的切削用量

序号	工步名称	工步简图	刀具参数选择	切削用量计算
1	粗车和半精车		$\gamma=15°$ $\kappa_r=75°$ $\kappa_r'=6°$ $\lambda_s=-6°$ $r_\varepsilon=1$ mm	粗车 $a_p=2$ mm，半精车 $a_p=0.25$ mm 进给速度 $v_f=fn$ 查表：粗车 $f=0.5$ mm/r，半精车 $f=0.2$ mm/r 切削速度 $v_c=\pi dn/1000$ 查表：粗车 $v_c=80$ m/min，故 $n=1000v_c/\pi d=640$ r/min； 半精车 $v_c=120$ m/min，故 $n=1000v_c/\pi d=950$ r/min 粗车 $v_f=fn=0.5\times640=320$ mm/min 半精车 $v_f=fn=0.2\times950=190$ mm/min
2	半精车和精车		$\gamma=5°$ $\kappa_r=90°$ $\kappa_r'=3°$ $\lambda_s=6°$ $r_\varepsilon=1$ mm	半精车 $a_p=1.9$ mm，精车 $a_p=0.05$ mm 进给速度 $v_f=fn$ 查表：半精车 $f=0.25$ mm/r，精车 $f=0.1$ mm/r 切削速度 $v_c=\pi dn/1000$ 查表：半精车 $v_c=120$ m/min，故 $n=1000v_c/\pi d=1000$ r/min；精车 $v_c=140$ m/min，故 $n=1000v_c/\pi d=1250$ r/min 半精车 $v_f=fn=0.25\times1000=250$ mm/min 精车 $v_f=fn=0.1\times1250=125$ mm/min
3	钻孔		$\phi20$ 麻花钻头	$a_p=10$ mm 进给速度 $v_f=fn$ 查表 $f=0.2$ mm/r 切削速度 $v_c=\pi dn/1000$ 查表 $v_c=18$ m/min $n=1000v_c/\pi d=300$ r/min $v_f=fn=0.2\times300=60$ mm/min

续表

序号	工步名称	工步简图	刀具参数选择	切削用量计算
4	粗镗、半精镗、精镗	$\phi 25^{+0.025}_{0}$	$\gamma=5°$ $\kappa_r=95°$ $\kappa_r'=6°$ $\lambda_s=6°$ $r_\varepsilon=1$ mm	粗镗 $a_p=2$ mm,半精镗 $a_p=0.2$ mm,精镗 $a_p=0.05$ mm 进给速度 $v_f=fn$ 查表:粗镗 $f=0.4$ mm/r,半精镗 $f=0.2$ mm/r,精镗 $f=0.1$ mm/r 切削速度 $v_c=\pi dn/1000$ 查表:粗镗 $v_c=60$ m/min,故 $n=1000v_c/\pi d=750$ r/min; 半精镗 $v_c=100$ m/min,故 $n=1000v_c/\pi d=1250$ r/min; 精镗 $v_c=120$ m/min,故 $n=1000v_c/\pi d=1500$ r/min 粗镗 $v_f=fn=0.4\times750=300$ mm/min 半精镗 $v_f=fn=0.2\times1250=250$ mm/min 精镗 $v_f=fn=0.1\times1500=150$ mm/min
5	铣平台	18 8 20	$\gamma=15°$ $\alpha=14°$ $\kappa_r=90°$ $\kappa_r'=2°$ $\beta=30°$ $z=4$ 铣刀直径 $D=14$	粗铣 $a_p=1.6$ mm,半精铣 $a_p=0.2$ mm 进给速度 $v_f=fn$ 查表:粗铣 $f_z=0.05$ mm/r,$f=0.05\times4=0.2$ mm/r; 半精铣 $f_z=0.025$ mm/r,$f=0.025\times4=0.1$ mm/r 切削速度 $v_c=\pi dn/1000$ 查表:粗铣 $v_c=30$ m/min,故 $n=1000v_c/\pi d=680$ r/min; 半精铣 $v_c=40$ m/min,故 $n=1000v_c/\pi d=900$ r/min 粗铣 $v_f=fn=0.2\times680=136$ mm/min 半精铣 $v_f=fn=0.1\times900=90$ mm/min

五 知识、能力测试

(一)选择题

1. 车刀的主偏角为________时,它的刀头强度和散热性能最好。

A. 45°　　B. 90°　　C. 80°　　D. 75°

2. 在切削用量中对刀具寿命影响最大的是________。

A. 背吃刀量　　B. 进给量　　C. 切削速度　　D. 工件形状

3. 在切削用量中对切削力影响最大的是________。

A. 背吃刀量　B. 进给量　C. 切削速度　D. 工件形状

4. 下列刀具材料中硬度最高的是________。

A. 碳化物　B. 中碳钢　C. 高速钢　D. 高碳钢

5. 按我国生产的硬质合金化学成分来分，________是指钨钛钴类硬质合金。

A. YG　B. YT　C. YW　D. YN

6. ________有时也称为白钢或锋钢。

A. 工具钢　B. 硬质合金　C. 高速钢　D. 金属陶瓷

7. 当加工脆性材料时，一般选择________。

A. 较大的前角　B. 负前角

C. 任意角度的前角　D. 较小的前角

8. 精加工时为避免切屑划伤工件已加工表面，通常取________。

A. 正的刃倾角　B. 负的刃倾角

C. 零度刃倾角　D. 任意角度的刃倾角

9. 加工凹形轮廓表面时，若________选得太小，则会导致加工时刀具主后刀面、副后刀面与工件发生干涉。

A. 主、副偏角　B. 前角　C. 后角　D. 刃倾角

10. 减小副偏角可以使工件的________减小。

A. 表面粗糙度值　B. 精度　C. 硬度　D. 高度

(二)判断题

1. 在切削过程中，刀具切削部分将承受切削力、切削热的作用，同时与工件及切屑间产生剧烈的摩擦，因而发生磨损。（　）

2. 在切削过程中，刀具切削部分直接承担切削工作。（　）

3. 在切削过程中，刀具失去切削能力的现象称为钝化。（　）

4. 钝化方式有磨损、崩刃和卷刃等。（　）

5. 刀具切削部分的几何参数对切削效率的高低和加工质量的好坏影响不大。（　）

6. 增大前角可减小前刀面挤压切削层时的塑性变形，减小切屑流经前刀面的摩擦阻力，从而减小切削力和切削热。（　）

7. 高速钢的优点是抗冲击能力强，通用性好。（　）

8. 硬质合金刃口不易磨锋利，加工性较差，不适合制造刃形复杂的刀具。（　）

9. 陶瓷刀具的主要缺点是强度和韧性差，导热率高，硬度低。（　）

10. 切削用量的大小对切削力、切削效率、刀具磨损、加工质量和加工成本均有显著影响。（　）

11. 加工塑性材料，特别是加工硬化严重的材料时，应选择较大的前角。（　）

12. 粗加工时，特别是断续切削场合，应适当增大前角。（　）

13. 工件材料的强度、硬度越高，导热性越差，刀具磨损越快，刀具寿命越长。（　）

14. 粗车刀必须适应粗车时切削深、进给快的特点，主要要求车刀具有足够的强度，才能一次进给去除较多余量。（　）

15. 精车时要求刀具锋利，切削刃平直、光洁，必要时还可磨修光刃。（　）

16. 由于粗车和精车的目的不同，因此对所用车刀的要求也不同。（　）

17. 用精车刀对工件进行切削时，必须使切屑排向工件待加工表面。（　）

18. 精车塑性金属时，前刀面不应磨断屑槽。 （ ）
19. 粗车塑性金属时，应在前刀面上磨断屑槽。 （ ）
20. 车内孔时，如果刀杆伸出太长，就会降低刀杆刚度，容易引起振动。 （ ）

（三）简答题

1. 试述切削加工的主要特点。
2. 试述切削加工的发展方向。
3. 为什么要建立刀具角度参考系？
4. 刀具材料应具备哪些性能？
5. 常用的刀具材料有哪些？
6. 后角的功用是什么？怎样合理选择？
7. 试述背吃刀量、进给量、切削速度对切削温度的影响规律。
8. 高性能高速钢有哪几种？它们的特点是什么？
9. 确定一把单刃刀具切削部分的几何形状最少需要哪几个基本角度？
10. 简述判定车刀前角 、后角和刃倾角正负号的规则。
11. 常用的硬质合金有哪些牌号？它们的用途如何？应如何选用？
12. 涂层刀具、陶瓷刀具、人造金刚石和立方氮化硼各有何特点？适用场合如何？
13. 切削用量的选择原则是什么？

六 拓展知识

（一）切削加工的地位和种类

切削加工是利用切削刀具从工件（毛坯）上切去多余的材料，使零件具有符合图样规定的几何形状、尺寸和表面粗糙度等方面要求的加工过程。

1. 切削加工的地位

机械加工中的切削加工在机械制造过程中所占的比重最大，用途最广。目前，机械制造业中所用的工作母机有80%～90%仍为金属切削加工机床。切削加工在模具制造中也处于十分重要的地位。

2. 切削加工的分类

切削加工可分为钳工和机械加工（简称机工）两部分。

（1）钳工

钳工主要是在钳工台上以手持工具为主，对工件进行加工的切削加工方法。其主要工作内容有划线、用手锯锯削、用錾子錾削、用锉刀锉削、用刮刀刮削、用钻头钻孔、用扩孔钻扩孔、用铰刀铰孔，此外还有攻螺纹、套螺纹、手工研磨、抛光、机械装配和设备修理等。

（2）机械加工

机械加工是在机床上利用机械力对工件进行加工的切削加工方法。其主要方法有车、钻、镗、铣、刨、拉、插、磨、珩磨、超精加工和抛光等。

随着加工技术的现代化，越来越多的钳工加工工作已被机械加工所代替，同时钳工自身也在逐渐机械化。但是，在模具制造与装配中，由于钳工加工灵活、方便，所以仍占有一席之地。

(二)金属的切削变形

金属切削过程是机械制造过程的一个重要组成部分。它是指在机床上通过刀具与工件的相对运动,从工件上切下多余的金属层,从而形成切屑和已加工表面的过程。在这一过程中,始终存在着刀具切削工件和工件材料抵抗切削的矛盾,从而产生一系列现象,如切削变形、切削力、切削热、切削温度以及有关刀具的磨损与刀具耐用度、卷屑与断屑等。对这些现象进行研究,揭示其内在机理,探索和掌握金属切削过程的基本规律,主动地加以有效控制,从而达到保证加工质量、降低生产成本、提高生产率的目的。

1. 切削变形及变形区的划分

在刀具的作用下,切削层金属经过一系列复杂的过程变成切屑。在这一过程中,产生了一系列的物理现象,如变形、切削力、切削热、刀具磨损等。其中最根本的就是切削过程中的变形,它直接影响切削力、切削热、刀具磨损等的大小,是研究切削过程的基础。

下面用图 2-17 来说明切削过程的变形。塑性金属材料在刀具的作用下,会沿与作用力成 45°的方向产生剪切滑移变形,当变形达到一定极限时,就会沿着变形方向产生剪切滑移破坏。若刀具连续运动,虚线以上的材料就会在刀具的作用下与下方材料分离。金属切削过程与上述过程基本相似。在刀具的作用下,切削层金属经过复杂的变形后与工件基体材料分离,从而形成了切屑。

切削层的金属变形可大致划分成三个变形区,它们是位于切削刃前 OAM 之间的第Ⅰ变形区(剪切滑移)、位于靠近前刀面的第Ⅱ变形区(纤维化)和位于后刀面附近的第Ⅲ变形区(纤维化与加工硬化),如图 2-18 所示。

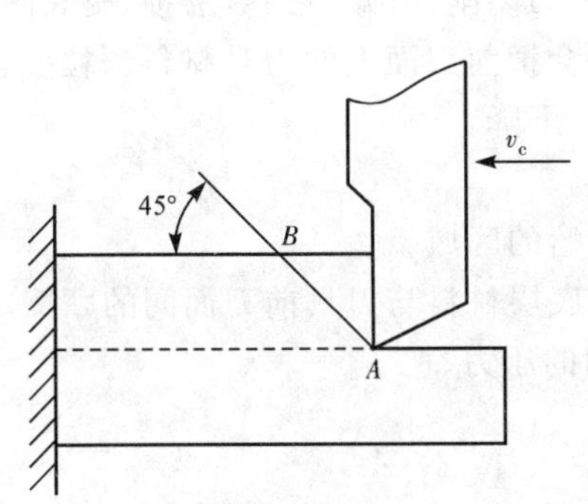

图 2-17　塑性金属材料的剪切破坏

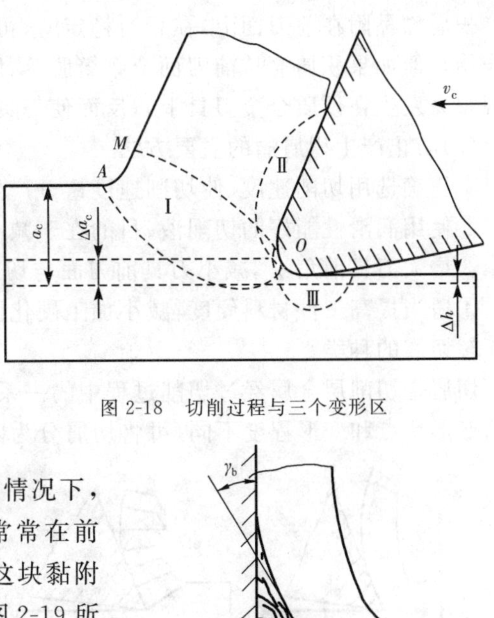

图 2-18　切削过程与三个变形区

2. 积屑瘤的形成及其对切削过程的影响

在切削速度不高而又能形成带状切屑的情况下,加工一般钢料、铝合金或其他塑性材料时,常常在前刀面处粘着一块剖面有时呈三角状的硬块,这块黏附在前刀面上的金属称为积屑瘤(或刀瘤),如图 2-19 所示。它的硬度很高,通常是工件材料的 2～3 倍,在处于比较稳定的状态时,能够代替刀刃进行切削。

(1)积屑瘤的形成过程

切削时,切屑与前刀面接触处发生强烈摩擦,当

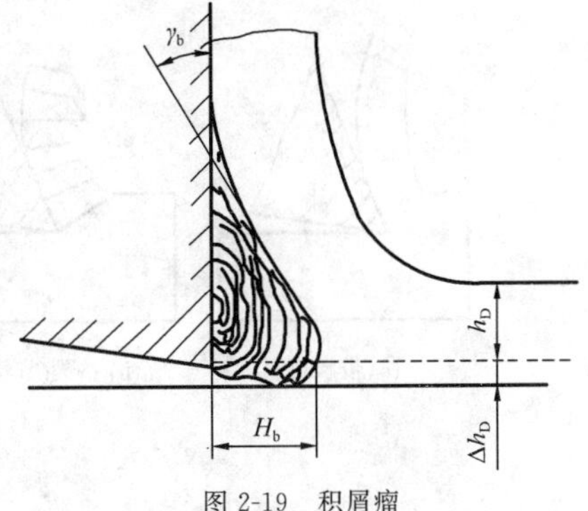

图 2-19　积屑瘤

接触面达到一定温度，同时又存在较高压力时，被切材料会黏结(冷焊)在前刀面上。连续流动的切屑从粘在前刀面上的底层金属上流过时，如果温度与压力适当，切屑底部材料也会被阻滞在已经“冷焊”在前刀面上的金属层上，粘成一体，使黏结层逐步长大，形成积屑瘤。积屑瘤的产生及其成长与工件材料的性质、切削区的温度分布和压力分布有关。塑性材料的加工硬化倾向越强，越易产生积屑瘤；切削区的温度和压力很低时，不会产生积屑瘤；温度太高时，由于材料变软，也不易产生积屑瘤。对碳钢来说，切削区温度为 300～350 ℃时积屑瘤的高度最大，切削区温度超过 500 ℃时积屑瘤便自行消失。

(2)积屑瘤对切削过程的影响

①实际前角增大

它加大了刀具的实际前角，可使切削力减小，对切削过程起积极的作用(见图 2-19)。积屑瘤越高，实际前角越大。

②使切削厚度变化

积屑瘤前端超过了切削刃，使切削厚度增大，其增量为 Δh_D，如图 2-19 所示。Δh_D 将随着积屑瘤的成长而逐渐增大，一旦积屑瘤从前刀面上脱落或断裂，Δh_D 就将迅速减小。切削厚度变化必然导致切削力产生波动。

③使加工表面粗糙度增大

积屑瘤的底部相对稳定一些，但其顶部很不稳定，容易破裂，一部分黏附于切屑底部而被排出，一部分残留在加工表面上。积屑瘤凸出刀刃部分使加工表面被切得非常粗糙，因此在精加工时必须设法避免或减小积屑瘤。

④对刀具耐用度的影响

积屑瘤黏附在前刀面上，在相对稳定时，可代替刀刃切削，有减少刀具磨损、提高耐用度的作用。但如果积屑瘤从前刀面上频繁脱落，则可能会把前刀面上的刀具材料颗粒拽去(这种现象易发生在硬质合金刀具上)，反而使刀具耐用度下降。

(3)防止产生积屑瘤的主要方法

①正确选用切削速度，使切削速度避开产生积屑瘤的区域。

②使用润滑性能好的切削液，目的在于减小切屑底层材料与刀具前刀面间的摩擦。

③增大刀具前角 γ_o，减小刀具前刀面与切屑之间的压力。

④适当提高工件材料硬度，减小加工硬化倾向。

3. 切屑的种类

切屑是切削层金属经过切削过程中的一系列复杂的变形过程而形成的。根据切削层金属的变形特点和变形程度不同，可将切屑分为四类，如图 2-20 所示。

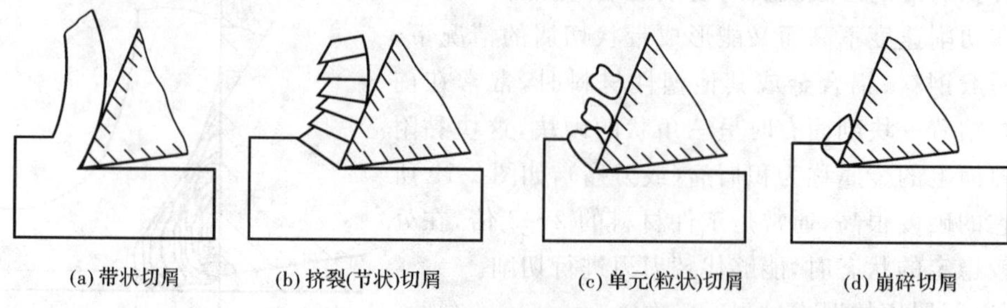

(a) 带状切屑　(b) 挤裂(节状)切屑　(c) 单元(粒状)切屑　(d) 崩碎切屑

图 2-20　切屑的种类

(1)带状切屑

这种切屑的底层(与前刀面接触的面)光滑,而外表面呈毛茸状,无明显裂纹。一般加工塑性金属材料(如软钢、铜、铝等),在切削厚度较小、切削速度高、刀具前角较大时,容易得到这种切屑。形成带状切屑时,切削过程较平稳,切削力波动较小,加工表面质量好。

(2)挤裂(节状)切屑

这种切屑的底面有时出现裂纹,而外表面呈明显的锯齿状。挤裂切屑大多在加工塑性较低的金属材料(如黄铜),以及切削速度较低、切削厚度较大、刀具前角较小时产生。产生挤裂切屑时,切削力波动较大,已加工表面质量较差。

(3)单元(粒状)切屑

采用小前角或负前角,以极低的切削速度和大的切削厚度切削塑性金属(伸长率较低的结构钢)时,会产生这种切屑。产生单元切屑时,切削过程不平稳,切削力波动较大,已加工表面质量较差。

(4)崩碎切屑

切削脆性金属(铸铁、青铜等)时,由于材料的塑性很小,抗拉强度很低,在切削时切削层内靠近切削刃和前刀面的局部金属未经明显的塑性变形就被挤裂,形成不规则状的碎块切屑。工件材料越硬脆、刀具前角越小、切削厚度越大,越容易产生崩碎切屑。产生崩碎切屑时,切削力波动大,加工表面凸凹不平,切削刃容易损坏。

切屑类型是由材料特性和变形程度决定的,加工相同的塑性材料,采用不同的加工条件,可得到不同的切屑。如在形成挤裂切屑的情况下,进一步减小前角、加大切削厚度,就可得到单元切屑;反之,则可得到带状切屑。生产中常利用切屑类型转化的条件,得到较为有利的切屑。

4. 影响切削变形的主要因素

(1)前角

增大前角 γ_o,使剪切角 ϕ 增大,变形系数 ξ 减小,故切削变形减小。这是因为前角增大时,切削刃锋利,易切入金属,切屑与前刀面接触长度减小,流屑阻力小,摩擦系数也小,因此切削变形小,切削省力。

(2)切削速度

切削速度 v_c 是通过积屑瘤的生长消失过程和切削温度来影响切削变形的。当切削速度提高时,切削层金属变形不充分,第Ⅰ变形区后移,剪切角增大,切削变形减小。另一方面,切削速度通过对积屑瘤的影响来影响切削变形。如图 2-21 所示,在积屑瘤的增长阶段,随着切削速度的提高,积屑瘤高度增大,刀具实际前角增大,切削变形减小;而在积屑瘤的减小阶段,随着切削速度的提高,积屑瘤高度减小,刀具实际前角变小,切削变形增大。

(3)进给量

进给量 f 增大,使切削厚度增大,摩擦系数减小,剪切角增大,从而使切削变形系数减小。

(4)工件材料

工件材料的硬度、强度越高,切屑与刀具间的摩擦系数就越小,所以切削变形系数就减小。

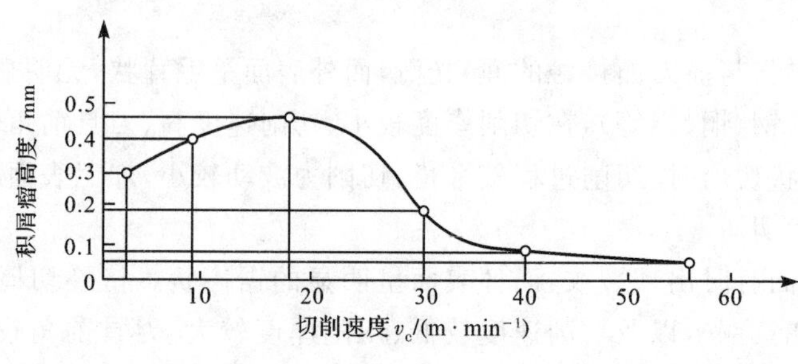

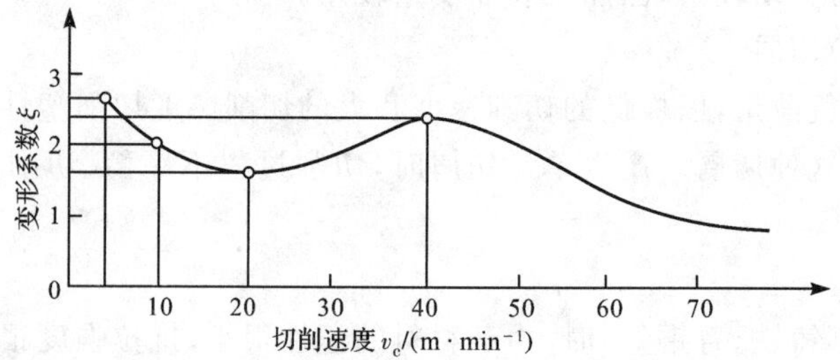

图 2-21 切削速度对切削变形的影响

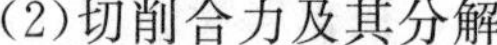

(三)切削力和切削功率

1. 切削力的来源、切削合力及其分解以及切削功率

(1)切削力的来源

研究切削力,对进一步弄清切削机理、计算功率消耗、选择合理的切削用量及优化刀具几何参数等,都具有非常重要的意义。切削时,刀具切入工件,使被加工材料发生变形并成为切屑所需的力,称为切削力。切削力来源于三个方面(见图 2-22):

①克服被加工材料对弹性变形的抗力。

②克服被加工材料对塑性变形的抗力。

③克服切屑对前刀面的摩擦力和刀具后刀面对过渡表面与已加工表面之间的摩擦力。

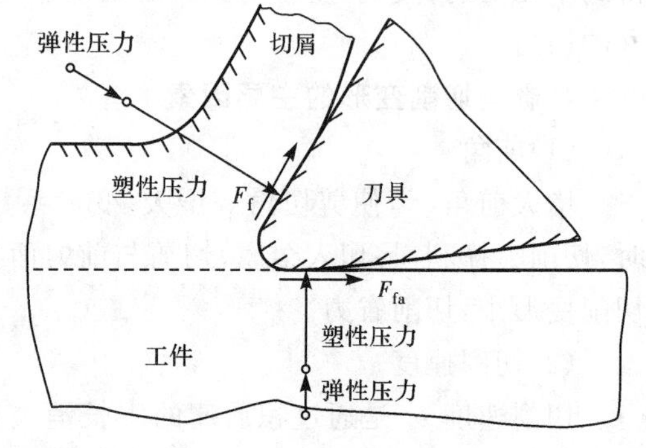

图 2-22 切削力的来源

(2)切削合力及其分解

为了实际应用,可将切削合力 F_r 分解为 F_c、F_p 和 F_f 三个相互垂直的分力。图 2-23 所示为车削时切削合力的分解情况。

F_c:主切削力或切向力,它切于过渡表面并与基面垂直。F_c 是最大的分力,是设计和使用刀具、计算机床功率和设计主传动系统的主要依据,也是设计夹具和选择切削用量的依据。

F_p:切深抗力或背向力、径向力、吃刀力,它是处于基面内并与工件轴线垂直的力。F_p 用来确定与工件加工精度有关的工件挠度,计算机床零件和车刀强度。它与工件在切削过程中产生的振动有关。

F_f:进给抗力、轴向力或走刀力,它是处于基面内并与工件轴线平行、与走刀方向相反的力。F_f 是验算机床进给系统零件强度的依据,也是计算车刀进给功率所必需的。

由图 2-23 可知，切削合力 F_r 与 F_c、F_f 和 F_p 之间的关系是

$$F_r=\sqrt{F_c^2+F_p^2+F_f^2} \tag{2-9}$$

F_p、F_f 与 F_{pf} 有如下关系：

$$F_p=F_{pf}\cos\kappa_r \tag{2-10}$$

$$F_f=F_{pf}\sin\kappa_r \tag{2-11}$$

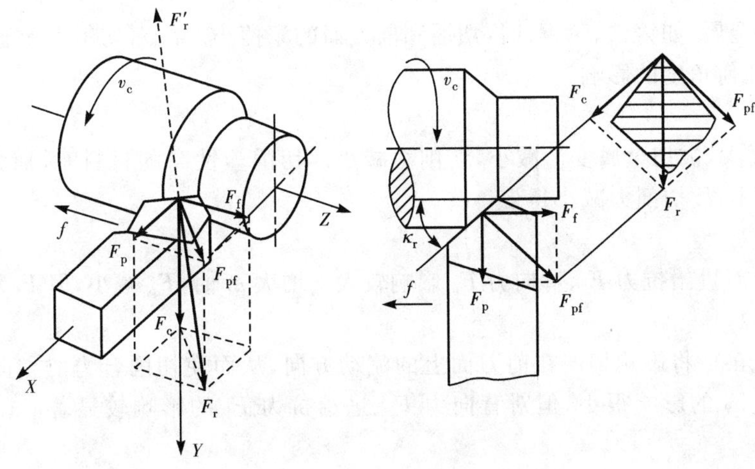

图 2-23　切削合力和分力

(3)切削功率

切削功率是在切削过程中消耗的功率，它等于主切削力 F_c 的三个分力消耗的功率之和。由于 F_f 所消耗的功率所占的比例很小(1%～5%)，故通常略去不计。F_p 方向没有位移，不消耗功率。所以切削功率 P_c(单位为 kW)为

$$P_c=\frac{F_c v_c}{60\times10^3} \tag{2-12}$$

式中　F_c——主切削力(N)；

v_c——切削速度(m/min)。

算出切削功率后，可以进一步计算出机床电动机消耗的功率 P_E(单位为 kW)为

$$P_E=\frac{P_c}{\eta} \tag{2-13}$$

式中，η 为机床的传动效率，一般为 0.75～0.85。

2. 影响切削力的主要因素

(1)工件材料的影响

工件材料的强度、硬度越高，材料的剪切屈服强度越高，切削力越大。在强度、硬度相近的情况下，材料的塑性、韧性越高，切削力越大。

(2)切削用量的影响

①背吃刀量 a_p 和进给量 f

当 a_p 或 f 加大时，切削面积加大，变形抗力和摩擦阻力增加，从而引起切削力增大。实验证明，当其他切削条件一定时，a_p 增大一倍，切削力增大一倍；f 加大一倍，切削力增加 68%～86%。

②切削速度 v_c

切削塑性金属时，在形成积屑瘤的范围内，当 v_c 较低时，随着 v_c 的增加，积屑瘤增高，γ_o 增大，切削力减小；当 v_c 较高时，随着 v_c 的增加，积屑瘤逐渐消失，γ_o 减小，切削力又逐渐增大。在积屑瘤消失后，v_c 再增大，使切削温度升高，切削层金属的强度和硬度降低，切削变形减小，摩擦力减小，因此切削力减小。当 v_c 达到一定值后再增大时，切削力变化减慢，从而渐趋稳定。

切削脆性金属(如铸铁、黄铜)时，切屑和前刀面的摩擦小。v_c 对切削力无显著的影响。

(3)刀具几何角度的影响

①前角 γ_o

前角 γ_o 增大，被切金属变形减小，切削力减小。切削塑性高的材料时，加大 γ_o 可使塑性变形显著减小，故切削力减小得多一些。

②主偏角 κ_r

主偏角 κ_r 对进给抗力 F_f、背向力 F_p 影响较大。增大 κ_r 时，F_p 减小，但 F_f 增大。

③刃倾角 λ_s

改变刃倾角 λ_s 将影响切屑在前刀面上的流动方向，从而使切削合力的方向发生变化。λ_s 对主切削力 F_c 的影响很小，但对背向力 F_p、进给抗力 F_f 的影响较显著。λ_s 减小时，F_p 增大，F_f 减小。

(4)刀具磨损

当刀具后刀面磨损后，形成零后角，且切削刃变钝，后刀面与加工表面间的挤压和摩擦加剧，使切削力增大。

(5)切削液

使用以冷却作用为主的切削液(如水溶液)对切削力的影响很小。使用润滑作用强的切削液(如切削油)能显著地降低切削力，这是由于润滑作用减小了刀具前刀面与切屑、后刀面与工件表面间的摩擦。

(四)切削热与切削温度

1. 切削热的产生与传导

切削热是由切削功转变而来的，一是切削层金属发生的弹、塑性变形功，二是切屑与前刀面、工件与后刀面间消耗的摩擦功。如图2-24所示，其中包括剪切区的变形功转变的热 Q_p、切屑与前刀面的摩擦功转变的热 $Q_{\gamma f}$、已加工表面与刀具后刀面的摩擦功转变的热 $Q_{\alpha f}$。这些热又分别通过切屑、工件、刀具和周围介质传散，各部分所传出的热量分别为 Q_{ch}、Q_c、Q_w、Q_f。

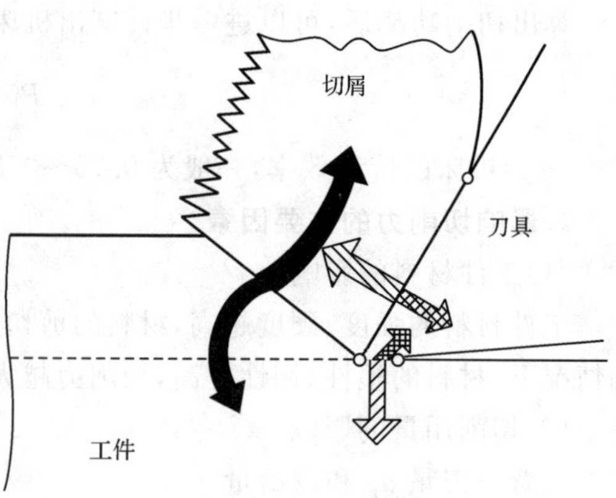

图 2-24 切削热的产生与传导

切削热的产生与传出的关系为

$$Q_p+Q_{\gamma f}+Q_{\alpha f}=Q_{ch}+Q_c+Q_w+Q_f \tag{2-14}$$

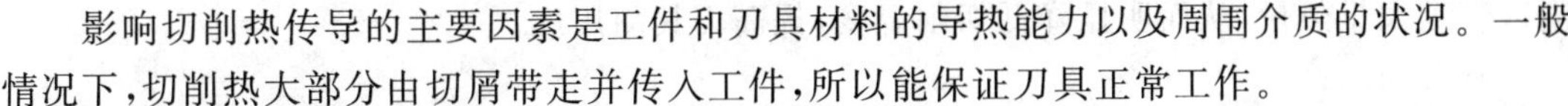

影响切削热传导的主要因素是工件和刀具材料的导热能力以及周围介质的状况。一般情况下，切削热大部分由切屑带走并传入工件，所以能保证刀具正常工作。

2. 切削温度及其影响因素

通常所说的切削温度，如无特殊注明，都是指切屑、工件和刀具接触区的平均温度。切削温度的高低取决于切削热产生的多少和传散的快慢。

(1)切削用量

切削速度 v_c 对切削温度的影响最为显著，进给量 f 次之，背吃刀量 a_p 最小。因为 v_c 提高，前刀面的摩擦热来不及向切屑和刀具内部传导，所以 v_c 对切削温度的影响最大；f 增大，切屑的公称厚度 h_D 变大，切屑与前刀面的接触长度增加，散热条件有所改善，所以 f 对切削温度的影响不如 v_c 显著；a_p 增大，刀刃工作长度增大，散热条件改善，故 a_p 对切削温度的影响相对较小。为了不产生很高的切削温度，在需要增大切削用量时，应首先考虑增大 a_p，其次是 f，最后是选择 v_c。

(2)刀具几何参数

前角 γ_o 增大，切削变形减小，摩擦减小，产生的切削热少，切削温度低；但前角进一步增大，则因刀具的散热体积减小，切削温度不会进一步降低，如图 2-25 所示。主偏角 κ_r 减小，使切削层公称宽度 b_D 增大，切削厚度减小，因此切削变形增大，切削温度升高。但如果 b_D 进一步增大，散热条件改善了，切削温度会随之下降，如图 2-26 所示。因此，当工艺系统刚性足够好时，可选用小的主偏角 κ_r 以降低切削温度。

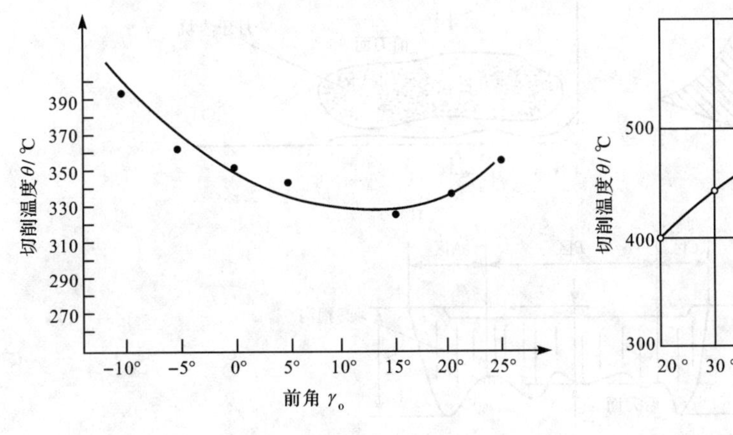

图 2-25 前角对切削温度的影响

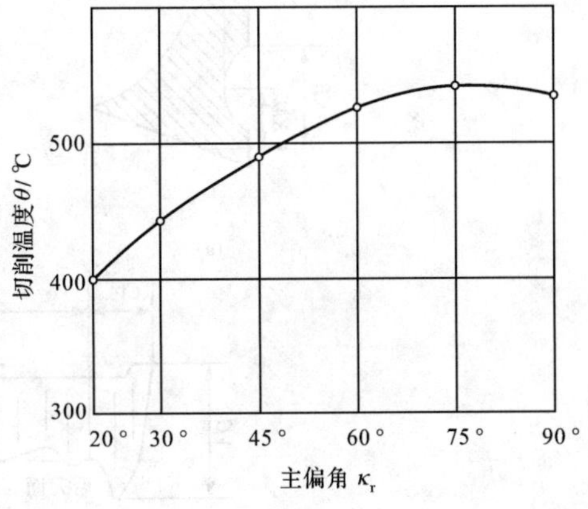

图 2-26 主偏角对切削温度的影响

(3)工件材料

工件材料对切削温度影响最大的是强度、硬度及导热系数。工件材料的强度与硬度越高，产生的切削热越多，切削温度就越高；工件材料的导热系数越小，从工件上传出去的热量越少，切削温度就越高。

(4)刀具磨损

刀具磨损使切削刃变钝，刃区前方的挤压作用增大，切削区金属的塑性变形增加；同时，磨损后的刀具后角基本为零，使工件与刀具的摩擦加大，两者均使切削温度升高。

(5)切削液

利用切削液的润滑功能降低摩擦系数，减小切削热的产生。同时，使用切削液可以从切削区带走大量热量，从而明显降低切削温度，提高刀具耐用度。

(五)刀具磨损和刀具耐用度

1. 刀具磨损的形式及原因

在切削过程中，刀具与切屑、工件之间产生剧烈的挤压、摩擦，从而产生磨损。刀具磨损直接影响加工效率、质量和成本。

刀具损坏的形式主要有磨损和破损两类。前者是连续的逐渐磨损，属于正常磨损；后者包括脆性破损和塑性破损两种，属于非正常磨损。

(1)刀具磨损的形式

①前刀面磨损

在切削速度较高、切削厚度较大的情况下，加工钢料等高熔点塑性金属时，前刀面在强烈的摩擦下，经常会磨出一个月牙形的洼坑。月牙洼坑的中心即为前刀面上切削温度最高处。月牙洼坑与主切削刃之间有一条小棱边。在切削过程中，月牙洼坑的宽度与深度逐渐扩展，使棱边逐渐变窄，最后导致崩刃，如图 2-27(a)和图 2-27(b)所示。月牙洼坑的中心距主切削刃的距离 KM 为 1～3 mm，KM 的大小与切削厚度有关。前刀面的磨损量通常以月牙洼坑的最大深度 KT 表示。

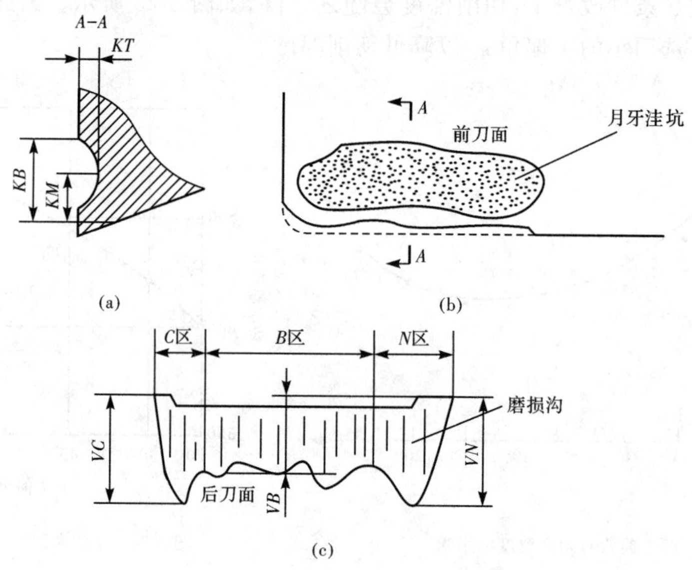

图 2-27 刀具正常磨损的形式

②后刀面磨损

刀具后刀面与工件过渡表面接触，产生强烈摩擦，在毗邻主切削刃的部位很快磨出后角等于零的小棱面，此种磨损形式称为后刀面磨损。

在切削速度较低、切削厚度较小的情况下，不管是切削脆性金属(如铸铁等)还是切削塑性金属，刀具都会产生后刀面磨损。较典型的后刀面磨损带如图 2-27(c)所示。刀尖部分(C 区)由于强度较低，散热条件较差，故磨损比较严重，其最大值用 VC 表示。毗邻主切削刃且靠近工件外皮处的后刀面(N 区)上往往会磨出深沟，其深度用 VN 表示，这是由于上道工序加工硬化层或毛坯表皮硬度高所致，称为边界磨损。在磨损带的中间部分(B 区)，磨损比较均匀，用 VB 表示其平均磨损值。

③前刀面与后刀面同时磨损

在中等切削速度和进给量下切削塑性金属时，经常发生前刀面磨损和后刀面磨损兼有的磨损形式。

(2)刀具磨损的原因

刀具磨损是机械、热、化学三种作用综合的结果。其原因有以下几个方面：

①磨粒磨损

在切削过程中，刀具上经常被一些硬质点刻出深浅不一的沟痕。磨粒磨损对高速钢作用较明显。

②黏结磨损

刀具与工件、切屑之间在高温高压的作用下易产生黏结。接触面相对滑动时，在黏结处会产生剪切破坏，造成表面层破裂而被一方带走，形成了新鲜表面接触，称为黏结磨损。低、中速切削时，黏结磨损是硬质合金刀具的主要磨损原因。

③扩散磨损

切削时在高温作用下，接触面间分子活动能量大，造成了合金元素相互扩散置换，使刀具材料机械性能降低，若再经摩擦作用，则刀具容易被磨损。扩散磨损是一种化学性质的磨损。

④相变磨损

若刀具上的最高温度超过了刀具材料的相变温度，则表面材料的金相组织会发生变化，使硬度降低，磨损加剧，从而使刀面塌陷和切削刃卷曲。工具钢刀具在高温时易产生相变磨损。

⑤氧化磨损

氧化磨损是一种化学性质的磨损。在切削刃与切削层金属表面的接触处，硬质合金中的 WC、Co 与空气介质起化学作用，生成脆性、低强度的氧化膜 WO_2，该膜受到工件表层中氧化皮、硬化层等的摩擦和冲击作用，形成了氧化磨损。使用细化晶粒以及表面涂层的方法可以减少此类磨损。

(3)刀具的破损

刀具破损和刀具磨损一样，也是刀具失效的一种形式。刀具在一定的切削条件下使用时，如果它经受不住强大的应力(切削力或热应力)，就可能发生突然损坏，使刀具提前失去切削能力，这种情况就称为刀具破损。破损是相对于磨损而言的。刀具破损的形式分脆性破损和塑性破损两种。硬质合金和陶瓷刀具在切削时，在机械和热冲击作用下经常发生脆性破损。脆性破损又分为崩刃、碎断、剥落和裂纹。

2. 刀具磨损过程和磨钝标准

(1)刀具磨损过程

在正常磨损的情况下，刀具磨损量随着切削时间的延长而逐渐扩大。如图 2-28 所示，后刀面磨损过程可分为三个阶段：

①初期磨损阶段(Ⅰ段)

初期磨损阶段是由于刀具的表面粗糙不平所引起的磨损较快、较短的一段时间。因为后刀面与工件表面的实际接触面积很小，单位面积上承受的正压力较大，故磨损很快，它与刀具刃磨质量有很大关系。

②正常磨损阶段(Ⅱ段)

随着切削时间的延长,磨损量以较均匀缓慢的速度加大。这是由于经过Ⅰ段后,后刀面与工件接触面积增大,单位面积上承受的正压力减小。这一正常磨损阶段是刀具工作的有效阶段。此段中 AB 线段基本上呈向上倾斜的直线,直线的斜率代表磨损的快慢程度,近似为常数,这是评定刀具切削性能的重要指标之一。

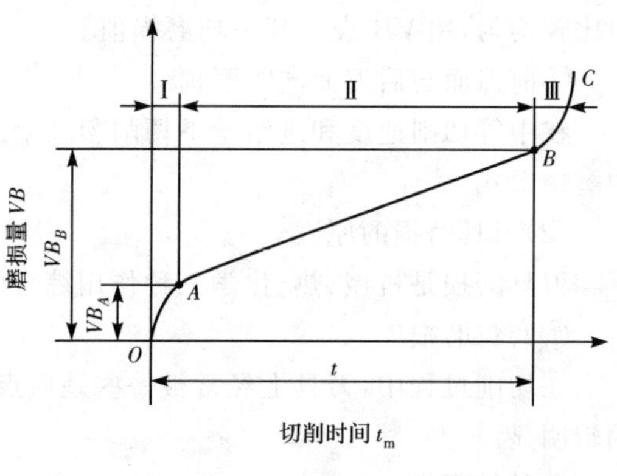

图 2-28　刀具磨损过程

③急剧磨损阶段(Ⅲ段)

磨损量达到一定数值后,磨损急剧加速,继而使刀具被损坏。这是由于切削时间过长,磨损严重,切削温度剧增,刀具强度、硬度降低。工作时要尽量避免出现急剧磨损。

(2)刀具磨钝标准

为了保证刀具具有足够的耐用度,必须在刀具的实际磨损量达到急剧磨损阶段之前的某一值时就停止使用,进行刃磨或更换刀具。所谓的刀具磨钝标准,就是规定刀具后刀面上磨损带中间部分的平均磨损量允许达到的最大值 VB。它是衡量刀具是否应该刃磨或更换刀具的标准。

制定磨钝标准需考虑被加工对象的特点和具体的加工条件。在工艺系统刚性差时,应规定较小的刀具磨钝标准;切削难加工材料时,也要规定较小的刀具磨钝标准;加工精度及表面质量要求较高时,应减小刀具磨钝标准,以确保加工质量;加工大型工件,为避免中途换刀,可加大刀具磨钝标准;在自动化生产中使用的刀具,一般都根据工件的精度要求制定刀具磨钝标准。

3. 刀具耐用度

刃磨后的刀具,自开始切削到磨损量达到刀具磨钝标准为止所经历的切削工作时间,称为刀具耐用度,用 T 表示,单位为 min。它是确定换刀时间的重要依据。

刀具寿命与刀具耐用度有着不同的含义。一把新刀往往要经过多次重磨,才会报废,刀具耐用度指的是两次刃磨之间所经历的切削时间。刀具寿命表示一把新刀用到报废之前总的切削时间,其中包括多次重磨。因此,刀具寿命等于刀具耐用度乘以重磨次数。

影响刀具耐用度的因素如下:

(1)切削用量

切削用量是影响刀具耐用度的一个重要因素。刀具耐用度与切削用量的一般关系可用下式表示:

$$T=\frac{C_T}{\frac{1}{v_c^m}\frac{1}{f^g}\frac{1}{a_p^h}} \tag{2-15}$$

式中　C_T——刀具耐用度系数,与刀具、工件材料和其他条件有关;

m、g、h——指数,分别表示切削用量三要素对刀具耐用度的影响程度。

C_T、m、g、h 可查阅有关手册。

用硬质合金车刀切削 $\sigma_b=0.637$ GPa 的碳钢时，切削用量与刀具耐用度的关系为

$$T=\frac{C_T}{v_c^5 f^{2.25} a_p^{0.75}} \tag{2-16}$$

从上式可以看出，v_c、f、a_p 增大，刀具耐用度 T 减小，且 v_c 影响最大，f 次之，a_p 最小。所以在保证一定刀具耐用度的条件下，为了提高生产率，应首先选取大的背吃刀量 a_p，然后选择较大的进给量 f，最后选择合理的切削速度 v_c。

(2)刀具几何参数

刀具几何参数对刀具耐用度影响最大的是前角 γ_o 和主偏角 κ_r。前角 γ_o 增大，变形系数减小，可使切削力、切削温度都降低，刀具耐用度提高；但前角 γ_o 太大会使楔角太小，刀具强度削弱，散热差，且易于破损，刀具耐用度反而下降了。前角对刀具耐用度的影响呈“驼峰形”，它的峰顶前角是耐用度最高的前角。主偏角 κ_r 减小，可使刀尖圆弧半径增大，增加了刀具强度并改善了散热条件，提高了刀具耐用度；但主偏角 κ_r 过小，则背向力增大，对于刚性差的工艺系统，切削时易引起振动。

(3)刀具材料

刀具材料的高温强度越高，耐磨性越好，刀具耐用度越高。但在有冲击切削、重载切削和难加工材料切削时，影响刀具耐用度的主要因素是冲击韧性和抗弯强度。韧性越好，抗弯强度越高，刀具耐用度越高，越不易产生破损。

(4)工件材料

工件材料的强度、硬度越高，加工时产生的切削力越大，切削温度越高，所以刀具磨损越快，刀具耐用度越低。此外，工件材料的塑性、韧性越高，导热性越低，切削温度越高，刀具耐用度就越低。

(六)工件材料的切削加工性

掌握了金属切削过程的基本规律和刀具的相关知识后，还要学会运用规律，以指导生产实践。下面主要讨论从改善材料的切削加工性以及合理选择切削液、刀具几何参数和切削用量这四个方面来达到保证加工质量、降低生产成本和提高生产率的目的。

工件材料的切削加工性是指工件材料被切削成合格零件的难易程度。研究工件材料切削加工性的目的是为了寻找改善工件材料切削加工性的途径。

1. 评定工件材料切削加工性的主要指标

(1)刀具耐用度指标

刀具耐用度与工件材料切削加工性关系最为密切。在相同加工条件下切削某种材料时，若一定切削速度下的刀具耐用度较高或在相同刀具耐用度条件下的切削速度较高，则该材料的切削加工性较好；反之，其切削加工性较差。

在切削普通金属材料时，用刀具耐用度 $T=60$ min 时允许的切削速度 v_{c60} 的高低来评定材料的切削加工性；切削难加工金属材料时，用 v_{c20} 的高低来评定。在同样条件下，v_{c60} 与 v_{c20} 的值越高，材料的可加工性越好。以切削正火状态 45 钢的 v_{c60} 作为基准，记作 $(v_c)_j$，而将其他各种材料的 v_{c60} 与其相比，比值 k_r 称为材料的相对切削加工性。凡 k_r 大于 1 的材料，其切削加工性比 45 钢好，反之则比 45 钢差。常用材料的相对切削加工性 k_r 的分级情况，读者可自行参阅有关手册。

(2)切削力、切削温度指标

在相同切削条件下,凡切削力大、切削温度高的材料均难加工,即切削加工性差;反之,则切削加工性好。如铜、铝的切削加工性比钢好,灰铸铁的切削加工性比冷硬铸铁好,正火45钢的切削加工性比淬火45钢好。切削力大,则消耗功率多,在粗加工或工艺系统刚性差时,也可用切削功率作为评定切削加工性的指标。

(3)加工表面质量指标

精加工时,常以加工表面质量作为评定切削加工性的指标。凡容易获得好的加工表面质量(包括表面粗糙度、冷作硬化程度及残余应力等)的材料,其切削加工性较好,反之则较差。例如,低碳钢的切削加工性不如中碳钢,纯铝的切削加工性不如硬铝合金。

(4)断屑难易程度指标

凡切屑容易折断的材料,其切削加工性较好,反之则较差。在自动线和数控机床上,常以此作为评定切削加工性的指标。

2. 影响工件材料切削加工性的主要因素

工件材料的切削加工性主要受其本身的物理力学性能的影响。

(1)材料的强度和硬度

工件材料的硬度和强度越高,切削力越大,消耗的功率也越大,切削温度就越高,刀具的磨损加剧,切削加工性就越差。反之,则切削加工性越好。

(2)塑性和韧性

工件材料的塑性越高,切削时产生的塑性变形和摩擦越大,切削力越大,切削温度越高,刀具磨损越快,因而切削加工性越差。同样,韧性越高,切削时消耗的能量越多,切削力越大,切削温度越高,且越不易断屑,故切削加工性越差。

(3)材料的导热率

材料的导热率越高,切削热越容易传出,越有利于降低切削区的温度,减小刀具的磨损,切削加工性就越好。但温升易引起工件变形,且尺寸不易控制。

(4)弹性模量

工件材料的弹性模量越大,切削加工性越差。但弹性模量很小的材料(如软橡胶),其弹性恢复大,易使后刀面与工件表面发生强烈摩擦,切削加工性也较差。

3. 改善工件材料切削加工性的措施

(1)调整化学成分

在不影响工件材料性能的条件下,可适当调整化学成分,以改善切削加工性。如在钢中加入少量的硫、铅、磷等,虽略降低钢的强度,但也同时降低钢的塑性,对改善切削加工性有利。

(2)进行适当的热处理

通过热处理可以改变材料的金相组织和物理力学性能。如低碳钢塑性过高,通过正火处理可降低其塑性,提高其硬度;高碳钢硬度偏高,通过球化退火可降低其硬度;铸铁在切削加工前进行退火处理,可降低其表面硬度。

(3)选切削加工性好的材料状态

低碳钢经冷拉后,其塑性大为降低,切削加工性好;锻造的坯件余量不均匀,且有硬皮,切削加工性很差,改为热轧后可得以改善。

(4)其他措施

采用合适的刀具材料，选择合理的刀具几何参数、切削用量及切削液等。

(七)切削液

在金属切削过程中，合理选用切削液可以改善切屑、工件与刀具间的摩擦情况，抑制积屑瘤的生长，从而降低切削力和切削温度，减小工件热变形和刀具磨损，提高刀具耐用度和加工精度，改善已加工表面质量。

1. 切削液的作用

(1)冷却作用

切削液可以将切削过程中产生的热量迅速地从切削区带走，使切削区温度降低。切削液的流动性越好，比热容、导热率和汽化热等参数越高，则其冷却性能越好。

(2)润滑作用

切削液能在刀具的前、后刀面与工件之间形成一层润滑薄膜，可减少或避免刀具与工件或切屑间的直接接触，减轻摩擦和黏结程度，因而可以减轻刀具的磨损，提高工件表面的加工质量。

(3)清洗作用

使用切削液可以及时地将切削过程中产生的碎屑或磨粉从刀具(或砂轮)和工件上冲洗下去，从而避免切屑黏附刀具、堵塞排屑和划伤已加工表面。为此，要求切削液具有良好的流动性，并且在使用时有足够大的压力和流量。

(4)防锈作用

为了减轻工件、刀具和机床受周围介质(如空气、水等)的腐蚀，要求切削液具有一定的防锈作用。防锈作用的好坏，取决于切削液本身的性能和加入的防锈添加剂的品种和比例。

2. 切削液的种类

(1)水溶液

水溶液是以水为主要成分的切削液。水的导热性好，冷却效果好，但单纯的水容易使金属生锈，润滑性能差。因此，常在水溶液中加入一定量的添加剂，如防锈添加剂、表面活性物质和油性添加剂等，使其既具有良好的防锈性能，又具有一定的润滑性能。

(2)乳化液

乳化液是将乳化油用95%～98%的水稀释，呈乳白色或半透明状的液体，它具有良好的冷却作用，但润滑、防锈性能较差。常在其中加入一定量的油性、极压添加剂和防锈添加剂，配制成极压乳化液或防锈乳化液。

(3)切削油

切削油的主要成分是矿物油，少数采用动植物油或复合油。纯矿物油不能在摩擦界面形成坚固的润滑膜，润滑效果较差。实际使用中，常加入油性添加剂、极压添加剂和防锈添加剂，以提高其润滑和防锈作用。

3. 切削液的选用

(1)根据工件材料选用

切削碳钢等塑性材料时需用切削液;切削铸铁等脆性材料时可不用切削液;切削高强度钢、高温合金等难加工材料时,宜选用极压切削油或极压乳化液,甚至还需要配制特殊的切削液。对于铜、铝及铝合金,为得到较高的加工表面质量和加工精度,可采用10%～20%的乳化液或煤油等;切削镁合金时,不能用水溶液,以免燃烧。

(2)根据刀具材料选用

高速钢刀具耐热性差,应采用切削液。粗加工时,金属切除量大,产生热量多,可选用以冷却为主的切削液;精加工时则选用以润滑为主的切削液。硬质合金刀具耐热性好,一般不用切削液,必要时可采用水溶液或低浓度乳化液,但必须充分连续供应,否则刀片会因受热不均而开裂。

(3)根据加工方法选用

钻孔、铰孔、攻螺纹和拉削等,其排屑方式多为半封闭状态,且导向部分或校正部分与已加工表面摩擦严重,宜采用乳化液、极压乳化液或极压切削油。成形刀具、齿轮刀具等价格昂贵、刃磨复杂,且要求具有较高的耐用度,故应采用润滑性较好的极压切削油或高浓度极压切削油。磨削加工温度很高,还会产生大量的碎屑及脱落的砂粒,因此要求切削液具有良好的冷却和清洗作用,故常采用乳化液。

七 讨论题

1. 什么是刀具磨损标准?刀具耐用度是如何定义的?
2. 切削液有何作用?有哪些种类?
3. 试述形成积屑瘤后有何利弊?应如何控制?
4. 成形车刀的特点是什么?成形车刀为什么要进行截形设计?
5. 切削加工的种类有哪些?
6. 刀具磨损的原因有哪些?
7. 切屑有哪些类型?各种类型有什么特征?各种类型的切屑是在什么情况下形成的?为保证加工质量和安全性,应如何控制切屑?
8. 影响切削变形的主要因素有哪些?
9. 切削力主要来源于哪几个方面?
10. 切削用量中,背吃刀量、进给量、切削速度对切削力的影响有何不同?
11. 分别说明切削速度、进给量及背吃刀量的改变对切削温度的影响。
12. 简述刀具前角、主偏角对切削温度的影响。
13. 评定材料切削加工性有哪些指标?
14. 如何改善材料的切削加工性?

项目三

型腔模具加工工艺规程编制

知识目标

- 掌握模具加工工艺规程的基本概念、内容和流程。
- 掌握选择基准的基本规律。

能力目标

- 具有拟定加工工艺路线的能力。
- 具有选择加工工艺参数的能力。
- 具有编制模具零件加工工艺规程的能力。

一 项目导入

型腔模具零件图如图 3-1 所示，结合注塑模具的特点，制定详细的加工工艺方案。

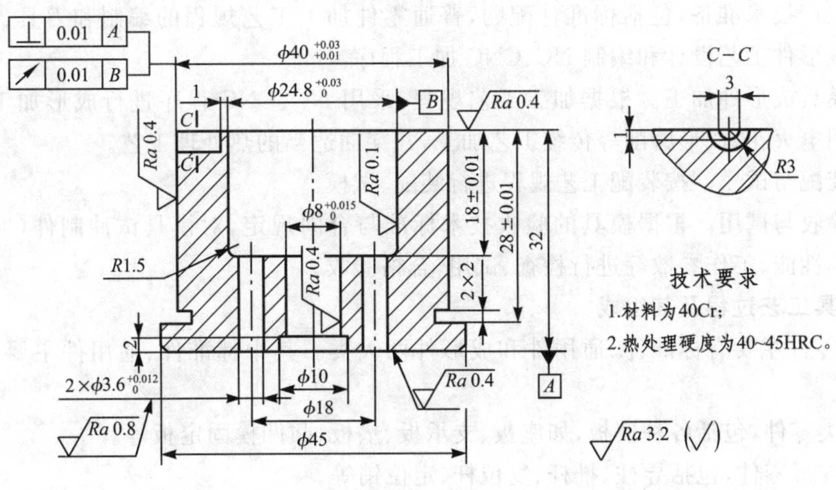

图 3-1　型腔模具零件图

二 项目分析

(一)项目实施的基本思路

识读零件图,分析零件图中的技术要求,构思从给定毛坯到形成最终零件形状所经历的改变过程,制定出正确、合理的加工工艺路线,并为加工操作提供详细的工艺文件。

认真学习制定工艺规程的基本概念,掌握编制工艺文件的流程和一般规律,熟悉相关资料,学会分析、确定工艺参数的方法。

(二)项目实施的关键环节及重点、难点

拟定工艺路线是关键环节,把握零件材料特性和热处理要求,根据零件精度要求确定工艺路线为:采用锻造毛坯—退火热处理—粗、半精加工—淬火热处理—磨削精加工—钳修。

三 必备知识

(一)基本概念

1. 模具生产过程

将原材料转变为模具成品的全过程称为模具生产过程。它主要包括:

(1)模具方案策划、结构设计。

(2)生产技术准备,包括标准件配购,普通零件加工工艺规程的编制和刀具、工装的准备,以及成形件工艺设计和编制 NC、CNC 加工程序。

(3)模具成形件加工。根据加工工艺规程,采用 NC、CNC 程序进行成形加工、孔系加工,或采用电火花、成形磨削等传统工艺加工,并穿插适当的热处理工艺。

(4)装配与试模。按装配工艺规程进行装配、试模。

(5)验收与试用。根据模具的验收技术标准与合同规定,对模具试冲制件(冲件、塑件等)和模具性能、工作参数等进行检查、试用,合格验收。

2. 模具工艺过程及其组成

模具零件主要有标准件、通用件和成形件两大类。其中标准件、通用件主要分为如下三类:

- 板类零件,包括各种模板,如座板、支承板、垫板、凸凹模固定板等。
- 圆柱形零件,包括导柱、推杆、复位杆、定位销等。
- 套类零件,包括导套、定位圈、凸模保护套等。

成形件主要指凸模或型芯、凹模或型腔。冲模凹模常为拼块式结构。

由上述可见,模具零件多由规则表面(如平面、内外回转面等)构成,基本上采用普通机械加工方法加工。只是模具成形件的型面较为复杂,常由二、三维型面构成,故常需采用成形加工工艺。

我们将模具生产过程中直接改变生产对象的形状、尺寸、相对位置和性质等而使其成为半成品或成品的部分，称为模具工艺过程。上述机械加工、成形加工都是工艺过程。模具零件的工艺过程内容很多，进一步细分如图 3-2 所示。

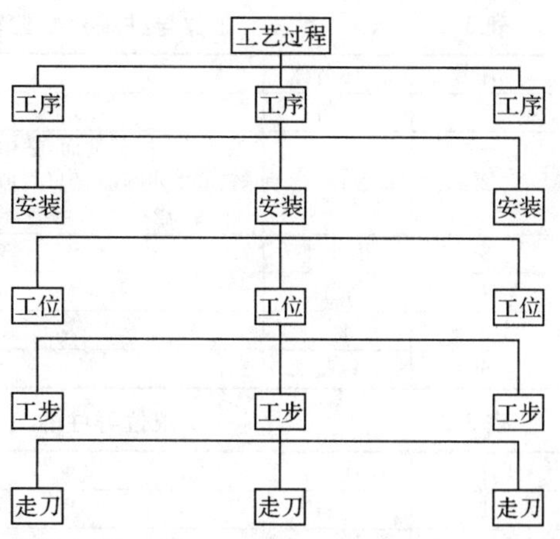

图 3-2　模具零件的工艺过程

(1)工序

一个或一组工人，在一个工作地点对同一个或同时对几个工件进行加工，所连续完成的那部分工艺过程称为工序。划分工序的依据是工作地(设备)、加工对象(工件)是否变动以及加工是否连续完成。

工序是组成工艺过程的基本单元，也是制订生产计划、进行经济核算的基本单元。工序又可细分为安装、工位、工步、走刀等组成部分。

表 3-1 列出了限位导柱(图 3-3)采用普通车床大批量生产的工艺过程，采用数控车床大批量生产的工艺过程见表 3-2。考虑数控车床的普遍应用，也列出了小批量经济生产的工艺过程，见表 3-3。

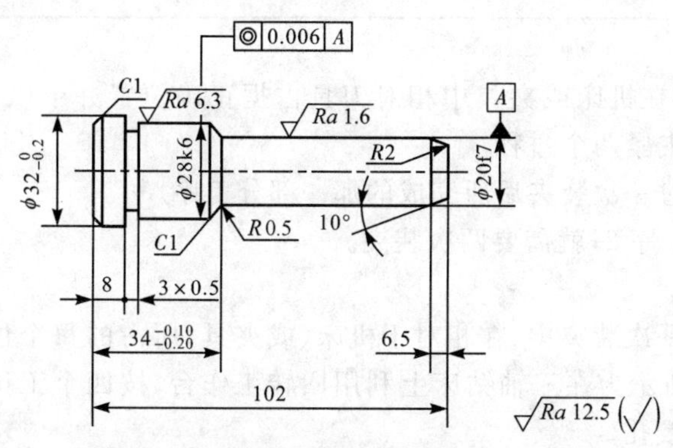

图 3-3　限位导柱零件图

表 3-1　　限位导柱采用普通车床的工艺过程(大批量生产)

工序号	工序名称	工序内容	工作地点
1	下料	ϕ35×107	
2	车	车端面，钻中心孔	车床
3	车	车全部外圆面，切槽，倒角	车床
4	热处理	淬火、回火达 50～55HRC	
5	钳工	研磨中心孔	
6	磨	磨 ϕ28k6 及 ϕ20f7，留 1 μm 研磨量，磨 10°锥面	外圆磨床
7	钳工	研磨 ϕ28k6 及 ϕ20f7 至尺寸，抛光圆角及锥面	
8	检验		

表 3-2　　限位导柱采用数控车床的工艺过程(大批量生产)

工序号	工序名称	工序内容	工作地点
1	下料	ϕ35×107	锯床
2	数控车	装夹左端,车端面,钻中心孔;掉头车端面,保证长度 102,钻中心孔,车 ϕ32 外圆面,倒角;掉头夹 ϕ32 外圆,车右端全部外圆面,切槽,倒角,车 ϕ28、ϕ20,留磨量 0.25 mm	数控车床
3	热处理	淬火、回火达 50～55HRC	
4	钳工	研磨中心孔	
5	磨	磨 ϕ28 及 ϕ20,磨 10°锥面	外圆磨床
6	检验		

表 3-3　　限位导柱的工艺过程(小批量经济生产)

工序号	工序名称	工序内容	工作地点
1	下料	ϕ35×107	锯床
2	车	装夹左端,车端面,钻中心孔;掉头车端面,保证长度 102,钻中心孔,车 ϕ32 外圆面,倒角	普通车床
3	数控车	调头夹 ϕ32 外圆,车右端全部外圆面,切槽,倒角,车 ϕ28、ϕ20,留磨量 0.25 mm	数控车床
4	热处理	淬火、回火达 50～55HRC	
5	钳工	研磨中心孔	
6	磨	磨 ϕ28 及 ϕ20,磨 10°锥面	外圆磨床
7	检验		

(2)安装

工件加工前,使其在机床或夹具中相对刀具占据正确位置并予以固定的过程,称为装夹。装夹包括定位和夹紧两个过程。

安装是指工件通过一次装夹后所完成的那一部分工序。

例如表 3-1 中的工序 2,就需要两次装夹。

(3)工位

工位是指工件在一次装夹中,在相对于机床(或夹具)所占的每个位置上所完成的那一部分工序。如图 3-4 所示为在三轴钻床上利用回转工作台,按四个工位连续完成每个工件的装夹、钻孔、扩孔和铰孔。

采用多工位加工可提高生产率,并保证被加工表面的相互位置精度。

(4)工步

在加工表面、切削刀具、切削速度和进给量都不变的情况下所完成的那部分工序,称为工步。工步是构成工序的基本单元。为了提高生产率,通常用几把刀具同时加工几个表面,这样的工步称为复合工步,如图 3-5 所示。

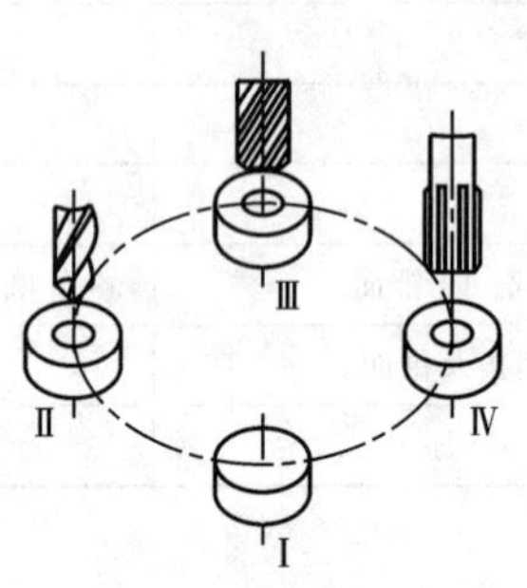

图 3-4　多工位加工

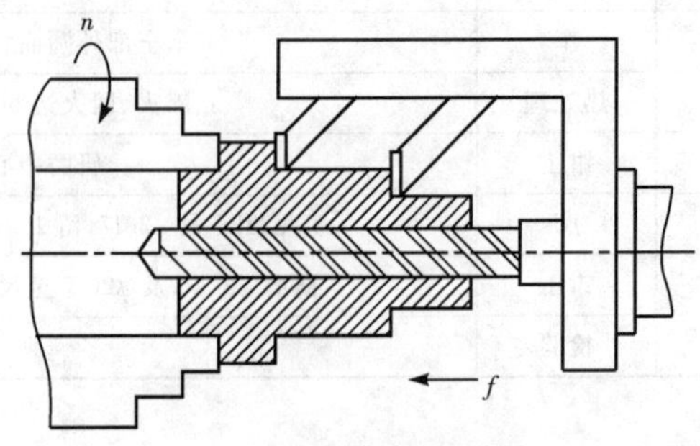

图 3-5　复合工步

(5)走刀

在一个工步内，如果被加工表面需切去的金属层很厚，一次切削无法完成，则应分几次切削，每切去一层金属的过程就是一次走刀，或称为一个工作行程。

3. 生产纲领和生产类型

不同的生产纲领和生产类型，其生产过程和生产组织、车间的机床布置、毛坯的制造方法、采用的工艺装备、加工方法以及工人的熟练程度等都有很大的不同，因此在制定加工工艺路线时必须明确该产品的生产纲领和生产类型。不同生产类型的加工工艺过程如图 3-6 所示。

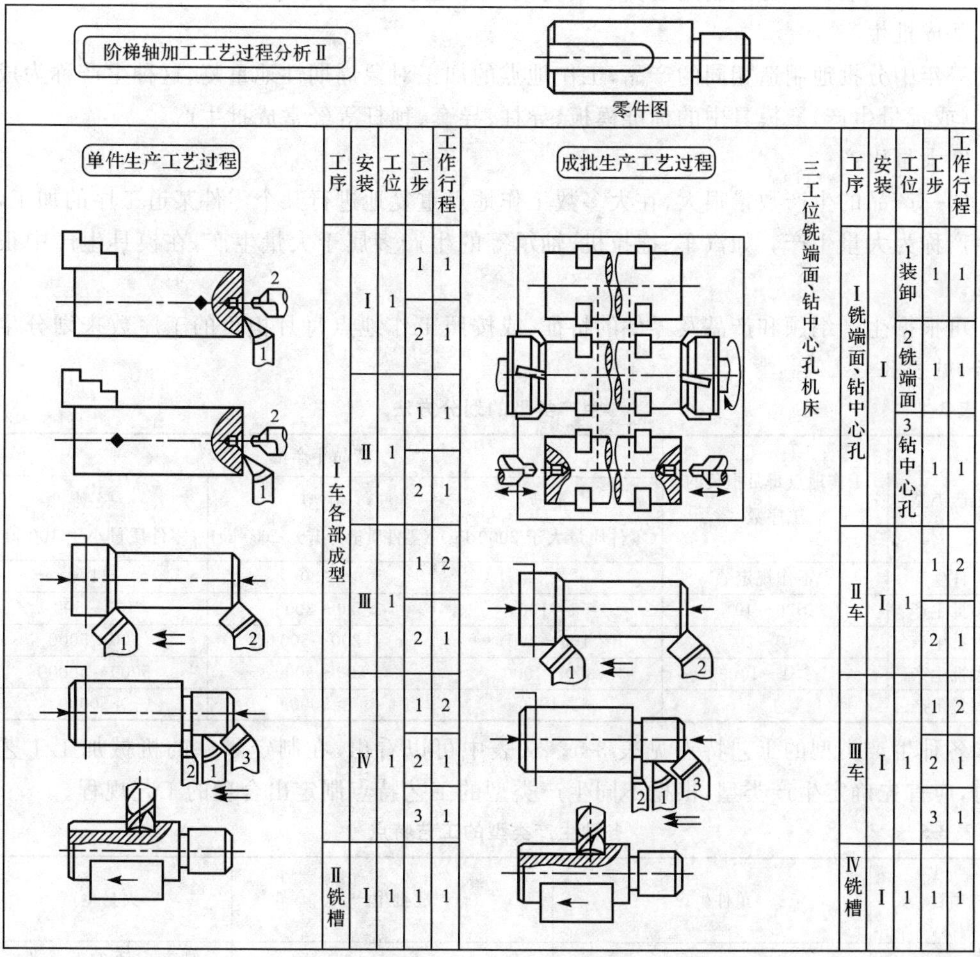

阶梯轴加工工艺过程分析 Ⅱ

零件图

单件生产工艺过程

工序	安装	工位	工步	工作行程
Ⅰ车各部成型	Ⅰ	1	1	1
			2	1
	Ⅱ	1	1	1
			2	1
	Ⅲ	1	1	2
			2	1
	Ⅳ	1	1	2
			2	1
			3	1
Ⅱ铣槽	Ⅰ	1	1	1

成批生产工艺过程

三工位铣端面、钻中心孔机床

工序	安装	工位	工步	工作行程
Ⅰ铣端面、钻中心孔	Ⅰ	1装卸	1	1
		2铣端面	1	1
		3钻中心孔	1	1
Ⅱ车	Ⅰ	1	1	2
			2	1
Ⅲ车	Ⅰ	1	1	2
			2	1
			3	1
Ⅳ铣槽	Ⅰ	1	1	1

图 3-6 不同生产类型的加工工艺过程

(1)生产纲领

生产纲领指包括废品、备件在内的该产品的年产量。产品的年生产纲领就是产品的年生产量。零件的年生产纲领由下式计算：

$$N=Qn(1+a)(1+b)$$

式中 N——零件的年生产纲领(件/年)；

Q——产品的年产量(台/年);

n——单台产品该零件的数量(件/台);

a——备品率,以百分数计;

b——废品率,以百分数计。

(2)生产类型

在机械制造业中,根据年产量和产品品种的多少,可将生产类型分为如下三种:

①单件生产

生产中,单个或少量地生产不同结构和尺寸的产品,很少重复或不重复,这种生产称为单件生产。一般新产品试制用模具和大型模具的制造等均属于单件生产。

②成批生产

一年中分批地制造相同的产品,工作地点的加工对象周期性地重复,这种生产称为成批生产(或批量生产)。模具中的标准模板、导柱、导套、顶杆等经常成批生产。

③大量生产

同一产品的生产数量很大,在大多数工作地点重复地进行某个零件某道工序的加工,这种生产称为大量生产。如汽车、拖拉机、轴承等的生产多属于大量生产,在模具生产中很少出现。

可根据生产纲领和产品及零件的特征,或按照工作地点每月担负的工序数来划分生产类型,见表3-4。

表3-4　生产类型的划分方法

生产类型	工作地点每月担负的工序数	产品年产量		
		重型 (零件质量大于2000 kg)	中型 (零件质量为100～2000 kg)	轻型 (零件质量小于100 kg)
单件生产	不作规定	<5	<20	<100
小批生产	>20～40	5～100	20～200	100～500
中批生产	>10～20	100～300	200～500	500～5000
大批生产	>1～10	300～1000	500～5000	5000～50000
大量生产	1	>1000	>5000	>50000

各种生产类型的工艺特点见表3-5。从表中可以看出,在制定零件的机械加工工艺规程时,应首先确定生产类型,根据不同生产类型的工艺特点制定出合理的工艺规程。

表3-5　各种生产类型的工艺特点

项目	单件生产	成批生产	大量生产
零件的互换性	用修配法、钳工修配,缺乏互换性	大部分具有互换性,少数用钳工修配	具有广泛的互换性。少数装配精度要求较高时,采用分组装配法和调整法
毛坯的制造方法与加工余量	木模手工造型或自由锻造,毛坯精度低,加工余量大	部分采用金属模铸造或模锻,毛坯余量和加工精度中等	广泛采用金属模机器造型、模锻或其他高效方法。毛坯精度高,加工余量小
机床及其布置	通用机床。按机床类别采用"机群式"布置	部分通用机床和高效机床。按工件类别分工段排列设备	广泛采用高效专用机床和自动机床。按流水线和自动线排列设备

续表

项目	单件生产	成批生产	大量生产
工艺装备	大多采用通用夹具、标准附件、通用刀具和万能量具。靠划线和试切法达到精度要求	广泛采用夹具,部分靠找正装夹达到精度要求。较多采用专用刀具和量具	广泛采用专用高效夹具、复合刀具、专用量具或自动检具。靠调整法达到精度要求
对工人的技术要求	需技术水平较高的工人	需技术水平一般的工人	对调整工的技术水平要求较高,对操作工的技术水平要求较低
工艺文件	有简单的工艺过程卡	有工艺过程卡,关键零件有工序卡	有详细的工艺文件
生产率与成本	生产率低,成本高	生产率和成本中等	生产率高,成本低

(二)设计、制造和使用的关系

1. 模具的加工精度和表面质量

(1)模具的加工精度

机械产品的精度包括尺寸精度、形状精度、位置精度。机械产品在工作状态和非工作状态下的精度不同,分别为动态精度和静态精度。

模具的精度主要体现为模具工作零件的精度和相关部位的配合精度。模具工作部位的精度高于产品制件的精度,例如冲裁模刃口尺寸的精度要高于产品制件的精度,冲裁凸模和凹模间冲裁间隙的数值大小和均匀一致性也是主要的精度参数之一。平时测量出的精度都是非工作状态下的精度,如冲裁间隙,即静态精度。而在工作状态下,受工作条件的影响,其静态精度数值发生了变化,变为动态精度,这种动态冲裁间隙才是真正有实际意义的。

一般模具的精度也应与产品制件的精度相协调,同时也受模具加工技术手段的制约。今后随模具加工技术手段的提高,模具精度会有大的提高,模具工作零件的互换性生产将成为现实。

①影响模具加工精度的主要因素

• 被加工产品的精度

被加工产品的精度越高,模具工作零件的精度就越高。模具加工精度的高低不但对产品制件的精度有直接影响,而且对模具的生产周期、生产成本都有很大的影响。

• 模具加工技术手段的水平

模具加工设备的加工精度和设备的自动化程度是保证模具加工精度的基本条件。今后模具的加工精度将更大地依赖于模具加工技术手段的高低。

• 模具装配钳工的技术水平

模具的最终精度在很大程度上由装配调试来决定,模具光整表面的粗糙度也主要由模具钳工来决定,因此模具钳工的技术水平是影响模具加工精度的重要因素。

• 模具制造的生产方式和管理水平

模具工作刃口尺寸在模具设计和生产时是采用实配法还是分别制造法是影响模具加工

精度的重要方面。对于高精度模具，只有采用分别制造法才能满足高精度的要求并实现互换性生产。

②提高模具加工精度的措施

我们将由机床、夹具、刀具和工件组成的加工系统称为工艺系统。工艺系统在制造、安装调试及使用过程中总会存在各种各样的误差（我们称其为原始误差），从而导致了工件加工误差的产生。为了保证和提高模具加工精度，必须采取相应的措施以控制这些原始误差对加工精度的影响，其主要措施如下：

• 减少或消除原始误差

在切削加工中，提高机床、夹具、刀具的精度和刚度，减小工艺系统受力、受热变形等，都可以直接减小原始误差。在某一具体情况下，首先要查明影响加工精度的主要原始误差因素，再根据具体情况采取相应的措施。例如对刚度很差的细长轴类零件的加工，容易产生弯曲变形和振动，对此可采取以下措施：尾座顶尖用弹性顶尖，减少因进给力和热应力而使工件产生的压弯变形；采用反向进给方式，使工件由“压杆”变成较稳定的“拉杆”；使用跟刀架以增加工件刚度，抵消径向切削力；采用大主偏角车刀及较大的进给量，以抑制振动，使切削平稳。

为保证机床重要部位的精度，还可采用就地加工法。如牛头刨床总装配完成后，在刨床上用自身刨刀直接对工作台进行刨削，以保证工作台面与主运动方向的平行度。此法既简单又可直接减少原始误差。

• 补偿或抵消原始误差

补偿或抵消原始误差是指人为地制造一项新的原始误差去抵消原有的原始误差，从而提高加工精度。例如，在精密螺纹加工中，机床传动链误差将直接反映到工件导程误差上。若通过直接提高机床传动链精度来满足加工精度要求，不仅成本高，甚至不可能实现。实际生产中常采用螺母丝杠螺距校正装置来消除传动链误差，还可以弥补传动链的磨损。

误差补偿是一种有效而经济的方法，结合现代计算机技术，能够达到很好的效果，在实际生产中得到了广泛运用。

(2)模具的表面质量

表面质量是指零件加工后的表层状态，它将直接影响零件的工作性能，尤其是可靠性和寿命。表面质量的主要内容如下：

①表面层的几何形状特征

也就是加工后的实际表面与理想表面的几何形状的偏离量。主要分为两部分：表面粗糙度，即表面的微观几何形状误差，评定的参数主要有轮廓算术平均偏差 Ra 和轮廓微观不平度十点平均高度 Rz，实际应用时可根据测量条件和参数的优先使用条件确定使用 Ra 或 Rz；波度，即介于宏观几何形状误差与表面粗糙度之间的周期性几何形状误差。零件图上一般不注明波度的等级要求。波度主要产生于工艺系统的振动，应作为工艺缺陷设法消除。

②表面层的物理力学性能的变化

主要是指表面层的加工硬化、表面层材料金相组织的变化以及表面层的残余应力。

2. 模具的技术经济分析

一个零件的机械加工工艺规程，在满足其技术要求的前提下可以有多种，但是不同方案的生产成本是不同的，因此需要进行经济分析。对模具进行技术经济分析的主要指标有模具精度和表面质量(如前所述)、模具生产周期、模具生产成本和模具寿命。它们相互制约，又相互依存。在模具生产过程中，应根据设计要求和客观情况综合考虑各项指标。

(1)模具的生产周期

模具的生产周期是从接受模具订货任务开始到模具试模鉴定后交付合格模具所用的时间。当前，模具使用单位要求模具的生产周期越来越短，以满足市场竞争和产品更新换代的需要。因此，模具生产周期的长短是衡量一个模具企业生产能力和技术水平的综合标志之一，也关系到模具企业在激烈的市场竞争中有无立足之地。同时，模具生产周期的长短也是衡量一个国家模具技术管理水平的标志。

影响模具生产周期的主要因素有：

①模具技术和生产的标准化程度

模具标准化程度是一个国家模具技术和生产发展到一定水平的产物。目前，我国模具技术的标准化已有良好的基础，有模具基础技术标准、各种模具设计标准、模具工艺标准、模具毛坯和半成品件标准以及模具检验和验收标准等。由于我国企业的小而全和大而全状况，使得模具标准件的商品化程度还不高，这是影响模具生产周期的重要因素。

②模具企业的专门化程度

企业的专门化程度越高，产品生产周期越短，产品质量和经济性越能得到保证，因此现代工业的发展趋势是企业分工越来越细。但是目前我国模具企业的专门化程度还较低，只有各模具企业生产自己最擅长的模具类型，有明确和固定的服务范围，同时各模具企业互相配合搞好协作化生产，才能缩短模具生产周期。

③模具生产技术手段的先进程度

模具设计、生产、检测手段的现代化是影响模具生产周期的重要因素。只有大力推广和普及模具 CAD/CAM 技术和网络技术，才能使模具的设计效率得到大幅度提高。模具的机械加工中，毛坯下料采用高速锯床、阳极切割和砂轮切割等高效设备，粗加工采用高速铣床、强力高速磨床；精密加工采用高精度的数控机床，如数控仿形铣床、数控光学曲线磨床、高精度数控电火花线切割机床、数控连续轨迹坐标磨床等。同时还要推广先进快速的制模技术，使模具生产技术手段提高到一个新的水平。

④模具生产的经营和管理水平

向管理要效益，研究模具企业生产的规律和特点，采用现代化的理念和方法管理企业，也是影响模具生产周期的重要因素。

(2)模具生产成本

模具生产成本是指企业为生产和销售模具支付费用的总和。模具生产成本包括原材料费、外购件费、外协件费、设备折旧费、经营开支等。从性质上分为生产成本、非生产成本和生产外成本，我们所讲的模具生产成本是指与模具生产过程有直接关系的生产成本。

影响模具生产成本的主要因素有：

①模具结构的复杂程度和模具功能的高低

现代科学技术的发展使得模具向高精度和多功能自动化方向发展，相应地使模具生产成本提高。

②模具精度的高低

模具的精度和刚度越高，模具生产成本也越高。模具的精度和刚度应该与客观需要的产品制件的要求和生产纲领的要求相适应。

③模具材料的选择

模具费用中，材料费在模具生产成本中占25%～30%，特别是因模具工作零件材料类别的不同，模具费用相差较大。所以应该正确地选择模具材料，使模具工作零件的材料类别与所要求的模具寿命相匹配，同时应采取各种措施充分发挥材料的效能。

④模具加工设备

模具加工设备向高效、高精度、高自动化、多功能方向发展，这使得模具成本相应提高。但是，这些是维持和发展模具生产所必需的，所以应该充分发挥这些设备的效能，提高设备的使用效率。

⑤模具的标准化程度和企业生产的专门化程度

这些都是制约模具成本和生产周期的重要因素，应通过模具工业体系的改革，有计划、有步骤地解决。

(3)模具寿命

模具寿命是指模具在保证产品零件质量的前提下，所能加工的制件的总数量，它包括工作面的多次修磨和易损件更换后的寿命。

模具寿命＝工作面的一次寿命×修磨次数×易损件的更换次数

影响模具寿命的主要因素有：

①模具结构

合理的模具结构有助于提高模具的承载能力，减轻模具承受的热-机械负荷水平。例如，模具中可靠的导向机构对于避免凸模和凹模间的互相啃伤是至关重要的。又如，承受高强度负荷的冷镦和冷挤压模具，对应力集中十分敏感，当承力件截面尺寸变化较大时，最容易因应力集中而开裂。因此，对截面尺寸变化的处理是否合理，对模具寿命的影响较大。

②模具材料

应根据产品零件生产批量的大小选择模具材料。生产的批量越大，对模具的寿命要求越高，此时应选择承载能力强、抗疲劳破坏能力好的高性能模具材料。另外应注意模具材料的冶金质量可能造成的工艺缺陷及工作时承载能力的影响，采取必要的措施来弥补冶金质量的不足，以提高模具寿命。

③模具加工质量

模具零件在机械加工、电火花加工以及锻造、预处理、淬火、表面处理过程中的缺陷都会对模具的耐磨性、抗咬合能力、抗断裂能力产生显著的影响。例如模具表面残存的刀痕、电火花加工的显微裂纹、热处理时的表层增碳和脱碳等缺陷都会对模具的承载能力和寿命产生影响。

④模具工作状态

模具工作时，使用设备的精度与刚度、润滑条件、被加工材料的预处理状态、模具的预热和冷却条件等都会对模具寿命产生影响。例如薄料的精密冲裁对压力机的精度、刚度尤为敏感，必须选择高精度、高刚度的压力机，才能获得良好的效果。

⑤产品零件状况

被加工零件材料的表面质量状态、材料硬度、伸长率等力学性能以及被加工零件的尺寸精度等都与模具寿命有直接的关系。如镍的质量分数为80%的特殊合金成形时极易和模

具工作表面发生强烈的咬合现象，使工作表面咬合拉毛，直接影响模具能否正常工作。

模具的几个技术经济指标间是互相影响和互相制约的，而且影响因素也是多方面的。在实际生产过程中要根据产品零件和客观需要综合平衡，抓住主要矛盾，取得最佳的经济效益，满足生产的需要。

（三）模具加工工艺规程

一个模具零件可以用几种不同的加工工艺方法来制造。在一定的生产条件下，确定一种较合理的加工工艺，将它写成技术文件来指导生产，这类文件称为工艺规程。它是在具体的生产条件下最合理或较合理的工艺过程和操作方法，并按规定的形式书写成工艺文件，经审批后用来指导生产的。工艺规程包括各个工序的排列顺序，加工尺寸、公差及技术要求，工艺设备及工艺措施，切削用量及工时定额等内容。

1. 工艺规程的作用

(1)工艺规程是指导生产的主要技术文件。

(2)工艺规程是生产组织和生产管理的依据，即生产计划、调度、工人操作和质量检验等的依据。

(3)生产前用它做生产的准备，生产中用它做生产的指挥，生产后用它做生产的检验。

2. 模具加工工艺规程的形式

为了适应工业发展的需要，加强科学管理和便于交流，工艺规程的形式已经标准化(JB/Z 187.3—1988)。模具加工工艺规程的常见形式有模具加工工艺过程卡、模具加工工序卡、模具加工工序操作指导卡以及检验卡等，其中最常用的是：

(1)模具加工工艺过程卡

模具加工工艺过程卡见表3-6，它是以工序为单位，简要说明产品或零部件加工过程的工艺文件。它是生产管理的主要技术文件，广泛用于成批生产和单件小批生产中比较重要的零件。

(2)模具加工工序卡

模具加工工序卡见表3-7，它是以工序为单位，详细说明零件工艺过程的工艺文件，它用来指导工人操作和帮助管理人员及技术人员掌握零件加工过程。模具加工工序卡主要用于大批大量生产中的所有零件、中批生产中的重要零件和单件小批生产中的关键工序。

表3-6　模具加工工艺过程卡

<table>
<tr><td rowspan="4">工厂</td><td rowspan="4">模具加工工艺过程卡</td><td colspan="2">名称型号</td><td></td><td colspan="2">零件名称</td><td colspan="2"></td><td colspan="2">零件图号</td><td colspan="2"></td></tr>
<tr><td rowspan="3">材料</td><td>名称</td><td></td><td rowspan="2">毛坯</td><td>种类</td><td colspan="2"></td><td rowspan="2">零件质量</td><td>毛重</td><td></td><td>第　页</td></tr>
<tr><td>牌号</td><td></td><td>尺寸</td><td colspan="2"></td><td>净重</td><td></td><td>共　页</td></tr>
<tr><td>性能</td><td colspan="3"></td><td colspan="3">每台件数</td><td colspan="2">每批件数</td><td></td></tr>
<tr><td rowspan="2">工序号</td><td colspan="4" rowspan="2">工序内容</td><td rowspan="2">加工车间</td><td rowspan="2">设备名称</td><td colspan="3">工艺装备名称及编号</td><td rowspan="2">技术等级</td><td colspan="2">时间定额/min</td></tr>
<tr><td>夹具</td><td>刀具</td><td>量具</td><td>单件</td><td>准终</td></tr>
<tr><td></td><td colspan="4"></td><td></td><td></td><td></td><td></td><td></td><td></td><td></td><td></td></tr>
<tr><td></td><td colspan="4"></td><td></td><td></td><td></td><td></td><td></td><td></td><td></td><td></td></tr>
<tr><td></td><td colspan="4"></td><td></td><td></td><td></td><td></td><td></td><td></td><td></td><td></td></tr>
<tr><td rowspan="3">更改内容</td><td colspan="12"></td></tr>
<tr><td colspan="12"></td></tr>
<tr><td colspan="12"></td></tr>
<tr><td>编制</td><td colspan="3"></td><td>校对</td><td colspan="2"></td><td>审核</td><td colspan="2"></td><td>会签</td><td colspan="2"></td></tr>
</table>

表 3-7 模具加工工序卡

模具加工工序卡		产品型号		零(部)件图号		共 页
		产品名称		零(部)件名称		第 页
		车间		工序名称		材料牌号
		毛坯种类	毛坯外形尺寸	每坯件数		每台件数
		设备名称	设备型号	设备编号		同时加工件数
		夹具编号		夹具名称		切削液
						工序工时
						准终 / 单件
工步内容	工艺装备	主轴转速 $/(\mathrm{r\cdot min^{-1}})$	切削速度 $/(\mathrm{m\cdot min^{-1}})$	进给量 $/(\mathrm{mm\cdot r^{-1}})$	进给次数	工时定额/min：机动 / 辅助
		编制(日期)	审核(日期)	会签(日期)		
更改文件号	签字	日期				

3. 制定模具加工工艺规程的步骤

(1)计算生产纲领，确定生产类型；

(2)研究分析零件图和产品装配图；

(3)选择确定毛坯的种类、结构及尺寸；

(4)选择定位基准和加工方法，拟定工艺路线；

(5)确定各工序的尺寸及公差；

(6)确定切削用量及工时定额；

(7)选择设备及工艺装备；

(8)填写工艺文件。

(四)审查图纸、选择毛坯

1. 审查零件图与装配图

(1)审查设计图纸的完整性和正确性

例如是否有足够的视图，尺寸、公差和技术要求是否标注齐全。若发现有错误或遗漏，应提出修改意见。

(2)审查零件的技术要求

零件的技术要求包括加工表面的尺寸公差、形位公差及表面粗糙度、热处理要求和其他技术要求。应分析这些技术要求是否合理,在现有生产条件下能否达到或还需要采取什么工艺措施方能加工。

(3)审查零件的选材是否恰当

零件材料应尽量采用国产品种,减少使用贵重金属。此外,选用的材料还应适合加工方法。例如,当冷冲模的凹模和塑料模的型腔需先淬硬后用电火花或线切割加工时,材料就不宜选用碳素工具钢,而应选用合金工具钢。

(4)审查零件的结构工艺性

零件的结构工艺性是指所设计的零件在满足使用要求的前提下制造的可行性和经济性。它包括零件制造过程的工艺性,如铸造、锻压、焊接、热处理、切削加工等工艺性。

零件结构工艺性的好坏对其工艺过程的影响非常大,不同结构的两个零件尽管都能满足使用性能要求,但它们的加工方法和制造成本却可能有很大的差别。良好的结构工艺性就是在满足使用性能要求的前提下,能以较高的生产率和最低的成本方便地将零件加工出来。这是一项复杂而细致的工作,尤其需要凭借丰富的实践经验和理论知识。表 3-8 列举了一些关于结构工艺性的例子。

表 3-8　结构工艺性比较

主要要求	A(结构工艺性差)	B(结构工艺性好)	说明
尽量加工外表面	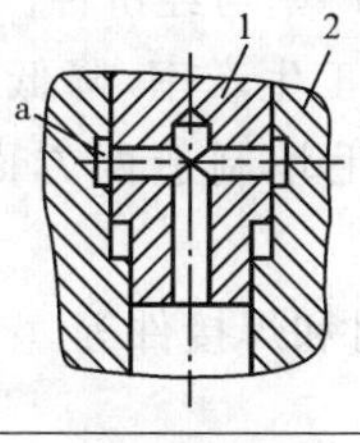 1　2　a	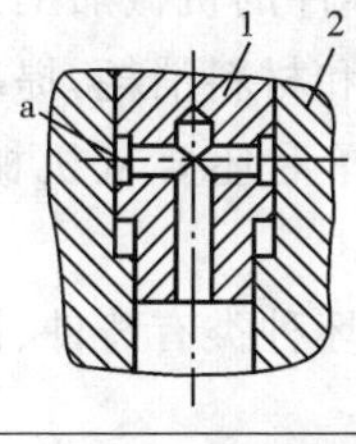 1　2　a	结构 A 中件 2 上的凹槽 a 不便加工和测量,宜改在件 1 上,如结构 B 所示
结构要便于加工和装配	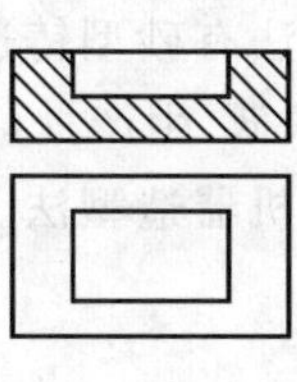	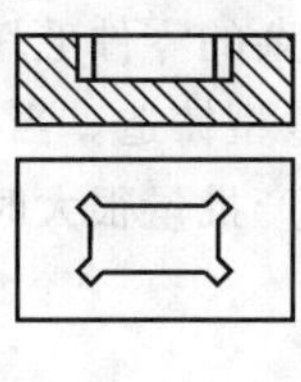	凹模四角要有退刀槽
箱体表面凸台应尽量等高	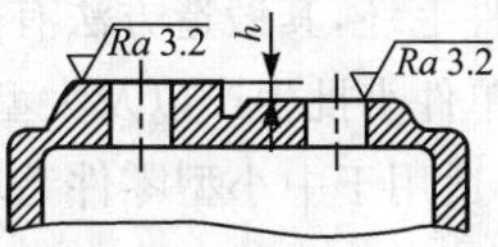 Ra 3.2　h　Ra 3.2	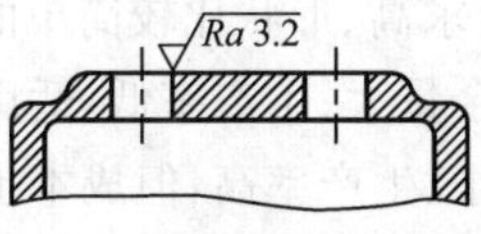 Ra 3.2	结构 A 的两个凸台尽量一次走刀加工,如结构 B 所示
应尽量减小加工面积	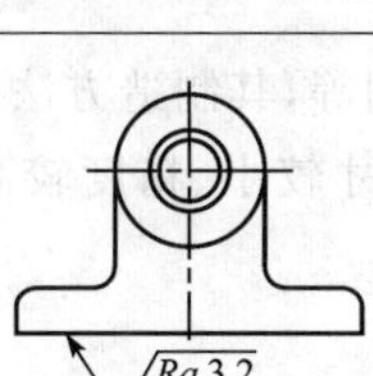 Ra 3.2	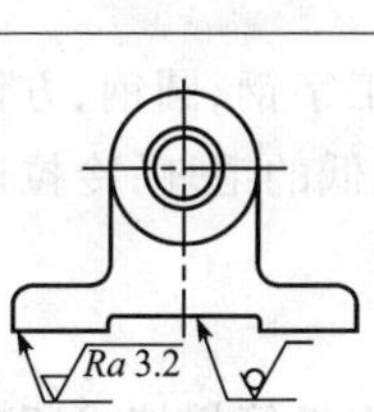 Ra 3.2	结构 B 的底面加工面积小,安放稳定

续表

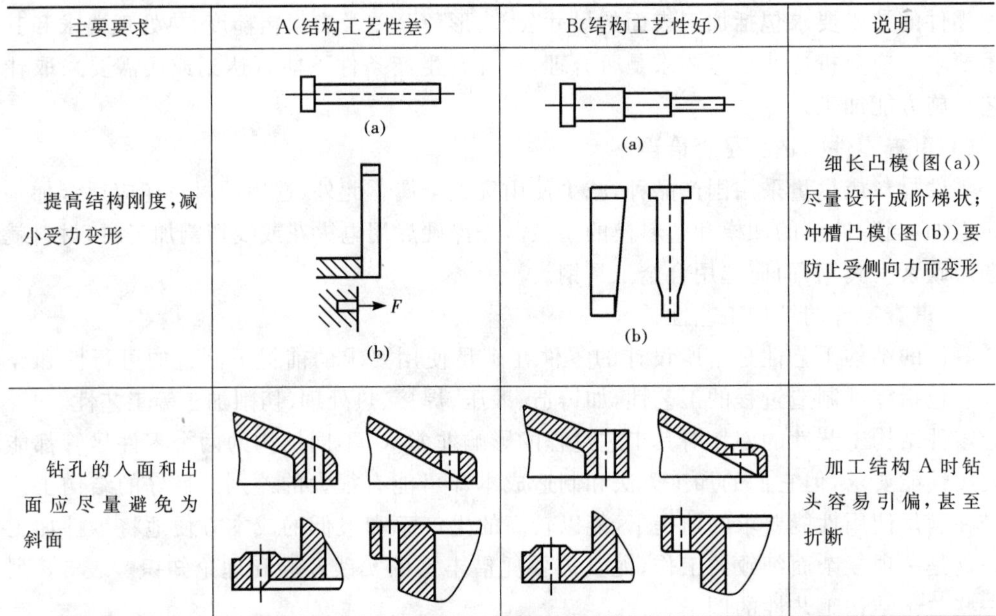

主要要求	A(结构工艺性差)	B(结构工艺性好)	说明
提高结构刚度,减小受力变形	(a) F (b)	(a) (b)	细长凸模(图(a))尽量设计成阶梯状;冲槽凸模(图(b))要防止受侧向力而变形
钻孔的入面和出面应尽量避免为斜面			加工结构A时钻头容易引偏,甚至折断

2. 毛坯的选择

选择毛坯的基本任务是确定毛坯的制造方法及制造精度。毛坯的选择不仅影响毛坯的制造工艺和费用,还影响零件的机械加工工艺及生产率与经济性。如选择高精度的毛坯,则可以减少机械加工劳动量和材料消耗,提高机械加工生产率,降低加工成本,但却提高了毛坯的制造费用。因此,选择毛坯要从机械加工和毛坯制造两方面综合考虑,以求得最佳效果。

机械制造中常用的毛坯种类有铸件、锻件、型材和焊接件等。

(1)铸件

铸件适用于形状较复杂的零件毛坯。其铸造方法有砂型铸造、金属型铸造、压力铸造、精密铸造等,较常用的是砂型铸造。当毛坯精度要求低、生产批量较小时采用木模手工造型法;当毛坯精度要求高、生产批量很大时采用金属型机器造型法。铸件材料有铸铁、铸钢及铜、铝等有色金属。

(2)锻件

锻件适用于强度要求高、形状比较简单的零件毛坯,其锻造方法有自由锻和模锻两种。自由锻毛坯精度低、加工余量大、生产率低,适用于单件小批生产以及大型零件毛坯的生产;模锻毛坯精度高、加工余量小、生产率高,但成本也高,适用于中小型零件毛坯的大批大量生产。

(3)型材

型材有槽钢、角钢、工字钢、圆钢、方钢、六角钢等,其制造方法分热轧和冷拉两种。热轧适用于尺寸较大、精度较低的毛坯;冷拉适用于尺寸较小、精度较高的毛坯,因成本较高,故一般用于成批生产。

(4)焊接件

焊接件是将型材或钢板等焊接成所需的零件结构,其加工简单方便,生产周期短,但需经时效处理后才能进行机械加工。

选择毛坯时，一般来说材料大致决定了毛坯类型，例如铸铁和有色金属只能铸造；重要的钢质零件为获得良好的力学性能，不论其结构复杂或简单，均应选用锻件，而不宜直接选用型材。

当生产批量较大时，应选用精度和生产率均较高的毛坯制造方法，如模锻、金属型机器造型铸造和精密铸造等；单件小批生产时则应选用一般的毛坯制造方法，如木模手工铸造或自由锻造。另外还要充分考虑现有的生产条件，如毛坯制造的实际水平和能力以及外协的可能性等。

为节约材料和能源，机械制造的发展趋势是少、无切屑加工，即选用先进的毛坯制造方法，如精铸、精锻、冷轧、冷挤压等。这样可以大大减少机械加工量甚至不需机械加工，以提高经济效益。

(五)选择定位基准、确定各表面的加工方法

1. 定位基准的选择

(1)基准及其分类

基准是确定零件上某些点、线、面位置时所依据的那些点、线、面，它往往是计算、测量或标注尺寸的起点。根据基准功用的不同，可将其分为设计基准和工艺基准两大类。

①设计基准

设计基准是在零件图上用以确定其他点、线、面位置的基准，它是标注设计尺寸的起点。如图 3-7(a)所示的零件，尺寸 d、D 和 C 的设计基准分别为 d 和 D 的中心线。

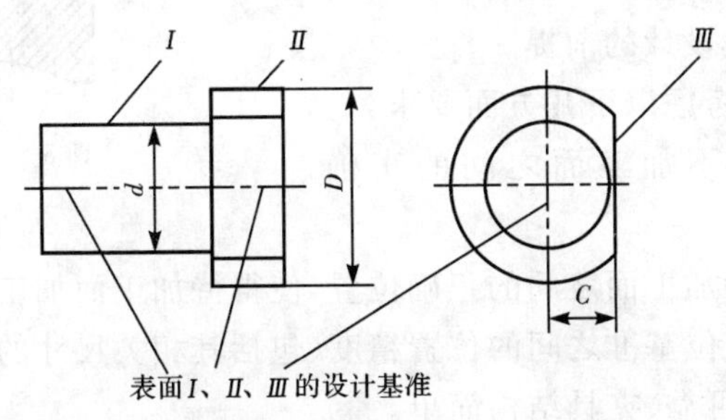

(a)

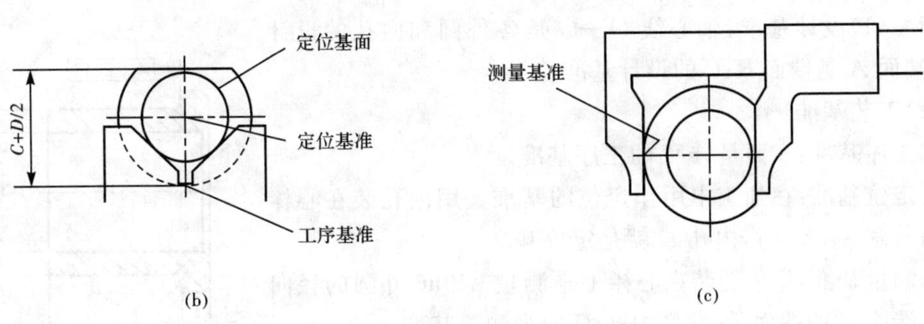

(b)　(c)

图 3-7　各种基准示例

②工艺基准

在零件加工、测量和装配过程中所使用的基准称为工艺基准。按用途不同可将其分为

工序基准、定位基准、测量基准和装配基准。

- 工序基准

在工序图上，用以标定被加工表面的点、线、面称为工序基准(所标注的工序图的位置尺寸是工序尺寸)，即工序尺寸的设计基准，如图 3-7(b)所示。

- 定位基准

加工时确定零件在机床或夹具中的位置所依据的那些点、线、面称为定位基准，它是工件上与夹具定位元件直接接触的点、线、面，如图 3-7(b)所示。

必须指出，工件上作为定位基准的点或线总是由具体表面来体现的，这个表面称为定位基面。例如图 3-7(a)所示外圆 D 和 d 的中心线并不具体存在，而是由外圆表面来体现的。

- 测量基准

测量被加工表面尺寸、位置所依据的基准称为测量基准，如图 3-7(c)所示。

- 装配基准

装配时确定零件位置的点、线、面称为装配基准。如图 3-8 所示，锥齿轮的装配基准是内孔及端面，轴的装配基准是中心线及端面，轴承的装配基准是轴承中心线及端面。装配基准一般与设计基准重合。

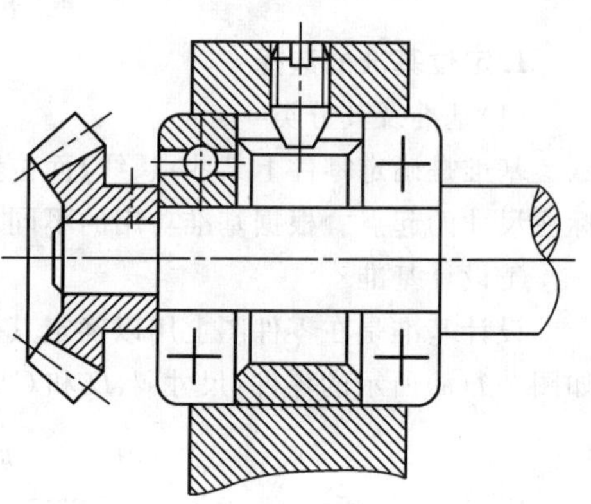

图 3-8 装配基准

一般情况下，设计基准是图纸上给定的，定位基准则由工艺人员确定。定位基准选择得合理与否，不仅影响加工表面的位置精度，还影响各表面的加工顺序，同时也是夹具设计的前提。

选择定位基准时主要考虑以下几方面要求：

第一，保证加工面与不加工面之间的正确位置。

第二，保证加工面和待加工面之间的正确位置，使得待加工面加工时余量小而均匀。

第三，提高加工面和定位基准之间的位置精度(包括其相关尺寸的精度)。

第四，装夹方便、定位可靠、夹具结构简单。

【例 3-1】 指出钻套(图 3-9)的设计基准和工艺基准。

解 (1)设计基准：轴心线 $O—O$ 是各外圆和内孔的设计基准，端面 A 是端面 B、C 的设计基准。

(2)工艺基准

①工序基准：B 面是 A 面的工序基准。

②定位基准：在加工中用作定位的基准。用内孔装在心棒上磨削外圆 ϕ40h6 时，内孔 D 就是定位基准。

③测量基准：用内孔装在心棒上来测量 ϕ40h6 外圆的径向跳动与端面 B 的端面跳动时，内孔 D 即为测量基准。

④装配基准：其外圆 ϕ40h6 及端面 B 即为钻套的装配基准。

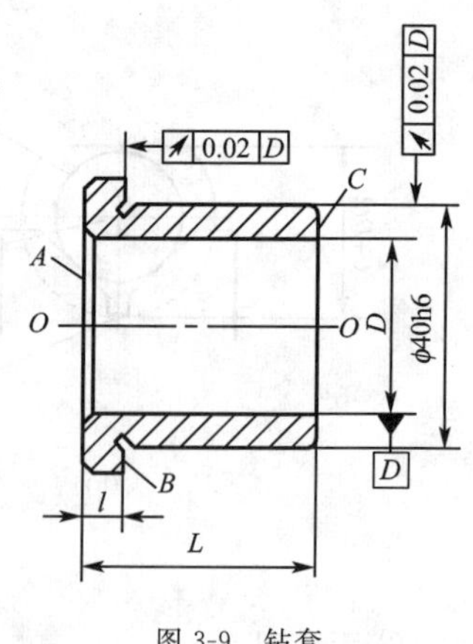

图 3-9 钻套

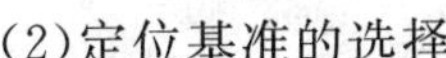

(2)定位基准的选择

在制定工艺规程时,定位基准选择得正确与否,对能否保证零件的尺寸精度和相互位置精度要求,以及对零件各表面间的加工顺序安排都有很大影响。当用夹具安装工件时,定位基准的选择还会影响到夹具结构的复杂程度。

选择定位基准是从保证工件加工精度要求出发的,因此应先选择精基准,再选择粗基准。

①精基准的选择

选择精基准时,主要应保证加工精度。其选择原则如下:

- 基准重合原则

即选用设计基准作为定位基准,以避免定位基准与设计基准不重合而引起的基准不重合误差。基准重合的情况能使本工序允许出现的误差加大,使加工更容易达到精度要求,经济性更好。

- 基准统一原则

应采用同一组基准定位加工零件上尽可能多的表面,这就是基准统一原则。这样做可以简化工艺规程的制定工作,减少夹具设计、制造的工作量和成本,缩短生产准备周期。由于减少了基准转换,故便于保证各加工表面的相互位置精度。例如加工轴类模具零件时,采用两中心孔定位加工各外圆表面,就符合基准统一原则。

- 自为基准原则

某些要求加工余量小而均匀的精加工工序,选择加工表面本身作为定位基准,称为自为基准原则。例如用浮动镗刀镗导柱或导套安装孔,还有珩磨孔、拉孔、无心磨外圆等都是自为基准的实例。

- 互为基准原则

当对工件上两个相互位置精度要求很高的表面进行加工时,需要用两个表面互相作为基准,反复进行加工,以保证位置精度要求。例如要保证精密齿轮的齿圈跳动精度,在齿面淬硬后,先以齿面定位磨内孔,再以内孔定位磨齿面,从而保证位置精度。

- 便于装夹原则

所选精基准应保证工件安装可靠,夹具设计简单、操作方便。

②粗基准的选择

选择粗基准时,主要要求保证各加工表面有足够的余量,使加工面与不加工面间的位置符合图样要求,并特别注意要尽快获得精基准面。具体选择时应考虑如下原则:

- 如果工件要求首先保证某重要表面的加工余量均匀,则应选择该表面为粗基准。如图 3-10 所示,冷冲模下模座的上表面是模具中其他零件的装配基准面,为保证该表面有足够而又均匀的加工余量,应先以该表面为粗基准加工下表面,然后再以下表面为精基准加工上表面。

- 如果工件要求首先保证不加工表面与加工表面之间的位置要求,则应选择不加工表面为粗基准。如图 3-11 所示,模具导套的外圆面 A 通常不加工,但在加工内孔时应保证其壁厚均匀,所以找正装夹时应选择不加工面 A 为粗基准。如果零件上有多个不加工表面,且与各自相关的加工表面均有位置要求,则应选择其中位置精度要求较高的不加工表面作为粗基准。

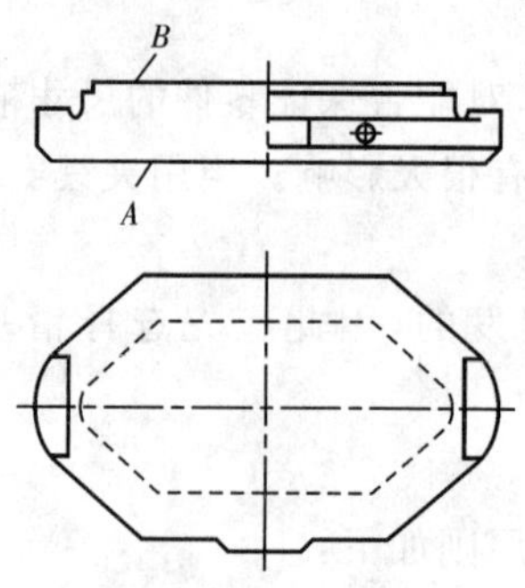

图 3-10 冷冲模下模座

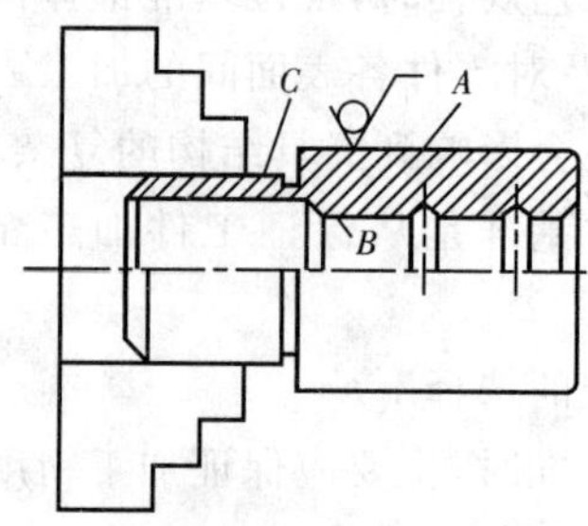

图 3-11 模具导套

• 在同一尺寸方向上，粗基准只能使用一次，应尽可能避免重复使用。因为粗基准是未经加工过的毛坯表面，比较粗糙，重复使用将产生较大的定位误差。

• 选作粗基准的表面应尽可能光洁，不能有飞边、浇口、冒口或其他缺陷，以使定位准确、稳定，夹紧方便、可靠。

实际上，无论是精基准还是粗基准的选择，上述原则都不可能同时满足，有时还是互相矛盾的。因此，在选择时应根据具体情况进行分析，权衡利弊，保证其主要要求。

2. 确定各表面的加工方法

模具零件的表面形状有平面、内外圆柱面、成形面和不同截面形状的通槽、半通槽及不同形状的台阶孔。

成形表面是指在模具中直接决定产品零件形状、尺寸精度的表面以及与这些表面协调相关的表面，例如冲裁模中的凹模、凸模工作表面及与工作表面协调相关的卸料板、固定板等型孔表面。图 3-12 所示的弯曲模凸模的成形表面就是由 $R4.8$、$R7.8$、86°、33°等尺寸构成的二维曲面。成形表面的加工方法主要有电火花加工、成形磨削、数控成形铣削及研磨、抛光等精密加工。

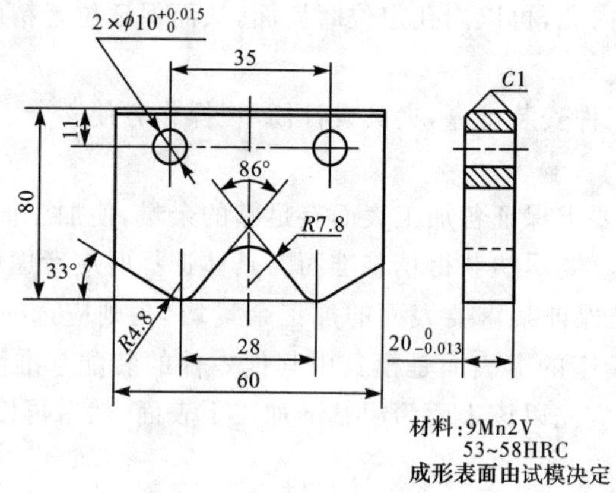

图 3-12 弯曲模凸模零件图

不同截面形状的通槽、半通槽及不同形状的台阶孔多在工具铣床上进行加工，如图3-13 所示。

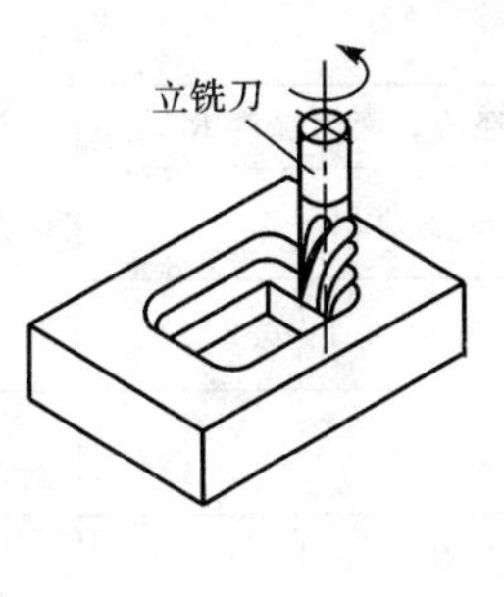

(a)

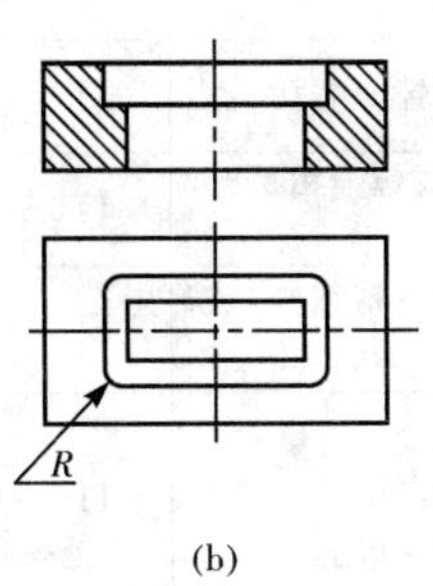

(b)

图 3-13　台阶孔加工示意图

三种简单几何表面的常用加工方案见表 3-9～表 3-11。

表 3-9　外圆面的常用加工方案

序号	加工方案	经济精度	经济表面粗糙度 $Ra/\mu m$	适用范围
1	粗车	IT11	12.5	适用于加工淬火钢以外的各种金属
2	粗车—半精车	IT8～IT10	3.2～6.3	
3	粗车—半精车—精车	IT7～IT8	0.8～1.6	
4	粗车—半精车—精车—滚压(或抛光)	IT7～IT8	0.025～0.2	
5	粗车—半精车—磨削	IT7～IT8	0.4～0.8	主要适用于加工淬火钢，也可用于加工非淬火钢，但不宜加工有色金属
6	粗车—半精车—粗磨—精磨	IT6～IT7	0.1～0.4	
7	粗车—半精车—粗磨—精磨—超精加工(或轮式超精磨)	IT5	0.1～Rz 0.1	
8	粗车—半精车—精车—金刚石车	IT6～IT7	0.025～0.4	主要适用于加工精度要求较高的有色金属
9	粗车—半精车—粗磨—精磨—超精磨或镜面磨	IT5 以上	0.025～Rz 0.05	适用于加工精度极高的外圆面
10	粗车—半精车—粗磨—精磨—研磨	IT5 以上	0.1～Rz 0.05	

表 3-10　内孔表面的常用加工方案

序号	加工方案	经济精度	经济表面粗糙度 $Ra/\mu m$	适用范围
1	钻	IT11	12.5	适用于加工未淬火钢及铸铁实心毛坯，也适用于加工有色金属，孔径小于 15～20 mm
2	钻—铰	IT8～IT10	1.6～6.3	
3	钻—粗铰—精铰	IT7～IT8	0.8～1.6	
4	钻—扩	IT10～IT11	6.3～12.5	适用于加工未淬火钢及铸铁实心毛坯，也适用于加工有色金属，孔径大于 15～20 mm
5	钻—扩—铰	IT8～IT9	1.6～3.2	
6	钻—扩—粗铰—精铰	IT7	0.8～1.6	
7	钻—扩—机铰—手铰	IT6～IT7	0.1～0.4	
8	钻—扩—拉	IT7～IT9	0.1～1.6	适用于大批大量生产(精度由拉刀的精度而定)
9	粗镗(或扩孔)	IT11	12.5	适用于加工除淬火钢以外的各种材料，毛坯已有底孔
10	粗镗(或粗扩)—半精镗(或精扩)	IT9～IT10	1.6～3.2	
11	粗镗(或粗扩)—半精镗(或精扩)—精镗(或铰)	IT7～IT8	0.8～1.6	
12	粗镗(或粗扩)—半精镗(或精扩)—精镗—浮动镗刀精镗	IT6～IT7	0.4～0.8	

续表

序号	加工方案	经济精度	经济表面粗糙度 $Ra/\mu m$	适用范围
13	粗镗(或粗扩)—半精镗—磨孔	IT7～IT8	0.2～0.8	主要适用于加工淬火钢,也可用于加工非淬火钢,但不宜加工有色金属
14	粗镗(或粗扩)—半精镗—粗磨—精磨	IT6～IT7	0.1～0.2	
15	粗镗—半精镗—精镗—精细镗(或金刚镗)	IT6～IT7	0.05～0.4	主要适用于加工精度要求较高的有色金属
16	钻—(扩)—粗铰—精铰—珩磨; 钻—(扩)—拉—珩磨; 粗镗—半精镗—精镗—珩磨	IT6～IT7	0.025～0.2	适用于加工精度要求极高的内孔表面
17	以研磨代替上述方法中的珩磨	IT5～IT6	0.006～0.1	

表 3-11　　平面的常用加工方案

序号	加工方案	经济精度	经济表面粗糙度 $Ra/\mu m$	适用范围
1	粗车	IT11	12.5	端面加工
2	粗车—半精车	IT8～IT10	3.2～6.3	
3	粗车—半精车—精车	IT7～IT8	0.8～1.6	
4	粗车—半精车—磨削	IT6～IT8	0.2～0.8	
5	粗刨(或粗铣)	IT11	12.5	一般加工不淬硬平面(端铣 Ra 值较小)
6	粗刨(或粗铣)—精刨(或精铣)	IT8～IT10	1.6～6.3	
7	粗刨(或粗铣)—精刨(或精铣)—刮研	IT6～IT7	0.1～0.8	精度要求较高的不淬硬平面加工,批量大时宜采用方案 8
8	以宽刃精刨代替上述刮研	IT7	0.2～0.8	
9	粗刨(或粗铣)—精刨(或精铣)—磨削	IT7	0.2～0.8	精度要求较高的平面加工
10	粗刨(或粗铣)—精刨(或精铣)—粗磨—精磨	IT6～IT7	0.025～0.4	
11	粗铣—拉	IT7～IT9	0.2～0.8	大批生产较小的平面(精度由拉刀的精度而定)
12	粗铣—精铣—磨削—研磨	IT5 以上	0.1～Rz 0.05	高精度平面加工

选择表面加工方法时,一般先根据表面的精度和粗糙度要求选定最终加工方法,然后再确定前面准备工序的加工方法,可以分成几步(阶段)来达到要求。选择时还要考虑零件的结构形状、尺寸精度、材料和热处理要求、生产率要求、经济效益以及工厂的生产条件等,合理确定各表面的加工方法。

(六)拟定工艺路线

1. 安排加工顺序

制定模具工艺规程目前还没有一套通用而完整的工艺路线拟定方案,只总结出了一些综合性原则。比如当零件的加工质量要求高时,往往不可能在一个工序内集中完成全部加工工作,而是要把整个加工过程划分为几个阶段,即粗加工、半精加工、精加工和光整加工阶段。安排加工顺序时要遵循以下原则:

(1)基准先行。所以第一道工序一般是进行定位面的粗加工和半精加工(有时包括精加工),然后再以精基准定位加工其他表面。

(2)先粗后精。应划分加工阶段,将粗、精加工分开进行。使粗加工产生的误差和变形可以通过半精加工和精加工予以纠正,并逐步提高零件的精度和表面质量。

(3)先主后次。先加工主要表面,次要表面的加工穿插在主要表面的相应加工阶段之后进行。因为主要表面加工容易出废品,故放在前面进行,可避免工时浪费。

(4)先面后孔。有面有孔时,应先加工平面,后加工内孔,因为平面一般易于加工。先加工好平面,便于加工孔时的定位安装,有利于保证孔与平面的位置精度。

(5)适当安排热处理。为消除内应力、改善组织及切削加工性能的预备热处理(常用的有正火、退火、时效处理等)一般放在粗加工之前。为获得零件使用性能的最终热处理的安排,如果变形较大(如淬火、渗碳淬火等),则一般安排在精加工(如磨削等)之前;而像渗氮、发蓝、镀层等热处理时变形很小的工艺,则安排在终加工之后进行。

(6)检验、去毛刺、倒棱、清洗、防锈等辅助工序要按需设置,不能遗漏。

2. 计算工序尺寸

(1)确定加工余量

为了使加工表面达到所需的精度和表面质量而切除的金属层称为加工余量。加工余量又分为工序余量和总加工余量。

工序余量是指某表面在一道工序中所切除的金属层厚度,它等于上道工序的加工尺寸(工序尺寸)与本工序要得到的加工尺寸之差。

总加工余量是指由毛坯变为成品的过程中,在某表面上切除的金属层总厚度,它等于毛坯尺寸与成品尺寸之差,也等于该表面各工序余量之和。

确定加工余量是制定加工工艺的重要问题之一。加工余量过大,不但浪费金属,增加切削工时,增大机床和刀具的负荷和磨损,有时还会将加工表面所需保留的耐磨表面层(如床身导轨表面)切掉;加工余量过小,则不能消除前道工序的误差和表层缺陷,以致产生废品,或者使刀具切削在很硬的表层(如氧化皮、白口层)上,导致刀具急剧磨损。总之确定加工余量的基本原则是在保证加工质量的前提下尽量减少加工余量。

目前在制造企业中确定加工余量的方法主要有:

①经验估计。为了保证不致因加工余量不足而出废品,估计出来的余量总是偏大,故多用于单件小批生产。

②查表法。以生产实践和试验积累的合理加工余量数据为依据制成表格,实际使用时查表后结合加工情况予以必要的修正。这种方法应用较广泛,从机械加工工艺手册表格中查出的加工余量是公称余量。

(2)计算工序尺寸及偏差

①基准重合时工序尺寸及偏差的计算

轴、孔和某些平面的加工都属于基准重合的情况。确定工序尺寸及其公差时,由最后一道工序开始向前推算,计算步骤为:

- 查表或经验估计确定总加工余量和工序余量。
- 求工序基本尺寸。从设计尺寸开始,一直倒着推算到毛坯尺寸。
- 确定工序尺寸公差。最终工序尺寸公差等于设计尺寸公差,其余工序尺寸公差按经济精度确定(见表 3-9～表 3-11)。

• 标注工序尺寸偏差。最后一道工序尺寸的偏差按设计尺寸偏差标注,其余工序尺寸偏差按入体原则标注(即对于轴,其尺寸上偏差取 0,下偏差为负值;对于孔,其尺寸下偏差取 0,上偏差为正值)。毛坯尺寸公差按对称偏差标注。

【例 3-2】 如图 3-14 所示圆凹模上的 $\phi28^{+0.020}_{0}$ 孔,经扩孔—半精车—精车—热处理—磨孔达到设计要求,淬火硬度为 58～62HRC,表面粗糙度 Ra 值为 0.8 μm。试确定各工序尺寸及其偏差。

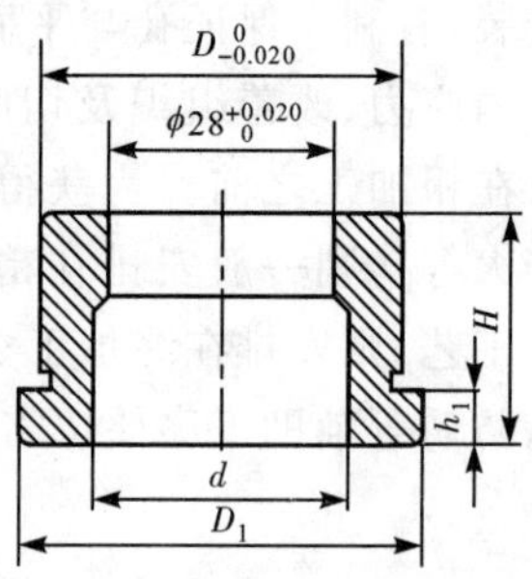

图 3-14 圆凹模

解 根据前述的计算步骤,通过查表或凭经验确定总加工余量及其公差、工序余量及其经济精度和经济表面粗糙度,然后计算工序尺寸,将结果列于表 3-12 中。

表 3-12 工序尺寸及其偏差的计算 mm

工序名称	工序余量	工序基本尺寸	经济精度	经济表面粗糙度 Ra/μm	工序尺寸及其偏差
磨孔	0.4	28	H7($^{+0.020}_{0}$)	0.8	$\phi28^{+0.020}_{0}$
精车	1	28－0.4＝27.6	H8($^{+0.033}_{0}$)	1.6	$\phi27.6^{+0.033}_{0}$
半精车	1.8	27.6－1＝26.6	H10($^{+0.084}_{0}$)	3.2	$\phi26.6^{+0.084}_{0}$
扩孔	2.8	26.6－1.8＝24.8	H12($^{+0.210}_{0}$)	12.5	$\phi24.8^{+0.210}_{0}$
毛坯		24.8－2.8＝22	±1.2		$\phi22\pm1.2$

②基准不重合时工序尺寸及其偏差的计算

当工艺基准与设计基准不重合时,确定各工序尺寸及其偏差必须运用工艺尺寸链原理。

在零件加工过程中,由相互联系的一组尺寸所形成的尺寸封闭图形称为工艺尺寸链。如图 3-15(a)所示零件,加工 $\phi10$ 孔时其设计基准是凹槽对称中心面,定位基准则是左侧面 K,基准不重合。计算工序尺寸 L 时,要利用由三个尺寸 L、40±0.05、60±0.2 组成的工艺尺寸链,如图 3-15(b)所示。

其中,尺寸 40±0.05 是铣槽时的定位尺寸,L 是加工 $\phi10$ 孔时的定位尺寸,二者都是直接通过调刀得到的,称为组成环;而尺寸 60±0.2 是间接得到的,称为封闭环。若某组成环尺寸变化时引起封闭环做同向变化,则该组成环称为增环(例如尺寸 L),反之称为减环(例如尺寸 40±0.05)。

工艺尺寸链的计算公式与符号说明见表 3-13。

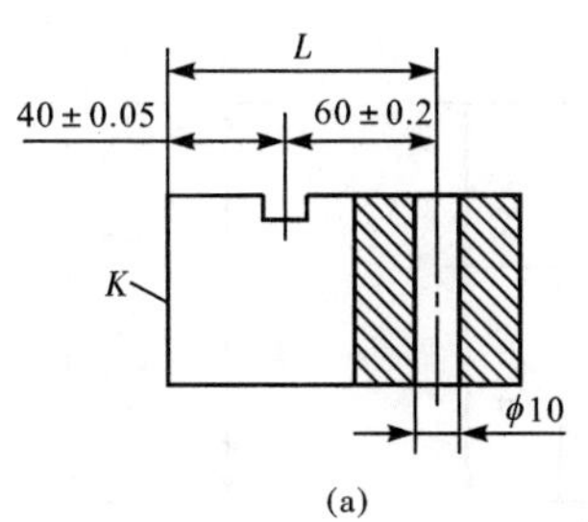

(a)

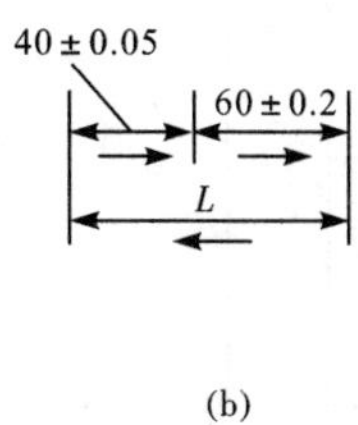

(b)

图 3-15　零件加工与工艺尺寸链

表 3-13　　工艺尺寸链的计算公式与符号说明

序号	计算公式	符号说明			
		符号名称	封闭环	增环	减环
1	$L_0=\sum_{i=1}^{m}\overrightarrow{L}_i-\sum_{j=1}^{n}\overleftarrow{L}_j$	基本尺寸	L_0	$\overrightarrow{L}_i$	$\overleftarrow{L}_j$
2	$ES_0=\sum_{i=1}^{m}\overrightarrow{ES}_i-\sum_{j=1}^{n}\overleftarrow{EI}_j$	上偏差	ES_0	$\overrightarrow{ES}_i$	$\overleftarrow{ES}_j$
3	$EI_0=\sum_{i=1}^{m}\overrightarrow{EI}_i-\sum_{j=1}^{n}\overleftarrow{ES}_j$	下偏差	EI_0	$\overrightarrow{EI}_i$	$\overleftarrow{EI}_j$
4	$L_{0\max}=\sum_{i=1}^{m}\overrightarrow{L}_{i\max}-\sum_{j=1}^{n}\overleftarrow{L}_{j\min}$	最大尺寸	$L_{0\max}$	$\overrightarrow{L}_{i\max}$	$\overleftarrow{L}_{j\max}$
5	$L_{0\min}=\sum_{i=1}^{m}\overrightarrow{L}_{i\min}-\sum_{j=1}^{n}\overleftarrow{L}_{j\max}$	最小尺寸	$L_{0\min}$	$\overrightarrow{L}_{i\min}$	$\overleftarrow{L}_{j\min}$
6	$T_0=\sum_{i=1}^{m+n}T_i$	公差	T_0	$\overrightarrow{T}_i$	$\overleftarrow{T}_i$
7	$L_{0m}=\sum_{i=1}^{m}\overrightarrow{L}_{im}-\sum_{j=1}^{n}\overleftarrow{L}_{jm}$ 其中 $L_{im}=(L_{i\max}+L_{i\min})/2$	平均尺寸	L_{0m}	$\overrightarrow{L}_{im}$	$\overleftarrow{L}_{jm}$
8	$T_{im}=T_0/(m+n)$	平均公差		m 为增环总环数 n 为减环总环数	

【例 3-3】　如图 3-15 所示零件，计算工序尺寸 L 时，可利用表 3-13 中的三组公式(1、2、3 或 4、5 或 6、7、8)之一，很容易地得到 $L=100\pm0.15$。

【例 3-4】　如图 3-16(a)所示零件，尺寸 $60_{-0.12}^{\ 0}$ 已经保证，现以面 1 定位精铣面 2，试计算工序尺寸 A_2。

解　由图 3-16(a)可见，面 2 的设计尺寸 $25_{\ 0}^{+0.22}$ 的设计基准为上平面 3，而定位基准为底面 1，基准不重合。

当以面 1 定位加工面 2 时，将按工序尺寸 A_2 进行加工，设计尺寸 $25_{\ 0}^{+0.22}$ 是本工序间接保证的尺寸，为封闭环。其尺寸链如图 3-16(b)所示，其中 A_1 为增环，A_2 为减环。尺寸 A_2 的计算如下：

由表 3-13 中的公式 1 求基本尺寸：

$$25=60-A_2 \qquad 则\ A_2=35$$

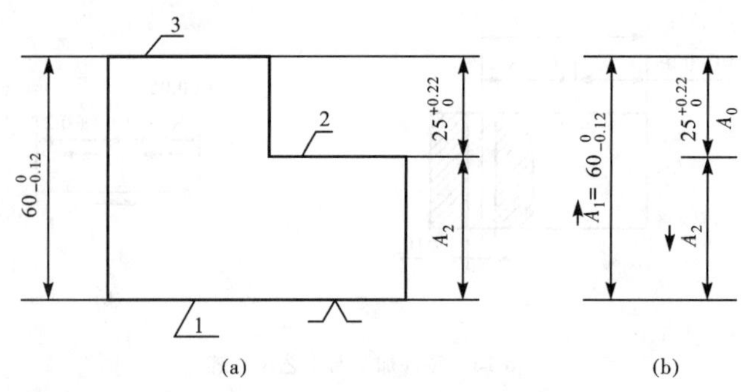

图 3-16 基准不重合时工序尺寸的计算

由表 3-13 中的公式 3 求上偏差：

$$0=-0.12-ES_2 \qquad \text{则 } ES_2=-0.12$$

由表 3-13 中的公式 2 求下偏差：

$$+0.22=0-EI_2 \qquad \text{则 } EI_2=-0.22$$

则求得工序尺寸 $A_2=35^{-0.12}_{-0.22}$。

通过分析以上计算结果可以发现，由于基准不重合而进行尺寸换算，明显提高了加工要求。如果能按原设计尺寸 $25^{+0.22}_{\ 0}$ 进行加工，则其公差值为 0.22，换算后的加工尺寸 $A_2=35^{-0.12}_{-0.22}$，其公差值为 0.10，减小了 0.12，此值恰是另一组成环的公差值。

【例 3-5】 如图 3-17 所示为冷冲模导套，材料为 20 钢，渗碳、淬火达 58～62HRC，编制其加工工艺规程。

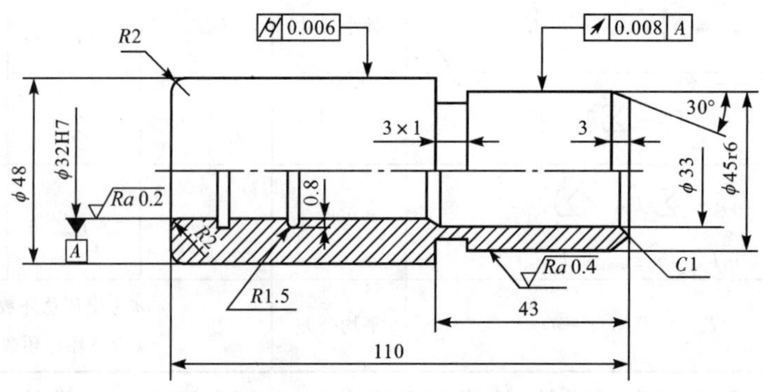

图 3-17 冷冲模导套

解 该零件为典型的套类零件，主要加工方法为钻、镗、车、磨。

(1)技术要求分析

①主要表面及其加工方案

主要表面为外圆 ϕ45r6 和内孔 ϕ32H7。参照表 3-9 选择外圆面加工路线为粗车—半精车—粗磨—精磨，参照表 3-10 选择内孔表面加工路线为钻—粗镗(或扩)—半精镗—粗磨—精磨。

②定位基准的选择

内、外圆柱面互为基准，既符合基准重合原则，又符合基准统一原则。

③热处理的安排

如导套材料为 20 钢渗碳，则热处理为渗碳、淬火、低温回火；如导套材料为 T10A，则热处理为淬火、低温回火。这两种情况的热处理均安排在精磨之前进行。

④满足关键技术要求的对策

• 内孔 ϕ32H7 的加工方法：划分加工阶段，工艺路线采用钻—粗镗（或扩）—半精镗（或铰）—粗磨—精磨—研磨；选择精密机床；控制切削用量；充分冷却。

• 外圆 ϕ45r6 的加工方法：加工阶段的划分、机床的选用、切削用量的控制与内孔加工相同。工艺路线为粗车—半精车—粗磨—精磨。

• 外圆 ϕ45r6 对内孔 ϕ32H7 径向跳动的要求

方法一：以非配合外圆表面定位夹紧，一次装夹磨削内孔 ϕ32H7、外圆 ϕ45r6，即采用一次装夹加工法。但此法调整机床频繁，辅助时间长，生产率低，仅适用于单件小批生产。

方法二：利用内孔采用锥度心轴限位，以心轴两端中心孔定位磨削外圆。此法操作简单，生产率高，质量稳定可靠，但需要制造专用机床夹具，因此适用于成批生产。

(2)机械加工顺序的安排

先车端面及作为定位基准的非配合的外圆柱面，然后钻孔、镗孔，再磨孔。内孔的精加工应在外圆精加工之后进行。

(3)加工阶段的划分

热处理前为粗加工、半精加工，热处理后为精加工。

(4)加工工艺规程的编制

冷冲模导套的加工工艺规程见表 3-14。

表 3-14　冷冲模导套的加工工艺规程

工序号	工序名称	工序内容	定位基准	加工设备
0	下料	20 钢圆棒料，ϕ52×118		车床
5	车	车端面；车外圆至 ϕ50.5、ϕ48；钻孔至 ϕ15；切断总长至 113.5	外圆	卧式车床
10	车	车另一端面总长至 113；镗内孔至 ϕ30H10，*Ra* 3.2；半精镗内孔至 ϕ31.3H9，*Ra* 1.6	外圆	卧式车床
15	热处理	渗碳深 1.15～1.55 mm		
20	车	车端面（去渗层）；车外圆 ϕ48 至尺寸；车内槽 *R*1.5×0.8（两处）；倒圆 *R*2（内、外各一处）	外圆	卧式车床
25	车	车另一端面（去渗层）至总长 110；半精车 ϕ45r6 至 ϕ45.7h9，*Ra* 1.6；切槽 3×1；倒角 30°；镗内孔 ϕ33；导向角 *C*1	外圆	卧式车床
30	热处理	淬火、低温回火达 58～62HRC		
35	磨	粗磨内孔至 ϕ31.7H8，*Ra* 0.4	外圆	万能外圆磨床
40	磨	精磨内孔至 ϕ32H7，*Ra* 0.2	外圆	万能外圆磨床
45	磨	粗磨外圆至 ϕ45.3h7，*Ra* 0.8	内孔	万能外圆磨床
50	磨	精磨外圆至 ϕ45r6，*Ra* 0.4	内孔	万能外圆磨床
55	钳工	研磨内孔 ϕ32H7，*Ra* 0.2；研磨内槽 *R*1.5×0.8（两处）		
60	检验			

【例 3-6】　如图 3-18 所示为冲压模模座，它用来安装导柱、导套和凸、凹模等零件，试编制其加工工艺规程。

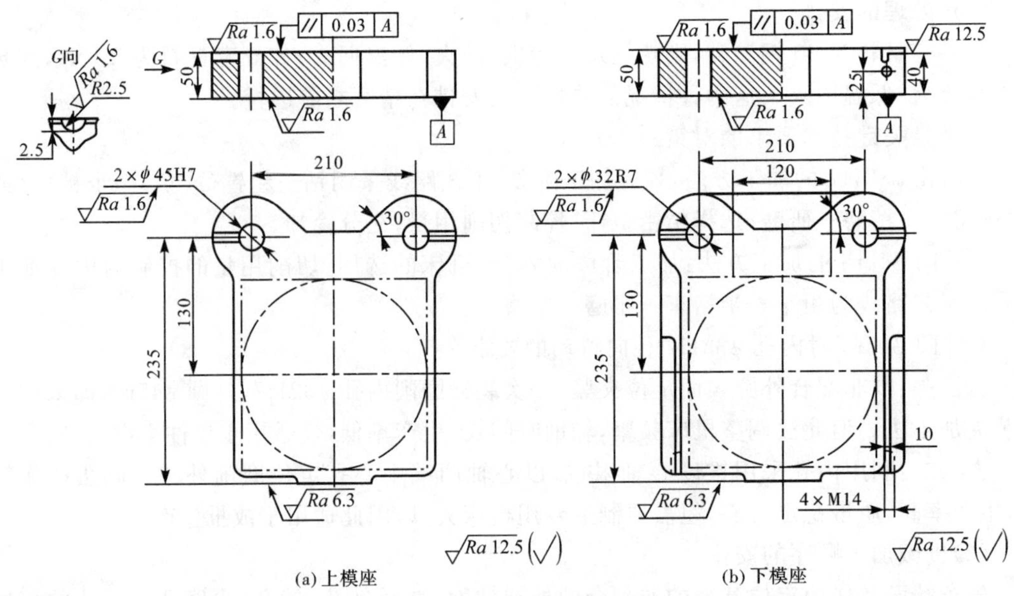

图 3-18 冲压模模座

解 机械产品中的众多零件为平板状，例如冷冲模的上、下模座以及凸模固定板、凹模固定板、卸料板、推件板等。该类零件一般为六面体或近似六面体，其功能往往是支承、固定、连接或作为模具型腔，在工艺上主要是进行平面及孔系的加工。

一般受力不大的固定板选用 Q235A；动、定模板和动、定模座选用 45 钢，调质达 230～270HB；垫板、支承板选用 45 钢，淬火达 43～48HRC。当要求耐磨性高时，可选用 T8A、T10A，硬度达 54～58HRC。

模座可采用 HT200，也可采用 45 钢或 Q235A 制造，有时也选用 ZG30、ZG40 等。

单件生产模座、模板时，一般都选用钢板，气割下料直接切削加工。成批生产或大型零件一般采用铸造毛坯进行时效处理。

(1)结构工艺性分析

该零件属于平板类，在工艺上主要是进行平面和孔系的加工。平面加工方法为铣(刨)、磨，孔系加工方法为钻、镗或扩、铰或铣、磨等。

(2)工艺路线的拟定

①主要表面及其加工方案

主要表面为上、下平面以及孔 2×ϕ32R7 和孔 2×ϕ45H7。

参照表 3-11、表 3-10，上、下平面的工艺路线为粗刨(或粗铣)—精刨(或精铣)—平磨，孔2×ϕ32R7和孔 2×ϕ45H7 的工艺路线为钻—扩—粗铰—精铰或钻—粗镗—半精镗—精镗。若是孔系加工，则应采用后一种路线，因为要保证孔距间的位置精度。

②确定定位基准

选择上平面或下平面及其相邻互相垂直的两侧面为定位基准面，符合基准统一原则。

③热处理安排

铸造毛坯要进行时效处理。

④满足关键技术要求的对策

- 上、下平面间的平行度公差要求：采取互为基准原则，以磨削加工来保证。

• 上模座孔系对上平面、下模座孔系对下平面的垂直度公差要求：以相应的平面为定位基准加工孔系；采用坐标镗床或专用镗床（批量较大时）镗孔。

• 上、下模座孔系同轴度及孔间距离要求：上、下模座重叠在一起，一次装夹同时镗孔，或利用加工中心加工孔。

• 孔径公差要求：由粗到精多次加工，逐渐达到加工精度要求。例如工艺路线为钻—扩—粗铰—精铰或钻—粗镗—半精镗—精镗。

（3）机械加工顺序的安排

先面后孔系；先粗加工后精加工；先加工主要表面，后加工次要表面。

（4）加工阶段的划分

加工阶段的划分不明显，但有粗、半精、精加工之分。

（5）常规工艺路线的拟定

铸造毛坯—时效处理—粗铣（或粗刨）上、下平面—粗铣（或粗刨）侧面（角尺面）—平磨上、下平面—钻、镗孔系或钻—扩—铰孔系（在加工中心上进行）。

（6）加工工艺规程的编制

冲压模模座的加工工艺规程见表 3-15。

表 3-15　冲压模模座的加工工艺规程

工序号	工序名称	工序内容	定位基准	加工设备
0	铸造			
5	时效			
10	铣或刨	粗铣（或粗刨）上、下平面，留 0.4～0.5 mm 磨量	上、下平面互为基准	刨床或立铣床
15	铣	铣削相邻侧面	上平面或下平面	立铣床
20	平磨	磨上、下平面	上、下平面互为基准	平面磨床
25	钳工	去毛刺；侧面倒圆；划 2×ϕ32R7、2×ϕ45H7 孔位线		
30	镗	钻孔 ϕ15；粗镗、半精镗、精镗 2×ϕ32R7 孔；粗镗、半精镗、精镗 2×ϕ45H7 孔	上、下平面相邻侧面	坐标镗床或专用镗床或加工中心
35	铣	铣上模座 2×R2.5 圆弧横槽	下平面、侧面	立铣床
40	钳工	去毛刺；划 4×M14 位置线；钻 4×ϕ11.8 底孔；攻丝 4×M14	下平面、侧面	立钻床
45	检验			
50	清理	表面清理，油封		

四　项目实施

按照“项目分析”中制定的工艺路线，确定的型腔模具加工工艺规程见表 3-16，结合工艺规程编制详细的工序卡（参考教材的辅助课件）。

表 3-16　　型腔模具加工工艺规程

工序号	工序名称	工序内容	定位基准	加工设备
0	锻造	$\phi50\times90$		
5	热处理	退火		
10	车	车端面；车外圆至 $\phi45\times40$；车外圆 $\phi40\times28$，留磨量 0.5 mm；车退刀槽 2×2；钻 $\phi20$ 孔，预扩 $\phi23$ 孔，镗 $\phi24.8$ 孔，留磨量 0.5 mm，孔深镗至 18，留磨量 0.3 mm；切断；掉头车左端面，钻 $\phi6$ 孔，镗 $\phi10$ 孔   	外圆	车床
15	钳工钻孔	粗钻底孔 $2\times\phi2.5$ 	外圆	钻床
20	铣	铣浇口，留研磨量 0.05 mm 	外圆	立铣床
25	热处理	淬火并回火达 40～45HRC		
30	万能磨	磨内孔 $\phi24.8$，同时磨外圆 $\phi40$，靠模端面 	外圆	万能磨床

续表

工序号	工序名称	工序内容	定位基准	加工设备
35	平磨	平磨精基准面 A，掉头平磨完成尺寸 18、28 	底面	平磨
40	线切割	线切割孔 $2\times\phi3.6$、$\phi8$ 	底面	线切割机床
45	钳工	研磨		
50	检验			
55	清理	表面清理，油封		

五 知识、能力测试

(一)选择题

1. 对轴类零件在一台车床上车端面、车外圆和切断，工序应为________道。

A. 一　　B. 二　　C. 三　　D. 四

2. 机械加工工艺过程中的装夹是指________。

A. 一把刀具在机床上每装卸一次的过程

B. 工件每更换一次，机床所发生的装卸工作

C. 工件在机床上每装卸一次所完成的工艺过程

D. 工件在机床上的定位和夹紧

3. 关于机械加工工艺过程中的工步、工序、安装之间的关系，说法________是正确的。

A. 一道工序可以划分为几次安装，一次安装又可划分为几个工步

B. 一次安装可以划分为几道工序，一道工序又可划分为几个工步

C 一道工序只有两次安装，一次安装可以划分为几个工步

D. 一道工序可以划分为几个工步，每个工步有两次安装

4. 对一根简单转轴要进行下列操作：车削两个 Ra 12.5 的端面并各钻一个中心孔，粗、精车 $\phi26$ 外圆，切 $\phi24\times2$ 环槽，铣 8 mm 宽的封闭平键槽，它的工艺过程由________组成。

A. 两道工序　　B. 四次安装　　C. 十个工步　　D. 三道工序

E. 九个工步

5. 单件生产的基本特点是________。

A. 产品品种单一　　B. 每种产品仅生产一个或数个

C. 经常重复生产　　D. 各工作地的加工对象一般不变

6. 在不同的生产类型中，同一产品的工艺过程是________。

A. 相同的　　B. 相似的　　C. 不同的

7. 制定工艺规程的最基本的原始资料是________。

A. 装配图　　B. 零件图　　C. 工序图

8. 在拟定机械加工工艺过程、安排工艺顺序时，首先要考虑的问题是________。

A. 尽可能减少工序数

B. 精度要求高的工件表面的加工问题

C. 尽可能避免使用专用机床

D. 尽可能使用万能夹具

E. 尽可能增加一次安装中的加工内容

9. 装配时用来确定零件在部件中或部件在产品中的位置所使用的基准是________。

A. 定位基准　　B. 测量基准　　C. 装配基准　　D. 工艺基准

10. 测量零件已加工表面的尺寸和位置所使用的基准是________。

A. 定位基准　　B. 测量基准　　C. 装配基准　　D. 工艺基准

11. 加工时，用来确定工件在机床上或夹具中的正确位置所使用的基准是________。

A. 定位基准　　B. 测量基准　　C. 装配基准　　D. 工艺基准

12. 选择定位基准时，粗基准可以使用________。

A. 一次　　B. 二次　　C. 多次

13. 为以后的工序提供定位基准的阶段是________。

A. 粗加工阶段　　B. 半精加工阶段

C. 精加工阶段

14. 关于粗基准的选择和使用，以下叙述正确的是________。

A. 选工件上不需加工的表面作为粗基准

B. 当工件表面均需加工时，应选加工余量最大的毛坯表面作为粗基准

C. 粗基准只能用一次

D. 当工件所有表面都需要加工时，应选加工余量最小的毛坯表面作为粗基准

E. 粗基准选得合适，可以重复使用

15. 关于精基准的选择，下述说法正确的是________。

A. 尽可能选择装配基准作为精基准

B. 选择能作为更多加工表面定位基准的表面作为精基准

C. 选择加工余量最大的表面作为精基准

D. 选择面积较大和较精确的表面作为精基准

16. 零件机械加工顺序的安排一般是________。

A. 先加工基准表面，后加工其他表面

B. 先加工次要表面，后加工主要表面

C. 先安排粗加工工序，后安排精加工工序

D. 先加工孔，后加工平面

17. 对未经淬火的较小直径孔的精加工应采用________。

A. 铰削　　B. 镗削　　C. 磨削　　D. 钻削

18. 对于精度要求较高、表面粗糙度 Ra 值要求为 0.8 μm 的滑动平面，其终了加工应采用________。

A. 精车　　B. 精铣　　C. 精刨　　D. 平磨　　E. 拉削

19. 对有色金属零件的外圆面进行加工，当其精度要求为 IT6、表面粗糙度 Ra 值要求为 0.4 μm 时，它的终了加工方法应采用________。

A. 精车　　B. 精磨　　C. 精细车　　D. 粗磨　　E. 研磨

20. 可使零件外圆面加工精度为 IT8 及表面粗糙度 Ra 值为 1.6 μm 的终了加工方法是________。

A. 粗磨　　B. 半精车　　C. 精车　　D. 精细车　　E. 精磨

(二)判断题

1. 若每一个工件在同一台机床上钻孔后就接着铰孔，则该孔的钻、铰加工过程是连续的，应算做一道工序。（　）

2. 在一道工序中，工件只需一次装夹。（　）

3. 零件的技术要求是指零件的尺寸精度、几何形状精度以及各表面之间的相互位置精度。（　）

4. 粗基准即为零件粗加工中所用的基准，精基准即为零件精加工中所用的基准。（　）

5. 光整加工的主要任务是提高被加工表面的尺寸精度并降低表面粗糙度，一般不能纠正形状和位置误差。（　）

6. 在某机床上将一批轴车完端面后再逐个打中心孔，对一个工件来说，车端面和打中心孔应划分为一道工序。（　）

7. 在一次安装后，工件在机床上所占据的位置不一定只有一个，有时可能有几个。（　）

8. 一道工序可以包含几个工步，也可以只有一个工步。（　）

9. 复合工步即为多个工步的组合。（　）

10. 工件一次装夹后，切削用量改变了，但工步仍不变。（　）

11. 成批生产的基本特点是产品品种多，同一产品有一定数量，能够成批进行生产。（　）

12. 工件的安装包括定位、夹紧和拆卸三个过程。（　）

13. 在生产过程中，采用机械加工的方法改变毛坯的尺寸、形状、相对位置和性质，使其成为零件的全过程称为机械加工工艺过程，它通常是由一系列的工序、安装和工步等组合而成的。（　）

14. 零件的技术要求是指零件的尺寸精度、几何形状精度、各表面之间的相互位置精度。（　）

15. 只有满足基准重合原则，才能实现基准统一原则。（　）

16. 粗基准即零件粗加工中所用的基准，精基准即零件精加工中所用的基准。 ( )

17. 如果要求保证零件加工表面与某不加工表面之间的相互位置精度，则应选此不加工表面为粗基准。 ( )

18. 若零件上每个表面都要加工，则应选加工余量最大的表面为粗基准。 ( )

19. 采用浮动铰刀铰孔、圆拉刀拉孔以及无心磨床磨削外圆面等，都是以加工表面本身作为定位基准。 ( )

20. 对于极高精度的外圆加工(IT5，Ra 值为 0.2 μm 以上)，其方案可选为粗车—半精车—精车。 ( )

六 拓展知识

(一)工件的装夹

机械加工时，为了获得符合技术要求规定的表面，加工前必须使工件在机床上(或夹具中)占据某一正确位置并在加工中保持此位置不变，这就是装夹。工件装夹的优劣将直接影响零件的加工精度，而装夹的便捷程度则影响生产率的高低。因此，工件的装夹对保证质量、提高生产率和降低加工成本有着重要的意义。

1. 工件的装夹方法

由于工件大小、加工精度和批量的不同，工件的装夹有下列三种方式：

(1)直接找正装夹

直接找正装夹是用划针或百分表等直接在机床上找正工件的位置。这时被找正的表面就是工件的定位基准。如图 3-19 所示的套筒零件，为了保证磨孔时的加工余量均匀，先将套筒预夹在四爪卡盘中，用划针或百分表找正内孔表面，使其中心线与机床主轴同轴，然后夹紧工件。此时定位基准就是内孔而不是支承表面外圆。

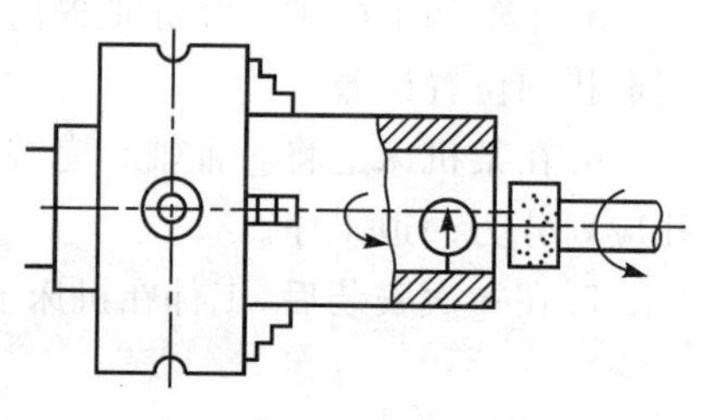

图 3-19 直接找正装夹

采用这种装夹方式找正所需的时间长、定位精度不稳定，因为与操作者的技术水平有关，故一般只适用于单件小批生产、采用专用夹具不经济，或工件定位精度要求特别高，采用专用夹具也不能保证，只能用精密量具由高技术等级的工人直接找正定位的场合。

(2)划线找正装夹

对形状复杂的工件，因毛坯精度不易保证，若直接找正装夹会顾此失彼，很难使工件上各个加工表面都有足够和比较均匀的加工余量。若先在毛坯上划线，然后按照所划的线来找正装夹，则能较好地解决这些问题。如图 3-20 所示，此时支承工件的底面不起定位作用，定位基准即为所划的线。此法受划线精度的限制，定位精度比较低，多用于批量较小、毛坯精度较低以及大型零件的粗加工中。

(3)用专用夹具装夹

机床夹具是指在机械加工过程中用以装夹工件的机床附加装置。工件在夹具中按照定位基准选择原则确定定位基准并夹紧,不需要找正。此法的装夹精度较高,而且装卸方便,可以节省大量辅助时间。但制造专用夹具成本高、周期长,因此适用于成批和大量生产。例如模具标准件(导柱、导套、推杆、拉料杆等)的生产,就可采用夹具装夹。

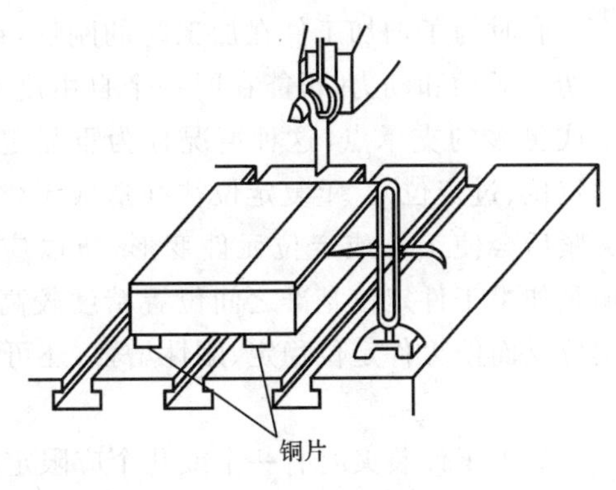

图 3-20　划线找正装夹

2. 工件在夹具中的定位

一个空间自由刚体都具有六个自由度,即沿三个互相垂直的坐标轴的移动(用$\vec{X}$、$\vec{Y}$、$\vec{Z}$表示)和绕这三个坐标轴的转动(用$\widehat{X}$、$\widehat{Y}$、$\widehat{Z}$表示),如图 3-21 所示。因此,要使工件在空间占有确定的位置(即定位),就必须约束这六个自由度。

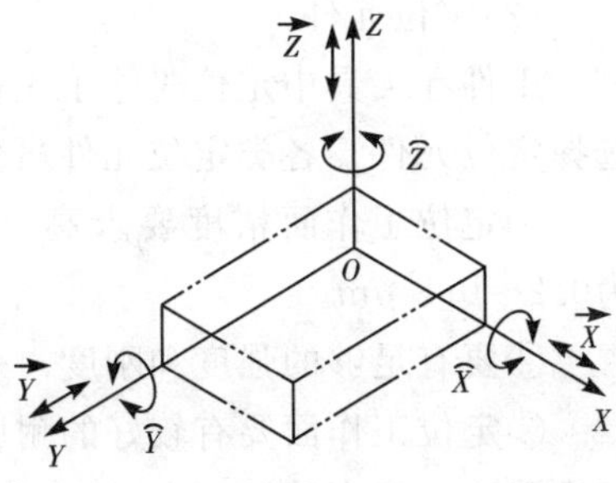

图 3-21　刚体的自由度

(1)工件的六点定位原理

在机械加工中,要完全确定工件的正确位置,必须有合理分布的六个支承点来限制工件的六个自由度,称为工件的六点定位原理。

如图 3-22 所示,可以设想六个支承点分布在三个互相垂直的坐标平面内。其中三个支承点在 XOY 平面上,限制 $\widehat{X}$、$\widehat{Y}$ 和 $\vec{Z}$ 三个自由度;两个支承点在 YOZ 平面上,限制 $\vec{X}$ 和 $\widehat{Z}$ 两个自由度;最后一个支承点在 XOZ 平面上,限制 $\vec{Y}$ 自由度。

如图 3-23 所示,在凹模上铣沟槽时,为了在每次安装中保证三个加工尺寸 x、y、z 并使凹槽平行于底面和侧面,就必须限制六个自由度,这种情况称为完全定位。

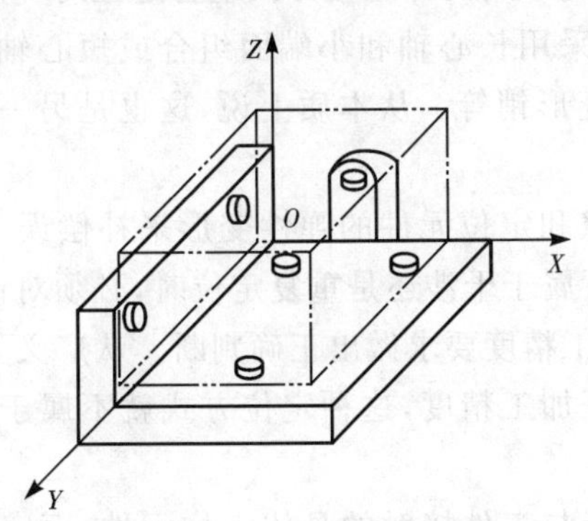

图 3-22　六点定位原理

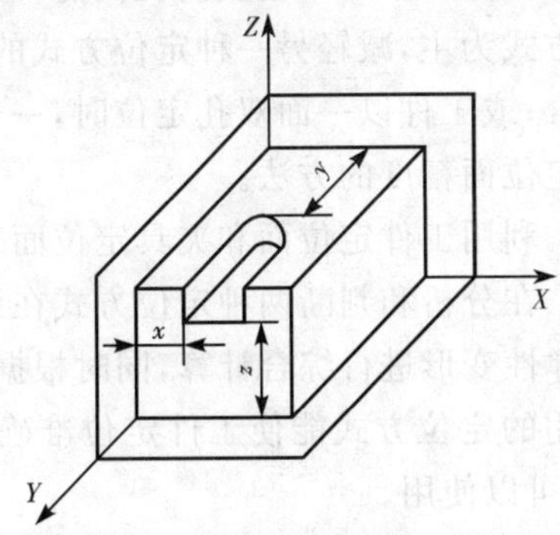

图 3-23　完全定位

有时,工件装夹时限定的自由度少于六个但也能满足加工要求,这种定位称为不完全定位。如图 3-24 所示,车模具导柱外圆面时,只需要限定除 $\widehat{X}$ 以外的五个自由度(双顶尖装夹)。

有时为了增加工件在加工时的刚性，或者为了传递切削运动和动力，可能在同一个自由度方向上有两个或更多的支承点，这种情况称为重复定位（也称为超定位、过定位）。重复定位往往造成工件无法安装，夹紧后会使工件或定位元件变形，所以应尽量避免。但是如果工件定位基准之间位置精度较高，这时重复定位反而使工件定位稳定、刚性增强，还可以使夹具制造简单。因此，重复定位也可以合理应用。

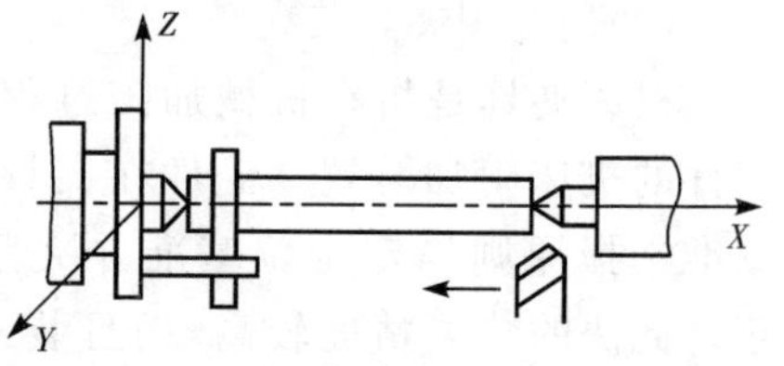

图 3-24 不完全定位

如果工件装夹时有一个或几个应限定的自由度没有加以限制，就不能保证工件的加工精度，这种定位叫做欠定位。在设计专用夹具时绝对不允许出现欠定位。

(2)定位元件

工件在夹具中定位时除了正确应用六点定位原理和合理选择定位基准面外，还要合理选择定位元件。各类定位元件虽然结构各不相同，但在设计时均应满足以下要求：

①定位工作面精度要求高。如尺寸精度常为 IT6～IT8 级，表面粗糙度 *Ra* 值一般为0.2～0.8 μm。

②要有足够的强度和刚度。

③定位工作面要有较好的耐磨性，以便长期保持定位精度。一般定位元件多采用低碳钢渗碳淬火或中碳钢淬火，淬火硬度为 58～62HRC。

④结构工艺性要好，以便于制造、装配、更换及排屑。

(3)夹具定位要求

①六点定位法则是指导夹具设计的基本原则。六点定位法则源于刚体力学，与夹具设计的实际情况并不完全一致。一方面，夹具和工件均是弹性体，在定位，尤其是夹紧时易产生弹性变形；另一方面，定位副之间大多存在间隙。而传统的六点定位法则忽略了弹性变形和间隙的存在。事实上，弹性变形和间隙的存在对工件的定位有重要的影响。

②提高夹具定位面和工件定位基准面的加工精度是避免重复定位的根本方法。

③由于夹具加工精度的提高有一定限度，因此采用两种定位方式组合定位时，应以一种定位方式为主，减轻另一种定位方式的干涉。如采用长心轴和小端面组合或短心轴和大端面组合；或工件以一面双孔定位时，一个销采用菱形销等。从本质上说，这也是另一种提高夹具定位面精度的方法。

④利用工件定位面和夹具定位面之间的间隙和定位元件的弹性变形来补偿误差，减轻干涉。在分析和判断两种定位方式在误差作用下属于干涉还是重复定位时，必须对误差、间隙和弹性变形进行综合计算，同时根据工件的加工精度要求做出正确判断。从广义上讲，只要采用的定位方式能使工件定位准确，并能保证加工精度，这种定位方式就不属于重复定位，就可以使用。

⑤六点定位法则中的支承点是指夹具上直接与工件接触的具体定位元件，而定位点是指定位方式对自由度的限制，是一个抽象的概念，两者不可混淆，更不能替代使用。

⑥不可仅凭自由度被重复限制就判定为重复定位，定位副的误差是产生重复定位的根本原因。

⑦误差的存在使重复限制自由度表现为干涉和重复定位，干涉为量变阶段，重复定位为

质变阶段。干涉时夹具可以使用；重复定位时夹具破坏了定位，不可使用。

(4)定位基准选择示例

如图 3-25 所示为车床进刀轴架零件图，若已知其工艺过程为划线—粗、精刨底面和凸台—粗、精镗 ϕ32H7 孔—钻、扩、铰 ϕ16H9 孔，试选择各工序的定位基准并确定各限定了几个自由度。

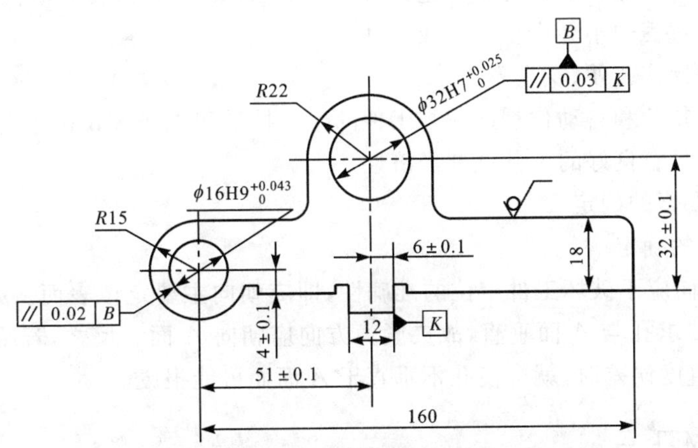

图 3-25　车床进刀轴架零件图

解　①第一道工序：划线。当毛坯误差较大时，采用划线的方法能同时兼顾到几个不加工面对加工面的位置要求。选择不加工面 $R22$ 外圆和 $R15$ 外圆为粗基准，同时兼顾不加工的上平面与底面距离为 18 mm 的要求，划出底面和凸台的加工线。

②第二道工序：按划线找正，刨底面和凸台。

③第三道工序：粗、精镗 ϕ32H7 孔。加工要求为尺寸 32±0.1、6±0.1 及凸台侧面 K 的平行度 0.03 mm。根据基准重合原则选择底面和凸台为定位基准，底面限制三个自由度，凸台限制两个自由度，无基准不重合误差。

④第四道工序：钻、扩、铰 ϕ16H9 孔。除孔本身的精度要求外，本工序应保证的位置要求为尺寸 4±0.1、51±0.1 及两孔的平行度要求 0.02 mm。根据精基准选择原则，可以有三种方案：

• 底面限制三个自由度，K 面限制两个自由度。此方案加工两孔采用了基准统一原则，夹具比较简单。设计尺寸 4±0.1 基准重合；尺寸 51±0.1 的工序基准是孔 ϕ32H7 的中心线，而定位基准是 K 面，定位尺寸为 6±0.1，存在基准不重合误差，其值为 0.2 mm；两孔平行度 0.02 mm 也有基准不重合误差，其值为 0.03 mm。可见，此方案的基准不重合误差已经超过了允许的范围，不可行。

• ϕ32H7 孔限制四个自由度，底面限制一个自由度。此方案对尺寸 4±0.1 有基准不重合误差，且定位销细长，刚性较差，所以也不可行。

• 底面限制三个自由度，ϕ32H7 孔限制两个自由度。此方案可将工件套在一个长的菱形销上来实现，对于三个设计要求基准均重合，仅 ϕ32H7 孔对于底面的平行度误差会影响两孔在垂直平面内的平行度，故应当在镗 ϕ32H7 孔时加以限制。

综上所述，第三种方案的基准基本上重合，夹具结构也不太复杂，装夹方便，故应采用。

3. 工件在夹具中的夹紧

工件在夹具上获得正确位置后，还必须将工件夹紧，以保证其在加工过程中不致因受到切削力、惯性力、离心力或重力等外力作用而产生位置偏移和振动，即保持其正确的加工位置不变。

(1)对夹紧装置的基本要求

①应能保持工件在定位时已获得的正确位置。

②夹紧应适当和可靠。夹紧力不能过大，以免工件产生变形和表面损伤；也不能过小，以保证工件在加工过程中不会产生松动或振动。

③夹紧机构应操作方便、安全省力。

④夹紧机构的复杂和自动化程度应与工件的生产批量和生产方式相适应。

⑤结构设计应具有良好的工艺性和经济性。

(2)夹紧力三要素的确定

①夹紧力方向的确定

• 夹紧力的方向应不破坏工件定位的准确性，即应朝向主要定位表面。如图 3-26 所示的直角支座镗孔，要求孔与 A 面垂直，故夹紧力方向应朝向 A 面。反之，若压向 B 面，当工件 A、B 两面有垂直度误差时，就会使孔不垂直于 A 面而可能报废。

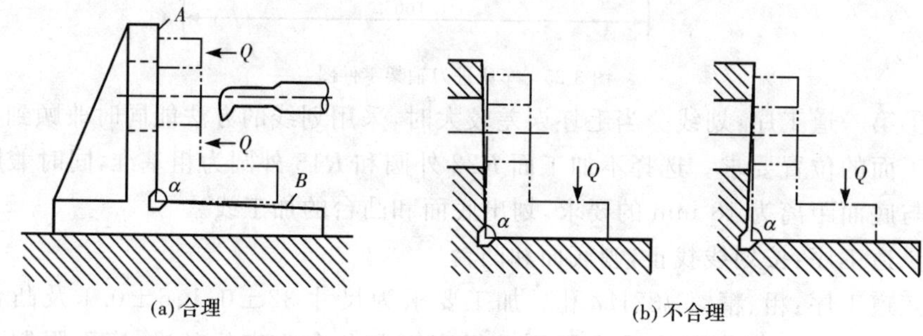

图 3-26 夹紧力方向对镗孔垂直度的影响

• 应使工件变形尽可能小，即应作用在刚度较大的部位。如图 3-27 所示的套筒，用三爪卡盘夹紧外圆，显然要比用特制螺母从轴向夹紧工件产生的变形大。

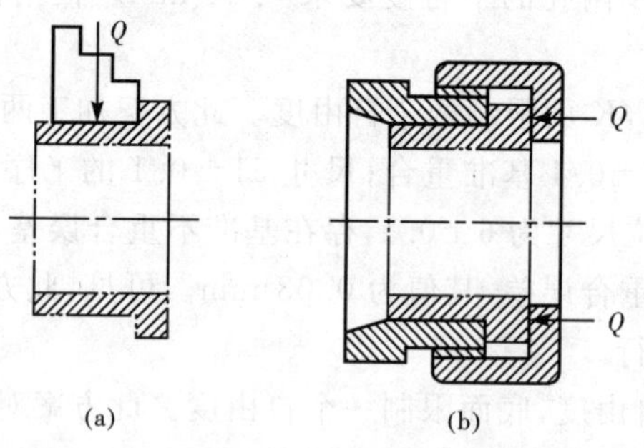

图 3-27 夹紧力方向与工件刚性的关系

• 应使所需夹紧力尽可能小，即在保证夹紧可靠的前提下尽量减小夹紧力。为此，应使夹紧力的方向最好与切削力、工件的重力方向重合，这时所需要的夹紧力最小。

②夹紧力作用点的选择

• 夹紧力应落在支承元件上或几个支承元件所形成的支承面内。如图 3-28(a)所示，夹紧力作用在支承面范围之外，会使工件倾斜或移动，而图 3-28(b)则是合理的。

• 夹紧力作用点应落在工件刚性较好的部位上。这对刚度较差的工件尤其重要，如图 3-29 所示，将作用点由中间的单点改成两旁的两点夹紧，变形大为改善，且夹紧也较可靠。

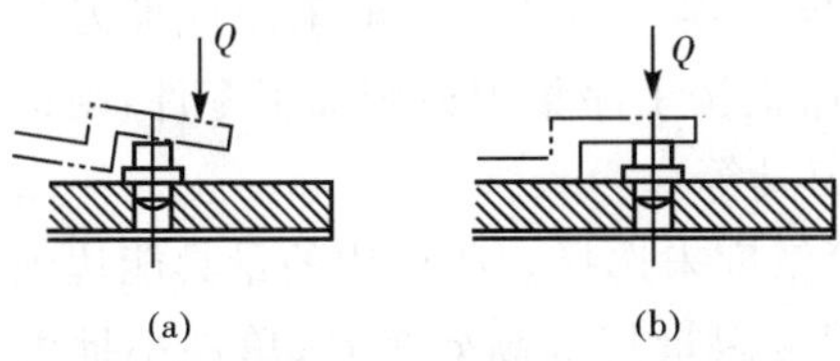

图 3-28　夹紧力作用点应在支承面内

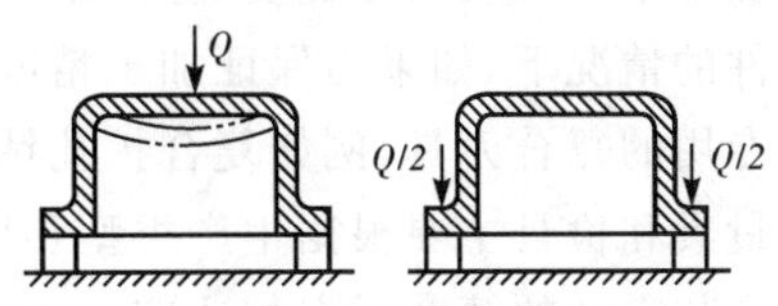

图 3-29　夹紧力作用点应在刚性较好的部位

• 夹紧力作用点应尽可能靠近被加工表面，以减小切削力对工件造成的翻转力矩。必要时应在工件刚性差的部位增加辅助支承并施加夹紧力，以免产生振动和变形，如图 3-30 所示。

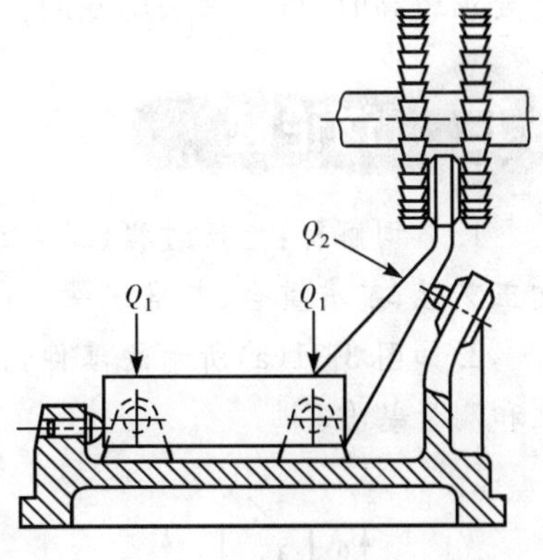

图 3-30　夹紧力应尽量靠近加工表面

③夹紧力大小的确定

夹紧力大小要适当，过大会使工件变形，过小则在加工时工件会松动，从而造成报废甚至发生事故。

采用手动夹紧时，可凭人力来控制夹紧力的大小，一般不需要算出所需夹紧力的确切数值，只在必要时进行概略的估算即可。

当设计机动（如气动、液压、电动等）夹紧装置时，则需要计算夹紧力的大小，以便决定动力部件的尺寸（如气缸、活塞的直径等）。

计算夹紧力时，一般根据切削原理的公式求出切削力的大小，必要时算出惯性力、离心力的大小，然后与工件重力及待求的夹紧力组成静平衡力系，列出平衡方程式，即可算出理论夹紧力，再乘以安全系数 K，作为所需的实际夹紧力。K 值在粗加工时取 2.5～3，精加工时取 1.5～2。

（二）确定机床和工艺装备

1. 机床的选择原则

机床的生产率应与零件的生产类型相适应。模具制造多属于单件小批生产，模具中的标准模板、导柱、导套、顶杆等经常成批生产，一般采用普通车床、万能铣床、万能外圆磨床等通用机床以及数控机床和电火花线切割机床等特种加工机床。大批大量零件的生产多采用专用机床。

机床的功率、刚度、精度和运动性能应适合于工序的特性，机床的主要规格尺寸、加工范围应与工件的外廓尺寸相适应。

2. 工艺装备的选择原则

工艺装备是指机床夹具、刀具、量具和检具。

选择机床夹具主要考虑生产类型。在大批大量生产的情况下，应广泛使用专用夹具，并在零件加工工艺规程中提出设计专用夹具的要求。模具生产一般主要选用通用夹具、拼装夹具等。但当零件形状结构较复杂，且各表面间的相互位置精度要求较高时，也可采用专用机床夹具或考虑采用成组夹具。

选择刀具主要取决于各工序所采用的加工方法、加工表面尺寸的大小、工件材料、所要求的加工精度和表面粗糙度、生产率和经济性等。模具零件的加工一般采用标准刀具。在有条件的情况下，如果为保证加工精度而在组合机床上按工序集中原则加工零件，则也可以采用专用的复合刀具，例如复合扩孔钻、扩-铰复合刀具等。

量具和检具主要根据生产类型和所要求的检验精度来选择。所选用的量具能达到的准确度应与零件的精度要求相适应。大批生产常采用极限量规等高效量具；单件小批生产中广泛采用游标卡尺、千分尺等通用量具；当零件形状结构较复杂，且各表面间的相互位置精度要求较高时，可考虑采用专用检具。

七 讨论题

1. 名词解释：生产过程、工艺过程、工艺规程、工序、安装、工位、工步、走刀、生产纲领、结构工艺性、基准重合、基准统一、自为基准、互为基准、加工余量。

2. 如图 3-31(a)所示的零件，试分析加工平面 3 及镗孔 4 的设计基准、定位基准、工序基准和测量基准。

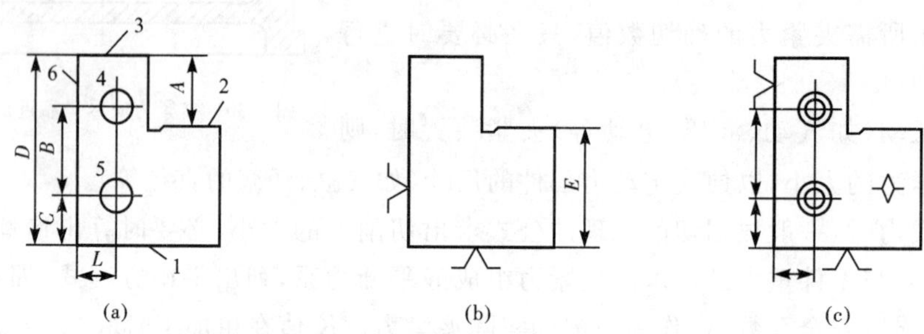

图 3-31 基准的选择

3. 模具零件的工艺分析主要包括哪些内容？分析的目的是什么？

4. 按零件结构的工艺性要求，指出图 3-32 所示零件在结构上存在的问题，并提出改进意见。

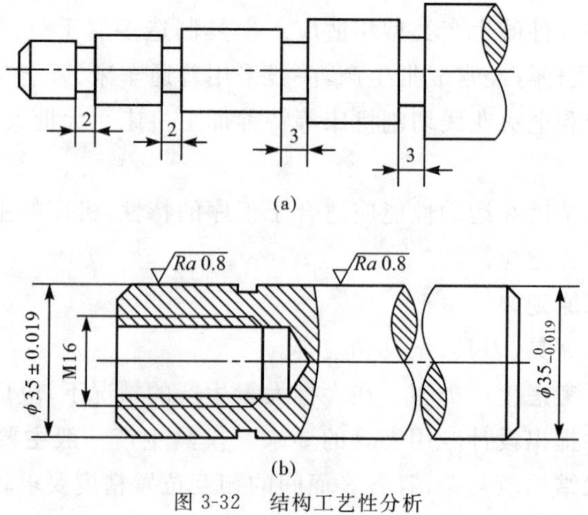

图 3-32 结构工艺性分析

5. 试对图 3-33 中的模具零件进行技术要求分析，分别指出技术要求（尺寸或几何公差）中哪些是依靠刀具的精度来保证的，哪些是依靠机床的精度来保证的，哪些是依靠装夹时的定位精度来保证的。

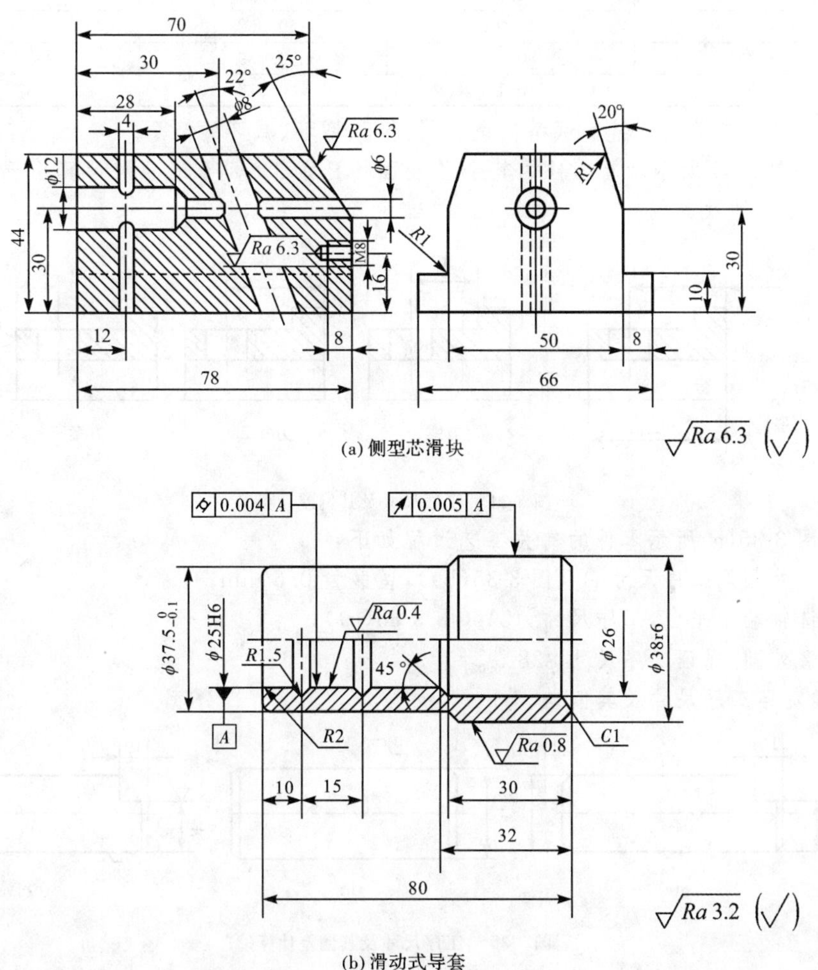

(a) 侧型芯滑块

(b) 滑动式导套

图 3-33 模具零件的技术要求分析

6. 在零件的机械加工工艺过程中，应如何选择精基准和粗基准？

7. 安排零件在加工中各道工序的先后顺序时应遵循哪几项原则？试举例说明。

8. 下列材料对应的热处理在机械加工工艺路线中应如何安排？

(1)45 钢调质，210～230HBS；

(2)35 钢正火，150～180HBS；

(3)45 钢表面淬火，43～48HRC；

(4)20Cr 渗碳淬火、回火，56～62HRC。

9. 有一轴类零件，经过粗车—精车—粗磨—精磨达到设计尺寸 $\phi50_{-0.016}^{\ 0}$。各工序的加工余量及工序尺寸公差见表 3-17，试计算各工序尺寸及其偏差。

表 3-17 计算各工序尺寸及其偏差

工序名称	加工余量/mm	工序尺寸公差/mm	工序尺寸及其偏差
毛坯		±1.6	
粗车	4.5	0.250	
精车	1.9	0.062	
粗磨	0.5	0.039	
精磨	0.1	0.016	

10. 什么是工艺尺寸链？试举例说明封闭环、增环、减环的概念。

11. 如图 3-34 所示轴套零件的其余各表面均已加工完毕，试分别计算用三种定位方案钻孔的工序尺寸及其偏差。

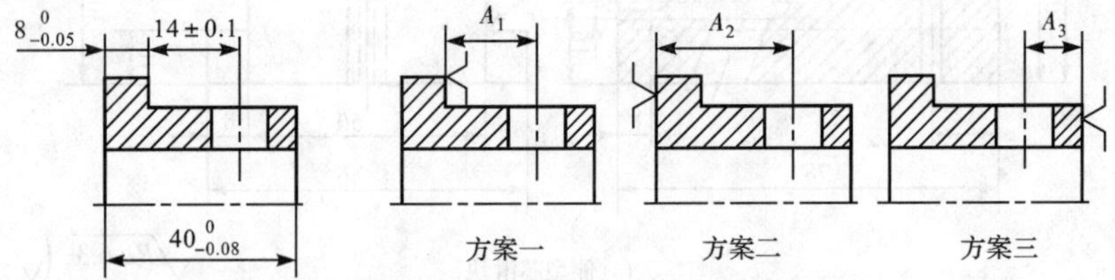

图 3-34 工序尺寸及其偏差计算(1)

12. 图 3-35(a)所示零件的有关工艺过程如下：

(1)车外圆至工序尺寸 A_1(图 3-35(b))，留磨量 0.6 mm；

(2)铣轴端小平台，工序尺寸为 A_2(图 3-35(c))；

(3)磨外圆，保证工序尺寸 $\phi28_{-0.021}^{0}$。

试确定各工序尺寸及其偏差。

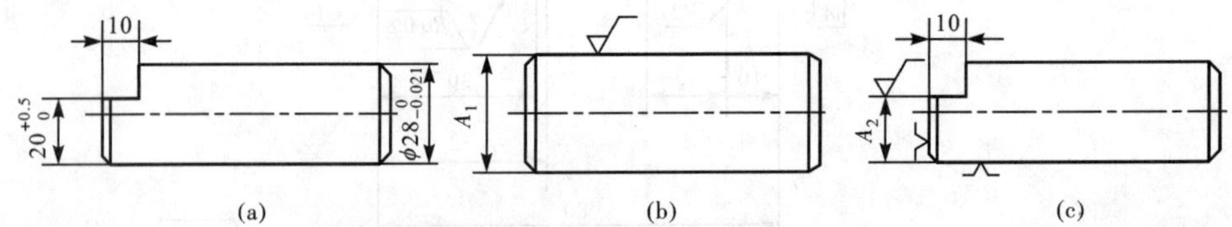

图 3-35 工序尺寸及其偏差计算(2)

13. 图 3-36 所示为冷冲模下模座在精镗 2×ϕ32R7 导柱孔工序中的工序图，要求两孔轴线与模座下平面垂直。根据该工序中的加工要求，分析需要限制的自由度，判断为何种定位方式。

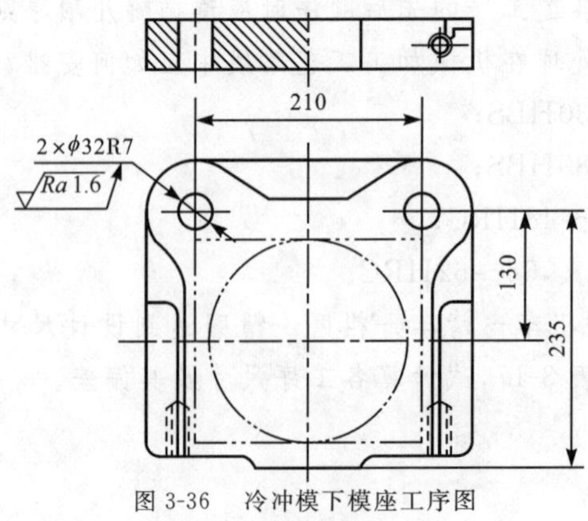

图 3-36 冷冲模下模座工序图

项目四

模板切削加工装备选择

知识目标

- 掌握刀具、磨具的结构、种类和用途。
- 掌握切削机床的用途和适用范围。

能力目标

- 具有合理选择刀具的能力。
- 具有合理选择切削设备的能力。

一 项目导入

模板零件图如图 4-1 所示，材料为 45 钢，热处理硬度为 28～32HRC。该零件既需要铣削加工，又需要磨削加工和钻削加工，应合理选择刀具、磨具和机床。

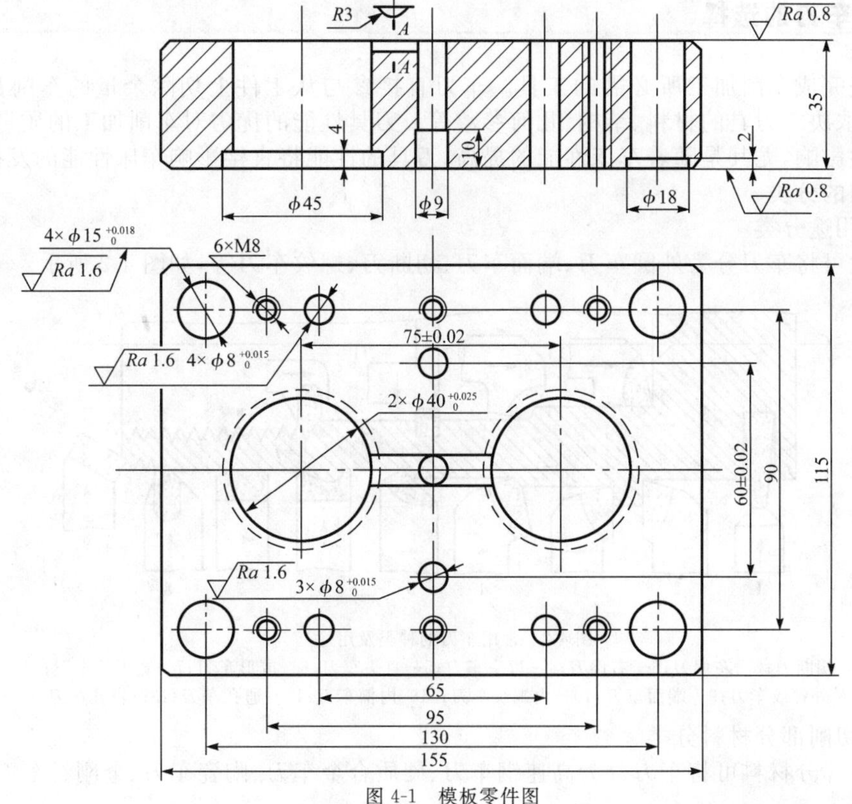

图 4-1　模板零件图

选择模具加工装备主要包括选择机床、刀具、量具、夹具这四个方面，其中首先是选择机床。机床的选择要考虑两点：其一是结合生产车间已有机床设备的实际情况安排工艺路线；其二是根据最优原则安排工艺路线，在工艺路线的指导下选择机床，具体原则如下：

(1)机床的尺寸规格要与被加工零件的尺寸相适应；

(2)机床的精度要与被加工零件的加工要求相适应；

(3)机床的生产率要与被加工零件的生产纲领相适应；

(4)机床的选用要考虑节约投资并适当考虑生产的发展；

(5)改(扩)建车间要充分利用原有设备。

每一种加工方案都有非常丰富的设备供选择，这就需要了解设备的功能、质量、精度、型号、制造厂家、先进性等，需要大量的实践经验和积累。

本项目是一个典型的案例，在模具加工中并不算是很复杂、很难加工的，而是一个难易程度适中的训练项目，在模具加工中具有代表性。

模板加工的工艺路线为：选择锻造毛坯—调质热处理—粗铣、半精铣—精磨—精铣—坐标镗。工艺路线确定后，要选择各个工序对应种类、规格的设备，配备相应的刀具。刀具的选择原则是尽量选择标准刀具。考虑加工表面的尺寸大小、工件材料、加工精度、表面粗糙度、生产率和经济性，还要配备量具和夹具。

(一)车刀的选择

车刀是完成车削加工所必需的工具。车刀直接参与从工件上切除余量的车削加工过程，其性能取决于刀具的材料、结构、几何参数等。刀具性能的优劣对车削加工的质量、生产率有决定性影响，尤其是随着车床性能的提高，刀具的性能将直接影响车床性能的发挥。

1. 车刀的分类

(1)按用途分类

按用途可将车刀分为外圆车刀、端面车刀、切断刀、螺纹车刀等，如图 4-2 所示。

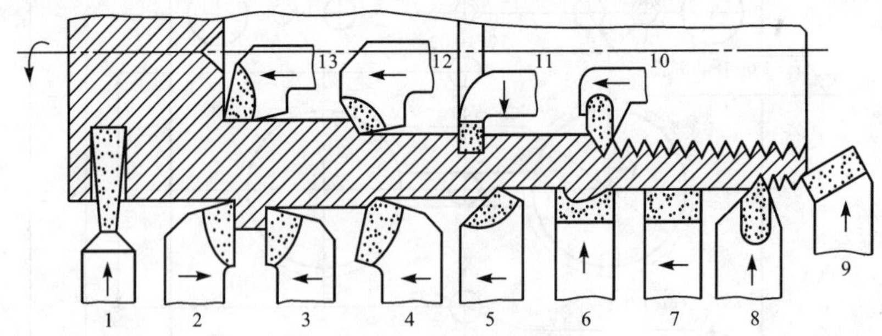

图 4-2 常用车刀的种类及用途

—切断刀；2—左偏刀；3—右偏刀；4—弯头车刀；5—直头车刀；6—成形车刀；7—宽刃精车刀；—外螺纹车刀；9—端面车刀；10—内螺纹车刀；11—内槽车刀；12—通孔车刀；13—盲孔车刀

(2)按切削部分材料分类

按切削部分材料可将车刀分为高速钢车刀、硬质合金车刀、陶瓷车刀、金刚石车刀等。

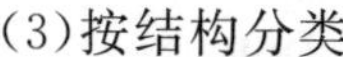

(3)按结构分类

按结构可将车刀分为整体式、焊接式、机夹可转位式、机夹重磨式及成形车刀等。

2. 常用车刀的结构和应用

目前，在车削加工所使用的刀具中，焊接式车刀和机夹式硬质合金车刀应用较广泛，整体式结构仅用于高速钢车刀。由于机夹式硬质合金车刀能有效地减少换刀和调刀所产生的停机时间，故在自动车床、数控车床和机械加工自动生产线上应用较为普遍。

(1)整体式高速钢车刀

选用一定形状的整体式高速钢刀条，在其一端刃磨出所需的切削部分形状，就形成了整体式高速钢车刀。这种车刀刃磨方便，可以根据需要刃磨成不同用途的车刀，尤其适合刃磨各种刃形的成形车刀，如切槽刀、螺纹车刀等。刀具磨损后可多次重磨，但其刀杆也为高速钢材料，会造成刀具材料的浪费。且其刀杆强度低，当切削力较大时，会造成破坏。整体式高速钢车刀一般用于较复杂成形表面的低速精车。

(2)焊接式硬质合金车刀

这种车刀是将一定形状的硬质合金刀片钎焊在刀杆的刀槽内制成的。其结构简单、紧凑，刚性及抗振性能好，使用灵活，制造、刃磨方便，刀具材料利用充分，在一般的中小批量生产和修配生产中应用较多。但由于硬质合金刀片与刀杆材料的线膨胀系数和导热性能不同，刀片在刃磨和焊接的高温作用后冷却时常产生内应力，极易引起裂纹，降低刀片的抗弯强度，致使车刀工作时刀片产生崩刃现象。其刀杆随刀片的用尽而报废，不能重复使用，刀片也不能充分回收利用，造成刀具材料的浪费。另外，用在重型车床上因其尺寸和质量较大，故焊接时不方便，刃磨也较困难。

焊接式硬质合金刀片的形状和尺寸有统一的标准规格。在设计和制造时，应根据其不同用途，选用合适的硬质合金牌号和刀片的形状规格。

该车刀刀杆的头部应按选定的刀片形状尺寸做出刀槽，以便放置刀片进行焊接。在焊接强度和制造工艺允许的情况下，应尽可能选择焊接面少的形状。因为焊接面多，焊接后刀片产生的内应力较大，容易产生裂纹。

焊接式车刀的刀槽有敞开式、半封闭式、封闭式，如图 4-3 所示。敞开式的焊接面最少，封闭式的焊接面最多，内应力也最大。一般刀片底面积较小而又要求焊接牢固的情况下才采用封闭式，如螺纹车刀等。

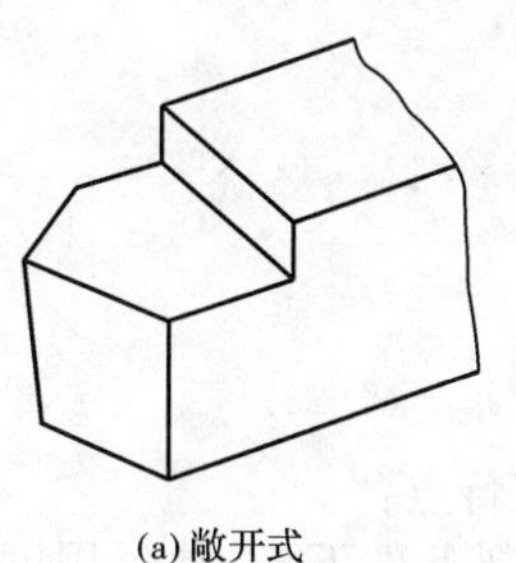

(a) 敞开式

(b) 半封闭式

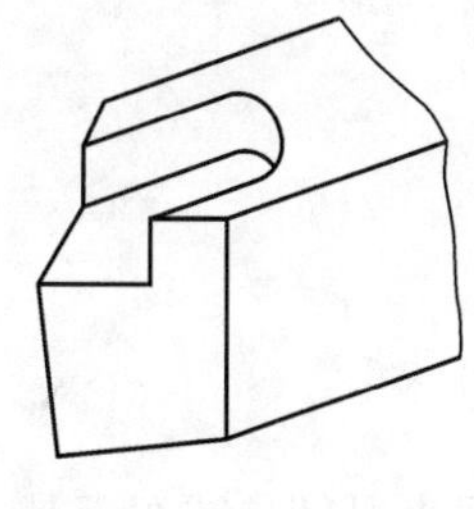

(c) 封闭式

图 4-3　焊接式车刀的刀槽形式

(3)机夹重磨式车刀

机夹重磨式车刀(图 4-4)是采用普通硬质合金刀片，用机械夹固的方法被夹持在刀柄上使用的车刀，其切削刃用钝后可以重磨，经适当调整后仍可继续使用。其特点如下：

①刀片不用焊接(无刀片硬度的下降、产生裂纹等缺陷)，提高了刀具的耐用度，换刀次数减少了，生产率得到了提高。

②刀杆可重复使用，节省了刀杆材料，刀片利用率增加；刀片使用到允许的最小尺寸限度后，可装在小一号刀杆上继续使用，最后刀片由制造厂收回。

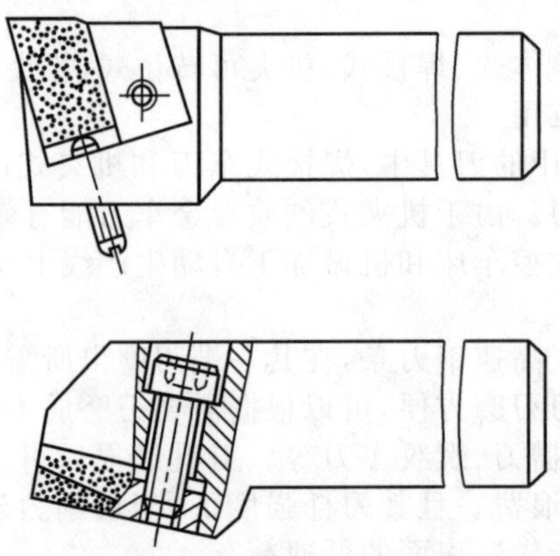

图 4-4 机夹重磨式车刀

③刀片重磨尺寸缩小，为增加刀片重磨次数，设有刀片调整机构。

④压紧刀片所用的压板端部可镶上硬质合金，起断屑作用；调整压板可改变压板端部至切削刃间的距离，扩大断屑范围。

(4)机夹可转位式车刀

①特点

机夹可转位式车刀是采用机械夹固方法，将可转位刀片夹固在刀杆上的一种车刀，其结构如图 4-5 所示。刀片每边都有切削刃，当某边切削刃磨钝后，刀片不需重磨，可转位使用，待全部刀刃磨钝后再换新刀片。

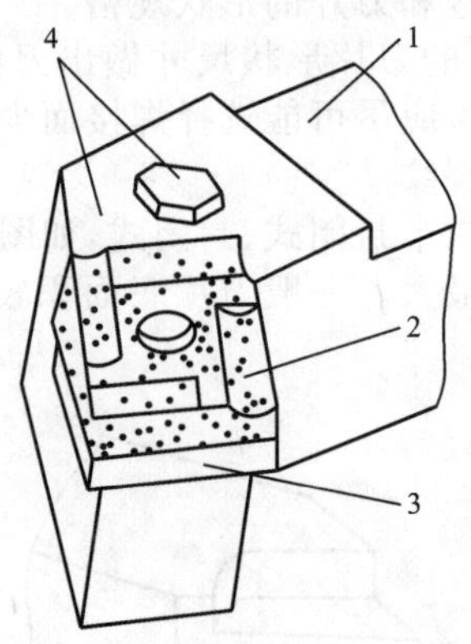

图 4-5 机夹可转位式车刀的结构

1—刀杆；2—刀片；3—刀垫；4—夹紧元件

机夹可转位式车刀是一种高效率的新型刀具，它具有如下特点：

- 可以避免焊接和重磨对刀片造成的缺陷。在相同的切削条件下，刀具耐用度较焊接式硬质合金车刀大大提高。
- 刀片上的一个刀刃用钝后，可将刀片转位换成另一个新切削刃继续使用，不会改变切削刃与工件的相对位置，从而能保证加工尺寸，并能减少调刀时间，适合在专用车床和自动线上使用。
- 刀片不需重磨，有利于涂层硬质合金、陶瓷等新型刀片的推广使用。
- 刀杆使用寿命长，刀片和刀杆可标准化，有利于专业化生产。

②刀片形状

刀片是机夹可转位式车刀的一个最重要的组成元件，其类型很多，已由专门厂家定点生产。刀片形状有三角形、偏三角形、凸三角形、正方形、五角形、圆形等多种，如图 4-6 所示。

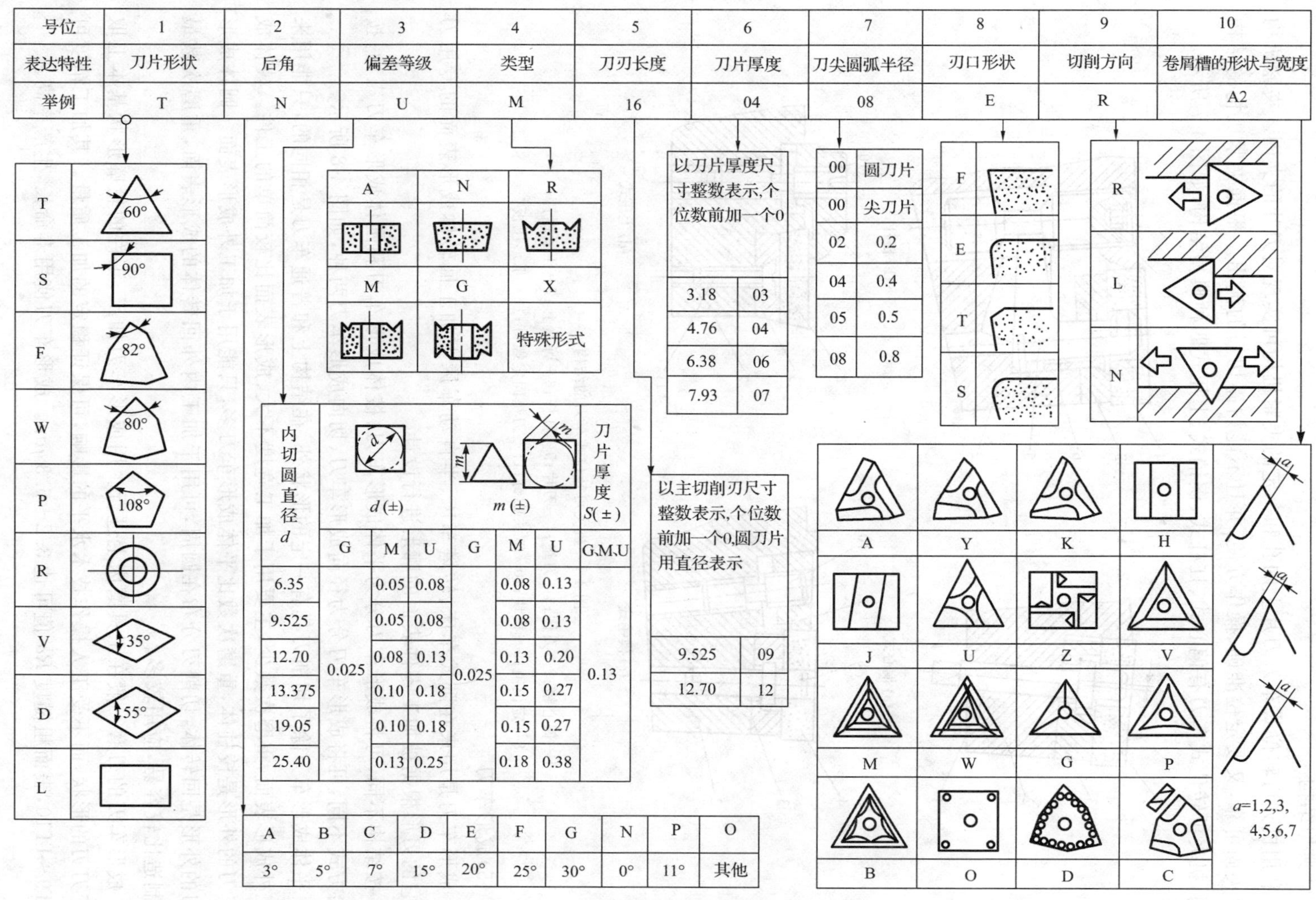

号位	1	2	3	4	5	6	7	8	9	10
表达特性	刀片形状	后角	偏差等级	类型	刀刃长度	刀片厚度	刀尖圆弧半径	刃口形状	切削方向	卷屑槽的形状与宽度
举例	T	N	U	M	16	04	08	E	R	A2

图4-6　机夹可转位式车刀刀片的标记方法

③典型结构

利用机夹可转位式车刀刀片上的孔和一定的夹紧机构可实现对刀片的夹固。夹紧机构既要夹固可靠，又要定位准确、操作方便，并且不能妨碍切屑的流出。根据夹紧机构的结构不同，机夹可转位式车刀有偏心式、杠杆式、楔销式、上压式四种典型结构，如图 4-7 所示。

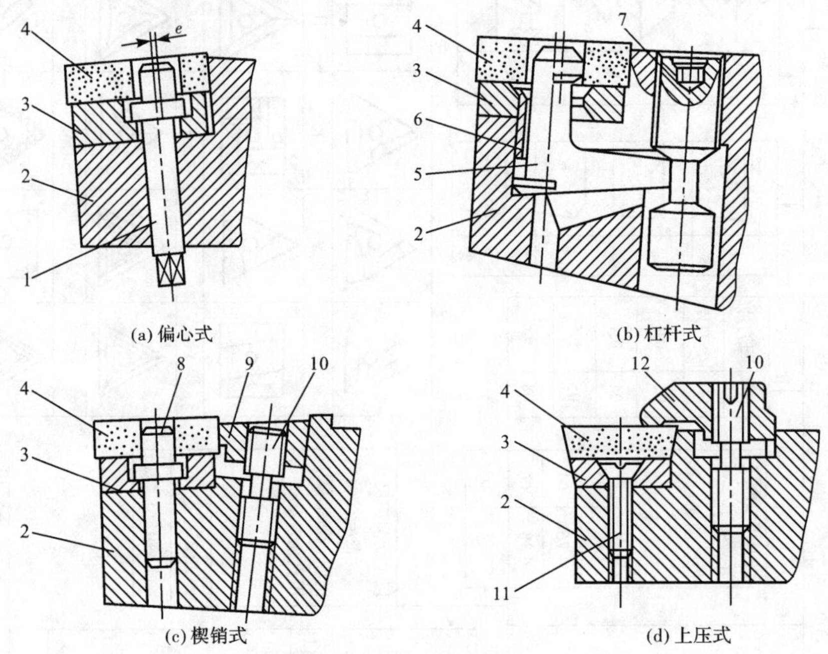

图 4-7 机夹可转位式车刀的结构

1—偏心销；2—刀体；3—刀垫；4—刀片；5—杠杆；6—弹簧套；7—压紧螺钉；8—定位销；9—楔块；10—双头螺钉；11—刀垫固定螺钉；12—爪形压板

(5)成形车刀

成形车刀是用来在卧式车床、转塔车床、半自动车床上加工回转体成形表面的专用刀具，它的刃形根据被加工零件表面的廓形进行设计。

按结构不同，可将成形车刀分为平体成形车刀、棱体成形车刀和圆体成形车刀三种；按进给方式不同，可将成形车刀分为径向成形车刀、切向成形车刀两种，如图 4-8 所示。

平体成形车刀除了切削刃具有一定的形状外，在结构上和普通车刀是相同的，只能用来加工外成形表面，重磨次数少，主要用于加工宽度不大、成形表面比较简单的工件。棱体成形车刀的外形是棱柱体，重磨次数比平体成形车刀多，只能用于加工外成形表面。圆体成形车刀的外形是回转体，切削刃分布在圆周，可用于加工内外回转体的成形表面，重磨次数最多，制造比较容易，应用较多。

成形车刀的刃磨一般在工具磨床上进行。用成形车刀加工，工件的轮廓形状基本上取决于刀刃的形状，而不受工人操作技术水平的影响，可保证稳定的加工质量。其加工精度可达IT9～IT10，表面粗糙度 Ra 值可达 3.2～6.3 μm。成形车刀使用寿命长，生产率高。

(二)铣刀的选择

铣刀是典型的多刃回转刀具，它的每一个刀齿相当于一把车刀，其铣削基本规律与车削

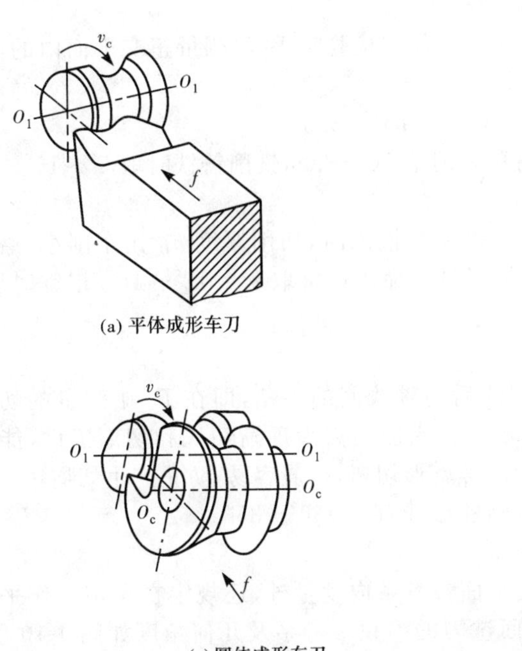

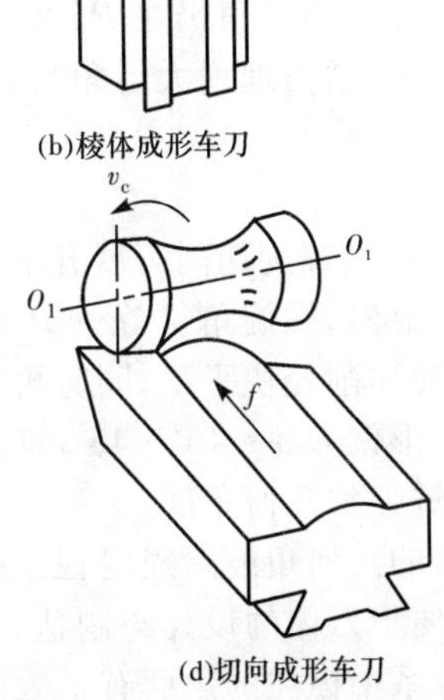

(a) 平体成形车刀　(b)棱体成形车刀

(c) 圆体成形车刀　(d)切向成形车刀

图 4-8　成形车刀的类型

相似。但由于铣削是断续切削,刀齿依次切入和切离工件,切削厚度与切削面积随时在变化,容易引起振动和冲击,影响加工质量;同时参加切削的刀齿较多,生产率较高。

铣刀刀齿在刀具上的分布有两种形式:一种是切削刃分布在铣刀的圆柱面上;一种是切削刃分布在铣刀的端部。对应的铣削方式分别是圆周铣削(周铣)和端面铣削(端铣)。

1. 铣刀的几何参数

(1)圆柱形铣刀的几何角度

圆周铣削时,铣刀的旋转运动是主运动,工件的直线移动是进给运动。圆柱形铣刀正交平面参考系中 P_r、P_s、P_o 的定义可参考车削中的规定,如图 4-9 所示。

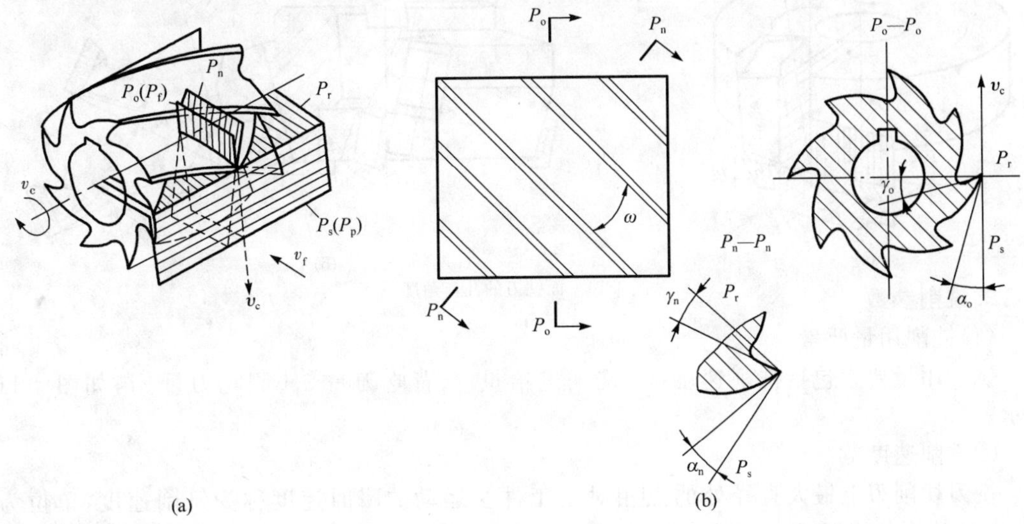

图 4-9　圆柱形铣刀的几何角度

①前角

通常在图纸上应标注 γ_n，以便于制造。但在检验时，一般测量正交平面内的前角 γ_o，它可按下式进行换算：

$$\tan\gamma_o = \tan\gamma_n / \cos\omega$$

前角 γ_n 按被加工材料来选择，铣削钢时取 $10°\sim20°$，铣削铸铁时取 $5°\sim15°$。

②后角

圆柱形铣刀的后角仍在 P_o 平面内度量。铣削时，切削厚度 h_D 比车削小，磨损主要发生在后刀面上，适当地增大后角可延长刀具寿命。通常取 $\alpha_o = 12°\sim16°$，粗铣时取小值，精铣时取大值。

③螺旋角

螺旋角 ω 是螺旋切削刃展开成直线后与轴线间的夹角，即在 P_s 中测量的切削刃与基面的夹角。显然，螺旋角 ω 等于刃倾角 λ_s。它能使刀齿逐渐切入和切离工件，能增加实际工作前角，使切削轻快平稳；同时可形成螺旋形切屑，排屑容易，防止产生切屑堵塞现象。一般粗齿圆柱形铣刀 $\omega = 40°\sim45°$，细齿圆柱形铣刀 $\omega = 30°\sim35°$。

(2)面铣刀的几何角度

面铣刀的几何角度除规定在正交平面参考系内度量外，还规定在假定工作平面参考系内度量，以便于刀体的设计与制造。面铣刀的静止参考系及几何角度如图 4-10 所示，在正交平面参考系中标注的角度有 γ_o、α_o、λ_s、κ_r、κ_r'、α_o'。

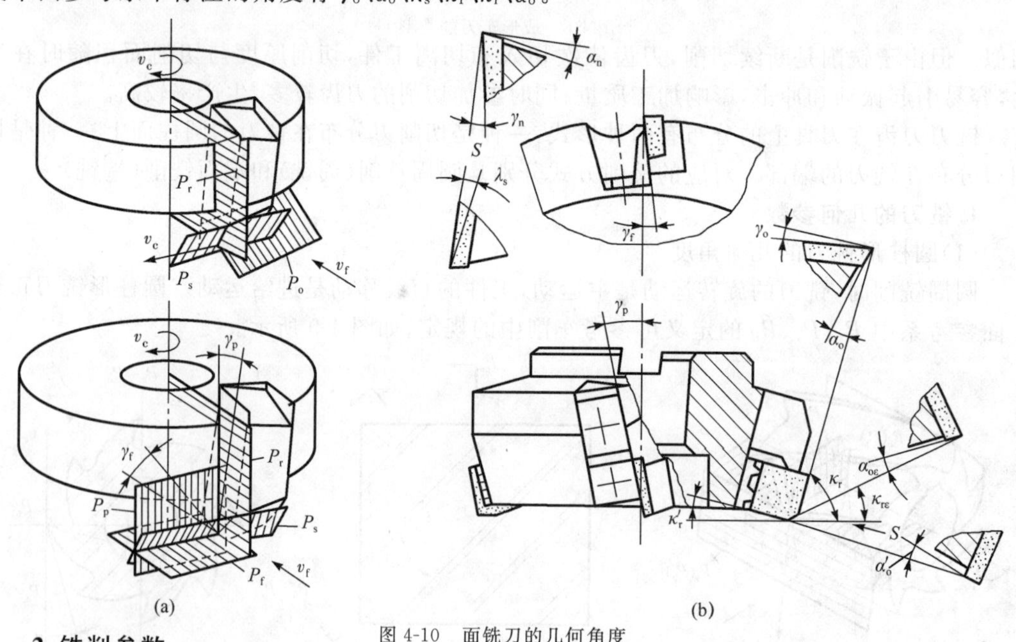

图 4-10 面铣刀的几何角度

2. 铣削参数

(1)铣削用量要素

铣削用量要素包括铣削速度 v_c、铣削进给量 f、背吃刀量 a_p、侧吃刀量 a_e，如图 4-11 所示。

①铣削速度 v_c

铣刀切削刃上最大直径处的点相对于工件主运动的瞬时速度称为铣削速度，单位为 m/s。其计算公式同式(2-1)。

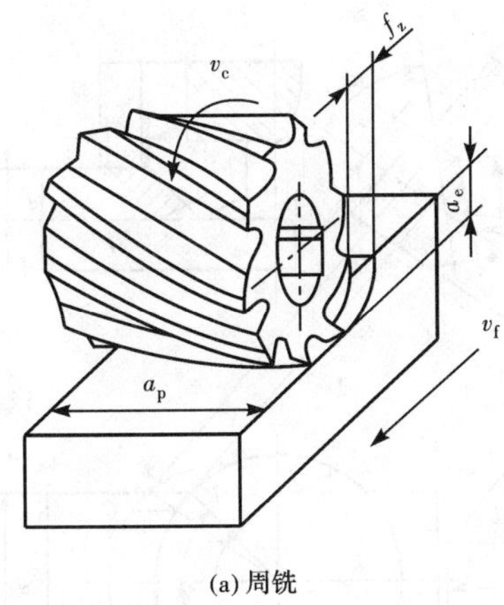

(a) 周铣

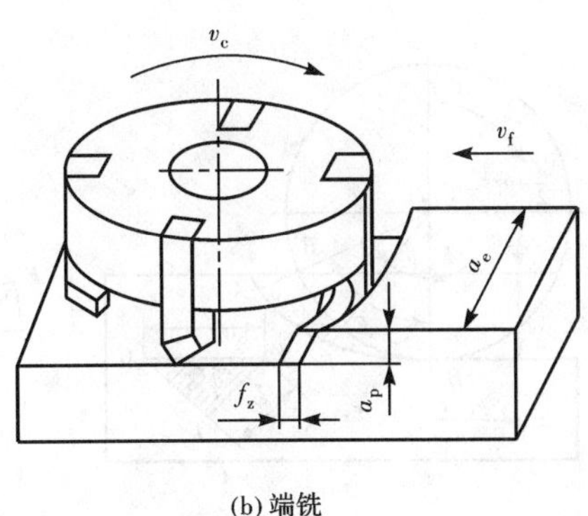

(b) 端铣

图 4-11 铣削用量要素

②铣削进给量 f

有下列三种表示方法：

• 每转进给量 f_r：铣刀每转一转，工件相对于铣刀在进给运动方向上的位移量，单位为 mm/r。

• 每齿进给量 f_z：铣刀每转一齿，工件相对于铣刀在进给运动方向上的位移量，单位为 mm/z，它主要用于铣削用量的选择。

• 每分钟进给量 f_s：工件每分钟相对于铣刀在进给运动方向上的位移量，单位为 mm/min，它主要用于机床调整。

每齿进给量是选择进给量的依据，而每分钟进给量则是调整机床的实用数据。在实际工作中，按 f_s 来调整机床进给量的大小。上述三种进给量之间的关系如下：

$$f_r = f_z z$$

$$f_s = f_r n = f_z z n$$

式中 n——铣刀转速(r/min)；

z——铣刀的刀齿数。

③铣削背吃刀量(铣削深度)a_p

在通过切削刃选定点并垂直于工作平面(平行于铣刀轴线)的方向上测量的切削层尺寸称为铣削背吃刀量，单位为 mm。周铣时，a_p 为被加工表面的宽度；端铣时，a_p 为切削层深度。

④铣削侧吃刀量(铣削宽度)a_e

在平行于工作平面并垂直于切削刃选定点的进给运动(垂直于铣刀轴线)方向上测量的切削层尺寸称为铣削侧吃刀量。周铣时，a_e 为切削层深度；端铣时，a_e 为被加工表面宽度。

(2)铣削切削层要素

图 4-12 所示为周铣和端铣时的切削层要素。

①切削厚度 a_c

切削厚度是指由铣刀上相邻两个刀齿在切削刃上形成的过渡表面间的垂直距离。铣削时切削厚度是随时变化的。如周铣时，刀齿在起始位置 H 点时，$a_c=0$ 为最小值；刀齿即将离开工件到达 A 点时，切削厚度为最大值。端铣时，刀齿的切削厚度在刚切入工件时为最小值，切入中间位置时为最大值，以后又逐渐减小。

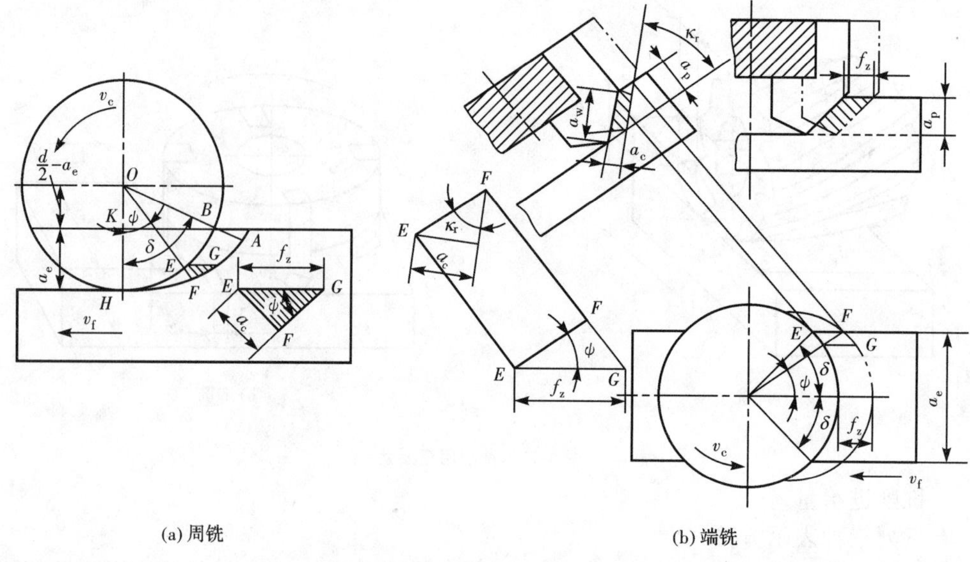

图 4-12 铣削切削层要素

②切削宽度 a_w

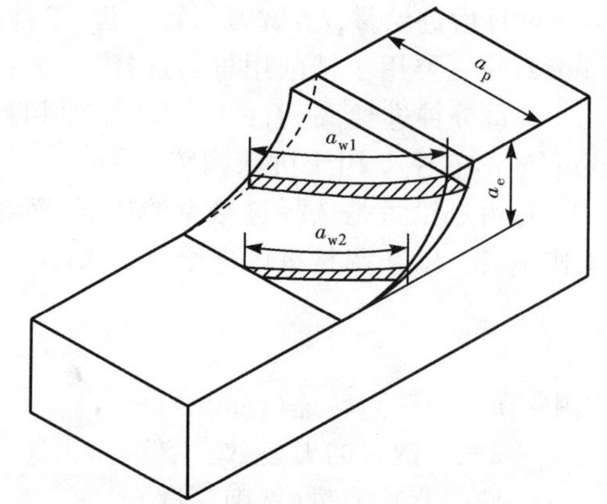

图 4-13 螺旋齿周铣时的切削层要素

切削宽度为主切削刃参与工作的长度。如图 4-12 所示，直齿圆柱形铣刀的切削宽度等于背吃刀量，而图 4-13 所示螺旋齿圆柱形铣刀的切削宽度是变化的。随着刀齿切入、切出工件，切削宽度逐渐加大，然后又逐渐减小，因而铣削过程较平稳。端铣时切削宽度保持不变。

③切削层横截面积 A_{cav}

铣刀同时有几个刀齿参与切削，铣刀的总切削层横截面积应为同时参与切削的刀齿切削层横截面积之和。但是由于切削时切削厚度、切削宽度和同时工作的齿数均随时间变化，故计算较为复杂。为使计算简便，常采用平均切削总面积这一参数，其定义为

$$A_{cav}=Q/v_c$$

式中，Q 为单位时间材料切除率，单位为 mm^3/min。

3. 铣削方式

铣削方式是指铣削时铣刀相对于工件的运动和位置关系，它对铣刀寿命、工件加工表面粗糙度、铣削过程平稳性及切削加工生产率都有较大的影响。

(1)周铣和端铣

铣平面时根据所用铣刀的类型不同，可分为周铣和端铣两种方式，如图 4-11 所示。周铣通常只在卧式铣床上进行，端铣一般在立式铣床上进行，也可以在其他各种形式的铣床上进行。端铣与周铣相比，容易使加工表面获得较小的表面粗糙度值和较高的生产率，因为端铣时副切削刃具有修光作用，而周铣时只有主切削刃参与切削。此外，端铣时主轴刚性好，并且面铣刀易采用硬质合金可转位刀片，因而所用切削量大，生产率高。所以在平面铣削中，端铣基本上代替了周铣。但周铣可以加工成形表面和组合表面。

(2)逆铣和顺铣

根据铣削时切削层参数的变化规律不同,周铣有逆铣和顺铣两种方式,如图 4-14 所示。

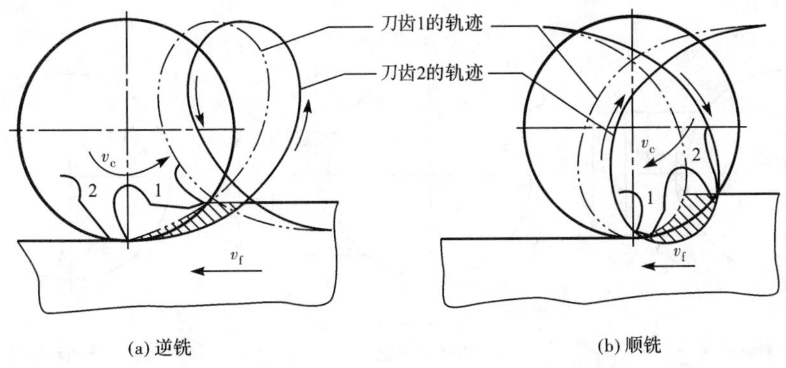

图 4-14　周铣方式

①逆铣

铣削时,铣刀切入工件时的切削速度方向与工件的进给方向相反,这种铣削方式称为逆铣。逆铣时,刀齿的切削厚度 a_c 从零逐渐增大。刀齿在开始切入时,由于切削刃钝圆半径的影响,刀齿在工件表面上打滑,产生挤压和摩擦,使这段表面产生严重的冷硬层。滑行到一定程度时,刀齿方能切下一层金属层。下一个刀齿切入时,又在冷硬层上挤压、滑行,使刀齿容易磨损,同时使工件表面粗糙度值增大。此外,逆铣加工时,当接触角大于一定数值时,垂直铣削分力向上易引起振动。

②顺铣

铣削时,铣刀切入工件时的切削速度方向与工件的进给方向相同,这种铣削方式称为顺铣。顺铣时,刀齿的切削厚度从最大值逐渐递减至零,避免了逆铣时的刀齿挤压、滑行现象,使已加工表面的加工硬化程度大为减轻,表面质量也较高,刀具耐用度也比逆铣时高。同时,垂直方向的切削分力始终压向工作台,避免了工件的振动。

如图 4-15 所示,铣床工作台的纵向进给运动一般是依靠丝杠和螺母来实现的,螺母固定,由丝杠转动带动工作台移动。逆铣时,纵向铣削分力与驱动工作台移动的纵向力方向相反,使丝杠与螺母间的传动面始终贴紧,工作台不会窜动,铣削过程较平稳。

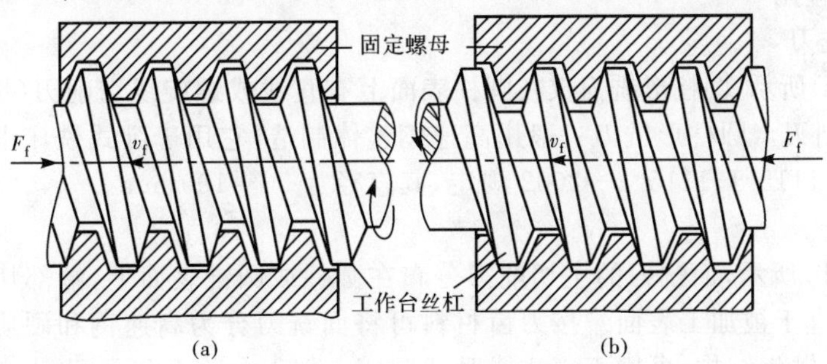

图 4-15　丝杠与螺母间隙的影响

顺铣时,铣削力的纵向分力方向始终与驱动工作台移动的纵向分力方向相同。如果丝杠与螺母传动副中存在间隙,则当纵向铣削分力大于工作台与导轨之间的摩擦力时,会使工作台带动丝杠出现窜动,造成工作台振动,使工作台进给不均匀,严重时会出现打刀现象。因此,如采用顺铣,则必须要求铣床工作台进给丝杠螺母副有消除间隙的装置,或采取其他有效措施。因此,在没有丝杠螺母间隙消除装置的铣床上,宜采用逆铣加工。

(3)对称铣削和不对称铣削

端铣时,根据铣刀与工件相对位置的不同,可分为对称铣削、不对称逆铣和不对称顺铣,如图 4-16 所示。

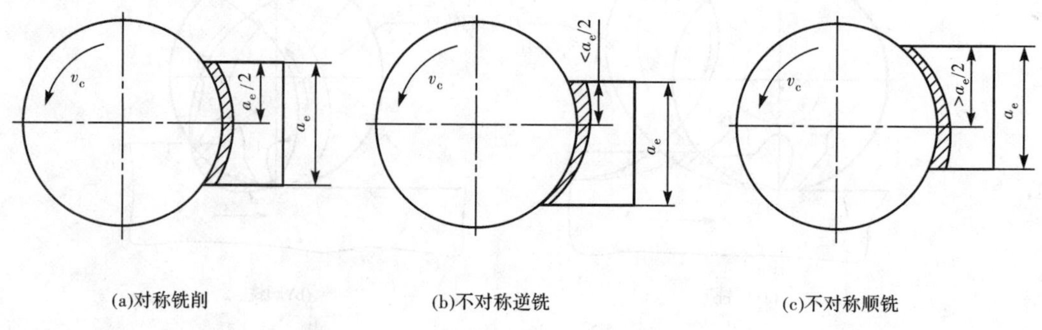

图 4-16 端铣方式

铣刀轴线位于铣削弧长的对称中心位置,铣刀每个刀齿切入和切离工件时的切削厚度相等,称为对称铣削;否则称为不对称铣削。

在不对称铣削中,若切入时的切削厚度小于切出时的切削厚度,则称为不对称逆铣。这种铣削方式切入冲击较小,适用于端铣普通碳钢和高强度低合金钢。若切入时的切削厚度大于切出时的切削厚度,则称为不对称顺铣。这种铣削方式用于铣削不锈钢和耐热合金时,可减少硬质合金的剥落磨损,提高切削速度 40%~60%。

4. 铣刀的种类及应用

(1)铣刀的种类

铣刀是铣削加工所用的刀具。根据加工对象的不同,可将铣刀分为多种类型:

①按用途不同,可分为圆柱形铣刀、面铣刀、盘形铣刀、锯片铣刀、立铣刀、键槽铣刀、模具铣刀、角度铣刀、成形铣刀等。

②按结构不同,可分为整体式、焊接式、装配式和可转位式等。

③按齿背形式,可分为尖齿铣刀和铲齿铣刀。

(2)铣刀的应用

①圆柱形铣刀

如图 4-17(a)所示,圆柱形铣刀仅在圆柱表面上有直线或螺旋线切削刃(螺旋角 $\beta=30°\sim45°$),没有副切削刃。圆柱形铣刀一般用高速钢整体制造,它用于卧式铣床上加工面积不大的平面。GB/T 1115.1、1115.2—2002 规定,其直径为 50~100 mm。

②面铣刀

如图 4-17(b)所示,面铣刀的主切削刃分布在圆柱或圆锥表面上,端部切削刃为副切削刃,铣刀轴线垂直于被加工表面。按刀齿材料可将面铣刀分为高速钢和硬质合金两类。面铣刀多制成套式镶齿结构,可用于立式或卧式铣床上加工台阶面和平面,尤其适合加工大面积平面,生产率较高。用面铣刀加工时,参与切削的刀齿较多,副切削刃又可进行修光,使加工表面粗糙度值小,且刀具的刚性好,可采用较大的切削量,故应用广泛。

③立铣刀

如图 4-17(c)、图 4-17(d)所示,立铣刀一般由 3~4 个刀齿组成,圆柱面上的切削刃是主切削刃,端面上分布着副切削刃,工作时只能沿刀具的径向进给,而不能沿铣刀轴线方向进给。它主要用于加工凹槽、台阶面和小的平面,还可利用靠模加工成形面。

④盘形铣刀

盘形铣刀包括三面刃铣刀和槽铣刀。三面刃铣刀如图 4-17(e)、图 4-17(f)所示，除圆周具有主切削刃外，两侧面还有副切削刃，从而改善了两端面的切削条件，提高了切削效率，但重磨后宽度尺寸变化较大。三面刃铣刀可分为直齿三面刃铣刀和错齿三面刃铣刀，主要用于加工凹槽和台阶面。直齿三面刃铣刀(图 4-17(f))两副切削刃的前角为零，切削条件较差。错齿三面刃铣刀(图 4-17(e))圆周上的刀齿呈左右旋交错分布，两侧刀刃形成正前角，既具有刀齿逐渐切入工件、切削较为平稳的优点，又可以平衡左右方向的轴向力。在同样的切削条件下，错齿三面刃铣刀比直齿三面刃铣刀的切削效率高。

T 形槽铣刀如图 4-17(g)所示，铣刀端刃有合适的切削角度，刀齿按斜齿、错齿设计，切削平稳，切削力小。

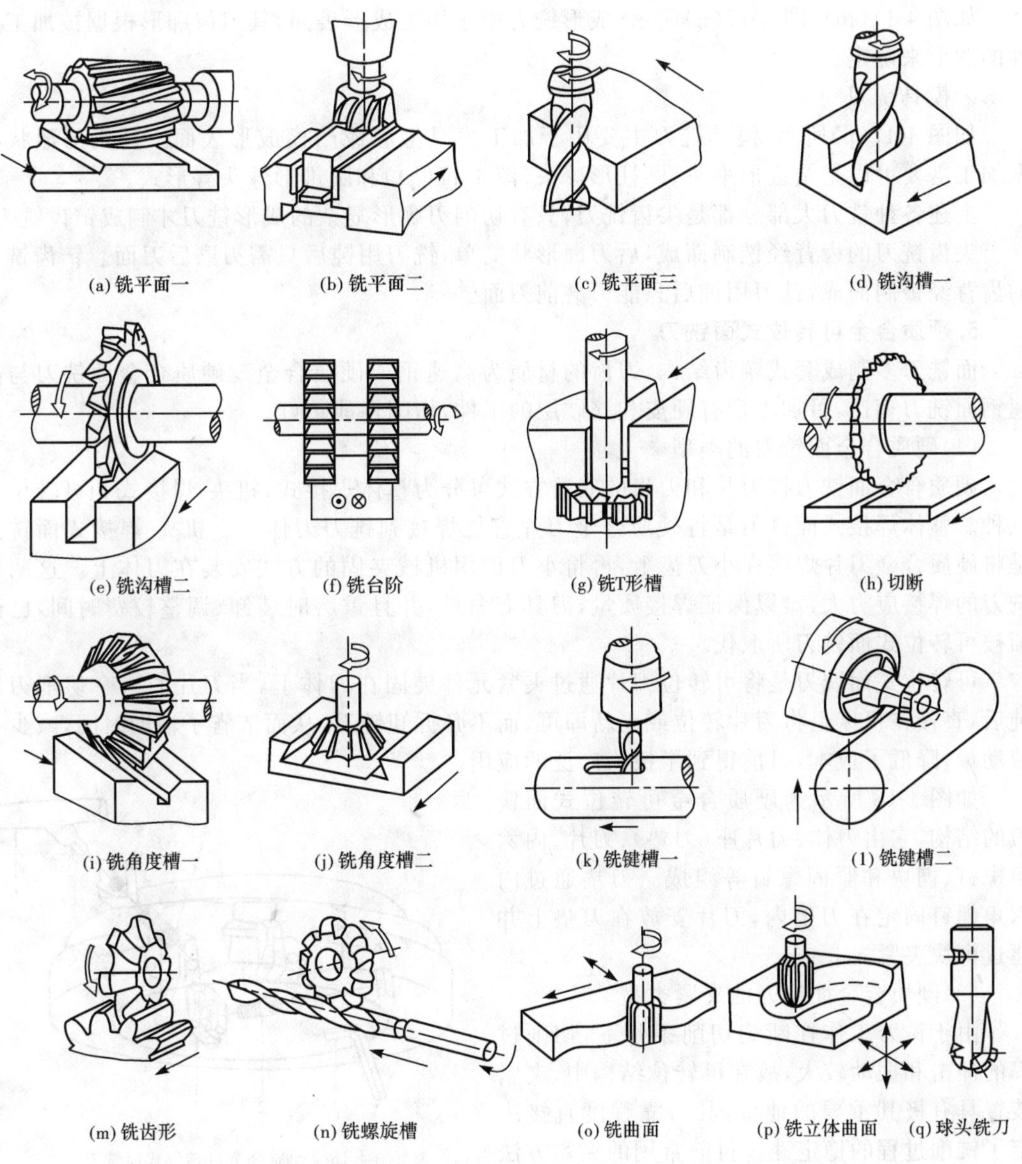

图 4-17　铣刀及铣削加工的应用

槽铣刀如图 4-17(h)所示，仅在圆柱表面上有刀齿，侧面无切削刃。由于铣刀齿数少，容屑空间大，故主要用于铣窄槽($B\leqslant 6$ mm)和切断。

⑤角度铣刀

角度铣刀有单角铣刀和双角铣刀两种，如图 4-17(i)、图 4-17(j)所示，主要用于铣削沟槽和斜面。

⑥键槽铣刀

如图 4-17(k)、图 4-17(l)所示，键槽铣刀在圆周上只有两个螺旋刀齿，圆柱面和端面都有切削刃。加工时，先轴向进给达到槽深，然后沿键槽方向铣出键槽全长。键槽铣刀主要用于加工圆头封闭键槽。

⑦成形铣刀

如图 4-17(m)、图 4-17(n)所示，成形铣刀用于加工成形表面，其刀齿廓形根据被加工工件的廓形来确定。

⑧模具铣刀

如图 4-17(p)所示，模具铣刀主要用于加工模具型腔或凸模成形表面。其头部形状根据加工需要可以是圆锥形平头、圆柱形球头(图 4-17(q))和圆锥形球头等形式。

上述各种铣刀大部分都是尖齿铣刀，只有切削刃廓形复杂的成形铣刀才制成铲齿铣刀。

尖齿铣刀的齿背经铣制而成，后刀面形状简单，铣刀用钝后只需刃磨后刀面。铲齿铣刀的齿背经铲制而成，铣刀用钝后只能刃磨前刀面。

5. 硬质合金可转位式面铣刀

面铣刀多制成套式镶齿结构，刀齿的材质为高速钢或硬质合金。硬质合金面铣刀与高速钢面铣刀相比，可加工带有硬皮和淬硬层的工件，切削性能更好。

(1)硬质合金面铣刀的类型

硬质合金面铣刀按刀片和刀齿的安装方式可分为整体焊接式、机夹-焊接式和可转位式三种。整体焊接式面铣刀是将硬质合金刀片直接焊接到铣刀刀体上。机夹-焊接式面铣刀是将硬质合金刀片焊接在小刀齿上，再将小刀齿用机械夹固的方式安装在刀体上。这两种铣刀的焊接应力大，难以保证焊接质量，刀具寿命低，并且重磨时装卸、调整较费时间，已逐渐被可转位式面铣刀所取代。

可转位式面铣刀是将可转位刀片通过夹紧元件夹固在刀体上，当刀片的一个切削刃用钝后，直接在机床上将刀片转位或更新即可，而不必拆卸铣刀，从而节省了辅助时间，减少了劳动量，降低了成本，目前得到了极为广泛的应用。

如图 4-18 所示为硬质合金可转位式面铣刀的结构，它由刀体、刀片座(刀垫)、刀片、内六角螺钉、楔块和紧固螺钉等组成。刀垫通过内六角螺钉固定在刀槽内，刀片安放在刀垫上并通过楔块夹紧。

(2)硬质合金面铣刀的夹紧类型

由于铣刀工作在断续切削条件下，切削过程的冲击和振动较大，故在可转位结构中，夹紧装置具有极其重要的地位，其可靠程度直接决定了铣削过程的稳定性。目前常用的夹紧方法有如下几种：

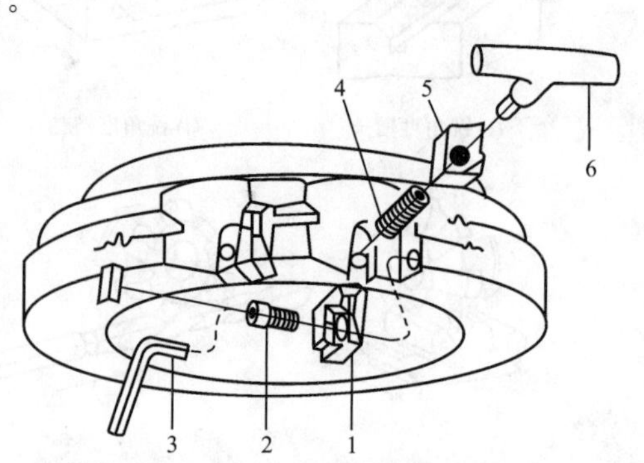

图 4-18 硬质合金可转位式面铣刀

1—刀垫和刀片；2—内六角螺钉；3—内六角扳手；4—双头螺柱；5—楔块；6—专用锁紧扳手

①螺钉楔块式

如图 4-19(a)、图 4-19(b)所示，楔块的楔角为 12°，以螺钉带动楔块将刀片压紧或松开。它具有结构简单、夹紧可靠、工艺性好等优点，目前用得最多。

②拉杆楔块式

图 4-19(c)所示为螺钉拉杆楔块式，拉杆楔块通过螺母压紧刀片和刀垫。该结构所占空间小，结构紧凑，可增加铣刀齿数，有利于提高切削效果。图 4-19(d)所示为弹簧拉杆楔块式，刀片的固定靠弹簧力的作用。更换刀片时，只需用卸刀工具压下弹簧，刀片即可松开，因此更换刀片非常容易。拉杆楔块式主要用于细齿可转位式面铣刀。

③上压式

刀片通过蘑菇头螺钉(图 4-19(e))或压板螺钉(图 4-19(f))夹紧在刀体上。这种方式具有结构简单、紧凑及零件少、易制造等优点，故小直径面铣刀应用较多。

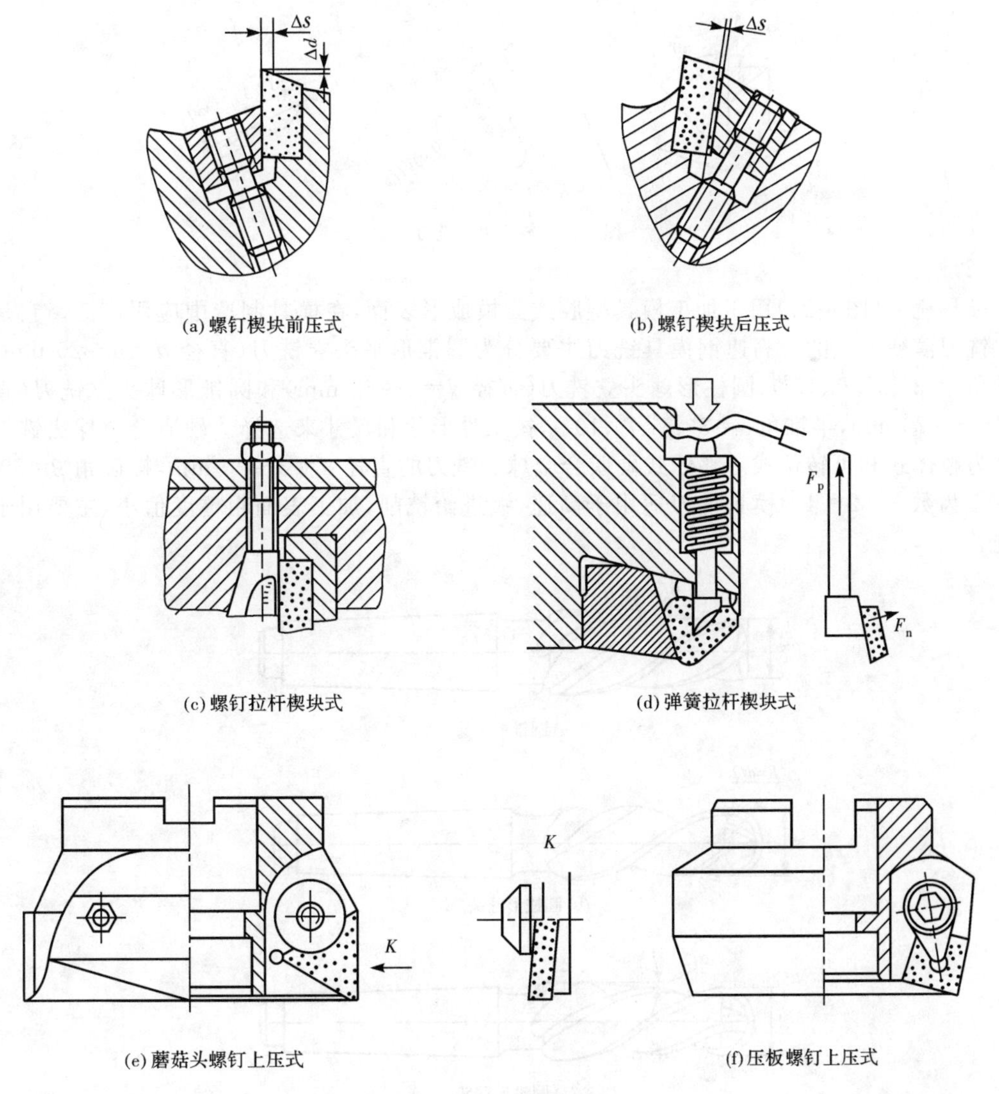

(a) 螺钉楔块前压式　(b) 螺钉楔块后压式

(c) 螺钉拉杆楔块式　(d) 弹簧拉杆楔块式

(e) 蘑菇头螺钉上压式　(f) 压板螺钉上压式

图 4-19　可转位刀片的夹紧方式

6. 几种新型铣刀简介

(1)波形刃立铣刀

在立铣刀的刀刃上开出分屑槽,使原来宽的切屑变为若干条窄的切屑,可减小切屑变形,改善卷屑、排屑情况,并能采用较大的进给量,提高了生产率。图 4-20 所示为波形刃立铣刀,这种立铣刀与普通立铣刀相比,切削省力,振动和噪音小,生产率明显提高。

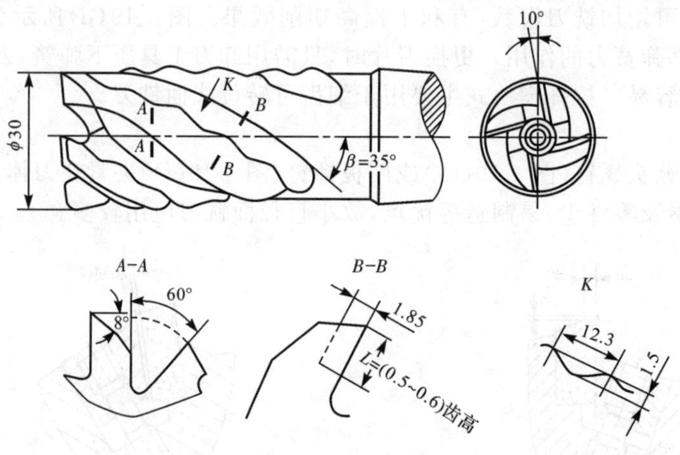

图 4-20 波形刃立铣刀

(2)模具铣刀

模具铣刀(图 4-21)用于加工模具型腔或凸模成形表面,在模具制造中应用广泛。它是由立铣刀演变而成的。高速钢模具铣刀主要分为圆锥形平头立铣刀(直径 $d=6\sim20$ mm,半锥角 $\alpha=3°$、$5°$、$7°$、$10°$)、圆柱形球头立铣刀(直径 $d=4\sim63$ mm)和圆锥形球头立铣刀(直径 $d=6\sim20$ mm,半锥角 $\alpha=3°$、$5°$、$7°$、$10°$),按工件形状和尺寸来选择。硬质合金球头铣刀可分为整体式和可转位式。整体式硬质合金球头铣刀的直径 $d=3\sim20$ mm,螺旋角 $\beta=30°$ 或 $45°$,齿数 $z=2\sim4$。模具铣刀适用于高速、大进给铣削,加工表面粗糙度值小,主要用于精铣。

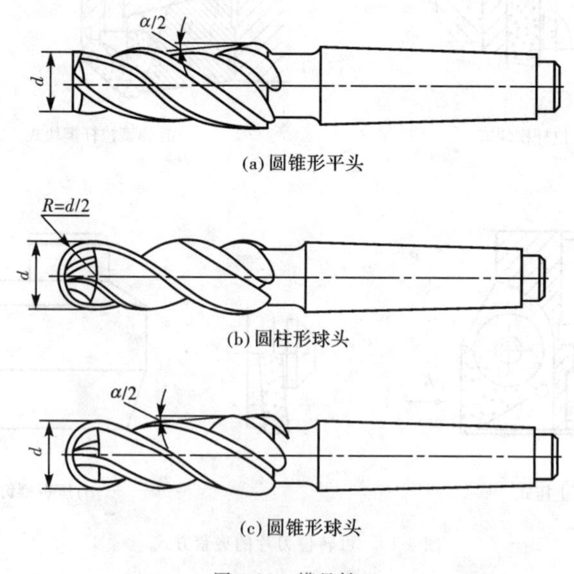

图 4-21 模具铣刀

(3)铲齿成形铣刀

用成形铣刀铣工件上的成形表面也较为常见,例如用盘形齿轮铣刀铣齿轮,但该铣刀必须是铲齿成形铣刀。还有用成形铣刀在平面毛坯上铣成形表面的情形,这与用三面刃铣刀在工件上铣沟槽相近。图 4-22 所示为两种不同的成形铣刀。

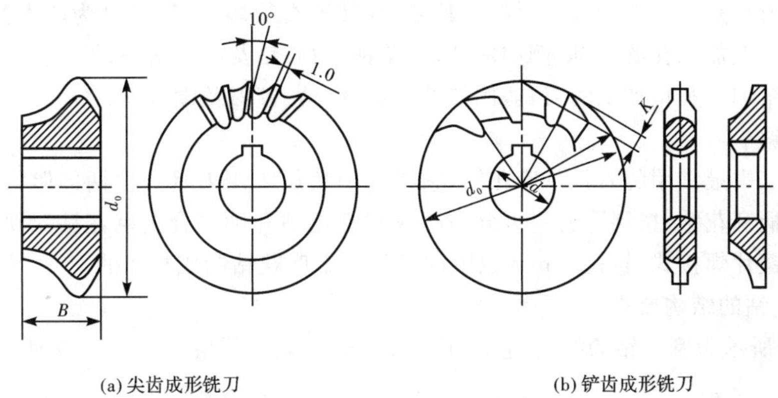

(a) 尖齿成形铣刀　(b) 铲齿成形铣刀

图 4-22　成形铣刀

铲齿成形铣刀还可以用来在圆柱形工件上铣螺旋成形表面,如麻花钻头的螺旋容屑槽的铣削及用盘形齿轮铣刀铣蜗杆等。模数指状铣刀是又一种类型的成形铣刀,它是具有渐开线廓形的成形立铣刀,可用来加工模数较大的人字齿轮。

用成形铣刀铣削时,若余量大或不均匀,则最好分粗、精两步进行。因成形铣刀制造比较困难,刃磨也较费时,为提高刀具寿命,铣削速度应比圆柱形铣刀低 25%左右。

铲齿成形铣刀的主切削刃长,前角及后角都较小,因此切削条件差,当工件接近铣刀时,应使铣刀慢慢地切入,以免刀齿因突然撞击而损坏。

根据经验,当主切削刃较长或粗铣时,可在成形铣刀的齿背上交错地磨出一条或几条分屑槽,这将有效地改善切削情况。每个刀齿上分屑槽的多少要根据成形铣刀的宽度而定,宽度大的铣刀可多磨几条,但前后相邻刀齿的分屑槽一定要错开。

(三)孔加工刀具的选择

1. 孔加工的特点及刀具的种类

由于孔加工是对零件内表面的加工,对加工过程的观察、控制较困难,故加工难度要比外圆表面等开放型表面的加工大得多。孔的加工主要有以下特点:

(1)孔加工刀具多为定尺寸刀具,如钻头、铰刀等,在加工过程中,刀具磨损造成的形状和尺寸的变化会直接影响被加工孔的精度。

(2)由于受被加工孔尺寸的限制,切削速度很难提高,这将影响加工生产率和加工表面质量,尤其是对较小的孔进行精密加工时,为达到所需的速度,必须使用专门的装置,这对机床的性能也提出了很高的要求。

(3)刀具的结构受孔的直径和长度的限制,刚性较差。在加工时,由于轴向力的影响,容易产生弯曲变形和振动,孔的长径比(孔深度与直径之比)越大,刀具刚性对加工精度的影响就越大。

(4)孔加工时,刀具一般是在半封闭的空间内工作的,切屑排除困难;冷却液难以进入加工区域,散热条件不好;切削区热量集中,温度较高,影响刀具的耐用度和钻削加工质量。

综上所述,解决冷却、排屑、导向、刚性问题是孔加工中保证加工质量的关键,在深孔加工中上述问题的影响更为突出。

孔加工刀具是应用得十分广泛的刀具之一,其种类很多,一般可分为两大类:一类是用于在实体材料上加工孔的刀具,例如扁钻、麻花钻、中心钻及深孔钻等;另一类是对工件上已有孔进行半精加工和精加工的刀具,例如扩孔钻、锪钻、铰刀及镗刀等。

2. 麻花钻

钻削加工中最常用的刀具是麻花钻,它是一种粗加工用刀具。按柄部形状可分为直柄麻花钻和锥柄麻花钻;按制造材料可分为高速钢麻花钻和硬质合金麻花钻。硬质合金麻花钻一般制成镶片焊接式,直径 5 mm 以下的硬质合金麻花钻制成整体的。

(1)麻花钻的结构要素

图 4-23 所示为麻花钻的结构,它由工作部分、柄部、颈部组成。

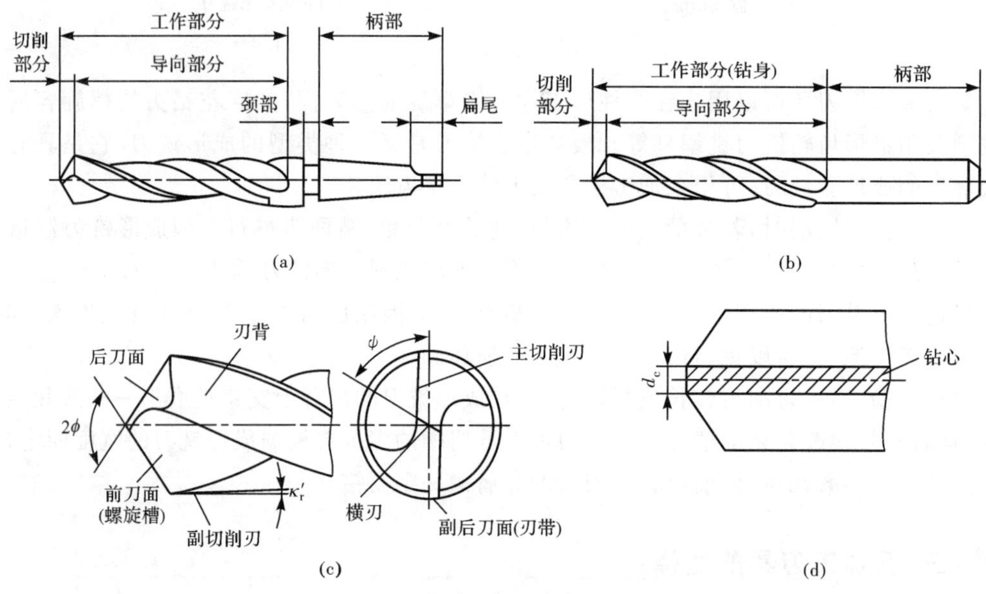

图 4-23 麻花钻的结构

①工作部分

麻花钻的工作部分分为切削部分和导向部分。

• 切削部分

如图 4-23(c)所示,切削部分担负主要的切削工作,它包含以下结构要素:

前刀面:毗邻切削刃,是起排屑和容屑作用的螺旋槽表面。

后刀面:位于工作部分前端,与工件加工表面(即孔底的锥面)相对的表面,其形状由刃磨方法决定,在麻花钻上一般为螺旋圆锥面。

主切削刃:前刀面与后刀面的交线。由于麻花钻前刀面与后刀面各有两个,所以主切削刃也有两条。

横刃:两个后刀面相交所形成的刀刃。它位于切削部分的最前端,切削被加工孔的中心部分。

副切削刃:麻花钻前端外圆棱边与螺旋槽的交线。显然,麻花钻上有两条副切削刃。

刀尖:两条主切削刃与副切削刃相交的交点。

• 导向部分

导向部分用于钻头在钻削过程中的导向,并作为切削部分的后备部分。它包含刃沟、刃瓣、刃带。刃带是钻头外圆柱面上两条螺旋形的棱边,由它们控制孔的廓形和直径,保持钻头进给方向。为减少刃带与已加工孔的孔壁之间的摩擦,一般将麻花钻的直径沿锥柄方向做成逐渐减小的锥度,形成倒锥,相当于副切削刃的副偏角。

②柄部

柄部用于装夹钻头和传递动力。钻头直径小于 13 mm 时,通常制成直柄(圆柱柄),如图 4-23(b)所示;直径在 12 mm 以上时,做成莫氏锥度的圆锥柄,如图 4-23(a)所示。

③颈部

颈部是柄部与工作部分的连接部分,并作为刃磨外径时砂轮退刀和打印标记处。小直径的钻头不做出颈部。

(2)麻花钻的结构参数

①螺旋角 β

螺旋角是钻头刃带棱边螺旋线展开成直线后与钻头轴线的夹角,它相当于副切削刃的刃倾角,如图 4-24 所示。

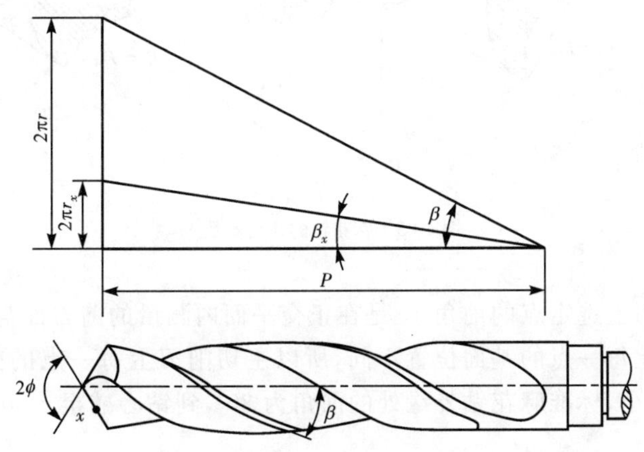

图 4-24　麻花钻的螺旋角和顶角

$$\tan\beta=\frac{\pi d}{P}$$

式中　P——螺旋槽的导程;

d——钻头外径。

麻花钻的螺旋角一般为 25°～32°。增大螺旋角有利于排屑,能获得较大的前角,使切削轻快,但钻头刚性变差。小直径钻头为提高刚性,螺旋角可取小些。钻软材料、铝合金时,为改善排屑效果,螺旋角可取大些。图 4-24 中 β_x 为切削刃上 x 点的螺旋角,r_x 为该点到中心的距离。

②直径 d

麻花钻的直径是钻头两刃带之间的垂直距离,它按标准尺寸系列和螺孔的底孔直径设计。

(3)麻花钻的几何参数

麻花钻的几何参数主要有前角、后角和横刃斜角，如图 4-25 所示。

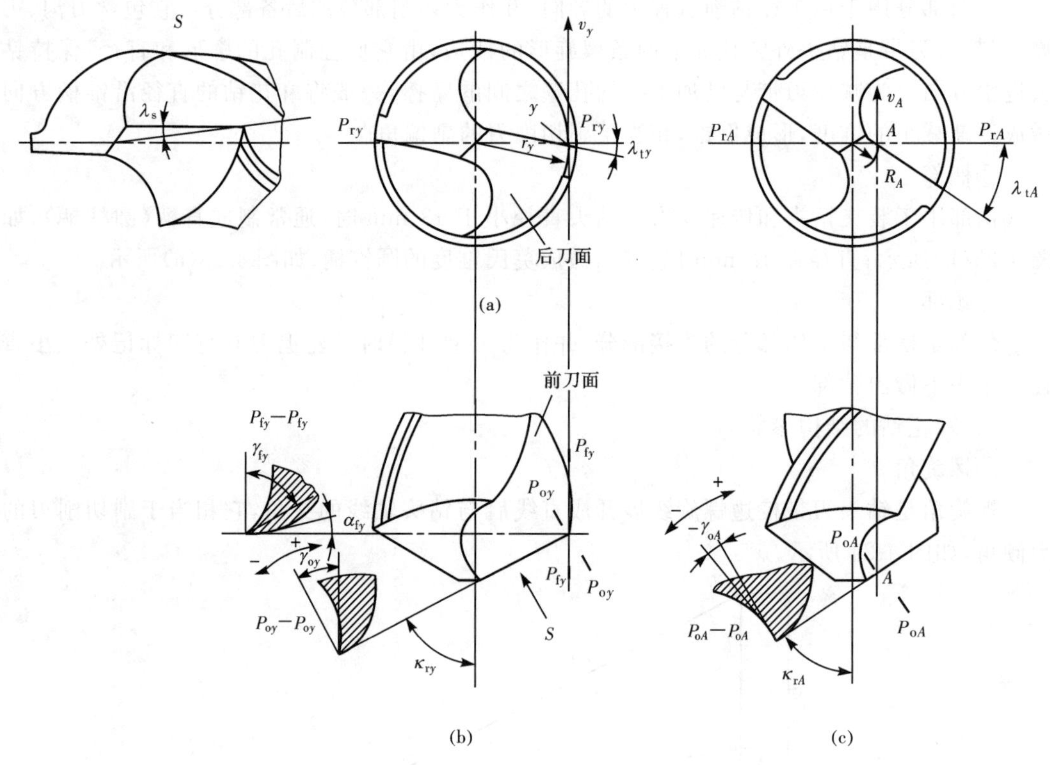

图 4-25 麻花钻的几何参数

①前角 γ_o

麻花钻主切削刃上选定点的前角 γ_o 是在正交平面内测量的前刀面与基面之间的夹角。由于钻头主切削刃上每一点的基面位置不同，所以主切削刃上每一点的前角不等。从外缘到钻心，前角逐渐减小，标准麻花钻外缘处的前角为 30°，到钻心减至－30°，即靠近钻头中心处的切削条件很差。

②进给后角 α_f

麻花钻主切削刃上选定点的进给后角 α_f 是在以钻头轴线为轴心的圆柱面的切平面(假定工作平面 P_f)上测量的钻头后刀面与切削平面之间的夹角，如图 4-26 所示。如此确定后角的测量平面是由于钻头主切削刃在进行切削时做圆周运动，进给后角更能确切地反映钻头后面与工件加工表面之间的摩擦情况，同时也便于测量。

钻头后角是刃磨得到的。刃磨钻头后面时，考虑进给运动的影响，应沿主切削刃将后角从外缘到钻心逐渐增大，以使钻心处的工作后角不致过小并适应前角的变化，使刀刃各点处的楔角大致相等，散热体积基本一致，从而达到其锋利程度、强度、耐用度的相对平衡，又能弥补由于钻头轴向进给运动而使刀刃上各点实际工作后角减少所产生的影响，同时还可改善横刃的工作条件。

③横刃角度

如图 4-27 所示，横刃是麻花钻端面上一段与轴线垂直的切削刃，该切削刃的角度包括横刃斜角 ψ、横刃前角 $\gamma_{o\psi}$、横刃后角 $\alpha_{o\psi}$。

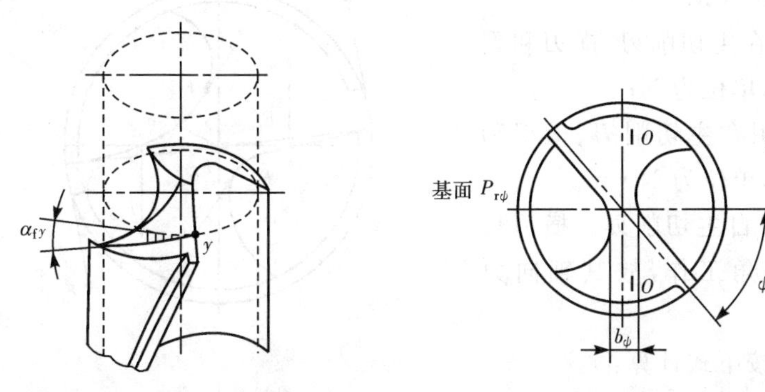

图 4-26　麻花钻的后角　　图 4-27　麻花钻的横刃角度

• 横刃斜角 ψ

在端平面中，横刃与主切削刃之间的夹角为横刃斜角。它是刃磨钻头时自然形成的，后角刃磨正常的标准麻花钻 $\psi=47°\sim55°$，后角越大，ψ 越小。ψ 减小会使横刃的长度增大。

• 横刃前角 $\gamma_{o\psi}$

由于横刃的基面位于刀具的实体内，故横刃前角 $\gamma_{o\psi}$ 为负值。由图4-27可知，在横刃处有很大的负前角，$\gamma_{o\psi}=-54°\sim-60°$。由于横刃长、负前角大及横刃主偏角 $\kappa_{\gamma\psi}=90°$，故钻孔时横刃实际上不是切削而是挤压，会产生很大的进给抗力，同时定心也差。

• 横刃后角 $\alpha_{o\psi}$

横刃后角 $\alpha_{o\psi}=90°-|\gamma_{o\psi}|$。

④顶角 2ϕ

如图 4-24 所示，顶角是两主切削刃在纵剖面内投影的夹角。顶角越小，主切削刃越长，切削宽度增加，单位切削刃上的负荷减轻，轴向力减小，这对钻头的轴向稳定性有利。且外圆处的刀尖角增大，有利于散热和提高刀具耐用度。但顶角减小会使钻尖强度减弱，切屑变形增大，导致扭矩增加。标准麻花钻的顶角 2ϕ 约为 118°。

⑤主偏角 κ_r 和端面刃倾角 λ_t

麻花钻主切削刃上选定点的主偏角是在该点基面上主切削刃投影与钻削进给方向之间的夹角。由于麻花钻主切削刃上各点的基面不同，各点的主偏角也不同。麻花钻磨出顶角 2ϕ 后，各点的主偏角也就确定了，如图 4-25 所示。它们之间的关系为

$$\tan\kappa_r=\tan\phi\cos\lambda_t$$

式中，λ_t 为选定点的端面刃倾角，它是主切削刃在端面中投影与该点基面之间的夹角。由于切削刃上各点的刃倾角绝对值从外缘到钻心逐渐变大，所以切削刃上各点的主偏角 κ_r 也是外缘处大、钻心处小。

(4)钻削力和钻削功率

钻削时，钻头受到工件材料的变形抗力及钻头与孔壁和切屑间的摩擦力作用。两条主切削刃和一条横刃上都将受到主切削力 F_c、径向力 F_r、轴向力 F_a 三个分力的作用，如图

4-28所示。在理想情况下，两主切削刃上的径向力 F_r 互相平衡，其余的分力合成为轴向力 F 和扭矩 M。

$$F=F_o+F_\psi+F_f$$

$$M=M_o+M_\psi+M_f$$

式中 F_o、F_ψ、F_f——作用在主切削刃、横刃和副切削刃上的轴向力，单位为 N；

M_o、M_ψ、M_f——作用在主切削刃、横刃和副切削刃上的扭矩，单位为 N·m。

实验表明，扭矩主要来自主切削刃。横刃长度最短，但因横刃是负前角工作，故其轴向力很大。

钻削功率 P_m(kW)可按下式计算：

$$P_m=2\pi\cdot Mn\cdot 10^{-3}$$

式中，n 为钻头或工件的转速，单位为 r/s。

(5)钻削用量及其确定

①钻削速度 v_c

钻削速度指钻头外径处的主运动线速度(m/min)，其值可按式(2-1)计算。

②进给量 f 和每刃进给量 a_f

钻头(或工件)每转一转，钻头在进给方向相对于工件的位移量称为进给量 f，单位为 mm/r。由于麻花钻有两个刀齿(即 $z=2$)，故每个齿的进给量 $a_f=f/2$(mm/z)。

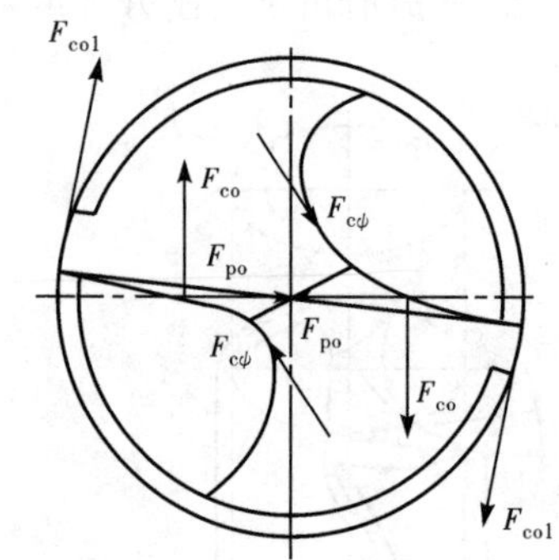

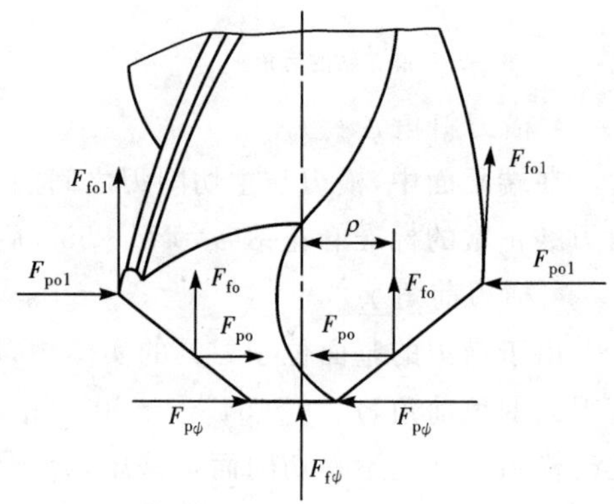

图 4-28 麻花钻受力分析

小直径钻头的进给量主要受钻头刚性或强度的限制，大直径钻头的进给量受机床进给机构的动力及工艺系统刚性的限制。普通麻花钻的进给量可按经验公式 $f=(0.01\sim0.02)d$ 选择，其中 d 为钻头直径。

直径为 3～5 mm 的小钻头一般用手动进给。

③钻削深度 a_p

钻削深度是钻头的半径，即 $a_p=d/2$。当孔径较大时，可采用钻—扩加工，这时钻头直径取孔径的 70%左右。

(6)麻花钻的修磨

①标准麻花钻存在的问题

标准麻花钻由于结构上的缺陷，故在使用过程中存在以下几方面问题：

- 沿主切削刃上各点前角分布不合理，相差悬殊(+30°～−30°)，横刃处前角竟达−54°～−60°，这会造成很大的进给抗力，使切削条件变差。
- 横刃太长，有 90°的大偏角，并且有很大的负前角，定心性能差。
- 在主、副切削刃相交处的切削速度最大、发热量最多，而散热条件差，磨损太快。
- 两条主切削刃过长，切屑宽，而各点的切屑流出方向和速度各异，切屑呈宽螺旋状，排出不畅，切削液也难于注入切削区域中。

• 棱边近似圆柱面(稍有倒锥),副后角为 0°,摩擦严重。

标准麻花钻结构上的这些缺陷严重影响了它的切削性能,因此在使用中常常加以修磨。

②标准麻花钻的修磨改进方法

• 修磨横刃。标准麻花钻上横刃处的切削条件最差,修磨横刃的目的是减小横刃长度,增大横刃前角,降低轴向力。

• 修磨前刀面。改变前角的大小和前刀面的形式,以适用不同材料的要求。加工较硬材料时,将主切削刃外缘处的前刀面磨去一部分,以减小该处的前角,保证足够的强度并改善散热条件;加工较软材料时,在前刀面上磨出卷屑槽,既便于切屑卷曲,又加大了前角,减小了切削变形。

• 修磨切削刃。为改善散热条件,提高刀具使用寿命,在主、副切削刃交接处磨出过渡刃,形成双重顶角或三重顶角,后者用于大直径钻头。

• 修磨棱边。标准麻花钻的副后角为 0°,在加工无硬皮的韧性材料时,可在棱边处磨出 6°～8°的副后角,以减少棱边与孔壁的摩擦并提高麻花钻的寿命。

• 磨出分屑槽。沿钻头两主切削刃在后面交错磨出分屑槽,且有利于排屑及切削液的注入,有利于改善切削条件,特别是在韧性材料上加工深孔,效果尤为显著。

• 群钻的修磨。群钻是对麻花钻进行综合修磨的典型。图 4-29 所示为加工钢件的基本型群钻,其修磨特点如下:

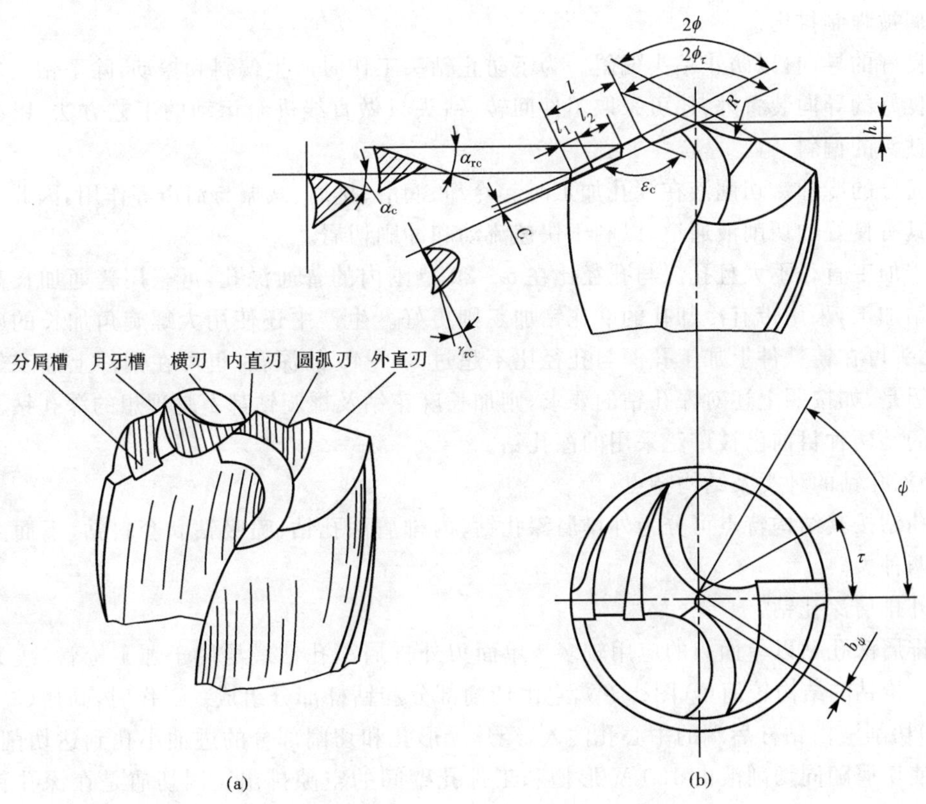

图 4-29　基本型群钻的结构

a. 钻心部分磨出内直刃及很短的横刃,以改善钻心处的切削条件。

b. 中段磨出内凹的圆弧刃，以增大该段切削刃的前角。同时，对称的圆弧刃在钻削过程中能起定心及分屑作用。

c. 在外直刃上磨出分屑槽，以改善断屑、排屑情况。

经过综合修磨而成的群钻，其钻头锋利，轴向力减小，定心能力好，切削性能显著提高。钻削时进给抗力下降 35%～50%，刀具使用寿命提高 3～5 倍，生产率、加工精度都得到显著提高。

3. 深孔钻

(1)深孔加工的特点

深孔加工是一种难度较大的技术，到目前为止仍处于不断改进、提高的阶段，这是因为深孔加工有其特殊性。

①孔的深度与直径之比较大(一般不小于 10)，钻杆细长，刚性差，工作时容易产生偏斜和振动，因此孔的精度及表面质量难以控制。

②切屑多而排屑通道长，若断屑不好、排屑不畅，则可能由于切屑堵塞而导致钻头损坏，孔的加工质量也无法保证。

③钻头是在近似封闭的状况下工作的，而且时间较长，热量多且不易散出，钻头极易磨损。

(2)对深孔钻的要求

①断屑要好，排屑要通畅。同时还要有平滑的排屑通道，借助一定压力的切削液的作用促使切屑被强制排出。

②良好的导向，以防止钻头偏斜。为了防止钻头工作时产生偏斜和振动，除了钻头本身需要有良好的导向装置外，还可采取工件回转、钻头只做直线进给运动的工艺方法，以减少钻削时钻头的偏斜。

③充分的冷却。切削液在深孔加工时起冷却、润滑、排屑、减振与消声等作用，因此深孔钻必须具有良好的切削液通道，以利于快速流动和冲刷切屑。

对于加工直径不大且孔深与孔径比在 5～20 范围内的普通深孔，可采用普通加长高速钢麻花钻加工，采用带有冷却孔的麻花钻加工则更好。生产中还使用大螺旋角加长的麻花钻，该钻头可在铸铁件上加工孔深与孔径比不超过 30～40 的深孔，也可在钢件上加工较深的孔。但是，如按照上述对深孔钻的要求，则加长麻花钻及螺旋钻都不是理想的深孔钻。下面介绍的是两种目前已被广泛采用的深孔钻。

(3)深孔钻的种类及结构特点

深孔钻按其结构特点可分为外排屑深孔钻、内排屑深孔钻、喷吸钻和套料钻，下面主要介绍前两种。

①外排屑深孔钻

外排屑深孔钻以单面刃的应用较多。单面刃外排屑深孔钻最早用于加工枪管，故又称为枪钻。枪钻的结构较简单(图 4-30)，它由切削部分和钻杆部分组成。工作时，高压(3.5～10 MPa)切削液由钻杆后端的中心孔注入，经月牙形孔和切削部分的进油小孔到达切削区，然后迫使切屑随同切削液由 120°V 形槽和工件孔壁间的空隙排出。因切屑是在深孔钻的外部排出，故称为外排屑。这种排屑方法无需专门辅具，排屑空间较大。但钻头刚性和加工质量会受到一定的影响，因此适合加工孔径 2～20 mm、表面粗糙度 Ra 值为 0.8～3.2 μm、公差 IT6～IT8 级、长径比大于 100 的深孔。

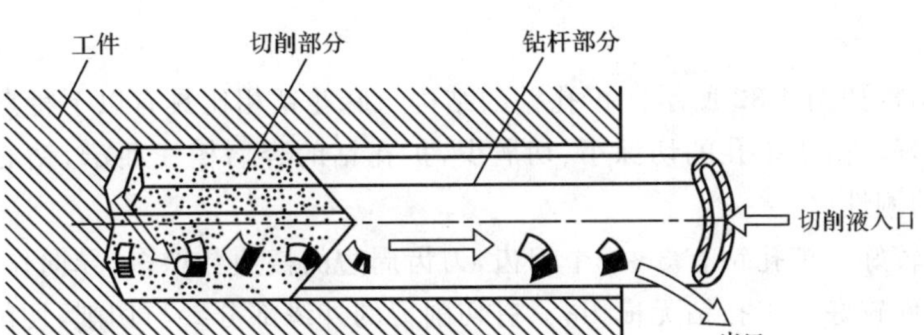

图 4-30　外排屑深孔钻的工作原理

②内排屑深孔钻

内排屑深孔钻一般由钻头和钻杆用螺纹连接而成。工作时，高压(2～6 MPa)切削液由钻杆外圆和工件孔壁间的空隙注入，切屑随同切削液由钻杆的中心孔排出，故称为内排屑，其典型结构如图 4-31(b)所示。内排屑深孔钻一般用于加工孔径 5～120 mm、长径比小于 100、表面粗糙度 Ra 值为 3.2 μm、公差 IT6～IT9 级的深孔。由于钻杆为圆形，刚性较好，且切屑不与工件孔壁产生摩擦，故生产率和加工质量均较外排屑深孔钻有所提高。内排屑深孔钻中以错齿结构较为典型。图 4-31(a)所示为硬质合金可转位式错齿内排屑深孔钻的钻头结构，它目前已能较好地用于加工孔径 60 mm 以上的深孔。这种深孔钻的刀齿分布特点是：共有三个刀齿，排列在不同的圆周上，因而没有横刃，降低了轴向力。不平衡的圆周力和径向力由圆周上的导向块承受。由于刀齿交错排列，可使切屑分段，故排屑方便。不同位置的刀齿可根据切削条件的不同选用不同牌号的硬质合金，以适应对刀片强度和耐磨性等的要求：外刀齿可选用耐磨性较好的 YW2 或 YT15，中心齿可选用韧性较好的 YG8。切削刃的切削角度可通过刀齿在刀体上的适当安装而获得。外圆上的导向块可用耐磨性较好的 YW2 制造。为了提高钻杆的强度和刚度并尽可能增大钻杆的内孔直径以便于排屑，钻杆和钻头的连接一般采用细牙矩形螺纹。钻杆材料选用强度较好的合金钢管或结构钢管，经热处理制造而成。

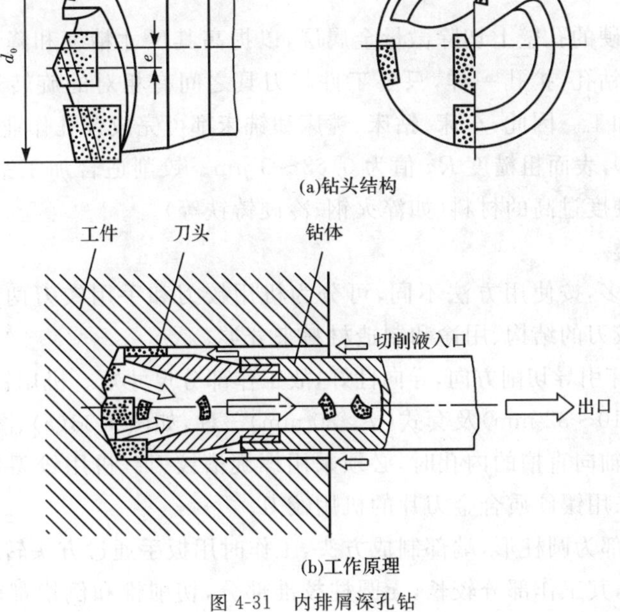

图 4-31　内排屑深孔钻

4. 扩孔钻

扩孔钻的结构如图 4-32 所示。扩孔钻的结构与麻花钻相比具有以下特点：

(1)刚性较好。由于扩孔的切深小、切屑少，扩孔钻的容屑槽浅而窄，钻心比较粗壮，增加了工作部分的刚性。

(2)导向性较好。扩孔钻有 3～4 个刀齿，刀齿周边的棱边数增多，导向作用相应增强。

(3)切削条件较好。扩孔钻无横刃，只有切削刃的外缘部分参与切削，切削轻快，可采用较大的进给量和切削速度，生产率较高；又因切屑少，排屑顺利，不易刮伤已加工表面。

因此，扩孔与钻孔相比精度较高，表面粗糙度值较低，且可在一定程度上校正钻孔的轴线偏斜。适用于扩孔的机床与钻孔相同。

扩孔钻的结构形式有高速钢整体式(图 4-32(a))、镶齿套式(图 4-32(b))及硬质合金可转位式(图 4-32(c))等。

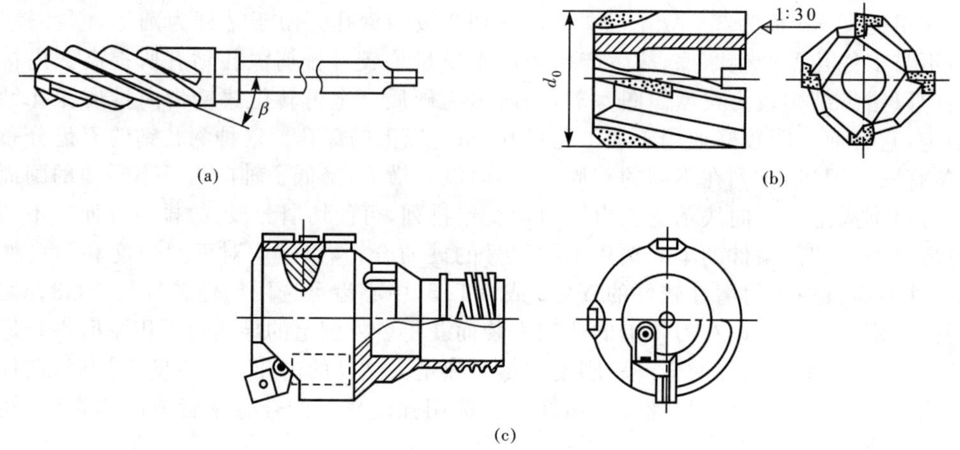

图 4-32　扩孔钻的结构

5. 铰刀

用铰刀从未淬硬的孔壁上切除微量金属层，以提高其尺寸精度和降低表面粗糙度值的方法称为铰孔。与钻孔、扩孔一样，只要工件与刀具之间有相对的旋转运动和轴向进给运动，就可进行铰削加工。因此，车床、钻床、镗床和铣床都可完成铰孔作业。铰孔后精度等级一般可达 IT7～IT9，表面粗糙度 Ra 值为 0.63～5 μm。铰削适合加工钢、铸铁和有色金属材料，但不能加工硬度过高的材料(如淬火钢、冷硬铸铁等)。

(1)铰刀的种类

铰刀的种类较多，按使用方法不同，可分为机用铰刀和手用铰刀两大类，如图 4-33 所示。此外，也可按铰刀的结构、用途和制造材料来分类。

机用铰刀由机床引导切削方向，导向性好，故工作部分尺寸短。机用铰刀有直柄(d=1～20 mm)、锥柄(d=10～32 mm)及套式(d>20 mm)三种，如图 4-33(a)、图 4-33(b)所示。用机用铰刀铰削带有轴向直槽的内孔时，必须采用螺旋槽铰刀。机用铰刀切削部分的材料常采用高速钢，也可采用镶硬质合金刀片的机用铰刀。

手用铰刀的柄部为圆柱形，端部制成方头，工作时用扳手通过方头转动铰刀。为减少进给抗力和便于导向，其工作部分较长，无圆柱校准部分，切削锥和倒锥都较小。手用铰刀的加工直径范围一般为 1～50 mm,其形式有直槽式和螺旋槽式两种(图 4-33(c)),用碳素工具钢制成。锥度铰刀用于铰制锥孔。由于铰削余量大,锥度铰刀常分为粗铰刀和精铰刀(图 4-33(d)),一般做成两把或三把一套。

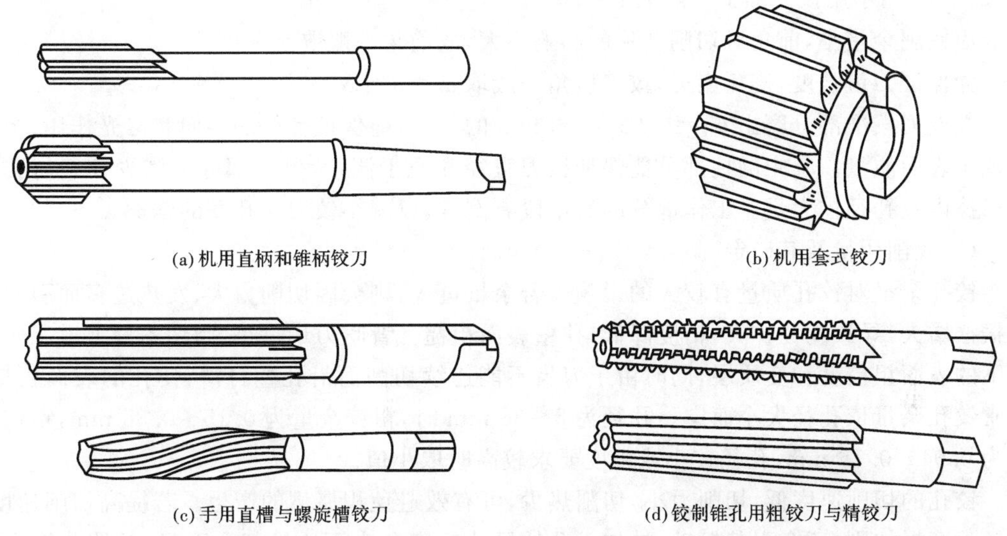

图 4-33　铰刀的类型

除上述铰刀外,生产中还有可调式手用铰刀、硬质合金铰刀和带刃倾角铰刀等,可根据需要合理选用。

(2)铰刀的结构及几何参数

铰刀的结构如图 4-34 所示,由柄部、颈部和工作部分组成。铰刀是一种精度较高的多刃刀具,有 6～12 条刀齿,其工作部分由引导锥、切削部分和校准部分组成。引导锥是铰刀开始进入孔内时的导向部分,切削部分担任主要的切削工作,校准部分包括圆柱部分和倒锥部分。

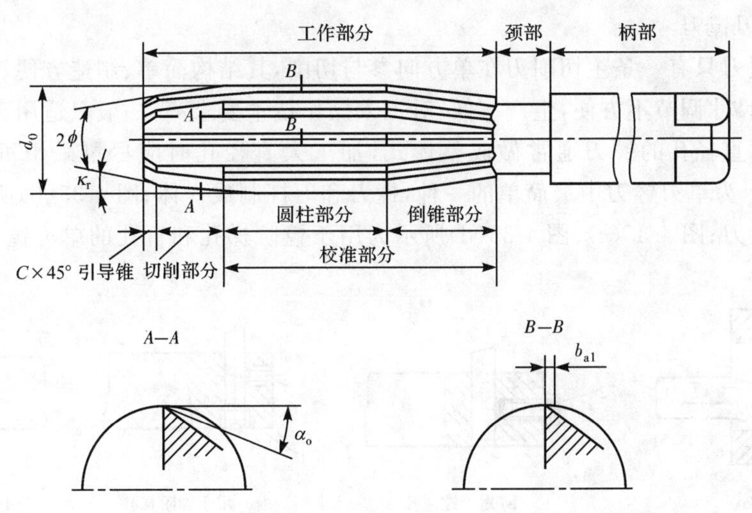

图 4-34　铰刀的结构

对于铰刀，其切削锥角 2ϕ 相当于麻花钻的顶角。半锥角 ϕ 过大，切削部分长度过短，使进给抗力增大并造成铰削时定心精度差；ϕ 过小，会使切削宽度加大，切削厚度变小，不利于排屑。用机用铰刀加工钢件等韧性材料一般取 $\phi=12^\circ\sim15^\circ$，加工铸铁等脆性材料一般取 $\phi=3^\circ\sim5^\circ$；用手用铰刀加工一般取 $\phi=1^\circ\sim3^\circ$。

因铰削余量小，前角对切削变形的影响不大，故前角一般取 $\gamma_o=0^\circ$。

为保证刀齿强度，避免崩刃，铰刀后角一般取 $\alpha_o=5^\circ\sim8^\circ$。

在铰刀校准部分磨出 $b_{a1}=0.05\sim0.3$ mm 的刃带，能保证良好的导向和修光作用，提高已加工表面质量。其中圆柱部分能保证铰刀直径和便于测量，倒锥部分可减少铰刀与孔壁的摩擦以及孔径扩大量。工作部分的后半段有倒锥，以减小铰刀与孔壁的摩擦。

(3)铰削用量及其确定

铰孔余量对铰孔质量有较大的影响。若余量过大，则会因切削力大、发热过多而引起铰刀振摆增大，导致孔径扩大，精度降低，孔壁表面粗糙。背吃刀量过小，则切不掉上道工序所留下的表面粗糙度和变质层，同时由于刀齿不能连续切削而沿孔壁打滑，使孔的表面粗糙。通常铰孔余量依孔径大小而定。孔径为 5～30 mm 时，粗铰余量为 0.15～0.35 mm，精铰余量为 0.04～0.15 mm，孔径较小或精度要求较高时取小值。

铰孔的切削速度低，切削力小，切削热少，可有效避免积屑瘤的产生。若提高切削速度，则铰刀磨损加剧，还会引起振动，被加工孔的尺寸精度和表面质量都会下降，对铰孔极为不利。一般铰削钢件时，切削速度 $v_c=1.5\sim5$ m/min；铰削铸铁件时，$v_c=8\sim10$ m/min。铰孔的进给量也应适中，进给量太小，切削厚度过薄，铰刀的挤压作用会明显加大，由此会加速铰刀后刀面的磨损；进给量太大，则背向力也大，孔径可能会扩大。一般铰削钢件时 $f=0.3\sim2$ mm/r，铰削铸铁件时 $f=0.5\sim3$ mm/r。

6. 镗刀

镗刀是在车床、镗床、加工中心、自动机床以及组合机床上使用的孔加工刀具。镗刀种类很多，按切削刃数量可分为单刃镗刀、双刃镗刀和多刃镗刀；按刀具结构可分为整体式、装配式和可调式。

(1)单刃镗刀

单刃镗刀只有一条主切削刃在单方向参与切削，其结构简单、制造方便、通用性强，但刚性差，镗孔尺寸调节不方便，生产率低，对工人操作技术要求高，一般只适用于单件小批量生产。加工小直径孔的镗刀通常做成整体式，加工大直径孔时应尽量采用机夹可调式。图 4-35(a)所示为单刃镗刀中最简单的一种，镗刀和刀杆制成一体；图 4-35(b)所示为用于镗通孔的单刃镗刀；图 4-35(c)、图 4-35(d)所示为用于镗阶梯孔和盲孔的单刃镗刀，均采用机夹可调式。

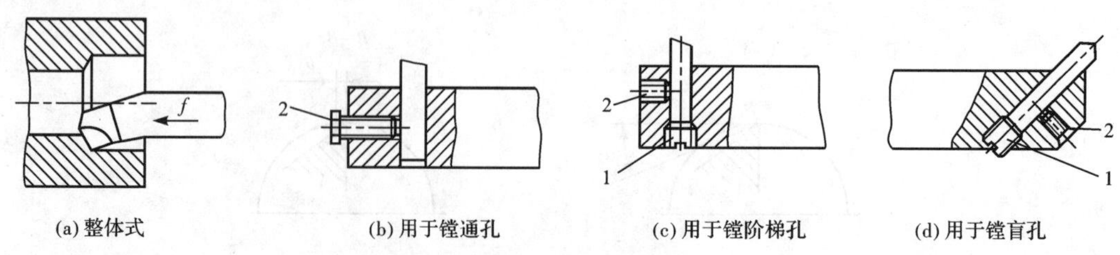

图 4-35 单刃镗刀

1—调整螺钉；2—紧固螺钉

为了提高镗刀的调整精度，在数控机床、加工中心和精密镗床上常使用微调镗刀，其读数可达 0.01 mm。如图 4-36 所示，调整时，先松开拉紧螺钉，然后转动带刻度盘的调整螺母，待刀头调至所需尺寸时，再拧紧拉紧螺钉。

(2)双刃镗刀

双刃镗刀是定尺寸的镗孔刀具，通过改变两刀刃之间的距离，实现对不同直径孔的加工。常用的双刃镗刀有固定式镗刀和浮动式镗刀两种。

固定式镗刀主要用于粗镗或半精镗直径大于 $\phi40$ 的孔。如图 4-37 所示，镗刀由高速钢制成整体式，也可由硬质合金制成焊接式或可转位式。工作时，镗刀通过楔块或在两个方向上倾斜的螺钉夹紧在镗刀杆上。安装后，镗刀相对镗刀杆的位置误差会使孔径扩大，所以镗刀与镗刀杆上的方孔的配合要求较高，方孔对镗刀杆轴线的垂直度与对称度误差应小于 0.01 mm。

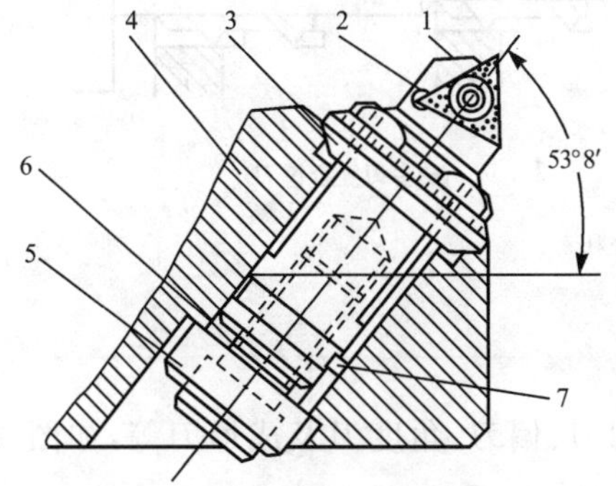

图 4-36　微调镗刀

1—镗刀头；2—刀片；3—调整螺母；4—镗刀；5—拉紧螺钉；6—垫圈；7—导向键

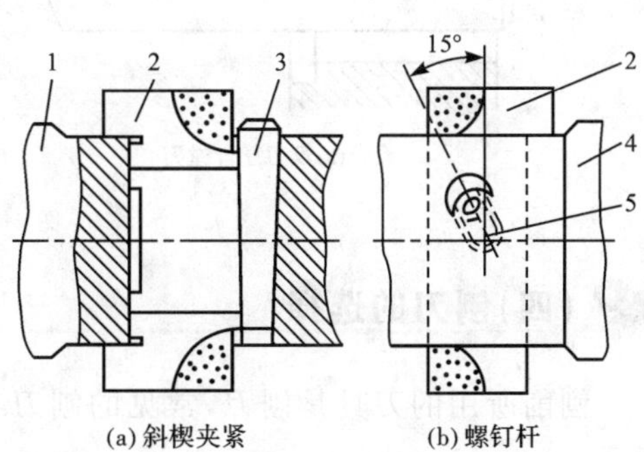

图 4-37　固定式镗刀

1—镗刀杆；2—镗刀；3—斜楔；4—刀体；5—螺钉

精镗大多采用浮动式结构。图 4-38 所示为一种常用的浮动式镗刀，通过调节两刀刃的径向位置来保证所需的孔径尺寸。该镗刀以间隙配合装入镗刀杆的方孔中，无需夹紧，靠切削时作用于两侧切削刃上的背向力来自动平衡其切削位置，因而能自动补偿由刀具安装误差和镗杆径向圆跳动所产生的加工误差。用该镗刀加工出的孔精度可达 IT6～IT7，表面粗糙度 Ra 值为 0.4～1.6 μm。由于镗刀在镗刀杆中浮动，故无法纠正孔的直线度误差和相互位置误差。浮动式镗刀主要适于单件小批量生产直径较大的孔，特别适于精镗孔径大($d>$200 mm)而深($L/d>5$)的筒件和管件孔。

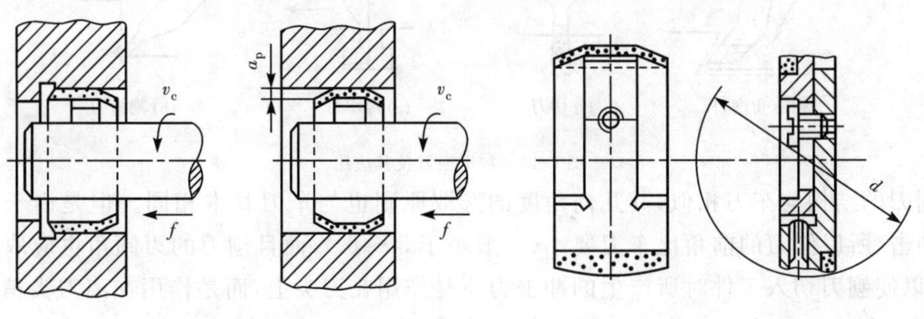

图 4-38　浮动镗孔及其刀具

(3)多刃镗刀

多刃镗刀的加工效率比单刃镗刀高。在多刃镗刀中应用较多的是多刃复合镗刀,即在一个刀体或刀杆上设置两个或两个以上的刀头,每个刀头都可以单独调整。图 4-39(a)所示为用于镗通孔和止口的双刃复合镗刀;图 4-39(b)所示为用于粗、精镗双孔的多刃复合镗刀。

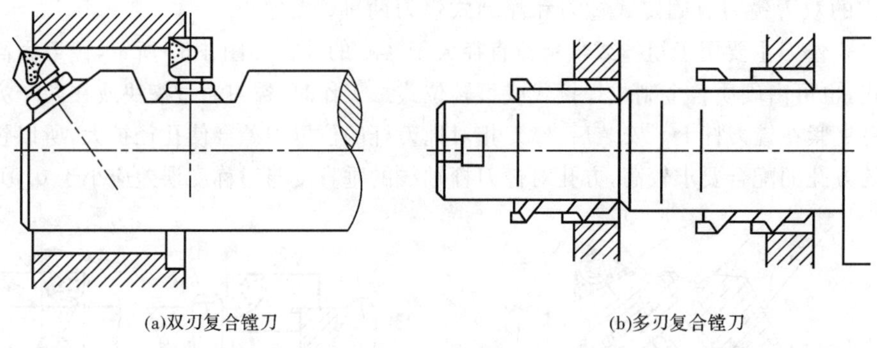

(a)双刃复合镗刀　(b)多刃复合镗刀

图 4-39　复合镗刀

(四)刨刀的选择

刨削所用的刀具是刨刀,常见的刨刀有平面刨刀、偏刀、角度刀及成形刀等,如图 4-40所示。

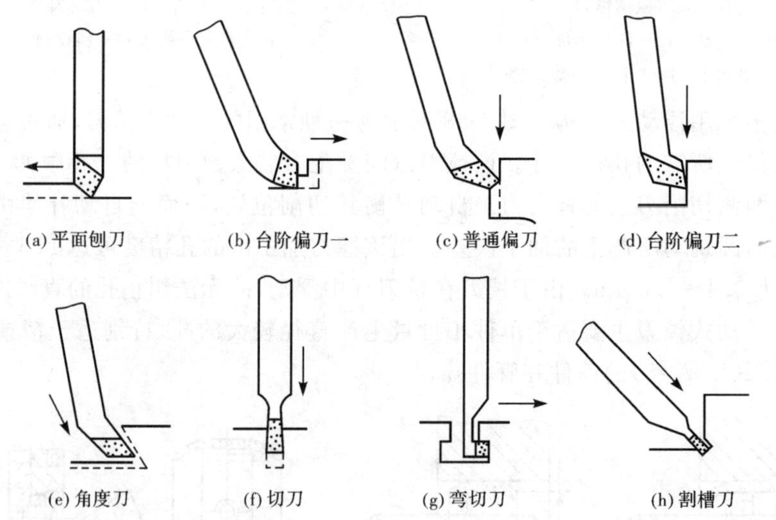

(a) 平面刨刀　(b) 台阶偏刀一　(c) 普通偏刀　(d) 台阶偏刀二　(e) 角度刀　(f) 切刀　(g) 弯切刀　(h) 割槽刀

图 4-40　常用刨刀及其应用

刨刀的结构与车刀相似,其几何角度的选取原则也与车刀基本相同。但是由于刨削过程有冲击,所以刨刀的前角比车刀要小(一般小于 5°～6°),而且刨刀的刃倾角也应取较大的负值,以使刨刀切入工件时所产生的冲击力不是作用在刀尖上,而是作用在离刀尖稍远的切削刃上。为了避免刨刀扎入工件,影响加工表面质量和尺寸精度,在生产中常把刨刀刀杆做成弯头结构。

宽刃细刨是在普通精刨的基础上,使用高精度的龙门刨床和宽刃细刨刀,以低速和大进给量在工件表面切去一层极薄的金属。由于切削力、切削热和工件变形均很小，从而可获得比普通精刨更高的加工质量。表面粗糙度 Ra 值可达 0.8～1.6 μm，直线度可达 0.02 mm/m。

宽刃细刨主要用来代替手工刮削各种导轨平面，可使生产率提高几倍，应用较为广泛。宽刃细刨对机床、刀具、工件、加工余量、切削用量和切削液均有严格的要求：

(1)刨床的精度要高，运动平稳性要好。为了维护机床精度，细刨机床不能用于粗加工。

(2)细刨刀刃宽小于 50 mm 时采用硬质合金刀片，大于 50 mm 时采用高速钢刀片。刀刃要平整、光洁，前后刀面的 Ra 值要小于 0.1 μm。选取 −10°～−20°的负刃倾角，以使刀具逐渐切入工件，减少冲击，使切削平稳。如图 4-41 所示为宽刃细刨刀的一种形式。

(3)工件材料的组织和硬度要均匀，粗刨和普通精刨后均要进行时效处理。工件定位基准面要平整、光洁，表面粗糙度 Ra 值要小于 3.2 μm，工件的装夹方式和夹紧力的大小要适当，以防止变形。

(4)总的加工余量为 0.3～0.4 mm，每次进给的背吃刀量为 0.04～0.05 mm，进给量根据刃宽或圆弧半径确定，一般切削速度选取 2～10 m/min。

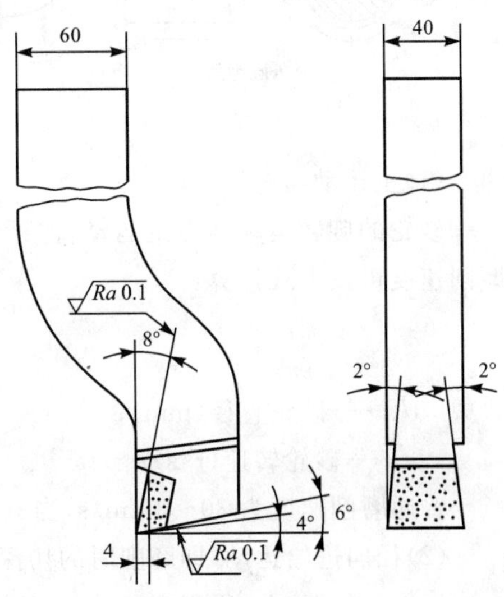

图 4-41　宽刃细刨刀

(5)宽刃细刨时要加切削液：加工铸铁常用煤油；加工钢件常用全损耗系统用油和煤油(2∶1)的混合剂。

(五)砂轮的选择

磨削是以砂轮或其他磨具对工件进行精加工和超精加工的切削加工方法。在磨床上采用各种类型的磨具为工具，可以完成内外圆面、平面、螺旋面、花键、齿轮、导轨和成形面等各种表面的精加工。它除能磨削普通材料外，还适用于一般刀具难以切削的高硬度材料的加工，如淬硬钢、硬质合金和各种宝石的加工等。磨削加工精度可达 IT4～IT6，表面粗糙度 Ra 值可达 0.01～1.25 μm，甚至可达 0.008 μm。磨削主要用于零件的精加工，目前也可用于零件的粗加工甚至毛坯的去皮加工，可获得很高的生产率。

除了用各种类型的砂轮进行磨削加工外，还可采用做成条状、块状(刚性)、带状(柔性)的磨具或松散的磨料进行磨削。加工方法主要有珩磨、砂带磨、研磨和抛光等。

砂轮的磨削过程实际上是磨粒对工件表面的切削、刻划和滑擦三种作用的综合效应。磨削中，磨粒本身也由尖锐逐渐磨钝，使切削作用变差，切削力变大。当切削力超过黏合剂的强度时，圆钝的磨粒脱落，露出一层新的磨粒，形成砂轮的自锐性，但切屑和碎磨粒仍会将砂轮阻塞，因而磨削一定时间后，需对砂轮进行修整。

磨削加工一般有四个运动，如图 4-42 所示。

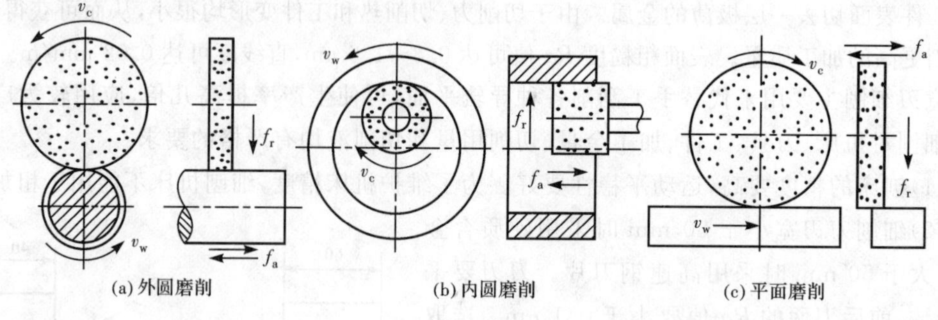

图 4-42 磨削运动

(1)主运动

砂轮的旋转运动称为主运动，主运动的线速度（即砂轮外圆的线速度）称为磨削速度。磨削速度可按下式计算：

$$v_c=\frac{\pi d_o n}{1000} \tag{4-1}$$

式中 d_o——砂轮直径(mm)；

n——砂轮转速(r/s)。

普通磨削速度为 30～35 m/s，当 $v_c>45$ m/s 时称为高速磨削。

(2)径向进给运动（即磨削时的切深运动）

工作台每双（单）行程内工件相对砂轮径向移动的距离（砂轮切入工件的深度）为径向进给量。径向进给量（磨削深度）的代表符号为 f_r，标准单位为 mm/双行程（当工作台每单行程做进给时单位为 mm/单行程），连续进给时单位为 mm/s。一般情况下，$f_r=0.005\sim0.02$ mm/双行程。

(3)轴向进给运动

轴向进给运动即工件相对砂轮沿轴向的进给运动。轴向进给量的代表符号为 f_a，指工件旋转一周，砂轮沿其轴向移动的距离，单位为 mm/r。f_a 一般取 $(0.3\sim0.6)B$（B 为砂轮宽度），粗加工取大值，精加工取小值。

磨削内、外圆时，轴向进给量为工件每转相对于砂轮的轴向位移量，单位为 mm/r；磨削平面时，轴向进给量为工作台每双（单）行程相对于砂轮的轴向位移量，单位为 mm/双行程（或 mm/单行程）。

轴向进给量与工作台轴向进给速度有以下关系：

$$v=\frac{f_a n_w}{1000} \tag{4-2}$$

式中，n_w 为工件转速(r/s)。

(4)工件运动

磨削内、外圆时为工件的旋转运动，磨削平面时为工作台的直线往复运动。

工件的运动速度用 v_w 表示，单位为 m/s。

磨削内、外圆时：

$$v_w=\frac{\pi d_w n_w}{1000} \tag{4-3}$$

磨削平面时：

$$v_{w}=\frac{2Ln_{tab}}{1000} \tag{4-4}$$

式中　v_w——工件速度(m/s)；

d_w——工件直径(mm)；

L——工作台行程(mm)；

n_w——工件转速(r/s)；

n_{tab}——工作台往复频率(s^{-1})。

以上介绍的磨削用量如图 4-43 所示。

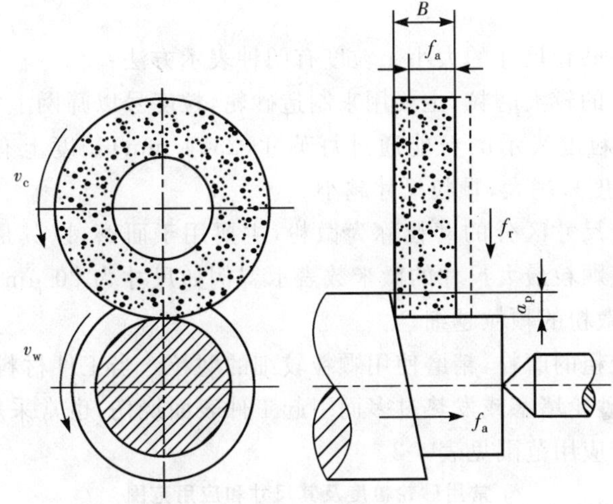

图 4-43　磨削用量

【例 4-1】　已知砂轮直径为 400 mm,砂轮转速为 1670 r/min,求砂轮的圆周速度。

解　根据式(4-1)得

$$v_c=\frac{\pi d_o n}{1000}=\frac{3.14\times 400\times 1670}{1000\times 60}\approx 35\ \text{m/s}$$

【例 4-2】　已知砂轮宽度 $B=40$ mm,选择纵向进给量 $f=0.4B$,工件转速 $n_w=224$ r/min,求工作台的轴向进给速度。

解　根据式(4-2)得

$$v=\frac{f_a n_w}{1000}=\frac{0.4\times 40\times 224}{1000}\approx 3.6\ \text{m/min}$$

1. 砂轮的特性与选择

砂轮是用各种类型的结合剂把磨料黏合起来,经压坯、干燥、焙烧及修整而成的,具有很多气孔,用磨粒进行切削的磨削工具。决定砂轮特性的五个要素是磨料、粒度、结合剂、硬度和组织。

(1)磨料

普通砂轮所用的磨料主要有刚玉、碳化硅和超硬磨料三类,按照其纯度和添加的元素不同,每一类又可分为不同的品种。表 4-1 列出了常用磨料的名称、代号、主要性能和适用范围。

表 4-1　　常用磨料的名称、代号、主要性能和适用范围

磨料名称		代号	主要成分	颜色	力学性能	热稳定性	适用磨削范围
刚玉类	棕刚玉	A	Al_2O_3 95% TiO_2 2%～3%	褐色	韧性好、硬度大	2100 ℃熔融	碳钢、合金钢、铸铁
	白刚玉	WA	Al_2O_3＞99%	白色			淬火钢、高速钢
碳化硅类	墨碳化硅	C	SiC＞95%	黑色		＞1500 ℃氧化	铸铁、黄铜、非金属材料
	绿碳化硅	GC	SiC＞99%	绿色			硬质合金等
超硬磨料类	氮化硼	CBN	立方氮化硼	黑色	高硬度、高强度	＜1300 ℃稳定	硬质合金、高速钢
	人造金刚石	D	碳结晶体	乳白色		＞700 ℃石墨化	硬质合金、宝石

(2)粒度

粒度是指砂轮中磨粒尺寸的大小。粒度有两种表示方法：

①用筛选法区分的较大磨粒，主要用来制造砂轮，粒度号以筛网上每英寸长度的筛孔数来表示。例如，60 号粒度表示磨粒能通过每英寸(25.4 mm)长度上有 60 个孔眼的筛网。粒度号为 4～240，粒度号越大，颗粒尺寸越小。

②用显微镜测量尺寸区分的磨粒称为微粉，主要用于研磨，以其最大尺寸前加"W"表示。微粉的粒度以该颗粒最大尺寸的微米数表示。例如尺寸为 20 μm 的微粉，其粒度号为 W20。粒度号越小，微粉的颗粒越细。

粗磨使用颗粒较粗的磨粒，精磨使用颗粒较细的磨粒。当工件材料软、塑性大或磨削接触面积大时，为避免砂轮堵塞或发热过多而引起工件表面烧伤，也常采用较粗的磨粒。常用砂轮粒度及其尺寸和应用范围见表 4-2。

表 4-2　　常用砂轮粒度及其尺寸和应用范围

类别	粒度	颗粒尺寸	应用范围	类别	粒度	颗粒尺寸	应用范围
磨粒	12～36	2000～1600 500～400	荒磨、打毛刺	微粉	W40～W28	40～28 28～20	珩磨、研磨
	46～80	400～315 200～160	粗磨、半精磨、精磨		W20～W14	20～14 14～10	研磨、超精磨削
	100～280	160～125 50～40	精磨、珩磨		W10～W5	10～7 5～3.5	研磨、超精加工、镜面磨削

(3)结合剂

结合剂的作用是将磨粒黏合在一起，使砂轮具有一定的强度、气孔、硬度和抗腐蚀、抗潮湿等性能。常用结合剂的性能及适用范围见表 4-3。

表 4-3　　常用结合剂的性能及适用范围

结合剂	代号	性能	适用范围
陶瓷	V	耐热、耐蚀，气孔率大，易保持廓形，弹性差	各类磨削加工，最常用
树脂	B	强度较陶瓷高，弹性好，耐热性差	高速磨削、切断、开槽等
橡胶	R	强度较树脂高，更富有弹性，气孔率小，耐热性差	切断、开槽
青铜	J	强度最高，导电性好，磨耗少，自锐性差	金刚石砂轮

(4)硬度

砂轮硬度反映磨粒与结合剂的黏结强度。砂轮硬，磨粒不易脱落；砂轮软，磨粒易于脱落。砂轮的硬度等级和代号见表4-4。

表4-4　砂轮的硬度等级和代号

大级名称	超软			软			中软		中		中硬			硬		超硬
小级名称	超软			软1	软2	软3	中软1	中软2	中1	中2	中硬1	中硬2	中硬3	硬1	硬2	超硬
代号	D	E	F	G	H	J	K	L	M	N	P	Q	R	S	T	Y

砂轮的硬度选择原则：一般来说，磨削较硬的材料应选用较软的砂轮，磨削较软的材料应选用较硬的砂轮。磨削有色金属时，应选用较软的砂轮，以免切屑堵塞砂轮；在精磨和成形磨削时，应选用较硬的砂轮。

(5)组织

砂轮的组织反映了磨粒、结合剂、气孔三者之间的比例关系。磨粒在砂轮总体积中所占的比例越大，砂轮的组织越紧密，气孔越小；反之，磨粒的比例越小，砂轮的组织越松，气孔越大。

砂轮的组织用组织号来表示，见表4-5。砂轮组织号大，组织松，砂轮不易被磨屑堵塞，切削液和空气能带入磨削区域，可降低磨削区域的温度，减少工件因发热而产生的变形或烧伤，故适用于磨削韧性大而硬度不高的工件、热敏性材料以及薄板、薄壁工件；相反，砂轮组织号小，组织紧密，砂轮易被磨屑堵塞，磨削效率低，但可承受较大的磨削力，且砂轮的廓形可保持得比较久，故适用于成形磨削和精密磨削；中等组织的砂轮适用于一般磨削，如磨削淬火钢工件及刃磨刀具等。

表4-5　砂轮组织号

组织号	0	1	2	3	4	5	6	7	8	9	10	11	12	13	14
磨粒率/%	62	60	58	56	54	52	50	48	46	44	42	40	38	36	34
疏密程度	紧密				中等				疏松					大气孔	
适用范围	重负荷、成形、精密磨削，加工脆硬材料				外圆、内圆、无心磨及工具磨，淬硬工件及刀具刃磨等				粗磨及磨削韧性大、硬度低的工件，适合磨削薄壁、细长工件，或砂轮与工件接触面积大以及平面磨削等					有色金属及塑料橡胶等非金属以及热敏合金材料的磨削	

2. 砂轮的形状、代号及用途

为满足在不同类型的磨床上磨削各种形状工件的需要，砂轮制成许多形状和尺寸。常用砂轮的代号、形状及用途见表4-6。

表 4-6 常用砂轮的代号、形状及用途

砂轮名称	代号	断面形状	主要用途
平形砂轮	1		外圆磨、内圆磨、平面磨、无心磨、工具磨
薄片砂轮	41		切断及切槽
筒形砂轮	2		端磨平面
碗形砂轮	11		刃磨刀具、磨导轨
蝶形1号砂轮	12a		磨铣刀、铰刀、拉刀、齿轮
双斜边砂轮	4		磨齿轮及螺纹
杯形砂轮	6		磨平面、内圆及刃磨刀具

砂轮的标记印在砂轮的端面上，其顺序是：形状代号、尺寸、磨料、粒度号、硬度、组织号、结合剂、线速度。例如，外径 300 mm、厚度 50 mm、孔径 75 mm、棕刚玉、粒度 60、硬度 L、5 号组织、陶瓷结合剂、最高工作线速度 35 m/s 的平形砂轮标记为：

砂轮 1—300×50×75—A60L5V—35 GB/T 2484—2006

（六）车床的选择

1. 车床的工艺范围和类型

车床是完成车削加工所必需的设备，广泛用于各种回转体零件和回转体端面的加工。卧式车床上能加工的典型表面如图 4-44 所示。在普通精度的车床上，加工外圆表面的精度可达 IT7～IT8，表面粗糙度 Ra 值可达 0.8～1.6 μm。在精密级和高精密级车床上，利用合适的刀具还可完成高精度零件的精密加工。

车床的主运动通常是由工件的旋转运动实现的，进给运动则是由刀具的直线移动完成的。普通车床按其结构和用途的不同，可分为卧式车床、立式车床、转塔车床、回轮车床、液压仿形车床、仪表车床、多刀自动和半自动车床及各种专用车床。

车床加工所使用的刀具主要是车刀，还可以采用钻头、扩孔钻、铰刀等孔加工刀具和丝锥、板牙等螺纹加工刀具。

2. 普通车床

在各种普通车床中，以卧式车床应用最普遍、工艺范围最广。卧式车床可加工各种轴

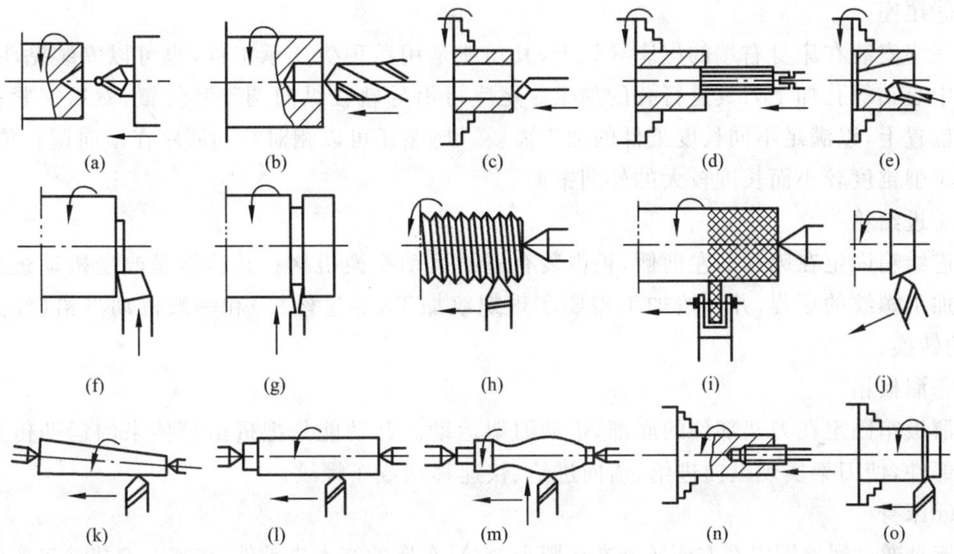

图 4-44　卧式车床上能加工的典型表面

类、套筒类和盘类零件上的回转表面，还可以进行钻孔、扩孔、铰孔和滚花等工艺，但自动化程度低，特别是加工形状复杂的零件时，换刀麻烦、生产率低，所以多适用于单件小批量生产。图 4-45 所示为 CA6140 型卧式车床的外形，其主要组成部件及功能如下：

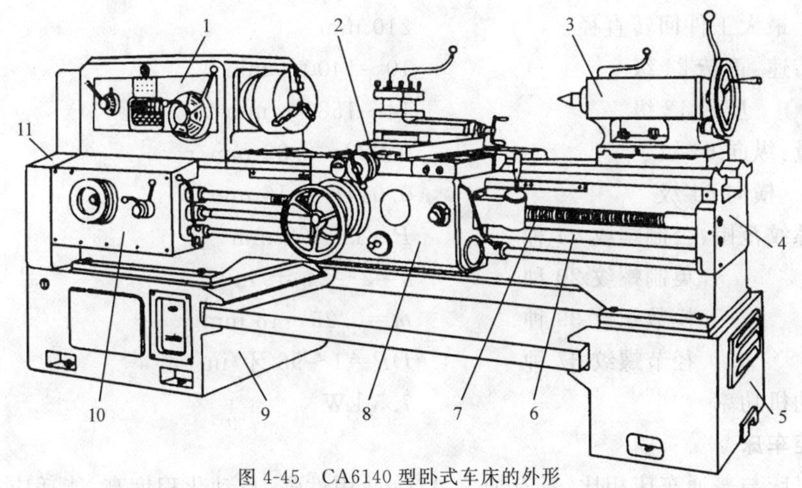

图 4-45　CA6140 型卧式车床的外形

1—主轴箱；2—刀架部件；3—尾座；4—床身；5、9—床腿；6—光杠；7—丝杠；8—溜板箱；10—进给箱；11—挂轮变速机构

(1)结构组成

①主轴箱

主轴箱固定在床身的左上部，箱内装有主轴部件和变速、变向、传动机构。其功能是支承主轴，并将动力经变速、变向、传动机构传给主轴，使主轴按规定的转速带动工件旋转，实现主运动。

②刀架部件

刀架部件位于床身的中部，安装在床身导轨上，可沿导轨做纵向移动。刀架部件由几层刀架组成，其功能是带着夹持在上面的车刀移动，实现纵向、横向或斜向进给运动。

③尾座

尾座安装在床身右端的尾座导轨上，其功能是用后顶尖支承工件，也可以安装钻头、铰刀及中心钻等孔加工刀具进行孔的加工。尾座可沿导轨在纵向调整其位置，然后夹紧在需要的位置上，以满足不同长度工件的加工需要。尾座还可以相对它的底座在横向调整位置，以便车削锥度较小而长度较大的外圆锥面。

④进给箱

进给箱固定在床身的左前侧，箱内装有进给运动变换机构。其功能是改变机动进给量或所加工螺纹的导程，并可按加工需要实现螺纹加工（经过丝杠）和一般机动进给（经过光杠）的转换。

⑤溜板箱

溜板箱固定在刀架部件的底部，带动刀架运动。其功能是把进给箱传来的运动传递给刀架部件，使刀架实现纵向进给、横向进给、快速移动或车螺纹。

⑥床身

床身通过螺栓固定在左床腿和右床腿上，它是车床的基本支承件，在其上安装着车床的各个主要部件。其功能是支承其他部件并使它们在工作时保持准确的相对位置或运动轨迹。

(2)主要参数及性能

床身上最大工件回转直径	400 mm
最大工件长度	750,1000,1500,2000(mm)
刀架上最大工件回转直径	210 mm
主轴转速：正转 24 级	10～1400 r/min
反转 12 级	14～1580 r/min
进给量：纵向 64 级	0.028～6.33 mm/r
横向 64 级	0.014～3.16 mm/r
车削螺纹范围：公制螺纹 44 种	P=1～192 mm
英制螺纹 20 种	α=2～24 牙/in
模数螺纹 39 种	m=0.25～48 mm
径节螺纹 37 种	DP=1～96 牙/in
主电动机功率	7.5 kW

3. 数控车床

数控车床与普通车床相比，具有加工灵活、通用性强、自动化程度高、能适应产品品种和规格频繁变化的特点，特别适合加工形状复杂的轴类和盘类零件，在新产品的开发和多品种、小批量、自动化生产中被广泛应用。

(1)数控车床的分类

数控车床的种类很多，其分类方法有以下几种：

①按数控系统的功能分类

分为如下几种：主轴采用异步电动机驱动，进给采用步进电动机驱动，开环控制的经济型数控车床；主轴采用能调速的交、直流主轴控制单元驱动，进给采用伺服电动机驱动，半闭环或闭环控制的全功能数控车床；在全功能数控车床的基础上配上刀库、自动换刀装置和动力刀具（如铣刀和钻头）的车削中心。

②按主轴的配置形式分类

分为主轴水平布置的卧式数控车床和主轴垂直布置的立式数控车床。

③按数控系统控制的轴数分类

分为只有一个回转刀架、可实现两坐标轴联动、两轴控制的数控车床和有两个独立的回转刀架、可实现四轴联动、四轴控制的数控车床。

(2)数控车床的组成

虽然数控车床的种类较多，但一般均由机床本体、数控装置、伺服系统、位置检测装置以及辅助装置等几部分组成。图4-46所示为AD25型数控车床的外形，它是由河南安达机床有限公司引进日本技术生产的全功能精密数控车床。它由床身底座、斜床身、主轴箱、后拖板、电动刀架、液压尾座、控制系统等部分组成。它能完成普通卧式车床所能完成的各种加工工艺。在数控系统的控制下，它可以不增加特殊的装置而通过数控编程来完成各种复杂成形回转曲面或非回转曲面的加工，适用于多品种轴类、盘套类以及异型复杂回转曲面的高效自动化加工。该机床的主要技术参数如下：

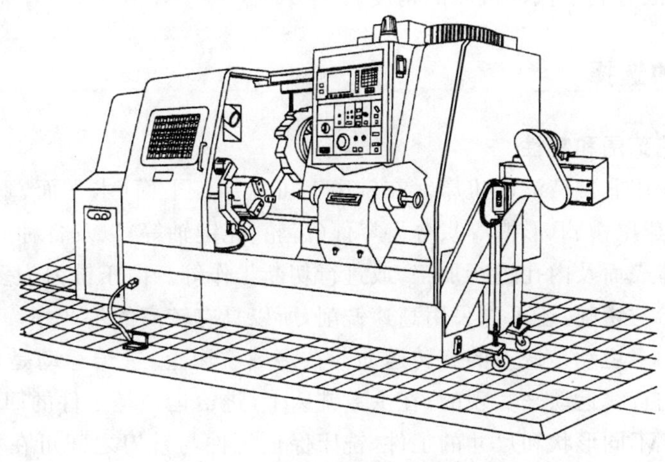

图4-46　AD25型数控车床的外形

最大车削直径	360 mm
最大车削长度	530 mm
自动送料最大直径	75 mm
行程	210 mm(*X*轴)
主轴转速	35～3500 r/min
刀塔刀具数量	10把
换刀时间	1.0 s
主电动机功率	18.5 kW

(3)主要机械结构

①主轴箱

由于传动系统的简化，该机床的主轴箱中只有一根轴，主轴箱结构得以大大简化。为保证主轴的高速回转精度和足够的承载能力，主轴采用了高精密的角接触球轴承。

双列圆柱滚子轴承组合构成主轴的支承。其中，前支承采用了一对背对背的角接触球轴承和一个双列圆柱滚子轴承，用以承受双向的轴向力和径向力；后支承采用了一个双列圆柱滚子轴承，以承受径向力。在主轴箱内采用封闭式强制润滑系统，以保证主轴的润滑。

②床身部件

AD25 型数控车床采用 45°倾斜式床身结构。与平形床身相比，这种结构便于排屑和安装自动排屑器，使从工件上切下的热铁屑不致堆积在导轨上，可以减少机床热变形；便于操作和安装机械手，实现单机自动化。另外，由于床身倾斜，故占地面积较小，结构简洁。床身上采用了两组平导轨，一组是后拖板的 Z 向运动导轨，另一组是尾座移动导轨。

③电动刀架

数控车床的电动刀架是其主要部件之一，在刀架转塔刀盘的刀座上可安装或夹持各种不同用途的刀具，通过转塔刀盘的旋转分度实现自动换刀动作。其换刀的步骤为松开—分度—预定位—精定位—夹紧。

④后拖板

刀架安装在后拖板上，由后拖板带动做 Z 向和 X 向进给运动。由于后拖板安装在机床的斜后上方，在加工时，横向的切削抗力与刀架拖板的自身重力相抵消，减小了横向进给伺服电动机的载荷，故有利于保持机床的精度。

（七）铣床的选择

1. 铣床的工艺范围和特性

铣床是一种应用非常广泛的机床。在铣床上可以加工平面（水平面、垂直面等）、曲面、台阶、沟槽（键槽、燕尾槽、T 形槽等）、分齿零件（齿轮、花键轴等）以及各种成形表面。此外，还可用于对回转体表面及内孔进行加工，或进行切断工作等。由于铣刀为多齿刀具，铣削时有几个刀齿同时参与切削，还可以采用高速铣削，所以具有较高的生产率。

铣床工作时的主运动是铣刀的旋转运动。在多数铣床上，进给运动是由工件在垂直于铣刀轴线方向上的直线运动来实现的；在少数铣床上，进给运动是工件的回转运动或曲线运动。为了适应加工不同形状和尺寸的工件，铣床保证工件与铣刀之间可在相互垂直的三个方向上调整位置，并根据加工要求，在其中任一方向上实现进给运动。在铣床上，根据机床类型不同，工件进给和调整刀具与工件相对位置的运动可由工件或分别由刀具和工件来实现。由于铣床使用旋转的多刃刀具加工工件，同时有数个刀齿参加切削，因此生产率较高，且能改善加工表面粗糙度。但是，由于铣刀每个刀齿的切削过程是断续的，同时每个刀齿的切削厚度又是变化的，使得切削力相应地发生变化，容易引起机床振动，因此铣床在结构上要求有较高的刚度和抗振性。

2. 铣床的类型

铣床的类型很多，根据结构特点和用途所分的主要类型有升降台式铣床、工作台不升降铣床、工具铣床、龙门铣床、仿形铣床、仪表铣床、专门化铣床（包括键槽铣床、凸轮铣床）、数控铣床等。

（1）升降台式铣床

升降台式铣床是铣床中应用最广泛的一种类型。它在结构上的特点是：安装工件的工作台可在相互垂直的三个方向上调整位置，并可在其中任一方向上实现进给运动。加工时安装铣刀的主轴仅做旋转运动，其轴线位置一般固定不动。升降台式铣床的工艺范围很广，可用于加工中小型零件的平面、沟槽，配置相应的附件还可铣削螺旋槽、分齿零件以及钻孔、镗孔、插削等。

根据主轴的布局，升降台式铣床可分为卧式及立式两种。

①卧式升降台铣床

卧式升降台铣床的主轴是水平布置的，主要用于单件及成批生产中加工平面、沟槽及成形表面。

X6132 卧式万能升降台铣床的外形如图4-47所示。床身固定在底座上，用于安装和支承机床的其他部件。床身内装有主轴部件、主运动变速传动机构和变速操纵机构等。床身顶部的燕尾槽导轨上装有悬梁，其可沿主轴轴线方向前后调整位置。在悬梁的下面装有刀杆支架，用来支承刀杆的悬臂端，以提高刀杆的刚度。升降台安装在床身前面的垂直导轨上，可以沿导轨上下移动(垂直移动)。升降台内装有进给机构及其操纵机构。升降台的水平导轨上装有床鞍，其可沿平行于主轴的轴线方向移动(横向移动)。工作台安装在床鞍的导轨上，可沿垂直于主轴轴线的方向移动(纵向移动)。固定安装在工作台上的工件，通过工作台、床鞍及升降台，可以在相互垂直的三个方向上实现任一方向的调整或进给运动。

X6132 卧式万能升降台铣床的工作台和床鞍之间的回转盘可绕垂直轴在±45°范围内调整一定角度，以改变工作台的移动方向，使工作台的运动轨迹与主轴成一定的夹角，从而可加工斜槽、螺旋槽等。此外，万能升降台铣床还可选配立式铣头、圆工作台等附件，以扩大机床的加工范围。

②立式升降台铣床

这类铣床与卧式升降台铣床的主要区别在于安装铣刀的机床主轴是垂直布置的，可用各种端铣刀或立铣刀加工平面、斜面、沟槽、台阶；若采用分度头或圆形工作台等附件，还可铣削齿轮、凸轮及铰刀、钻头等的螺旋面。立式升降台铣床很适合加工模具型腔和凸模成形表面，故在模具加工中应用广泛。

图 4-48 所示为立式升降台铣床中常见的一种，其工作台、床鞍及升降台的结构与卧式升降台铣床相同。立铣头可根据加工要求在垂直平面内调整角度，主轴可沿轴线方向进行调整或做进给运动。

综上所述，升降台式铣床的优点是工艺范围较广泛，工作时切削加工的高低位置不变，利于操作者观察加工情况，且机床的操纵手柄较集中，便于调整及操纵；其缺点是工作台支承在成悬臂状态的升降台上，且层次多，因而刚性较差，不适于进行重切削及加工大型工件。

(2)龙门铣床

龙门铣床的外形如图 4-49 所示。龙门铣床是一种大型的高效通用机床，其主体结构呈框架式，具有较高的刚度及抗振性。其横梁可以在立柱上升降，以适应加工不同高度的工件。安装在横梁上的两个立铣头(主轴箱)可在横梁上沿水平方向调整位置；两个立柱上安装的卧铣头可沿垂直方向调整位置。每个铣头都是独立的运动部件，铣刀旋转为主运动。在工作台上安装被加工工件，铣削时工作台沿床身上的导轨做直线进给运动。工作时，调整工作台侧面 T 形槽内的撞块，可使工作台的运动实现自动循环。四个铣头都可沿各自的轴线做轴向移动，以实现铣刀的吃刀运动。

龙门铣床主要用于加工各类大中型工件的平面、沟槽，借助于附件还可完成斜面、孔的加工。由于在龙门铣床上可以用几个铣头同时加工工件的几个平面，所以生产率很高，在成批和大量生产中得到了广泛的应用。

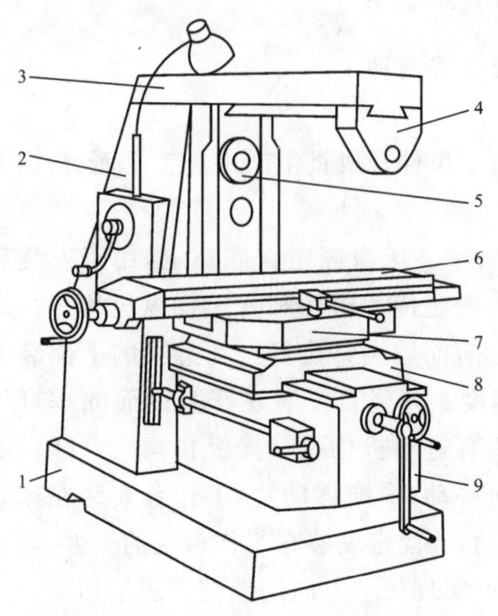

图 4-47 X6132 卧式万能升降台铣床的外形

1—底座；2—床身；3—悬梁；4—刀杆支架；5—主轴；6—工作台；7—床鞍；8—升降台；9—回转盘

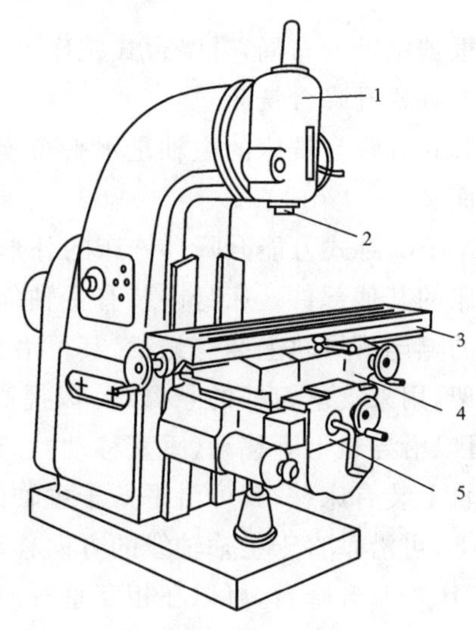

图 4-48 立式升降台铣床

1—立铣头；2—主轴；3—工作台；4—床鞍；5—升降台

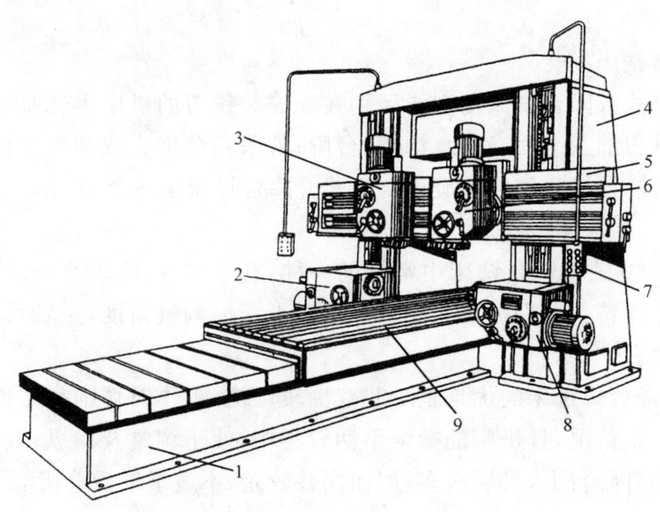

图 4-49 龙门铣床的外形

1—床身；2、8—卧铣头；3、6—立铣头；4—立柱；5—横梁；7—操纵箱；9—工作台

(八)钻床的选择

1. 钻床的工艺范围和类型

主要用钻头在工件上加工孔的机床称为钻床，它是孔加工的主要机床。在车床上钻孔时，工件旋转，刀具做进给运动；而在钻床上加工孔时，工件不动，刀具做旋转主运动，同时沿轴向做进给运动。故钻床主要用于加工外形较复杂、没有对称回转轴线的工件上的孔，尤其适合加工多孔，如箱体、机架等零件上的孔。

钻床一般用于加工尺寸较小、精度要求不太高的孔，如各种零件上的连接螺钉孔。此外，还可进行扩孔、铰孔、锪孔、锪平面、钻埋头孔及攻螺纹等工作，如图 4-50 所示。

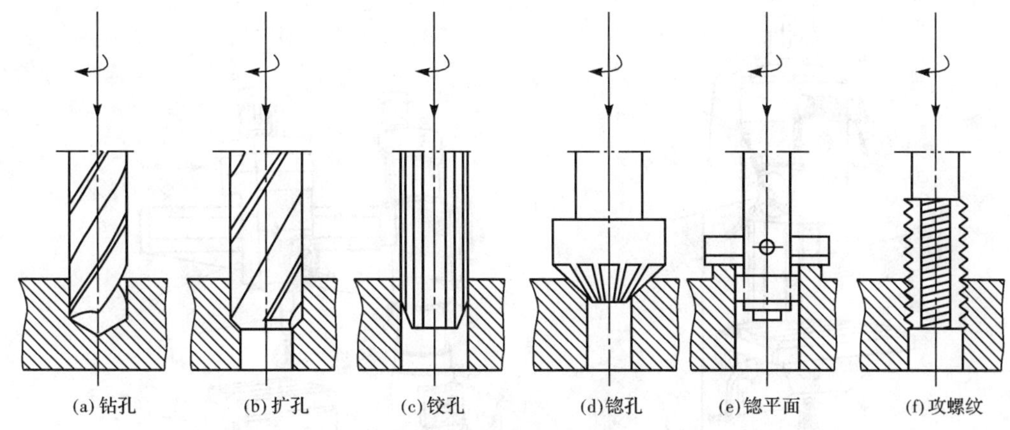

图 4-50　在钻床上能完成的工作

钻床的主参数是最大钻孔直径。根据用途和结构的不同，钻床可分为立式钻床、台式钻床、摇臂钻床、专门化钻床（如深孔钻床、中心钻床等）以及中心孔钻床等。

在上述钻床中，应用最广泛的是立式钻床、摇臂钻床和立式数控钻床。

2. 常用钻床

(1)立式钻床

立式钻床的主轴呈垂直布置且位置固定不动，被加工孔的位置的找正必须通过移动工件来实现。根据主轴数，可分为单轴和多轴立式钻床。

图 4-51 所示为立式钻床的外形。该立式钻床由主轴箱、立柱、工作台和底座等部件组成。立柱是机床的基础件，上有垂直导轨。主轴箱和工作台可沿立柱的垂直导轨上下移动来调整它们的位置，以满足不同高度工件加工的需要。由于立式钻床主轴转速和进给量的级数较少，而且功能简单，所以把主运动和进给运动的变速操纵机构都装在主轴箱中。钻削时，电动机通过变速箱带动主轴 2 旋转，实现主运动，同时主轴沿轴向移动，以实现进给运动。利用装在主轴箱上的进给操纵机构，可实现主轴的快速升降、手动进给以及接通和断开机动进给。

立式钻床工作时，每加工完一个孔，需要移动工件才能使刀具旋转轴线对准下一个被加工孔的中心线，因此仅适用于单件小批量生产中加工中小型工件。

如果在工件上需钻削一个平行孔系，而且生产批量较大，则可考虑使用可调多轴立式钻床。加工时，主轴使全部钻头一起转动并同时进给，一次进给即可将孔系加工出来，具有很高的生产率。

(2)摇臂钻床

对于体积和质量都比较大的工件，在立式钻床上找正孔的位置很不方便，不仅费时多、劳动强度大，还不易保证加工精度。因此，大中型工件上的孔需采用摇臂钻床来加工。摇臂钻床与立式钻床的区别是，工件固定不动，主轴可以很方便地在水平面上调整位置，使刀具对准被加工孔的中心。

图 4-52 所示为摇臂钻床的外形。该摇臂钻床由底座、立柱、摇臂、主轴箱等部件组成。主轴箱装在摇臂上，可沿摇臂上的导轨水平移动。摇臂既可沿立柱做垂直升降运动，又可绕立柱转动，这样能适应不同高度和不同位置的工件加工。为使钻削时机床有足够的刚性，并使主轴箱的位置不变，当主轴箱在空间的位置完全调整好后，机床上设有与产生上述相对移动和相对转动的立柱、摇臂和主轴箱相对应的夹紧机构快速夹紧。摇臂钻床的结构完善，操纵方便，主轴转速范围和进给量范围大，广泛用于单件成批生产中。

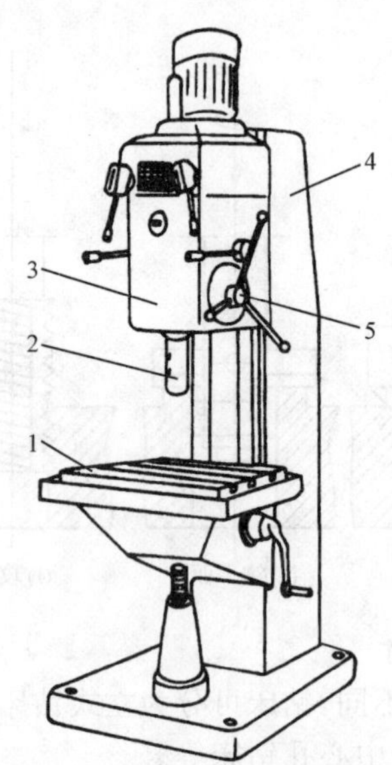

图 4-51 立式钻床的外形

1—工作台；2—主轴；3—主轴箱；

4—立柱；5—进给操纵手柄

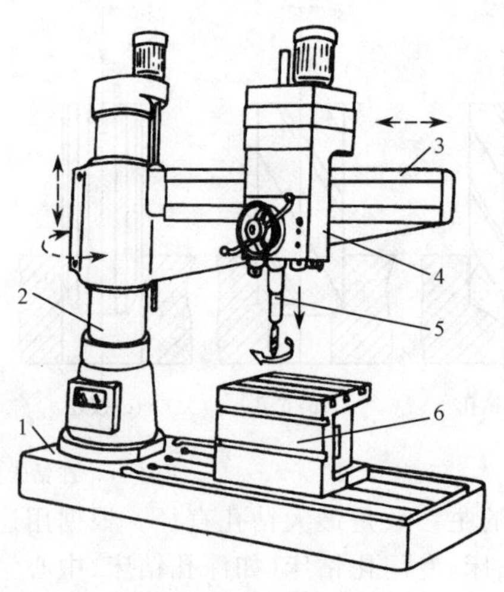

图 4-52 摇臂钻床的外形

1—底座；2—立柱；3—摇臂；

4—主轴箱；5—主轴；6—工作台

(3)立式数控钻床

立式数控钻床是在普通立式钻床的基础上发展起来的，可以完成钻、扩、铰、锪端面和攻螺纹等工作，适用于孔距精度要求较高的中小批量零件的加工。

图 4-53 所示为 ZK5140C 型数控钻床的外形。该钻床配备经济型数控系统，三坐标二轴联动，点位控制，可完成钻孔、扩孔、铰孔、锪端面、钻沉孔以及攻螺纹等工作。该钻床的主运动由主轴箱上的主电动机带动主轴箱内的摩擦离合器以及若干对齿轮副传给主轴来实现。主轴有 12 级转速，并由手柄调整。工作台的纵向(X 轴)和横向(Y 轴)进给运动由各自的步进电动机通过一对同步齿形带轮和滚珠丝杠螺母副实现，纵向滚珠丝杠和横向滚珠丝杠的两轴可联动。主轴箱的垂直进给由步进电动机经装在主轴箱内的两对齿轮副和一对蜗轮蜗杆副驱动主轴套筒上的齿条来实现。主轴垂直方向上的进给也可通过转动手柄来实现。主轴箱可沿立柱的导轨升降，以调整高度位置。主轴箱调整好位置后用锁紧螺栓锁紧。

数控机床的程序输入、编辑等按键以及工作方式、启动、停止等按键都在支架的操作面板上。

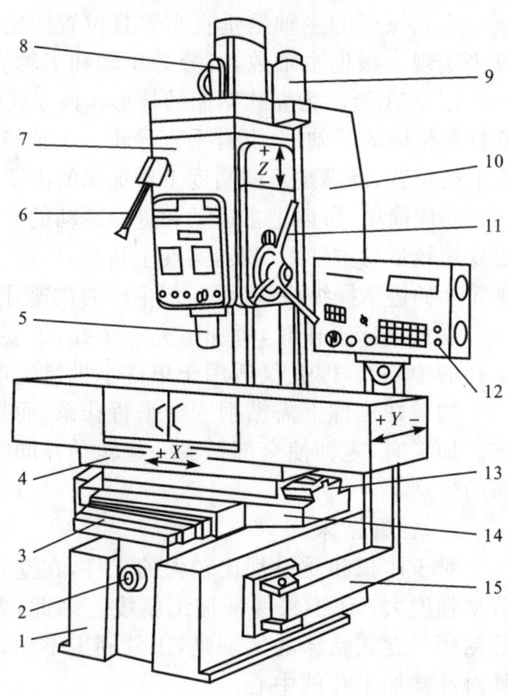

图 4-53 ZK5140C 型数控钻床的外形

1—底座；2—横向滚珠丝杠；3—罩；4—工作台；5—主轴；

6—手柄；7—主轴箱；8—主电动机；9—步进电动机；

10—立柱；11—手柄；12—操作面板；

13—纵向滚珠丝杠；14—滑座；15—支架

(九)镗床的选择

1. 镗床的工艺范围和类型

镗床是一种主要用镗刀在工件上加工孔的机床，它适合加工尺寸较大、精度要求较高的孔，特别是分布在不同表面上、孔距和位置精度要求较高的孔。如卧式车床主轴箱上的诸多孔系，孔之间有较高的同轴度、平行度、垂直度要求。还可以进行钻孔、扩孔、铰孔、车螺纹、铣平面等加工。

由于镗刀及镗刀杆的刚度比较差，容易产生变形和振动，加之切削液的注入和排屑困难，观察和测量不便，故镗削加工的生产率较低。但在单件和中小批量生产中，尤其是大型、复杂的箱体类零件，镗削仍是一种经济实用的加工方法。

2. 常用镗床

镗床的主要类型有卧式镗床、坐标镗床和金刚镗床等，其中以卧式镗床应用最广泛。

(1)卧式镗床

卧式镗床是镗床类机床中应用最普遍的一种类型，其工艺范围非常广泛，除镗孔外，还可铣削平面、成形面和各种形状的沟槽，进行钻孔、扩孔和铰孔，车削端面和短的外圆面，以及车削内外环形槽和内外螺纹等，如图 4-54 所示。卧式镗床可将工件一次安装后完成大部分甚至全部加工工序，避免多次的搬运、找正、装卡，主要用于加工尺寸较大、形状复杂的大中型零件，如各种箱体、床身、机架等。

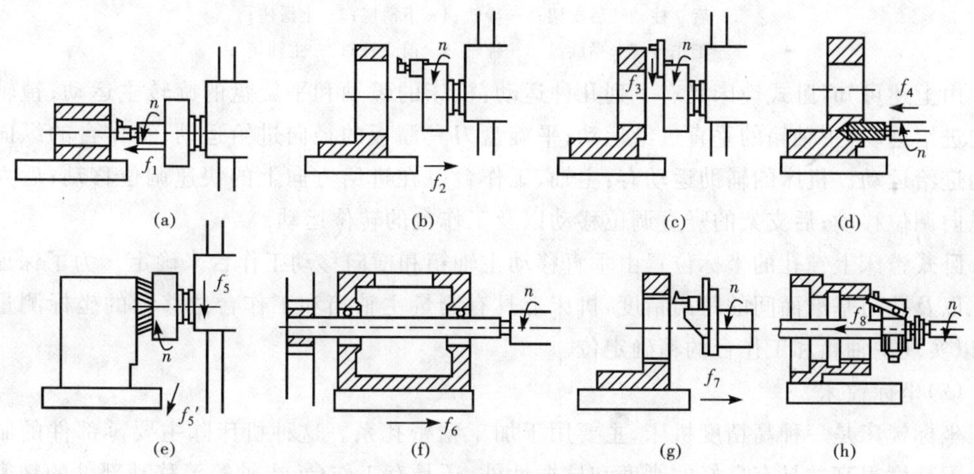

图 4-54　卧式镗床的典型加工方法

卧式镗床的外形如图 4-55 所示。前立柱固定安装在床身的右端，在它的垂直导轨上装有可上下移动的主轴箱，主轴箱中装有主轴部件、主运动和进给运动变速传动机构以及操纵机构等。根据加工情况，刀具可以装在镗轴前端的锥孔中，或装在平旋盘上。加工时，镗轴可做旋转主运动和轴向进给运动，平旋盘只能做旋转主运动。在主轴箱的后部固定着后尾筒，其内装有镗轴的轴向进给机构。装在后立柱垂直导轨上的后支架用于支承悬伸长度较大的镗杆的悬伸端，以增加刚度。后支架可沿后立柱上的导轨与主轴箱同步升降，以保持其上的支承孔与镗轴在同一轴线上。后立柱可沿床身的导轨左右移动，以适应镗杆的不同悬伸长度。工件安装在工作台上，可与工作台一起随下滑座或上滑座做纵向或横向移动。工作台还可在上滑座的圆导轨上绕垂直轴线转位，能使工件在水平面内调整至一定角度位置，以便在一次安装中对互相平行或成一定角度的孔与平面进行加工。

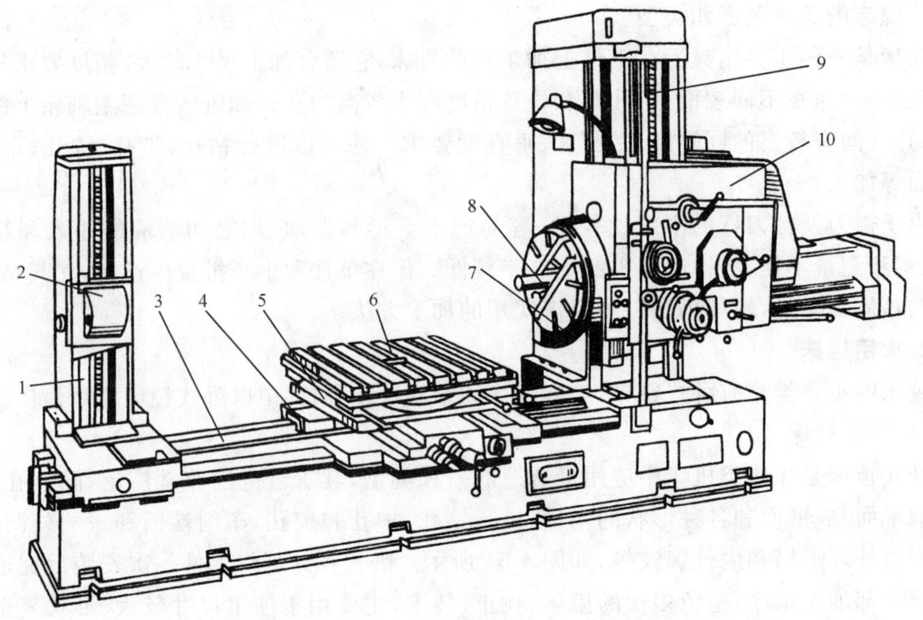

图 4-55 卧式镗床的外形

1—后立柱；2—后支架；3—导轨；4—下滑座；5—上滑座；
6—工作台；7—平旋盘；8—镗轴；9—前立柱；10—主轴箱

由上述可知，卧式镗床具有下列几种运动：机床的镗轴和平旋盘的旋转主运动；镗轴的轴向进给运动；主轴箱的垂直进给运动；平旋盘刀具溜板的径向进给运动；工作台的纵向和横向进给运动。机床的辅助运动有：主轴、工作台等在进给方向上的快速调位移动；后立柱的纵向调位移动；后支架的竖直调位移动以及工作台的转位运动。

卧式镗床上镗孔的坐标位置由垂直移动主轴箱和横向移动工作台来确定。为了保证孔与孔以及孔与基准面间的距离精度，机床上具有测量主轴箱和工作台位移量的坐标测量装置，以实现主轴箱和工作台的精确定位。

(2)坐标镗床

坐标镗床是一种高精度机床，主要用于加工精密孔系。这种机床除主要零部件的制造和装配精度很高并具有良好的刚度和抗振性外，还具有工作台、主轴箱等移动部件的精密坐标测量装置，能实现工件和刀具的精密定位。因此，坐标镗床不仅可以保证被加工孔本身达到很高的尺寸和形状精度，还可以在不采用任何夹具引导刀具的条件下，保证孔的中心距以及孔至某一基面的距离达到很高的精度。

坐标镗床的工艺范围很广，除镗孔、钻孔、扩孔、铰孔、精铣平面和沟槽外，还可进行精密刻线和划线以及孔距和直线尺寸的精密测量等工作。坐标镗床由于生产率较低，故主要适用于工具车间加工精密钻模、镗模及量具等，也适用于生产车间成批加工孔距精度要求较高的箱体及其他零件。

坐标镗床按其布局形式不同，可分为立式单柱坐标镗床、立式双柱坐标镗床和卧式坐标镗床等几种类型。

图 4-56 所示为立式单柱坐标镗床的外形。立式单柱坐标镗床的布局形式与立式钻床类似，其主轴在水平面上的位置是固定的。镗孔坐标位置由工作台沿床鞍导轨的纵向移动和床鞍沿床身导轨的横向移动来确定。装有主轴部件的主轴箱装在立柱的垂直导轨上，可上下调整位置以加工不同高度的工件。主轴由精密轴承支承在主轴套筒中（其结构与钻床主轴相同，但旋转精度和刚度要高得多），由主传动机构传动使其旋转，完成主运动。当进行镗孔、钻孔、扩孔、铰孔等工作时，主轴由主轴套筒带动，在垂直方向上做机动或手动进给运动。当进行铣削时，则由工作台在纵、横方向移动以完成进给运动。

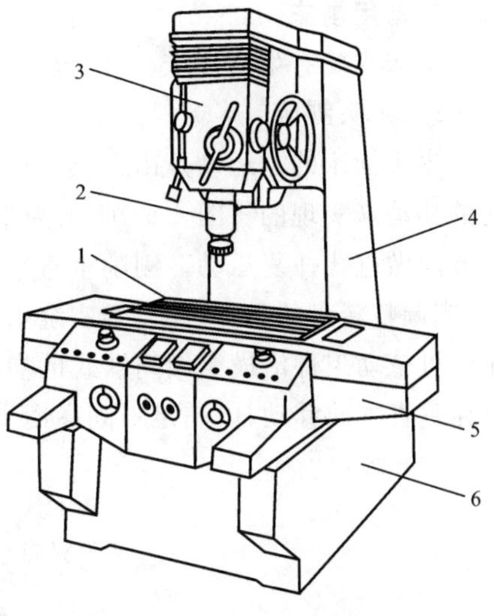

图 4-56　立式单柱坐标镗床的外形
1—工作台；2—主轴；3—主轴箱；4—立柱；5—床鞍；6—床身

立式单柱坐标镗床的工作台三面敞开，操作比较方便，它的主轴垂直于工作台面，因此适于加工高度小于横向尺寸、被加工孔的轴线垂直于安装基准面的扁平零件，如钻模、镗模等。

（十）刨床的选择

1. 刨床的工艺范围和特性

刨床主要用于加工各种平面（如水平面、垂直面、倾斜面）和沟槽（如 T 形槽、燕尾槽、V 形槽等），如对机床进行适当的调整，也可以加工花键以及一些直线成形面，如图4-57所示。

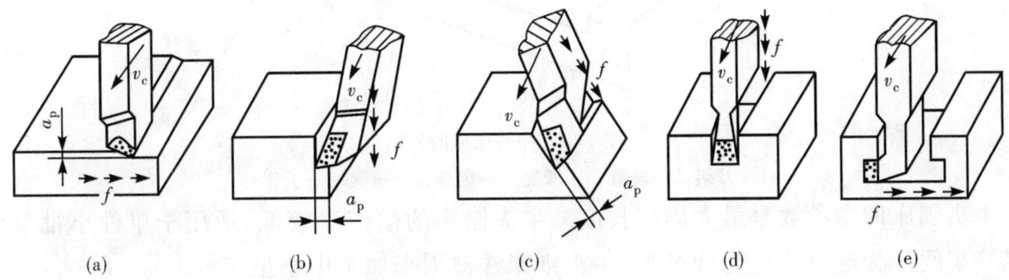

图 4-57　刨床加工的典型表面

刨床的主运动是刀具或工件所做的直线往复运动。刨削加工只在刀具向工件（或工件向刀具）前进时进行，返回时不进行切削，并且刨刀抬起（即让刀），以免损伤已加工表面并可减轻刀具磨损。刨床的进给运动是间歇性的直线往复运动，由刀具或工件完成，其方向与主运动方向垂直。

刨床由于所用刀具结构简单，在单件小批量生产条件下，加工形状复杂的表面比其他刀具经济，且生产准备工作省时。由于刨床主运动反向时需克服较大的惯性力，因此限制了切削速度和空行程速度的提高，而在空行程时又不进行切削，故在加工大平面时机床生产率较低；但在用宽刃刨刀以大进给量加工狭长平面时的生产率较高，因此主要用于单件小批量生产中。

2. 常用刨床

刨床主要有牛头刨床、龙门刨床和插床三种类型。

(1)牛头刨床

牛头刨床的主运动是由刀具完成的，而进给运动则是由工件或刀具沿垂直于主运动方向的移动来实现的。图 4-58 所示为牛头刨床的外形。装有刀架的滑枕可沿床身导轨在水平方向做直线往复运动。刨削垂直平面时，可手动做垂直方向的进给运动；刨削斜面等表面时，应调整转盘的角度，使刀架座绕水平轴线转一定的角度，以便刀架沿倾斜方向进给。工作台可带动工件沿横梁做间歇式的横向进给运动，以刨削水平面等。横梁能沿床身前侧导轨在垂直方向移动，以满足不同高度工件的加工需要。

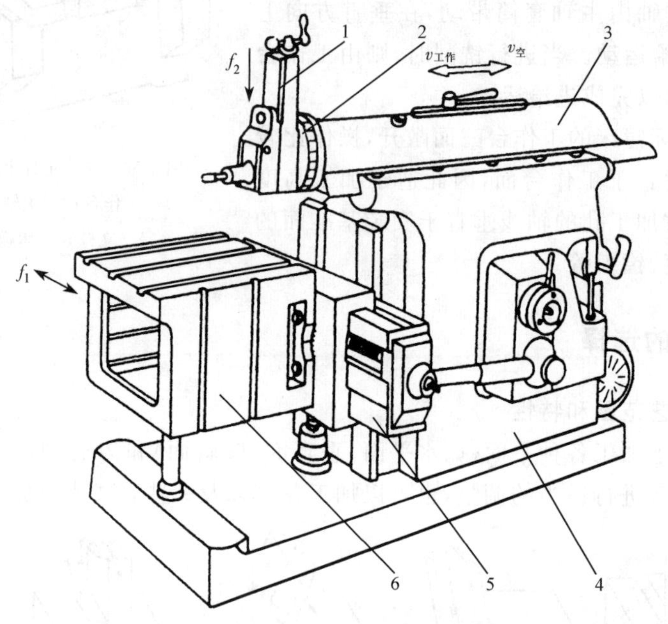

图 4-58　牛头刨床的外形

1—刀架；2—转盘；3—滑枕；4—床身；5—横梁；6—工作台

牛头刨床的主参数是最大刨削长度。牛头刨床的生产率较低，适用于单件小批量生产或机修车间。为避免滑枕悬伸过长，牛头刨床常被用来加工中小型工件。

(2)龙门刨床

图 4-59 所示为龙门刨床的外形。龙门刨床的主运动是工作台沿床身水平导轨所做的直线往复运动。床身的两侧固定着立柱，立柱顶部由顶梁连接，形成结构刚性较好的龙门框架。两个垂直刀架可在横梁的导轨上分别做横向或垂直方向的进给运动和快速移动。横梁可沿左、右立柱的导轨做垂直升降，以调整垂直刀架的位置，满足不同高度工件的加工需要。左、右立柱上均装有侧刀架，可分别沿立柱导轨做垂直方向的自动进给和快速移动。各刀架的自动进给运动是在工作台每完成一次直线往复运动后，由刀架沿水平或垂直方向移动一定距离，使刀具能逐次刨削出待加工表面。各刀架都有自动抬刀装置，在工作台回程时自动将刀板抬起，避免刀具擦伤已加工表面。此外，垂直刀架上的溜板还能绕水平轴旋转一定的角度，以加工倾斜面。

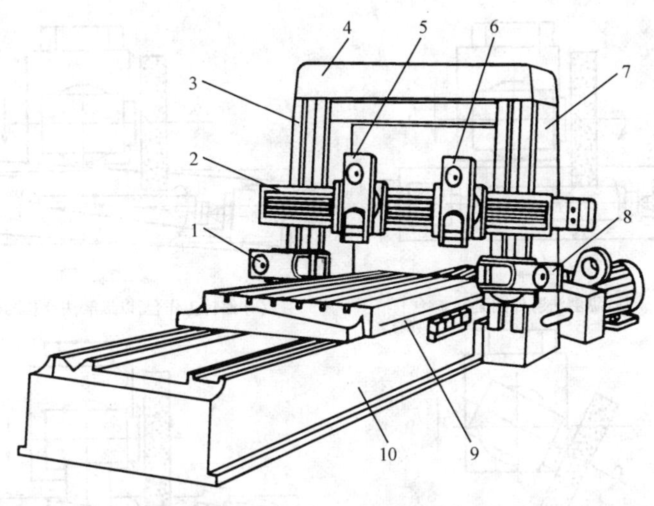

图 4-59　龙门刨床的外形

1、8—侧刀架；2—横梁；3、7—立柱；4—顶梁；5、6—垂直刀架；9—工作台；10—床身

龙门刨床的主参数是最大刨削宽度。与牛头刨床相比，其体形大、机构复杂、刚度好、传动平稳、工作行程长，主要用来加工大型零件的平面（特别是长而窄的平面）、沟槽和各种导轨面，也可在工作台上一次装夹数个中小型零件以进行多件加工，其加工精度和生产率都比牛头刨床高。

（十一）磨床的选择

1. 磨床的工艺范围和类型

磨削加工在机械制造中是一种使用非常广泛的加工方法，它以磨料磨具（如砂轮、砂带、油石、研磨剂等）作为工具在磨床上进行切削加工。磨床加工的工艺范围很广，可加工各种表面，如内外圆面、圆锥面、平面、齿轮齿廓面、螺旋面以及各种成形面等，还可以刃磨刀具和进行切断等。

磨床加工时的工作运动因所用磨具形式、工艺方法和工件加工表面形状的不同而异。对于用砂轮进行加工的磨床，其主运动均为砂轮的高速旋转运动，进给运动的形式与数目则取决于被加工表面的形状以及所采用的磨削方法，它可以由工件或砂轮来完成，也可以由二者共同完成。

2. 常用磨床

磨床的种类很多。根据用途和采用的工艺方法不同，大致可分为外圆磨床、内圆磨床、平面磨床、工具磨床、刀具刃磨床及各种专门化磨床等；还有以柔性砂带为切削工具的砂带磨床，以油石和研磨剂等为切削工具的精磨机床等。

(1)万能外圆磨床

①万能外圆磨床的磨削方法

图 4-60 所示为万能外圆磨床的典型加工方法，其基本磨削方法有纵磨法和横磨法两种。

• 纵磨法

纵磨法主要用于磨削轴向尺寸大于砂轮宽度的工件，如图 4-60(a)、图 4-60(b)、图 4-60(d)

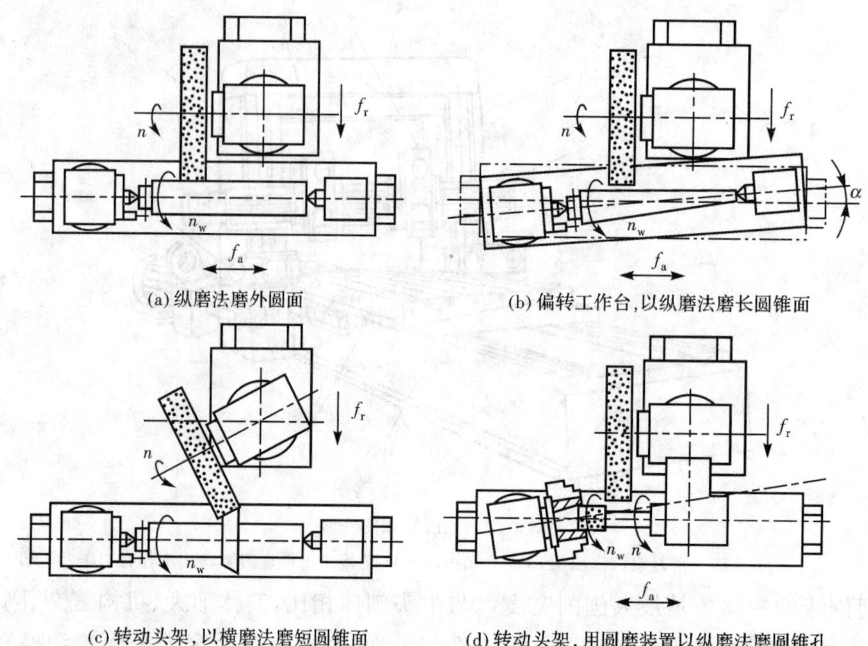

图 4-60 万能外圆磨床的典型加工方法

所示。纵磨时除了砂轮的主运动和工件的旋转进给运动外,工件还要随工做台一起做纵向进给运动。每一纵向行程或往复行程终了时,砂轮周期性地做一次横向进给运动,如此反复直至加工余量被全部磨光为止。最后在无横向进给的情况下再光磨几次,以提高工件的磨削精度和表面质量。

• 横磨法

横磨法主要用于磨削轴向尺寸小于砂轮宽度的工件,如图 4-60(c)所示。横磨与纵磨相比,工件只做旋转进给运动而无纵向进给运动,砂轮则连续地做横向进给运动,直至达到所要求的磨削尺寸为止。横磨生产率高,但磨削热集中、磨削温度高,势必影响工件的加工精度和表面质量,必须给予充分的切削液来降低磨削温度。

②万能外圆磨床的结构

万能外圆磨床中应用最广泛的是 M1432A 型。该机床是普通精度级万能外圆磨床,主要用于磨削圆柱形或圆锥形零件的外圆和内孔,还可以磨削阶梯轴的轴肩、端面、圆角等。这种机床通用性较好,但磨削效率不高,自动化程度也较低,通常用于工具车间、机修车间和单件小批量生产车间。

图 4-61 所示为 M1432A 型万能外圆磨床的外形。床身是磨床的基础支承件,它支承着头架、工作台、砂轮架、尾架等部件,使它们在工作时保持准确的相对位置。床身内部是液压部件及液压油的油池。头架用于装夹工件,并带动工件旋转做圆周进给运动。头架还可在水平面内逆时针方向旋转一定角度,以磨削圆锥面。尾架在工作台上可左右移动调整位置,以满足装夹不同长度工件的需要。工作台由上、下两层组成,上工作台可相对下工作台在水平面内转动很小的角度(±10°),以磨削锥度不大的长圆锥面。头架和尾架可随工作台一起沿床身导轨做纵向往复运动。砂轮架用于支承并传动高速旋转的砂轮主轴。砂轮架和头架均可绕垂直轴线转动一定角度,以便磨削锥度较大的圆锥面。为便于装卸工件和进行测量,

砂轮架还可做定距离的横向快速进退运动。

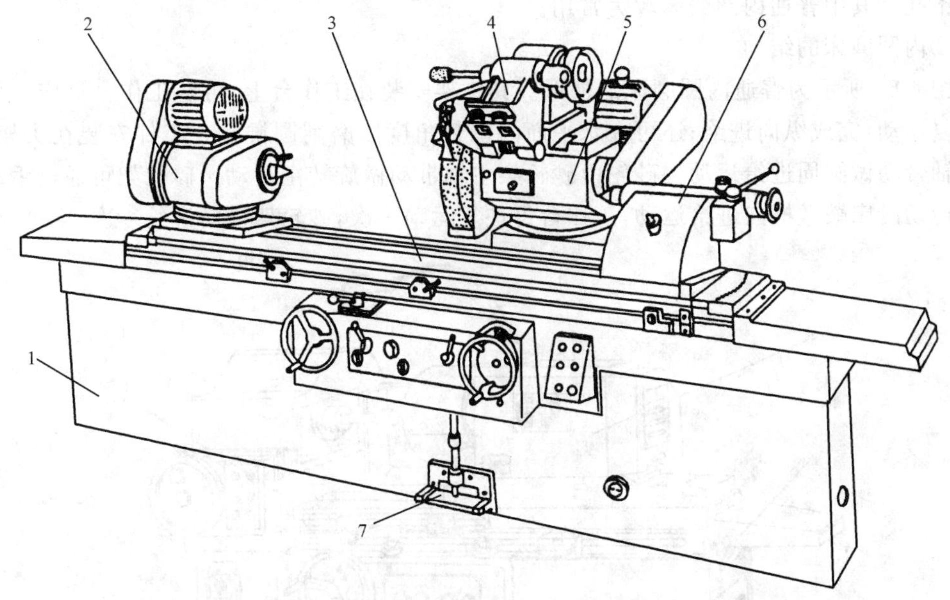

图 4-61　M1432A 型万能外圆磨床的外形

1—床身；2—头架；3—工作台；4—内圆磨具；5—砂轮架；6—尾架；7—脚踏操纵板

另外，M1432A 型万能外圆磨床还配有内圆磨具，用于支承磨内孔的砂轮主轴部件，它由单独的电动机驱动。

普通外圆磨床的结构与万能外圆磨床基本相同。所不同的是，其头架和砂轮架都不能绕垂直轴线调整角度，头架主轴固定不转，工件只能支承在顶尖上磨削，也没有内圆磨具。因此，普通外圆磨床的工艺范围较窄，主要用于磨削工件的外圆面、锥度不大的外圆锥面及台肩端面。但其主要部件的刚性较好，尤其是头架主轴是固定的，工件支承在死顶尖上，提高了头架主轴部件的刚度和工件的旋转精度，并可采用较大的磨削用量。

(2)内圆磨床

①内圆磨床的磨削方法

根据工件形状和尺寸不同，可采用纵磨法或切入法磨削内孔(图 4-62(a)、图 4-62(b))。有些普通内圆磨床上备有专门的端磨装置，可在工件的一次装夹中磨削内孔和端面(图 4-62(c))，这样不但易于保证孔和端面的垂直度，而且生产率较高。

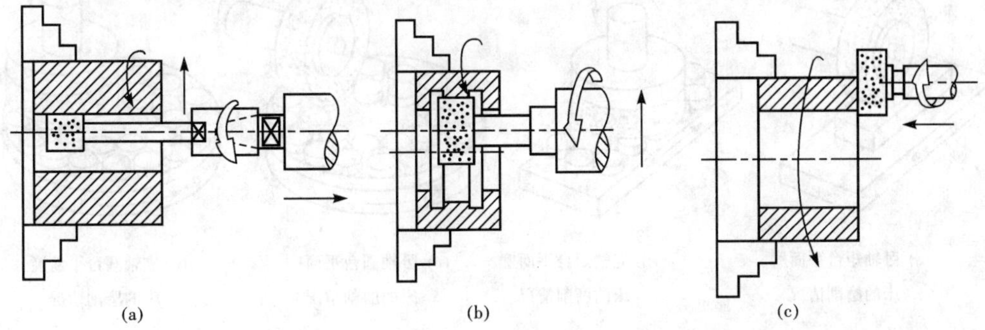

图 4-62　内圆磨床的磨削方法

内圆磨床有普通内圆磨床、无心内圆磨床和行星内圆磨床等多种类型，用于磨削圆柱孔和圆锥孔。其中普通内圆磨床较为常用。

②内圆磨床的结构

图 4-63 所示为普通内圆磨床的外形。其头架安装在工作台上，可随工作台沿床身导轨做往复运动，完成纵向进给；还可在水平面内调整角度以磨削圆锥孔。工件安装在头架上，由主轴带动做圆周进给运动。砂轮由砂轮架主轴带动做旋转主运动。砂轮架可通过手动或液压传动沿床鞍做横向进给运动，工作台每往复运动一次，砂轮架横向进给一次。

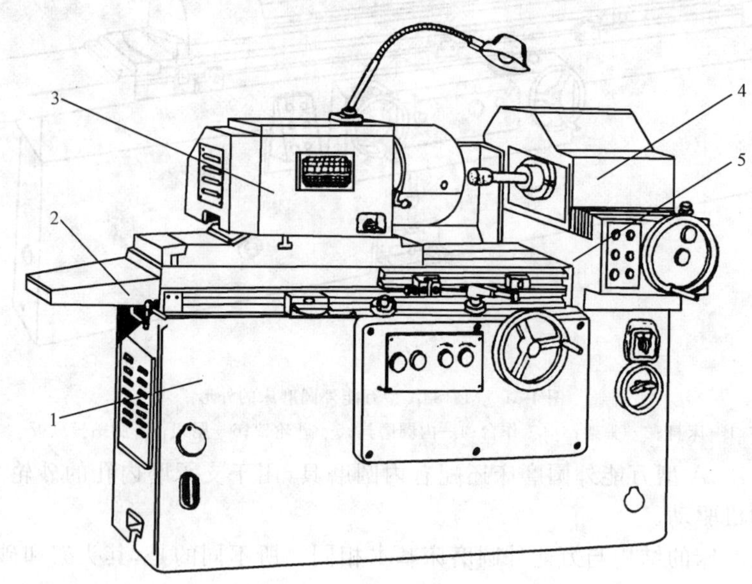

图 4-63 普通内圆磨床的外形
1—床身；2—工作台；3—头架；4—砂轮架；5—床鞍

(3)平面磨床

①平面磨床的磨削方法

平面磨床主要用于磨削各种工件上的平面。其磨削方法有周边磨削和端面磨削两种。用周边磨削的平面磨床，其砂轮主轴处于水平位置(图 4-64(a)、图 4-64(c))；用端面磨削的平面磨床，其砂轮主轴处于垂直位置(图 4-64(b)、图 4-64(d))。

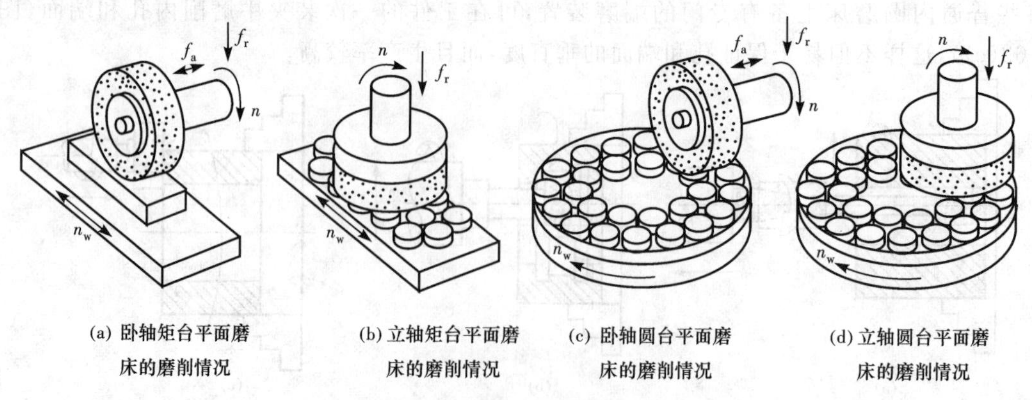

(a) 卧轴矩台平面磨床的磨削情况 (b) 立轴矩台平面磨床的磨削情况 (c) 卧轴圆台平面磨床的磨削情况 (d) 立轴圆台平面磨床的磨削情况

图 4-64 平面磨床的典型加工方法

②平面磨床的分类

根据磨削方法和机床布局不同,可将平面磨床分为四种类型:卧轴矩台平面磨床、卧轴圆台平面磨床、立轴矩台平面磨床和立轴圆台平面磨床。其中前两种磨床用砂轮的周边磨削,后两种磨床用砂轮的端面磨削。目前生产中应用最广泛的是卧轴矩台平面磨床和立轴圆台平面磨床。

• 卧轴矩台平面磨床

卧轴矩台平面磨床的外形如图 4-65 所示。磨削时,工件装在电磁工作台上,工作台沿床身导轨做纵向往复进给运动,砂轮做旋转主运动;砂轮架沿滑座上的燕尾导轨移动,以实现周期性的横向进给运动。滑座和砂轮架一起可沿立柱导轨移动,以进行周期性的垂直进给运动。

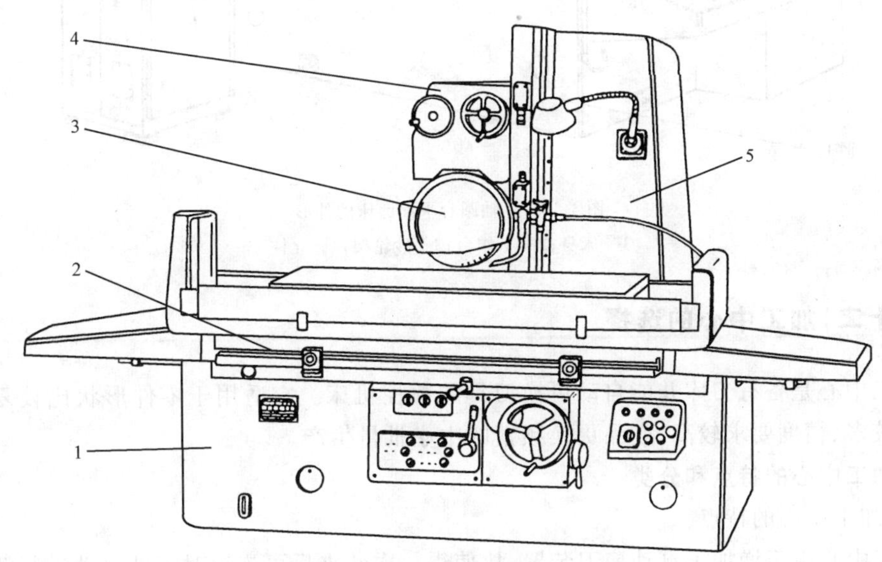

图 4-65　卧轴矩台平面磨床的外形

1—床身;2—工作台;3—砂轮;4—进给箱;5—立柱

卧轴矩台平面磨床采用周边磨削,磨削时砂轮和工件的接触面积小,发热量小,冷却和排屑条件好,可获得较高的加工精度和表面粗糙度,且工艺范围宽。除了用砂轮的周边磨削水平面外,还可用砂轮的端面磨削沟槽、台阶等的垂直侧平面。

• 立轴圆台平面磨床

图 4-66 所示为立轴圆台平面磨床的外形。圆形工作台装在床鞍上,它除了做旋转运动以实现圆周进给外,还可以随同床鞍一起沿床身导轨纵向快速退离或趋近砂轮,以便装卸工件。砂轮做旋转主运动,其垂直周期进给通常由砂轮架沿立柱的导轨移动来实现。砂轮架还可做垂直快速调位运动,以满足磨削不同高度工件的需要。

立轴圆台平面磨床由于采用端面磨削,砂轮与工件的接触面积大,且为连续磨削,所以生产率较高。但磨削时发热量大,冷却和排屑条件差,所以加工精度和表面粗糙度较低,且工艺范围较窄,主要用于成批、大量生产中磨削一般精度的工件或粗磨铸、锻毛坯件。

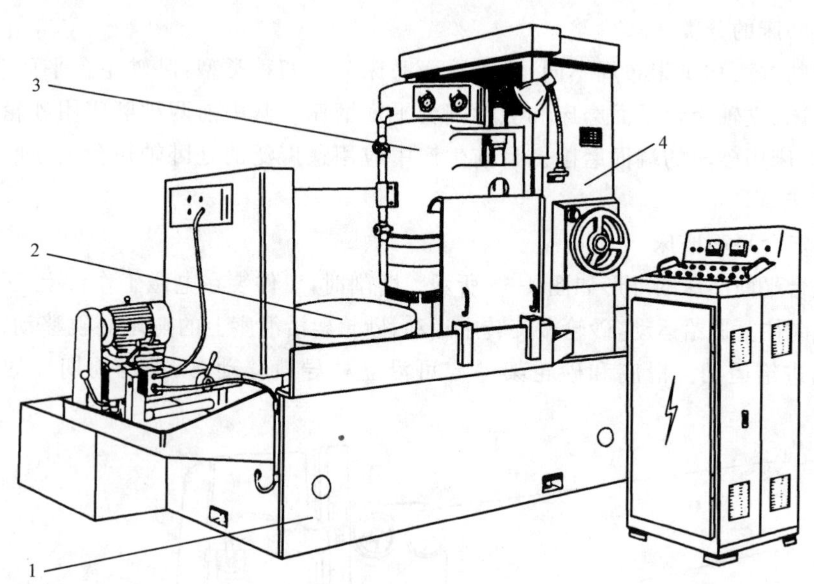

图 4-66 立轴圆台平面磨床的外形

1—床身；2—工作台；3—砂轮架；4—立柱

(十二)加工中心的选择

加工中心是备有刀库并能自动更换刀具的数控机床。它适用于零件形状比较复杂、加工内容较多、精度要求较高、产品更换频繁的中小批量生产。

1. 加工中心的特点和分类

(1)加工中心的特点

加工中心由于增加了自动换刀装置，故使得一次装夹后可连续对工件自动进行钻孔、扩孔、铰孔、镗孔、攻螺纹、铣削等加工。它具有以下特点：

①工序高度集中、生产率高

工件经一次装夹后，数控系统能控制机床按不同加工要求自动选择和更换刀具，依次完成工件上多个表面的加工。由于工序集中和自动换刀，减少了工件的装夹、测量和机床调整等的时间，使机床的切削时间达到机床开动时间的 80%左右（普通机床仅为 15%～20%）；同时也减少了机床与机床、车间与车间之间的工件周转、搬运和存放的时间，缩短了生产周期，提高了生产率。

②加工质量稳定

与单机、人工操作方式相比，加工中心能排除加工过程中的人为干扰因素，使加工质量稳定。

③功能完善

除自动换刀功能外，加工中心还具有各种一般功能和特殊功能，以保证加工过程的自动进行，有些加工中心的数控系统还能进行自动编程。

(2)加工中心的分类

机床的类别用汉语拼音首字母表示，如“T”表示镗床类等；特性代号在类别代号之后，也用汉语拼音首字母表示，加工中心的特性代号一般为“H”（自动换刀）；组、型别代号用阿拉伯数字表示，位于类别代号或特性代号之后，第一位数字表示组别，第二位数字表示型别；机床主要参数用系数表示，加工中心用两位数字表示工作台宽度的 1/10；机床重大改型的顺序号在原机床型号之后，用 A、B、C、D 等英文字母表示。

加工中心型号示例：

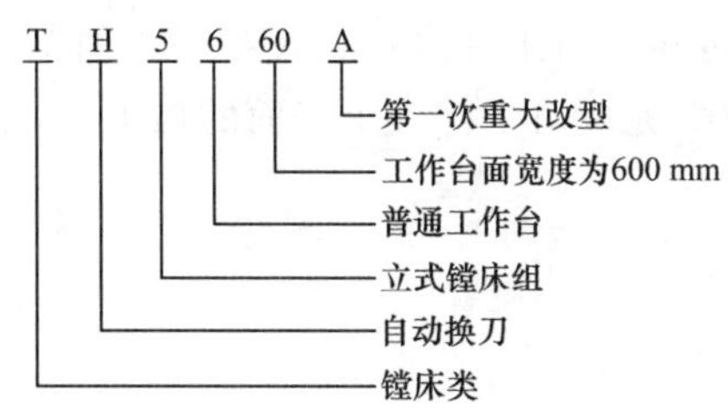

①立式加工中心

立式加工中心是指主轴为垂直状态的加工中心，如图 4-67 所示。其结构形式多为固定立柱，工作台为长方形，无分度回转功能，适合加工盘、套、板类零件。它一般具有三个直线运动坐标轴，并可在工作台上安装一个沿水平轴旋转的回转台，用以加工螺旋线类零件。

立式加工中心装卡方便，便于操作，易于观察加工情况，调试程序容易，应用广泛。但受立柱高度及换刀装置的限制，不能加工太高的零件，在加工型腔或下凹的型面时，切屑不易排出，严重时会损坏刀具，破坏已加工表面，影响加工的顺利进行。

②卧式加工中心

卧式加工中心指主轴为水平状态的加工中心，如图 4-68 所示。卧式加工中心通常都带有自动分度的回转工作台，它一般具有 3～5 个运动坐标轴，常见的是三个直线运动坐标轴加一个回转运动坐标轴。卧式加工中心在工件一次装卡后完成除安装面和顶面以外的其余四个表面的加工，最适合加工箱体类零件。与立式加工中心相比，卧式加工中心加工时排屑容易，对加工有利，但结构复杂，价格较高。

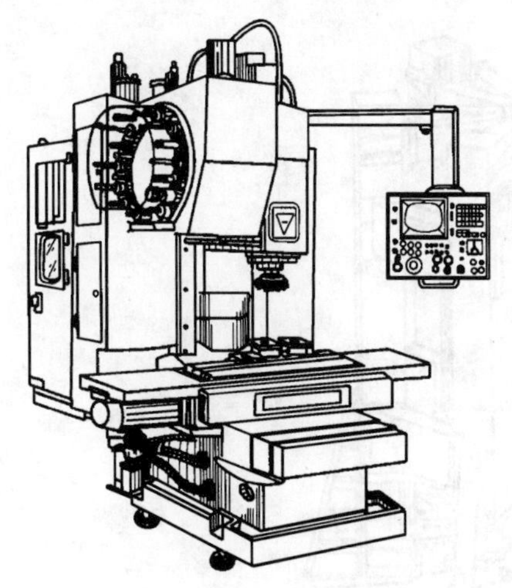

图 4-67　立式加工中心

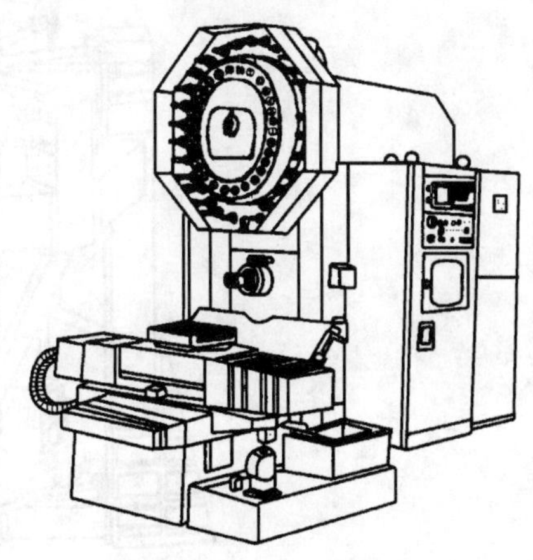

图 4-68　卧式加工中心

③龙门式加工中心

龙门式加工中心的外形与数控龙门铣床相似，如图 4-69 所示。龙门式加工中心主轴多为垂直设置，除自动换刀装置外，还带有可更换的主轴头附件，数控装置的功能也较齐全，能够一机多用，尤其适用于加工大型工件和形状复杂的工件。

④五轴加工中心

五轴加工中心具有立式加工中心和卧式加工中心的功能，如图 4-70 所示。五轴加工中心在工件一次安装后能完成除安装面以外的其余五个面的加工。常见的五轴加工中心有两种形式：一种是主轴可以旋转 90°，对工件进行立式和卧式加工；另一种是主轴不改变方向，而由工作台带着工件旋转 90°，完成对工件五个表面的加工。

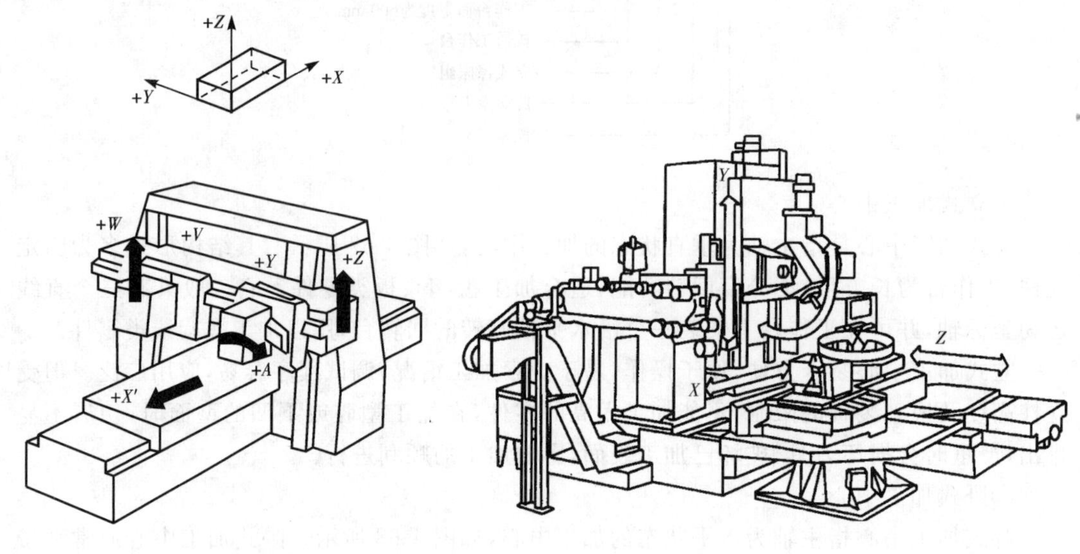

图 4-69　龙门式加工中心　　　　图 4-70　五轴加工中心

⑤虚轴加工中心

虚轴加工中心如图 4-71 所示。虚轴加工中心改变了以往传统机床的结构，通过连杆的运动实现主轴多自由度的运动，从而对工件的复杂曲面进行加工。

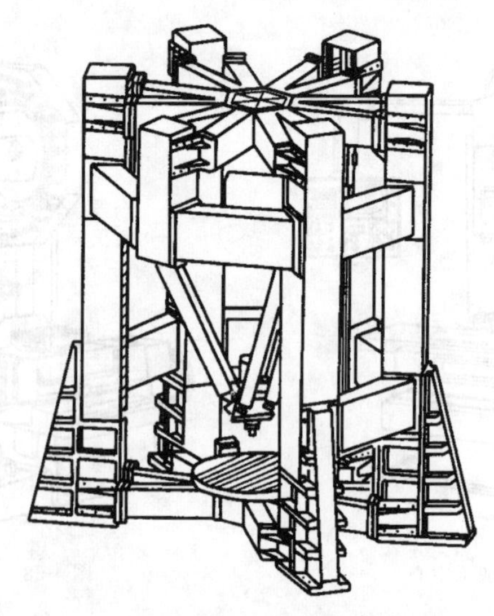

图 4-71　虚轴加工中心

2. 加工中心的构成

加工中心有各种类型，虽然其外形结构各异，但总体上是由以下几部分组成：

(1)基础部件

基础部件由床身、立柱和工作台等大件组成，是加工中心中的基础结构。这些大件有铸铁件，也有焊接的钢结构件，它们要承受加工中心的静载荷以及在加工时的切削负载，因此必须具备更高的静、动刚度，也是加工中心中质量和体积最大的部件。

(2)主轴部件

主轴部件由主轴箱、主轴电动机、主轴和主轴轴承等零件组成。主轴的启动、停止等动作和转速均由数控系统控制，并通过装在主轴上的刀具进行切削。主轴部件是切削加工的功率输出部件，也是加工中心的关键部件，其结构的好坏对加工中心的性能有很大影响。

(3)数控系统

数控系统由 CNC 装置、可编程控制器、伺服驱动装置以及电动机等部分组成，是加工中心执行顺序控制动作和控制加工过程的中心。

(4)自动换刀装置(ATC)

加工中心与一般数控机床的显著区别是具有对零件进行多工序加工的能力，有一套自动换刀装置。

加工中心的结构如图 4-72 所示。

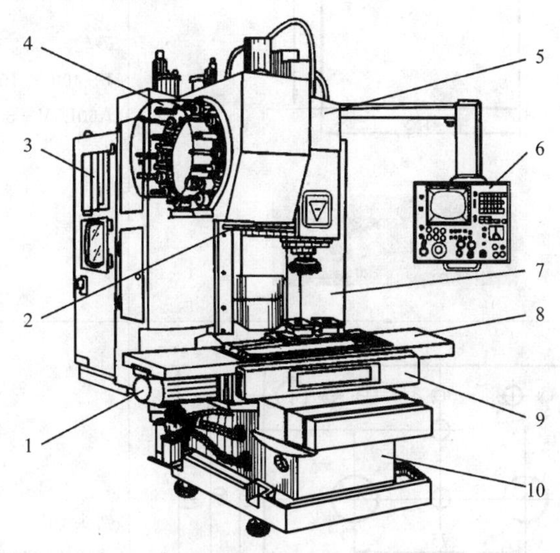

图 4-72　加工中心的结构

1—进给伺服电动机；2—换刀机械手；3—数控柜；4—刀库工作台；5—主轴箱；6—操作面板；7—驱动电源；8—工作台装置；9—滑枕；10—床身

四　项目实施

图 4-1 所示零件的加工工序和装备选择见表 4-7，毛坯选择为锻件，规格为165 mm×125 mm×45 mm。

表 4-7 加工工序和装备选择

序号	工序名称	工序简图	刀具	设备
1	铣六面和周边倒角	36 115 155	可转位直角刀片面铣刀 ϕ80,刀片 YT14	X53 型立铣床或 XK5032 型数控立式升降台铣床
2	磨上、下平面	35 115 155	砂轮 1—400 × 100 × 75—A60L5V—35	M7163 型平面磨床
3	钻孔	60 90 115 75 65 95 130 155	钻头 ϕ6.7(钻 M8 螺纹底孔) ϕ7.8(铰 ϕ8 底孔) ϕ14(镗 ϕ15 底孔) 粗钻 ϕ20、扩孔钻 ϕ36(镗 ϕ40 底孔)	Z35 型摇臂钻床

续表

序号	工序名称	工序简图	刀具	设备
4	镗孔	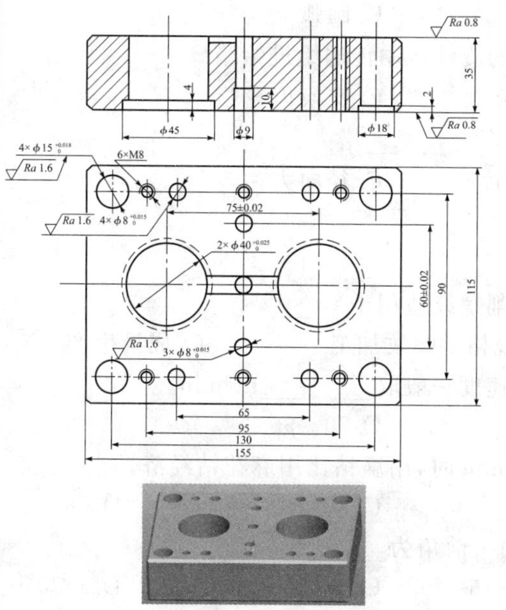	镗刀	TX4163C 型数显单柱坐标镗床
5	铣浇道	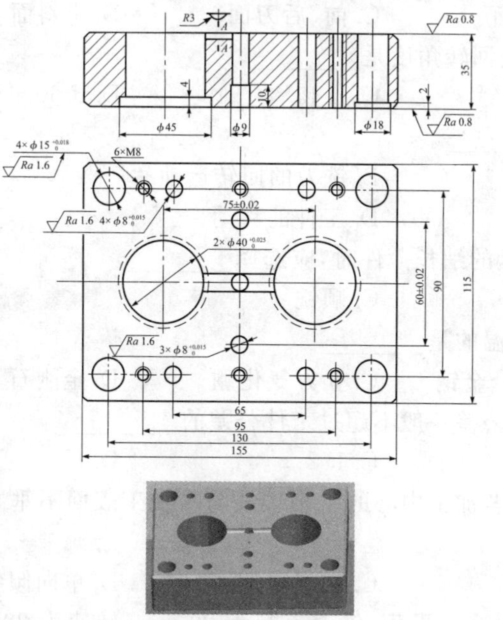	$R3$ 球面铣刀	立式铣床

五　知识、能力测试

(一)选择题

1. 变换________外的手柄,可以使光杠得到不同的转速。

A. 主轴箱　　B. 溜板箱　　C. 交换齿轮箱　　D. 进给箱

2. 主轴的旋转运动通过交换齿轮箱、进给箱、丝杠或光杠以及溜板箱的传动，使刀架做________进给运动。

A. 曲线　　B. 直线　　C. 圆弧

3. ________的作用是把主轴的旋转运动传送给进给箱。

A. 主轴箱　　B. 溜板箱　　C. 交换齿轮箱

4. 麻花钻横刃太长，钻削时会使________增大。

A. 主切削力　　B. 轴向力　　C. 径向力

5. 圆锥管螺纹的锥度是________。

A. 1∶20　　B. 1∶5　　C. 1∶16

6. 采用硬质合金车刀高速车削螺纹适用于________。

A. 单件生产　　B. 特殊规格的螺纹加工　　C. 成批生产

7. 硬质合金车刀切削螺纹的速度一般取________ m/min。

A. 30～50　　B. 50～70　　C. 70～90

8. 当加工孔径大于________ mm 时，用扁钻比用麻花钻经济。

A. 20　　B. 25　　C. 36　　D. 38

9. 修磨横刃时，其修磨后的横刃前角为________。

A. 0°　　B. 0°～－15°　　C. －15°～－30°　　D. －30°～60°

10. 当丝锥的切削部分磨损时，可以刃磨其________。

A. 前刀面　　B. 后刀面　　C. 前、后刀面　　D. 半斜面

11. X6132 铣床工作台的最大回转角度是________。

A. ±25°　　B. ±30°　　C. ±45°　　D. ±60°

12. 铣削过程的主运动是________。

A. 工作台的纵向进给运动　　B. 铣刀的回转运动

C. 工件的回转运动　　D. 工件的移动

13. 卧式铣床上铣削不易夹紧的细长薄件时，应选择________。

A. 对称端铣　　B. 逆铣　　C. 顺铣

14. 下列刀具材料中，最耐高温的是________。

A. 高速钢　　B. 硬质合金钢　　C. 立方氮化硼　　D. 金刚石

15. 设计夹具时，夹具的制造公差一般不超过工件公差的________。

A. 2/3　　B. 1/3　　C. 1/2　　D. 1/4

16. 使用面铣刀铣削平面时，若加工中心的主轴轴线与被加工表面不垂直，则将使被加工表面________。

A. 外凸　　B. 内凹　　C. 无规律　　D. 单向倾斜

17. 用硬质合金立铣刀铣削铝合金平面，铣刀直径为 20 mm，转速为 2000 r/min，材料硬度为 100HBS，切削速度应为________ m/min。

A. 400　　B. 305　　C. 275　　D. 126

18. 刀具的选择主要取决于工件的结构、工件的材料、工序的加工方法和________。

A. 设备　　B. 加工余量　　C. 加工精度　　D. 工件表面粗糙度

19. 目前自动编程软件中常采用 S 形换行切削进刀方式，其主要目的是________。

A. 保证刀具切向切入、切出　　B. 适应高速加工

C. 避免产生刀痕　　　　　　　　　D. 使吃刀量均匀

20. 由于铣刀的后刀面要比前刀面磨损得严重，因此________一般都刃磨后刀面。

A. 尖齿铣刀　　B. 铲齿铣刀　　C. 成形铣刀　　D. 齿轮铣刀

21. “M1432”是磨床代号，其中“M14”表示万能外圆磨床，“32”表示________。

A. 主轴直径为 32 mm　　　　　　B. 所用砂轮的最大直径为 320 mm

C. 所用砂轮的最大宽度为 32 mm　　D. 最大磨削直径为 320 mm

22. 构成砂轮的三要素是________。

A. 磨粒、结合剂和间隙　　　　　B. 磨粒、碳化硅和结合剂

C. 磨粒、刚玉和结合剂　　　　　D. 磨粒、碳化硅和刚玉

23. 磨床的进给运动一般采用________传动，所以传动平稳、操作方便，并可实现无级调速。

A. 齿轮　　B. 皮带　　C. 液压　　D. 蜗轮蜗杆

24. 磨削适用于加工________。

A. 塑性较大的有色金属材料

B. 铸铁、碳钢、合金钢等一般的金属材料以及淬火钢、硬质合金

C. 塑料和橡胶

25. 平面磨削常用的工件装夹方法是________装夹。

A. 卡盘　　B. 顶尖　　C. 电磁吸盘

(二)判断题

1. 车工在操作中严禁戴手套。　　( )

2. 变换进给箱手柄的位置，在光杠和丝杠的传动下，能使车刀按要求的方向做进给运动。　　( )

3. 切削铸铁等脆性材料时，为了减少粉末状切屑，需用切削液。　　( )

4. 麻花钻刃磨时，只要两条主切削刃长度相等就行。　　( )

5. 使用内径百分表不能直接测量工件的实际尺寸。　　( )

6. 采用弹性刀柄螺纹车刀车削螺纹，当切削力超过一定值时，车刀能自动让开，使切削保持适当的厚度，粗车时可避免扎刀现象。　　( )

7. 用径向前角较大的螺纹车刀车削螺纹时，车出的螺纹牙型两侧不是直线而是曲线。　　( )

8. 当工件转 1 转，丝杠的转数是整数转时，不会产生乱牙。　　( )

9. 高速钢螺纹车刀主要用于低速车削精度较高的梯形螺纹。　　( )

10. 梯形内螺纹大径的上偏差是正值，下偏差是零。　　( )

11. 对于精度要求较高的梯形螺纹，一般采用高速钢车刀低速切削法加工。　　( )

12. 采用顺铣必须要求铣床工作台丝杠螺母副有消除侧向间隙的机构，或采取其他有效措施。　　( )

13. 高速钢刀具的韧性虽然比硬质合金刀具好，但也不能用于高速切削。　　( )

14. 用硬质合金铣刀铣削不锈钢时，铣刀材料应选用与不锈钢化学亲和力小的 YG 类合金，如能选用含钽、铌的 YW 类合金最好。　　( )

15. S 型车刀刀片有四个刃口，刀口较短，刀尖强度较高，主要用于 75°、45°车刀，在内孔刀中用于加工盲孔。　　( )

16. C型刀片是最常用的一种刀片，它有两种刀尖角，100°刀尖角的两个刀尖强度高，80°刀尖角的两个刃口强度高。 ( )

17. 通常铣削加工采用90°切入角，刀尖受到高的压力，径向力大，切入和退出振动大，因此选择铣刀刀片时，要考虑刃口强度、切削速度、进给率和切削深度。 ( )

18. 平面铣刀直径可按机床主轴直径的1.5倍选取；批量生产时，也可按切削宽度的1.6倍选取。 ( )

19. 重型和中量型铣削加工要采用平装结构铣刀。 ( )

20. 磨削时砂轮粒度越细，粗糙度值越小。 ( )

(三)简答题

1. 试分析卧轴矩台平面磨床与立轴圆台平面磨床在磨削方法、加工质量、生产率等方面有何不同？各适用于什么情况？

2. 根据CA6140型卧式车床溜板箱丝杠传动和纵横向机动进给(或快速运动)间的互锁机构的原理回答下列问题：

(1)当合上开合螺母时，用件号说明机构的工作状态；

(2)当纵向机动进给接通时，用件号说明机构的工作状态；

(3)当横向机动进给接通时，用件号说明机构的工作状态。

3. 数控机床中滚珠丝杠的作用和特点是什么？

4. 简述滚珠丝杠螺母机构的特点。

5. 砂轮的特性主要取决于哪些因素？如何进行选择？

6. 硬质合金可转位式车刀的夹紧方式主要有哪几种？

7. 车刀有哪些类型？机夹可转位式车刀与焊接式车刀相比有哪些特点？

8. 与车削相比，铣削过程有哪些特点？

9. 试述铣削用量要素及铣削切削层要素。

10. 端铣和周铣相比，有哪些特点？

11. 试分析比较圆周铣削时，顺铣和逆铣的优缺点。

12. 铣刀有哪些类型？立铣刀与键槽铣刀有何区别？

13. 与机夹-焊接式铣刀相比，可转位式面铣刀有何特点？

14. 可转位式面铣刀刀片常用的夹固结构有哪几种形式？各有何特点？

15. 与普通的立铣刀相比，波形刃立铣刀的结构有何特点？

16. 与普通的立铣刀相比，模具立铣刀的结构有何特点？

17. 为什么冷却、排屑、导向、刚性问题是孔加工中保证加工质量的关键问题？

18. 标准高速钢麻花钻由哪几部分组成？切削部分包括哪些几何参数？

19. 麻花钻的前角 γ_o 的变化规律是什么？麻花钻的后角 α_f 规定在哪个剖面内测量？为什么它从外缘到钻心要逐渐增大？

20. 为什么麻花钻主切削刃上任一点的主偏角 κ_r 不等于半顶角 ϕ？

21. 标准麻花钻在结构上有哪些缺陷？应如何修磨来加以改进？

22. 简述标准高速钢麻花钻的修磨改进方法。

23. 群钻的特点是什么？为什么能提高切削效率？

24. 深孔加工有哪些特殊性？

25. 试分析比较外排屑深孔钻和内排屑深孔钻的特点和应用范围。

26. 扩孔钻的结构与麻花钻相比，有哪些特点？
27. 铰孔上的刃带有何作用？铰削的用量如何确定？
28. 常用的镗刀有哪几种类型？其结构和特点如何？
29. 固定式镗刀和浮动式镗刀有何区别？它们各用在什么场合？
30. 刨刀与车刀相比，其几何角度的选取有何特点？刨刀刀杆为什么常做成弯头结构？
31. 试述宽刃细刨的工艺特点。
32. 磨削加工有哪些特点？
33. 磨削加工一般有哪几个运动？试分述之。

六 拓展知识

(一)铣床类夹具

铣床类夹具包括用在各种铣床、平面磨床上的夹具。工件安装在夹具上，随同工作台一起做送进运动来加工被加工表面。由于铣削力大且易振动，因此铣床夹具要有足够的强度、刚度和可靠的夹紧力。

1. 组合夹紧机构

组合夹紧机构是由几个简单夹紧件组合在一起，利用杠杆作用来扩大夹紧力，在适当部位夹紧工件的机构。图 4-73 所示为几种螺旋压板(由螺旋和杠杆组合而成)；图 4-74(a)所示为由偏心轮和杠杆组合而成的偏心压板，图 4-74(b)所示为由螺旋、楔块、杠杆等组合而成的偏心压板(其中被夹紧的工件均用细双点画线表示)。从图中可以看出，组合夹紧机构不但可以扩大夹紧力的大小或行程，而且可以改变力的方向(便于在适当的方向和位置上夹紧工件)，手动夹紧的施力部分还能自锁，因而使用方便、可靠。这些常用的组合机构都已经标准化了，设计时可参考采用或作改型设计。

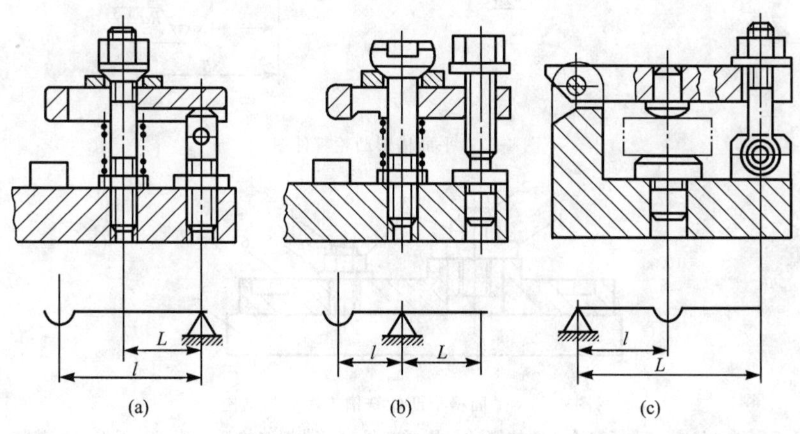

图 4-73　螺旋压板

2. 铣削凸轮槽夹具

如图 4-75 所示为平面槽形凸轮零件图，图 4-76 所示为该零件的铣槽工序夹具结构，该夹具采用“一面两孔”的方式定位，即以底面 A、$\phi20$ 与 $\phi12$ 孔作为定位基准，分别与夹具上的垫块、带螺纹的圆柱销以及带螺纹的削边销配合，实现工件完全定位。其中采用开口垫圈

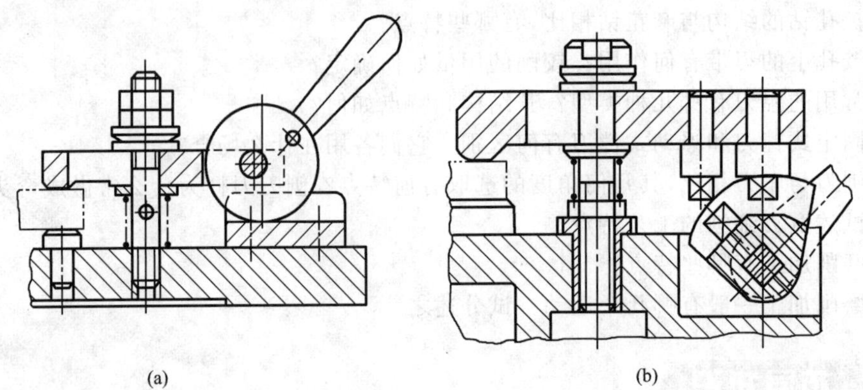

图 4-74 偏心压板

夹紧，压紧螺母压紧。

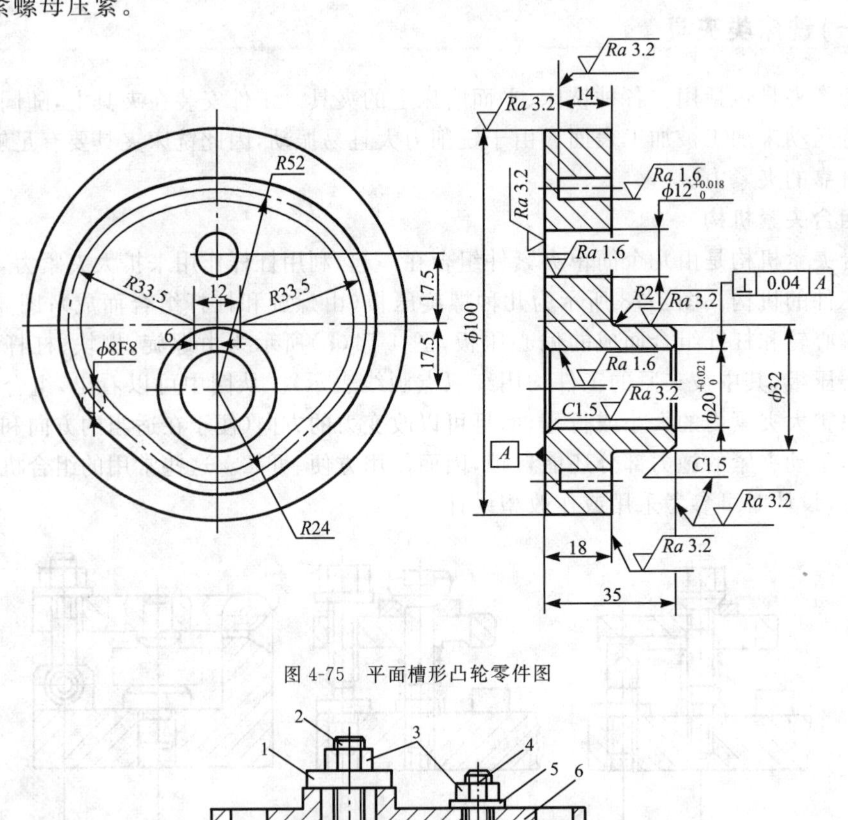

图 4-75 平面槽形凸轮零件图

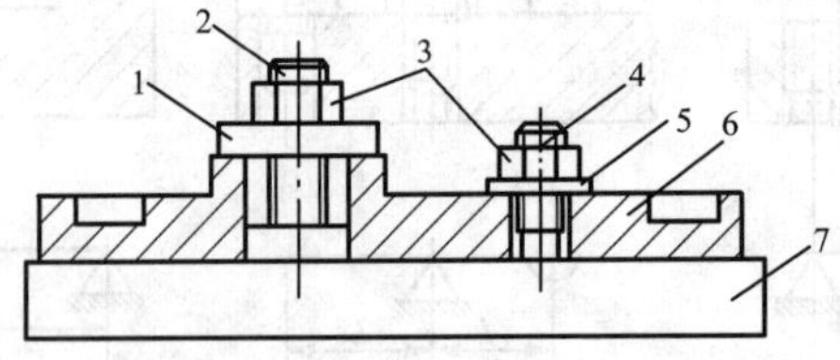

图 4-76 平面槽形凸轮铣槽工序夹具结构

1、5—开口垫圈；2—带螺纹的圆柱销；3—压紧螺母；4—带螺纹的削边销；6—工件；7—垫块

3. 槽系组合夹具

组合夹具是由一整套结构已经标准化、尺寸已经规格化的通用元件及组合元件构成的，可以按工件的加工需要组装成各种功用的夹具。组合夹具现有槽系组合夹具和孔系组合夹具两大类。组合夹具的基本特点是标准化、系列化、通用化，具有组合性、可调性、柔性、应急

性和经济性，使用寿命长，能适应产品加工周期短、成本低等要求，比较适合在数控铣床和加工中心上应用。其优点是：节约夹具的设计制造时间；缩短生产准备周期；节约钢材和降低成本；提高企业工艺装备系数。但是，由于组合夹具是由各种通用标准元件组合而成的，各元件间相互配合的环节较多，夹具精度、刚性仍比不上专用夹具，尤其是元件连接的接合面刚度，对加工精度影响较大，采用组合夹具时其加工尺寸精度只能达到 IT8～IT9 级，再加上首次投资大、总体显得笨重、排屑不便等因素，使得组合夹具在应用范围上受到一定的限制。

如图 4-77 所示为槽系组合夹具，它由八大类元件组成，即基础件、合件、定位件、紧固件、压紧件、支承件、导向件和其他件，元件间靠键和槽定位。如图 4-78 所示为槽系组合夹具的组装过程。

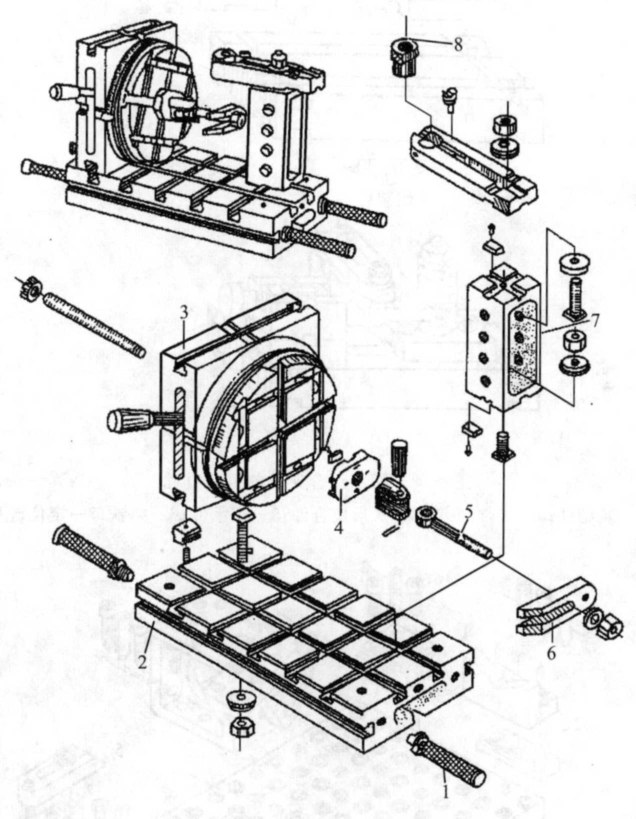

图 4-77　槽系组合夹具

1—其他件；2—基础件；3—合件；4—定位件；5—紧固件；6—压紧件；7—支承件；8—导向件

4. 孔系组合夹具

如图 4-79 所示为孔系组合夹具，它也由八大类元件组成，即基础件、合件、定位件、紧固件、压紧件、支承件、辅助件和其他件，即没有导向件，增加了辅助件，元件间靠孔和销定位。相对槽系组合夹具，孔系组合夹具具有定位精度高、刚性好、易组装等特点。如图 4-80 所示为组装后的孔系组合夹具。

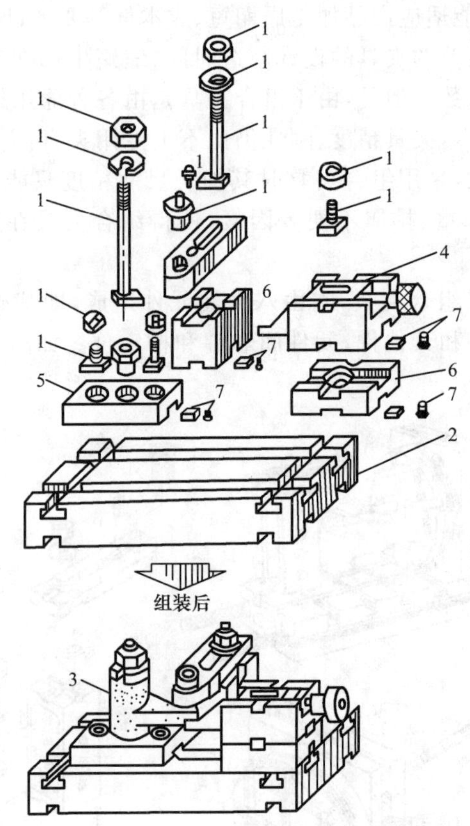

图 4-78 槽系组合夹具的组装过程

1—紧固件;2—基础件;3—工件;4—活动 V 形块合件;5—支承件;6—垫铁;7—定位键及其紧定螺钉

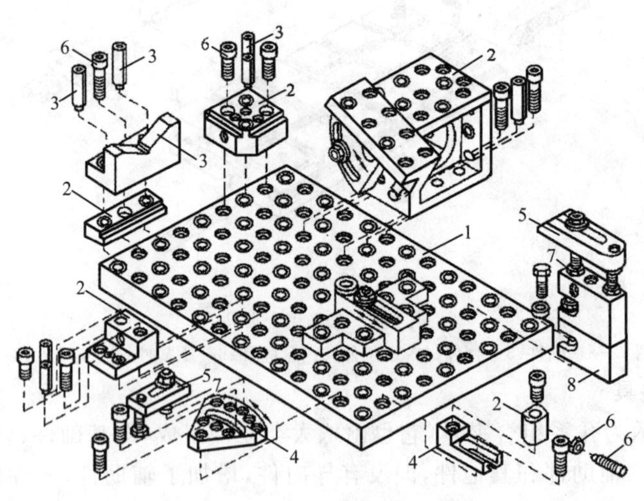

图 4-79 孔系组合夹具

1—基础件;2—支承件;3—定位件;4—辅助件;

5—压紧件;6—紧固件;7—其他件;8—合件

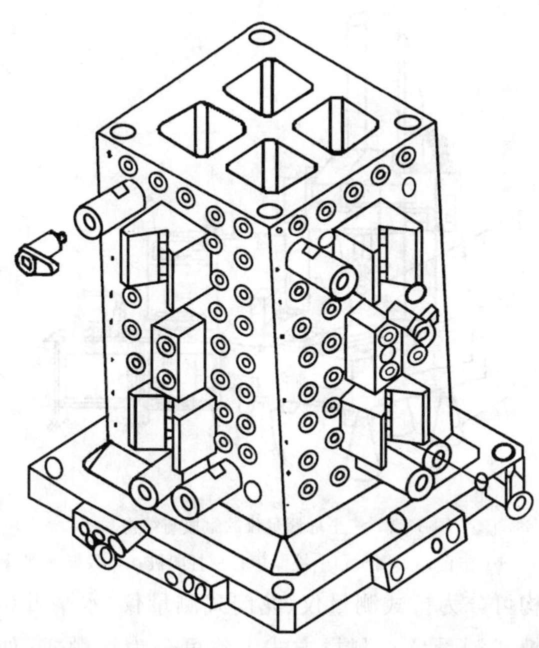

图 4-80　组装后的孔系组合夹具

(二)三坐标测量仪

1. 三坐标测量仪的应用

三坐标测量仪是一种以精密机械为基础，综合应用电子技术、计算机技术、光栅与激光干涉技术等先进技术的检测仪器，其精度高于一般的数控机床，被广泛应用于模具、汽车、航空、航天、机械等制造业，可对产品的几何尺寸和形位公差进行精确检测。在工业发达国家中，三坐标测量仪已经非常普及，大约每七台数控机床就要配备一台三坐标测量仪。

三坐标测量仪的主要作用如下：

(1)用于复杂形状零部件的测量；

(2)用于钣金件的测量；

(3)用于航空大部件及关键件的测量；

(4)用于大型工装的测量。

2. 三坐标测量仪的工作原理与结构

三坐标测量仪的工作原理主要是通过测头(传感器)接触或不接触工件表面，由计算机进行数据采集，通过运算并与预先存储的理论数据相比较，然后输出测量结果。

三坐标测量仪的组成与结构如图 4-81 所示。

3. 三坐标测量仪的类型

三坐标测量仪按其工作方式可分为点位测量仪和连续扫描测量仪。点位测量仪是由测量仪采集零件表面上一系列有意义的空间点，通过数学处理，求出这些点所组成的特定几何元素的形状和位置。连续扫描测量仪是对曲线、曲面轮廓进行连续测量，多为大中型测量仪。

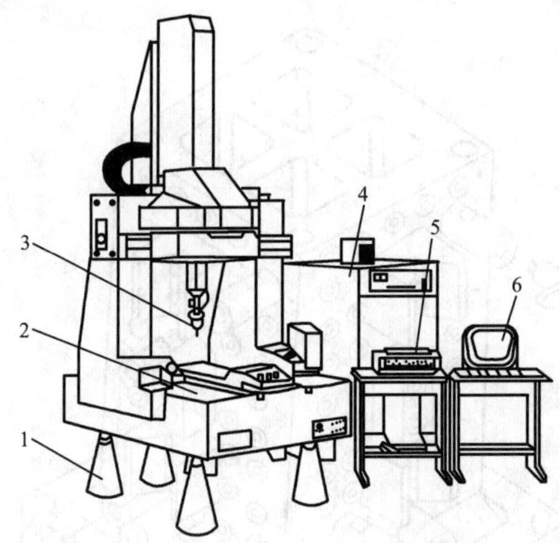

图 4-81　三坐标测量仪的组成与结构

1—支架;2—工作台;3—测头;4—控制柜;5—打印机;6—数据处理计算机

三坐标测量仪按结构可分为桥式测量仪、龙门式测量仪、水平臂(单臂或悬臂)测量仪、坐标镗床式测量仪和便携式测量仪。测量方式大致可分为接触式(如机械式)与非接触式(如光学式)两种。

三坐标测量仪按测量范围可分为大型、中型和小型。

三坐标测量仪按测量精度可分为精密型(计量型)和生产型。精密型一般放在有恒温条件的计量室中,用于精密测量,分辨能力为 0.5～2 μm ;生产型一般放在生产车间中,用于生产过程检测,分辨能力为 5 μm 或 10 μm。

七 讨论题

1. 简述车床的类型及各自的特点。

2. 普通车床由哪几部分组成? 各部分的作用是什么?

3. 为什么用丝杠和光杆分别承担车削螺纹和传动进给工作? 如果只用其中一个,既车削螺纹又传动进给,将会有什么问题?

4. 数控车床与普通车床相比,在功能上有何特点?

5. 铣床的工艺特点有哪些? 铣床能进行哪些表面的加工?

6. 铣床有哪些类型? 各用于什么场合?

7. 钻床的工艺特点有哪些? 常用的钻床有哪几类? 其适用范围如何?

8. 卧式镗床的工艺范围如何? 它有哪些运动?

9. 坐标镗床的工艺特点有哪些? 有哪几种类型?

10. 金刚镗床和坐标镗床各有什么特点? 各适用于什么场合?

11. 刨削加工和铣削加工相比,有哪些特点?

12. 牛头刨床的主参数是什么? 它有哪些运动?

13. 磨床的工艺范围如何? 有哪几种类型? 有哪些运动?

14. 万能外圆磨床的磨削方法有哪几类？请分别说明。

15. 万能外圆磨床上磨削圆锥面有哪几种方法？各适用于何种情况？机床应如何调整？

16. 无心外圆磨床为什么能把工件磨圆？为什么它的加工精度和生产率往往比普通外圆磨床高？

17. 平面磨床有哪些磨削方法？有哪几种类型？

18. 举例说明通用机床、专门化机床和专用机床的主要区别是什么？它们的适用范围如何？

19. 指出下列机床型号中各位数字代号的具体含义。

C6150　MM7132A　X6132　Z3040　X62W

项目五 型腔模具数控电火花加工

知识目标

- 掌握电火花成形原理与电火花机床的工作原理。
- 掌握电规准中相关参数的含义。
- 掌握电火花基本工艺规律和对精度、效率的影响因素。

能力目标

- 具有准确选择电规准的能力。
- 具有正确设计电极的能力。
- 具有操作电火花机床的能力。

一 项目导入

型腔模具零件图如图 5-1 所示，材料为 40Cr，热处理硬度为 40～45HRC，制定成形工艺并给定电规准参数，设计成形电极。

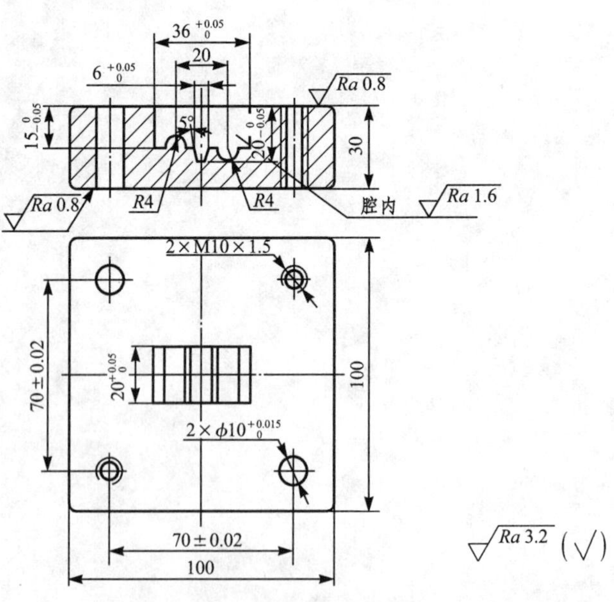

图 5-1 型腔模具零件图

二　项目分析

型腔模具是一个形状复杂、精度较高的盲孔零件，因为盲孔底部狭窄且有平面和圆弧面，采用其他切削加工方法加工是很困难的，故考虑采用电火花加工，能够达到零件精度要求。

采用电火花加工就必须掌握电火花加工工艺，设计合理的电规准，制造合适的电极，精准地操作电火花机床。

三　必备知识

(一)电火花成形原理

在一定的绝缘液体介质中，通过工具电极和工件电极之间脉冲放电时的电腐蚀作用对工件进行的加工，称为电火花加工，又称电蚀加工或放电加工（Electrical Discharge Machining，简称 EDM），是一种直接利用电能和热能进行加工的新工艺。

1943 年，苏联拉扎连柯夫妇在研究电器开关触点遭受火花放电腐蚀损坏的现象和原因时，发现电火花的瞬时高温可使局部的金属熔化、气化而被蚀除掉，从而发明了电火花加工方法，用铜丝在淬硬钢上加工出小孔，可用软的工具加工任何硬度的金属材料，首次摆脱了传统的切削加工方法，直接利用电能和热能来去除金属，获得"以柔克刚"的效果。经过几十年的发展，电火花加工技术已经成为推进制造业进步的重要手段，尤其在航空、航天难加工材料及复杂形状模具、超精与光整零件加工中起着重要的作用，如图 5-2 所示。

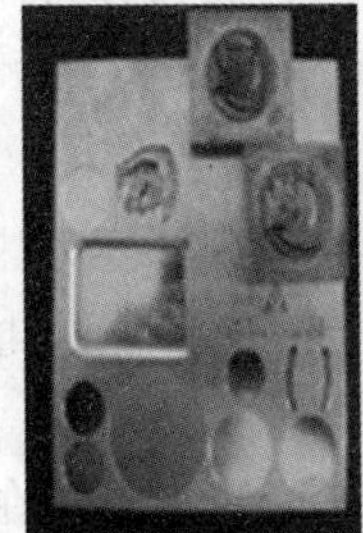

(a)镜面加工零件

(b)微米级精度加工零件

(c)手机模具

(d)深薄型腔和薄壁加工零件

图 5-2　电火花加工的应用

1. 电火花加工机理

电器开关闭合或断开时，往往出现电火花而把接触部分烧损。这种因放电而引起电器损伤的现象叫做电腐蚀。电火花加工是利用电腐蚀原理，将工件和工具电极作为两电极，通过脉冲放电使工具电极电腐蚀工件，从而对工件进行加工。

在工具电极与工件接近时，极间电压在最靠近点使介质电离击穿而形成火花放电，并在火花通道中瞬时产生大量热能，足以使金属局部熔化甚至汽化、蒸发而被蚀除下来。

电火花加工过程可分为介质击穿和通道形成、能量转换、电蚀产物的抛出以及间隙介质的消电离等阶段，如图 5-3 所示。

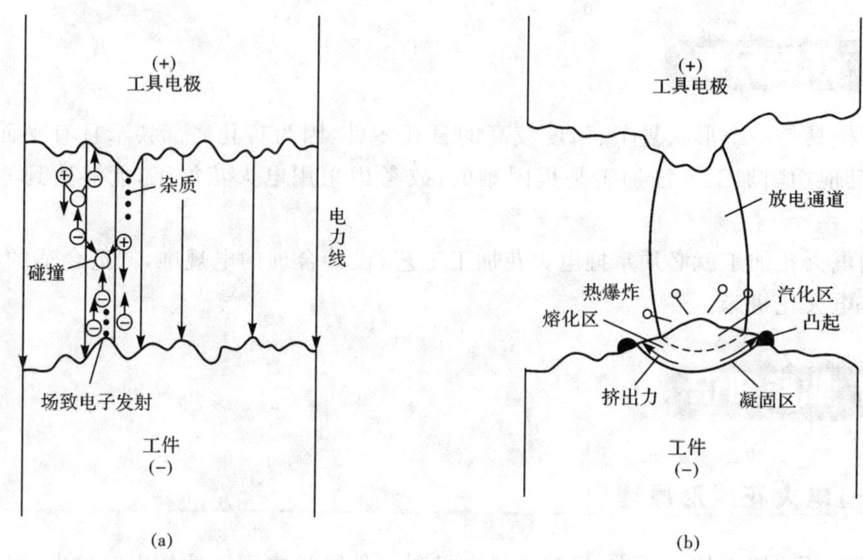

图 5-3 电火花加工过程

(1)介质击穿和通道形成

在电场的作用下,电极间液体介质中的杂质被吸向电场强度最大的区域,并沿电力线形成特殊的接触桥,缩短了实际的极间距离,降低了间隙击穿电压。两电极微观的不平使极间电场强度分布很不均匀,在场强最大处产生场致电子发射。在电场作用下,电子高速向阳极运动,撞击介质中的分子和原子,产生碰撞电离,带电的粒子雪崩式增多,介质击穿,产生火花放电,形成导电通道。液体介质中的各种杂质在电场作用下,也可能部分电离成带电粒子。介质击穿过程非常迅速,一般为 $10^{-7}\sim10^{-5}$ s,电阻从绝缘状态 $10^3\sim10^7$ Ω·cm 骤降至不到 1 Ω·cm,电流密度可达 $10^5\sim10^8$ A/cm^2。带电粒子在高速运动时发生剧烈碰撞,产生大量的热。通道中心温度高达 10000 ℃以上,其材料去除机理如图 5-3(a)所示。

(2)能量转换

两电极间的介质一旦被击穿,电源就通过放电通道瞬时释放能量,电能大部分转换为热能,产生高温,使两极放电点局部熔化或汽化。电能还可转化为动能、磁能、光能、声能及电磁波辐射能等。

传递给电极上的能量是产生材料腐蚀的原因,主要是带电粒子对电极表面的轰击。在某些情况下,电极材料的蒸气传递的能量也不可忽视。电极蒸气从电极表面喷出,当它被对面电极表面遏止时就实现了能量传递。在放电能量密度很大、送能速度很高的情况下,电极蒸气的传热效应较明显。

(3)电蚀产物的抛出

放电时电极存在两种热源,即体积热源和表面热源。电流通过电极会产生焦耳热,从而加热电极。由于瞬时放电时电流的趋肤效应(对于导体中的交流电流,靠近导体表面处的电流密度大于导体内部的电流密度)使得放电通道与电极表面接触部位的电流密度最大,温度也最高。这一热量是在电极体内放出的,叫做体积热源。它在放电初始阶段起显著作用。通道中的热传给电极表面,向内部传递,叫做表面热源。在整个放电过程中起主要作用的是表面热源。

脉冲放电初期，热源产生的瞬间高温使电极放电点部分材料汽化，热爆炸力使熔化状态的材料挤出或溅出。电极蒸气、介质蒸气以及放电通道的急剧膨胀也会产生相当大的压力，使熔化材料抛出。另外，脉冲放电期间，电流的磁效应产生的电功力与电力线成法线方向，可将熔融材料压出。其原理如图 5-3(b)所示。

(4)间隙介质的消电离

进行电火花加工时，一次脉冲放电结束后应有一个间隔时间，使间隙介质消电离。通道中的带电粒子复合为中性粒子，恢复间隙中介质的绝缘强度，以待下次脉冲击穿放电。

在恢复绝缘阶段，电蚀产物要及时排出至放电间隙之外，以便重复性脉冲放电顺利进行。每次脉冲放电在时间上和空间上是分散的，即不在同一点连续放电，避免产生局部烧伤。

2. 电火花机床的工作原理

电火花机床的工作原理是基于工具电极和工件(正、负电极)之间的脉冲火花放电，产生局部瞬时高温，把金属材料逐步腐蚀，以达到对零件的尺寸、形状及表面质量预定的加工要求。

(1)工作原理

如图 5-4 所示，将工具电极和工件置于绝缘工作液(一般为煤油)中，分别将其与直流电源的正、负极连接。脉冲电源由限流电阻 R 和电容器 C 构成，可以直接将直流电流转变成脉冲电流。当接上 100～250 V 的直流电源 E 后，通过限流电阻 R 给电容器 C 充电，于是电容器两端的电压按指数曲线升高(图 5-5)，工具电极与工件间的电压也同时升高。当电压达到工具电极与工件间隙的击穿电压 U_{jc} 时，间隙被击穿而产生火花放电，电容器存储的能量瞬时在电极和工件之间放出，形成脉冲放电。由于放电时间很短，且发生在放电区的小点上，所以能量高度集中，放电区的电流密度很大，温度高达 10000 ℃以上，使金属材料发生熔化和汽化并在电能、热能、流体力的综合作用下被抛入工作液中冷却，工具电极和工件表面被腐蚀成一个小凹坑，如图 5-6(a)所示。间隙中介质的电阻是非线性的，当介质未击穿时电阻很大，击穿后它的电阻迅速减小到近似于零。因此，间隙被击穿后电容器上的能量瞬时放完，电压降低到接近于零，间隙中的介质立即恢复到绝缘状态，将间隙电流切断。此后，电容器再次充电，又重复上述过程，形成一次次放电，产生无数个小凹坑，如图 5-6(b)所示。电极不断下降，工件表面也不断被腐蚀，工具电极的轮廓形状便被复制在工件上。

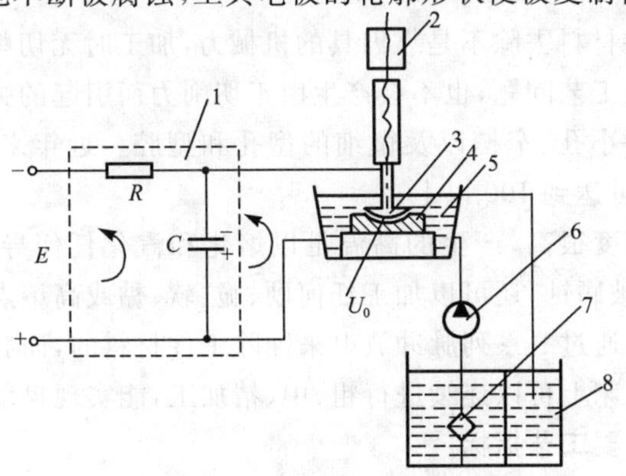

图 5-4　电火花机床的工作原理

1—脉冲电源；2—自动进给调整装置；3—工具电极；4—工件；

5—工作液；6—工作液泵；7—过滤器；8—工作液箱

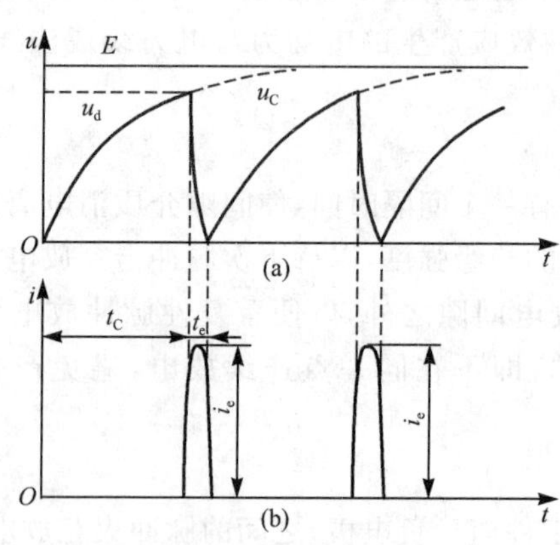

图 5-5 RC 线路脉冲电压、电流波形图

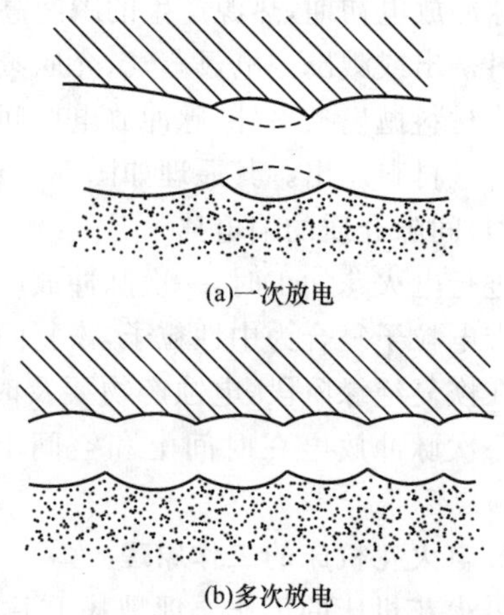

图 5-6 电火花加工表面局部放大图

(2)脉冲放电现象应用于尺寸加工必须具备的条件

①在脉冲放电点时,必须有足够的火花放电强度。即局部集中的电流密度需高达 $10^5 \sim 10^8\ A/cm^2$,使金属局部熔化和汽化。

②放电形式必须具有脉冲性和间歇性。一般脉冲宽度为 $10^{-7} \sim 10^{-3}$ s,才能使热量来不及从极微小的局部加工区扩散到非加工区。在脉冲间隔内,电极间的介质必须及时消电离,使下一个脉冲能在两极间另一个相对应最近点另行击穿放电,从而使工件的形状尺寸逐点地趋近于工具电极的形状尺寸,否则就会像电弧放电那样把整个工件表面烧煳而无法用于尺寸加工。

③必须把加工过程中所产生的加工屑、焦油、气体等电蚀产物及余热从微小的电极间隙中排除出去,否则加工将无法正常连续进行。

④必须使电极之间保持一定的加工间隙(从数微米到数百微米)。也就是要使工具电极随着工件蚀除深度而连续不断地向前送进,始终维持同一距离,使放电加工能持续进行。

(二)电火花加工工艺

电火花加工的工件材料去除不是靠刀具的机械力,加工时无切削力作用,没有因切削力而产生的一系列设备和工艺问题,也不会产生由于切削力而引起的弹性变形,故有利于加工薄壁零件、蜂窝形结构、小孔、窄槽以及微细的型孔和型腔。近年来,微细加工已达到微米级,小孔加工的深宽比可达到 100 以上。

火花放电的电流密度很高,产生的高温足以熔化和汽化任何导电材料,即使是硬质合金、聚晶金刚石等也能被腐蚀,还可以加工任何硬、脆、软、黏或高熔点金属材料。

由于电火花加工是通过一系列脉冲放电来蚀除工件材料的,而脉冲参数可以任意调节,因此在同一台电火花机床上可以连续进行粗、中、精加工,能实现自动控制和加工自动化。

1. 电火花加工的主要工艺指标

电火花加工的主要工艺指标有加工速度、电极损耗、表面粗糙度、加工精度、表层变化等。

(1)加工速度

加工速度是指在单位时间内工件被蚀除的体积或质量,也称为加工生产率。若在时间 t(min)内工件被蚀除的质量为 G(g),则加工速度 v 为

$$v=G/t$$

在规定的表面粗糙度、相对电极损耗下的最大加工速度是衡量电火花机床工艺性能的重要指标。

(2)电极损耗

在电火花加工中,电极损耗直接影响加工精度,特别对于型腔加工,电极损耗这一工艺指标比加工速度更为重要。工具电极不同部位的损耗速度也不同。

(3)表面粗糙度

表面粗糙度是指加工表面上的微观几何形状误差。对于电火花加工而言,即是加工表面的放电痕迹——坑穴的聚集。

电火花加工的表面粗糙度可分为底表面粗糙度和侧表面粗糙度,同一规准加工出来的侧表面粗糙度因二次放电的修光作用,往往要好于底表面粗糙度。

(4)加工精度

电火花加工要保证尺寸精度和形状精度。

2. 电火花加工的基本工艺规律

(1)影响加工速度的主要因素

电火花成形加工的加工速度:粗加工(表面粗糙度 Ra 值为 10～20 μm)时可达 200～1000 mm^3/min,半精加工(表面粗糙度 Ra 值为 2.5～10 μm)时降低到 20～100 mm^3/min,精加工(表面粗糙度 Ra 值为 1～2.5 μm)时一般都在 1 mm^3/min 以下。随着表面粗糙度的改善,加工速度显著下降。加工速度与加工峰值电流 I_e 有关,对于电火花成形加工,每安培加工电流的速度约为 10 mm^3/min。

影响加工速度的因素有电参数的脉冲宽度、脉冲间隔、峰值电流和非电参数的加工面积、深度、工作液种类、冲油方式、排屑条件、电极材料、电极形状等。

①脉冲宽度

单个脉冲能量的大小是影响加工速度的重要因素。在脉冲峰值电流一定时,脉冲能量与脉冲宽度成正比。脉冲宽度增加,加工速度随之增加,当脉冲宽度增加到一定值时,单个脉冲能量虽然增大,但转换的热能损失增加且间隙消电离的时间不足,加工速度不升反降。

②脉冲间隔

脉冲间隔的减少会使空度比减小,在脉冲宽度一定的情况下,脉冲间隔小,加工速度高。当脉冲间隔小到一定值时,由于消电离时间不足,速度不升反降。

③峰值电流

当脉冲宽度和脉冲间隔一定时,峰值电流增加,加工速度也增加,比增加脉冲宽度更明显。当峰值电流增加到一定值时,加工速度也是不升反降。

④排屑条件

加工过程中不断产生气体、金属屑末和炭灰等,必须及时排除。一般采用冲油和电极抬起的方法。冲油压力在一定值内增加,能使加工速度提高。

⑤加工面积和深度

加工面积大时，对加工速度的影响较小。当面积小到一定值时，深度加大，放电过分集中，电蚀产物排除不畅，加工速度会降低。

⑥电极材料和加工极性

石墨电极在同样电流下，负极性比正极性加工速度高。在粗加工规准时，负极性电极损耗大。

中等脉冲宽度正极性加工时，石墨电极的加工速度高于铜电极的加工速度；在脉冲宽度较窄或很宽时，铜电极的加工速度高于石墨电极的加工速度。

⑦金属材料热学物理常数

金属材料热学物理常数是指熔点、沸点（汽化点）、导热率、比热容、熔化热、汽化热等。显然，当脉冲放电能量相同时，金属的熔点、沸点、比热容、熔化热、汽化热越高，电蚀量越少，越难加工；另一方面，导热率越大，瞬时产生的热量越容易传导到其他部位，因而降低了放电点本身的蚀除量。

钨、钼、硬质合金等的熔点、沸点较高，所以难以蚀除；铜的熔点虽然比铁低，但因其导热性好，所以耐蚀性比铁好；铝的导热系数虽然比铁（钢）高好几倍，但因其熔点较低，所以耐蚀性比铁差；石墨的熔点、沸点相当高，导热系数也不太低，故耐蚀性好，适合制作电极。

（2）影响电极损耗的主要因素

①电极极性

火花放电过程中，阳极和阴极表面分别受到电子和离子的轰击以及瞬时高温热源的作用而被电腐蚀，阴、阳两极表面所获得的能量是不同的，蚀除速度也不同，这就是极性效应。

电火花加工时，在电场的作用下，通道中的电子奔向阳极，而正离子则奔向阴极。由于电子质量小、惯性小，在短时间内容易获得较高的运动速度；而正离子的质量大、惯性大，在短时间内不易获得较高的运动速度。因此，当所用电脉冲放电时间小于 50 μs 时，由于电子容易加速，其动能大，故对阳极的轰击较强；而正离子的启动较慢，它所获得的速度不高，对阴极的轰击较弱。所以，电子传递给阳极的能量大于正离子传递给阴极的能量，使得阳极的蚀除量大于阴极的蚀除量。相反，当所用的电源脉冲放电时间大于 300 μs 时，正离子足以获得较高的速度，它的质量又大得多，轰击阴极时的动能大，传给阴极的能量显著增加。阴极所获得的能量大于阳极，阴极的蚀除量也就大于阳极的蚀除量。脉冲放电时间是影响极性效应的重要因素。随着放电能量的增加，尤其是极间放电电压的增加，每个正离子传给阴极的平均动能增加。电子能量虽也增加，但由于电位分布变化引起阳极区电位降低而阻止了电子奔向阳极，使阴极上受到的轰击大于阳极。脉冲能量是影响极性效应的另一个重要因素。所以精加工用正极性，放电时间小于 50 μs。

一般来说，在短脉冲精加工时采用正极性加工（即工件接电源正极），如图 5-7 所示；而在长脉冲粗加工时则采用负极性加工（即工件接电源负极），如图 5-8 所示。当脉冲宽度大于 120 μs 时，若采用负极性加工，紫铜电极的相对损耗随脉冲宽度的增加而减少，则可以实现低损耗加工，电极相对损耗将小于 1%；若采用正极性加工，则不论采用哪一挡脉冲宽度，电极的相对损耗都难以小于 10%。然而在脉冲宽度小于 15 μs 的窄脉宽范围内，正极性加工的工具电极相对损耗比负极性加工小。当峰值电流一定时，粗加工选择脉冲宽度为 150～600 μs，脉冲宽度的增大会使电极损耗减小；而当脉冲宽度一定时，脉冲间隔的增加使电极损耗增大,有利于排屑。

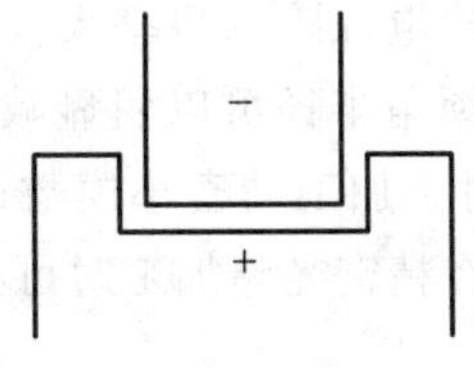

图 5-7　正极性(精加工)

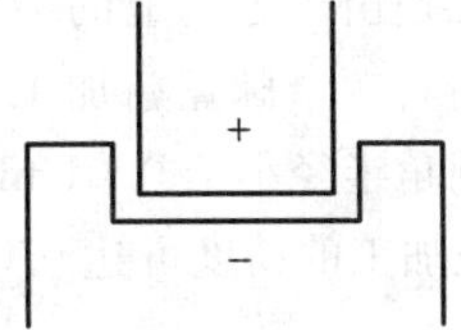

图 5-8　负极性(粗加工)

②吸附效应

在用煤油之类的碳氢化合物作工作液时,在放电过程中将发生热分解,从而产生大量的碳,这些碳能和金属结合而形成金属碳化物的微粒,在电场作用下外层脱离,形成负电荷的碳胶粒。因此,在电场作用下碳胶粒会向正极移动,并吸附在正极表面形成黑膜,对电极起到补偿和保护作用。采用负极性加工,有利于实现电极的低损耗。为了保持合适的温度场和吸附碳黑膜的时间,增加脉冲宽度是有利的。当峰值电流、脉冲间隔一定时,黑膜厚度随脉冲宽度的增加而增厚;而当脉冲宽度和峰值电流一定时,黑膜厚度随脉冲间隔的增大而减薄。影响吸附效应的因素除上述电参数外,还有冲、抽油。采用强迫冲、抽油,有利于脉冲间隔内电蚀产物的排出,使加工稳定。但强迫冲、抽油会使吸附、镀覆效应减弱,因而增加了电极损耗,故在加工过程中采用冲、抽油时要控制其压力。

(3)影响加工精度的主要因素

①放电间隙的稳定性和大小

电火花加工时,工具电极与工件之间存在着一定的放电间隙,如果加工过程中放电间隙稳定不变,则可以通过修正工具电极的尺寸对放电间隙进行补偿,以获得较高的加工精度。然而,加工中放电间隙的大小实际上是变化的,应尽可能获得稳定的放电间隙,以保证加工精度。

除了放电间隙的稳定性外,放电间隙的大小对加工精度也有影响,尤其是对于复杂形状的加工表面,棱角部位的电场强度分布不均,放电间隙越大,影响越严重。因此,为了减少加工误差,应该采用较小的加工规准,缩小放电间隙,这样不但能提高仿形精度,而且放电间隙越小,可能产生的放电间隙变化量也越小;另外,还必须尽可能地使加工过程稳定。电参数对放电间隙的影响是非常显著的,精加工的放电间隙一般只有 0.01 mm(单面),而粗加工时为 0.5 mm 左右。

②工具电极的损耗及其稳定性

工具电极的损耗对尺寸精度和形状精度都有影响。电火花穿孔加工时,电极可以贯穿型孔而补偿电极损耗,型腔加工时则无法采用这一方法,精密型腔加工时可采用更换电极的方法。

影响电火花加工形状精度的因素还有二次放电。二次放电是指已加工表面上由于电蚀产物等的介入而再次进行的非必要的放电,它使加工深度方向产生斜度以及加工棱角的棱边变钝。产生加工斜度的情况如图 5-9 所示。由于工具电极下部加工时间长,绝对损耗大,而电极入口处的放电间隙则由于电蚀产物的存在,二次放电的概率大,从而使放电间隙扩大,因此产生了加工斜度,俗称喇叭口。

电火花加工时,工具的尖角或凹角很难精确地复制在工件上,如图 5-10(a)所示。若工具有尖角，则一是由于放电间隙的等距性，工件上只能加工出以尖角顶点为圆心、放电间隙 S 为半径的圆弧；二是由于工具上的尖角本身因尖端放电蚀除的概率大而损耗成圆角，如图 5-10(b)所示。采用高频窄脉宽精加工，放电间隙小，圆角半径可以明显减小，因而提高了仿形精度，可以获得圆角半径小于 0.01 mm 的尖棱，这对于加工精密小模数齿轮等冲模是很重要的。目前，电火花加工的精度可达 0.01～0.05 mm，在精密光整加工时可小于 0.005 mm。

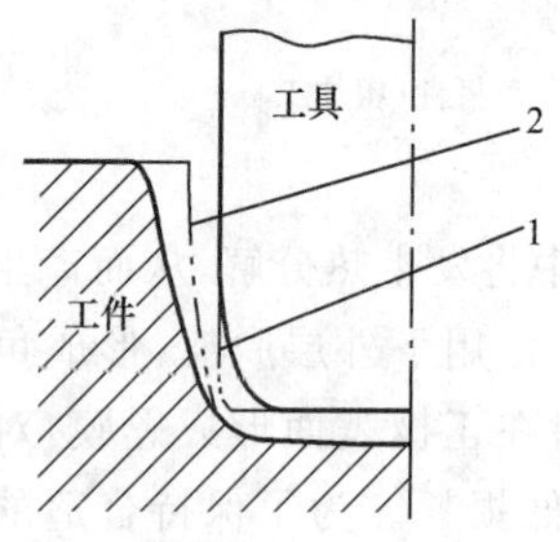

图 5-9 电火花加工时的加工斜度

1—电极无损耗时的工具轮廓线；2—电极有损耗且不考虑二次放电时的工件轮廓线

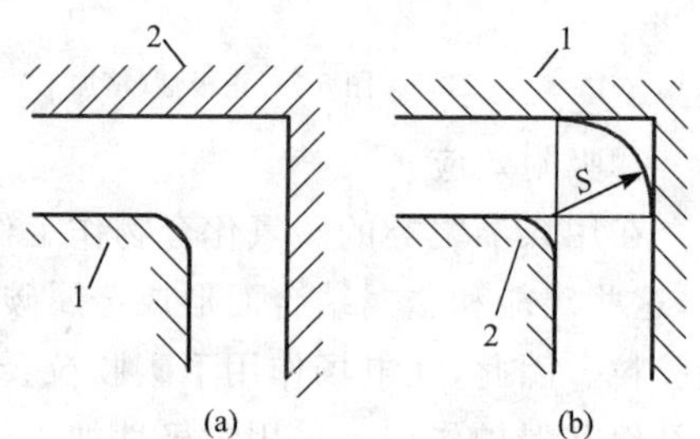

图 5-10 电火花加工时的尖角变圆

1—工件；2—电极

(4)影响表面粗糙度的主要因素

对表面粗糙度影响最大的是单个脉冲能量，因为单个脉冲能量大，每次脉冲放电的蚀除量也大，放电凹坑既大又深，从而使表面粗糙度恶化。当峰值电流一定时，脉冲宽度的增加会使表面粗糙度变差；当脉冲宽度一定时，峰值电流的增加也会使表面粗糙度变差。

(三)电火花机床的操作

1. 电火花机床及其应用

电火花机床主要由机床主体(床身、主轴头、工作台)、脉冲电源、工作液净化及循环系统、液压伺服进给系统几部分组成，如图 5-11 所示。

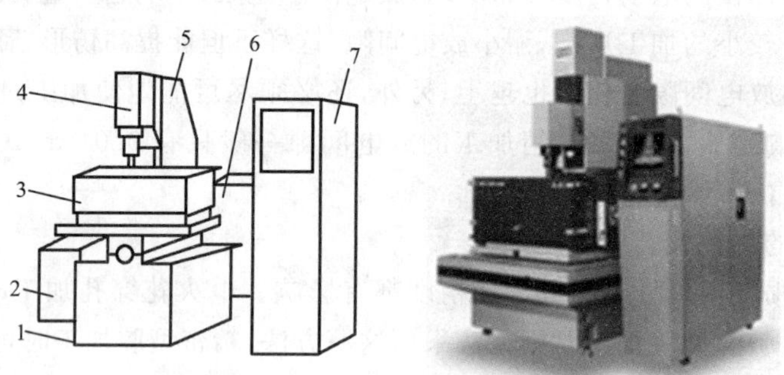

图 5-11 电火花机床

1—床身；2—液压油箱；3—工作台和工作液槽；4—主轴头；5—立柱；6—工作液箱；7—电源箱

主轴头是电火花机床的关键部件，它由伺服进给机构、导向和防扭机构、辅助机构三部分组成，负责控制工件与工具电极之间的放电间隙，如图 5-12 所示。

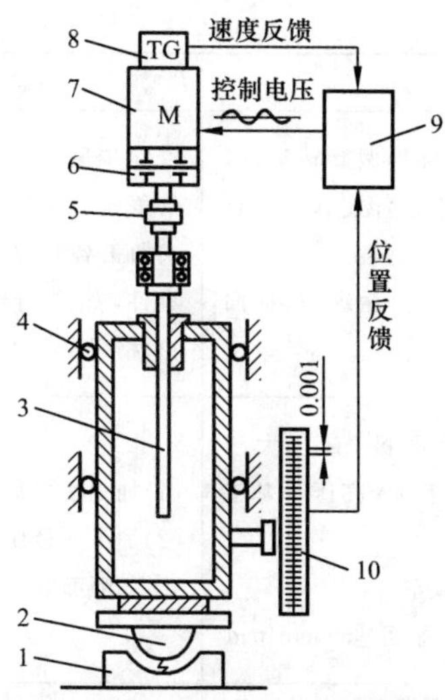

图 5-12　有速度和位置反馈的全闭环控制的主轴头

1—工件；2—电极；3—滚珠丝杠；4—轴承；5—离合器；6—蝶形制动器；

7—直流伺服电动机；8—转速传感器；9—控制箱；10—光栅

主轴头的好坏直接影响加工工艺指标，如生产率、几何精度、表面粗糙度等，因此主轴头应具备以下条件：有一定的轴向、侧向刚度及精度；有足够的进给和回升速度；主轴运动的直线性和防扭转性能好；灵敏度高，无爬行现象；具备合理的承载电极质量的能力。

电火花机床的型号表示方法如下：

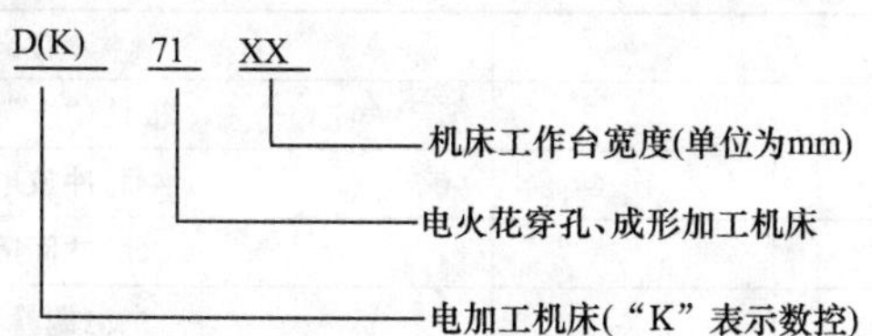

电火花加工方法的分类见表 5-1。

表 5-1　电火花加工方法的分类

类别	加工方法	特点	用途	备注
1	电火花穿孔、成形加工	(1)工具和工件之间只有一个相对的伺服进给运动 (2)工具为成形电极，与被加工表面有相应的截面形状	(1)型腔加工：加工各种型腔模具及复杂的型腔零件 (2)穿孔加工：加工各种冲模、挤压模及微孔	约占电火花机床的 30%，典型的有 D7125、D7140 等
2	电火花线切割加工	(1)顺电极丝轴线移动的线电极 (2)工具和工件在两个水平方向同时有相对伺服运动	(1)切割各种冲模和具有直纹面的零件 (2)下料、截割、窄缝加工	约占电火花机床的 60%，典型的有 DK7725、DK7732 等
3	电火花内孔、外圆成形磨削	(1)工具与工件有相对旋转运动 (2)工具与工件间有轴向和径向进给运动	(1)加工高精度、具有良好表面粗糙度的小孔，如拉丝模等 (2)加工外圆、小模数滚刀	约占电火花机床的 3%，典型的有 DK7310 电火花内圆磨床等

续表

类别	加工方法	特点	用途	备注
4	电火花同步共轭回转加工	(1)工具与工件均做旋转运动，角速度相等或成整数倍，放电点有切向相对运动速度 (2)工具与工件可做纵向、横向进给运动	以同步回转、展成回转、倍角速度回转等不同方式加工各种复杂型面的零件，如高精度异形齿轮、精密螺纹环规等	约占电火花机床的1%，典型的有JN-2、JN-8内外螺纹成形机床等
5	电火花高速小孔加工	(1)采用细管电极（直径大于0.3 mm），管内冲入高压水基工作液 (2)细管电极旋转 (3)穿孔速度极高，可达60 mm/min	(1)加工线切割预穿丝孔 (2)加工深径比很大的小孔，如喷嘴等	约占电火花机床的1%，典型的有DK703A等
6	电火花表面强化、刻字	(1)工具在工件表面上振动 (2)工具相对工件移动 (3)在空气中加工	(1)模具刃口强化 (2)电火花刻字、打印记	约占电火花机床的1%～2%，典型的有DK9105等

2. 电火花加工参数的选择

加工参数对工件的加工影响很大。在同样的设备条件下，加工参数决定生产率、表面粗糙度和尺寸精度。各种电火花机床的加工参数大同小异，一般有16个参数，见表5-2。

表5-2　电火花加工参数符号及其含义

加工参数符号	含义
P_L	极性（“＋”或“－”）
ON	脉冲放电时间
OFF	脉冲间隔时间
I_P	主电源峰值电流
V	主电源电压
H_P	辅助电源电压
P_P	电极少无损耗脉冲控制
M_A	脉冲间隔时间调整
S_V	伺服基准电压
U_P	跳跃上升时间
D_N	跳跃放电时间
C	极间电容
S	伺服速度
L_N	摇动模式
$STEP$	摇动幅度
L	摇动速度

上述16种加工参数大体可分为三类：

(1)与放电脉冲设定有关的参数

①极性 P_L

电火花加工中，将脉冲电源正极接工件者称为正极性加工，将脉冲电源负极接工件者称为负极性加工。极性对电火花加工的电极损耗、生产率和加工稳定性等影响很大。

用紫铜及石墨材料做电极加工钢质工件时，粗加工由于脉冲宽度较大（一般大于 50 μs）而采用负极性，电极损耗较少；精加工由于脉冲宽度较小（一般小于 50 μs）而采用正极性，电极损耗较少。用钢或铸铁做电极加工钢质工件时，均采用负极性。

②脉冲放电时间 *ON*

该参数用于设定脉冲放电的时间，一般在 1～1250 μs 的范围内选择。脉冲放电时间对电极损耗、表面粗糙度、工件表面变质层及斜度等均有影响。此外，它对加工稳定性、确定加工极性以及是否容易烧弧也有影响。

当其他条件不变时，增大放电脉冲宽度，可使电极损耗减少，表面粗糙度值变大，间隙增大，生产率提高，表面变质层增厚，斜度变大。一般脉冲宽度较大时，加工稳定性会好一些。

③脉冲间隔时间 *OFF*

在放电脉冲间隔中，电极与工件之间被击穿的工作介质液恢复绝缘，电蚀产物排出，所以参数 *OFF* 主要决定加工稳定性，避免电弧的产生。它对生产率有明显的影响，对电极损耗也有一定影响。一般加大脉冲间隔时间会使加工稳定性提高，但电极表面温度降低，电蚀产物对电极的覆盖效应减小，电极损耗会有所增加。加工形状复杂的盲孔时，排屑不好，可增大脉冲间隔时间。

④主电源峰值电流 I_P

I_P对生产率、表面粗糙度、放电间隙、电极损耗、表面变质层均有显著的影响，对加工稳定性的影响也较大。

一般提高主电源峰值电流将使生产率提高、表面粗糙度值变大、间隙增大、电极损耗上升、表面变质层加深，且能改善加工稳定性。

提高主电源峰值电流虽然能提高生产率，但有个限度，超过这个限度，加工稳定性就会被破坏，电极和工件会产生拉弧烧伤。对于一般电火花机床，取 $I_P=2\sim4\ \mathrm{A/cm^2}$；对于现代数控电火花机床，取 $I_P<10\ \mathrm{A/cm^2}$。

主电源峰值电流 I_P、脉冲放电时间 *ON* 和脉冲间隔时间 *OFF* 是电脉冲设定的三个重要参数，对加工指标的影响较大，它们之间的关系及选用的数值要根据工件要求，通过实践来确定。

国产电火花机床的推荐值为：

$I_P=(0.04\sim0.07)\times$放电脉冲宽度（μs）

宽脉冲 $ON:OFF=2:1\sim10:1$

窄脉冲 $ON:OFF=1:5\sim1:10$

⑤主电源电压 *V*

V 是供给主电源电路的电压。在其他条件不变的情况下，改变主电源电压 *V* 可得到不同的加工速度和电极损耗。有的电火花机床制造厂推荐下述经验数据：粗加工采用 30～70 V，半精加工采用 70～90 V，精加工采用 90～150 V。

⑥辅助电源电压 H_P

除主电源以外，另有电流控制电路与高压电路配合的辅助电源，根据工件与电极情况控制脉冲。

辅助电源电压与加工性能的关系见表 5-3。

表 5-3 辅助电源电压与加工性能的关系

控制电路	加工性能		
	放电间隙	加工速度	排屑
低压辅助	窄	慢	差
中压辅助	↓	↓	↓
高压辅助	宽	快	好

无载电压变化时，放电间隙就变化。电压高能较远距离放电，放电间隙大；电压低只能近距离放电，放电间隙小。放电间隙大，加工速度就较快，排屑也较好。

⑦电极少无损耗脉冲控制参数 P_P

该参数利用电极少无损耗条件来提高铜电极对钢质工件的加工性能。减少电极损耗，稳定放电间隙，抑制电极表面的皱纹、塌角以及由热影响引起的翘曲，并且使开始接触时的放电状态变得良好，以进行稳定放电。

电极少无损耗脉冲控制参数一般在长脉冲条件下使用，I_P大时其作用较显著。

(2)与加工调节有关的参数

①脉冲间隔时间调整参数 M_A

M_A的作用是把由脉冲间隔时间 OFF 决定的间歇幅度进行放大。当加工状态有短路或放电弧倾向时，M_A可使脉冲间隔时间加长，以便加工正常进行，如图 5-13 所示。

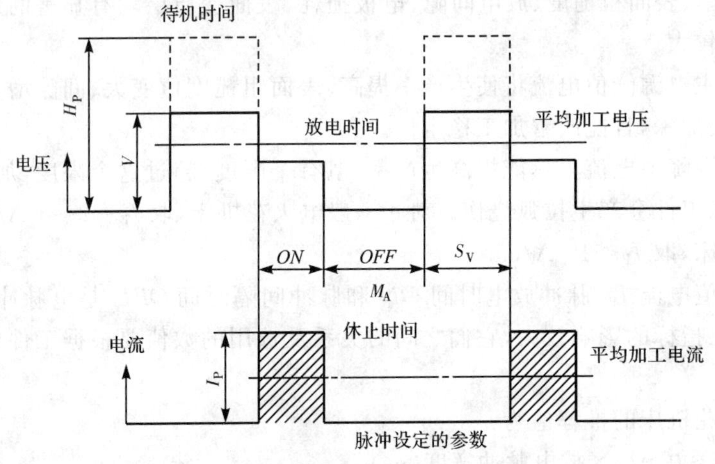

图 5-13 脉冲间隔时间调整参数 M_A 的作用

实际放电脉冲休止时间$=OFF\times M_A$。

M_A值设定得大，加工速度有减慢的倾向。

②伺服基准电压 S_V

伺服动作控制是按极间电压的变化来进行的。当极间电压 V_O 比 S_V设定的伺服基准电压高时，可进行加工；当极间电压 V_O 比伺服基准电压低时(有时也有短路)，工具电极回退，间隙加大。图 5-14 所示为伺服控制示意图。

当 S_V值增大时，电压波形中无载电压部分(等待时间)的长度就会发生变化，如图5-15所示。等待时间的长短是随极间距离而变化的。极间距离近，等待时间短；极间距离远，等待时间长。S_V值增大，极间距离增大，一个放电循环的长度加大，加工速度就减慢。

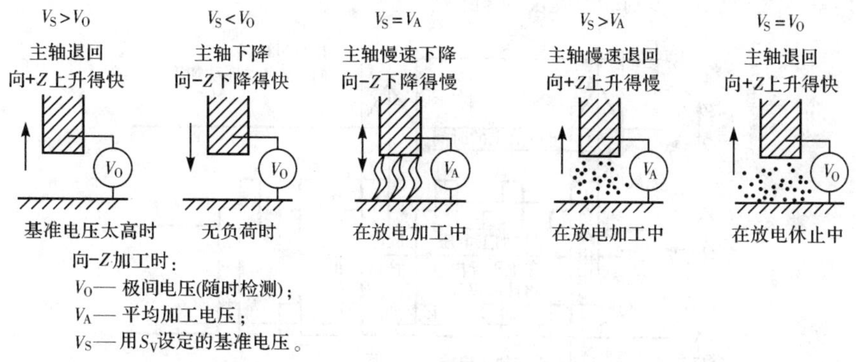

图 5-14　伺服控制示意图

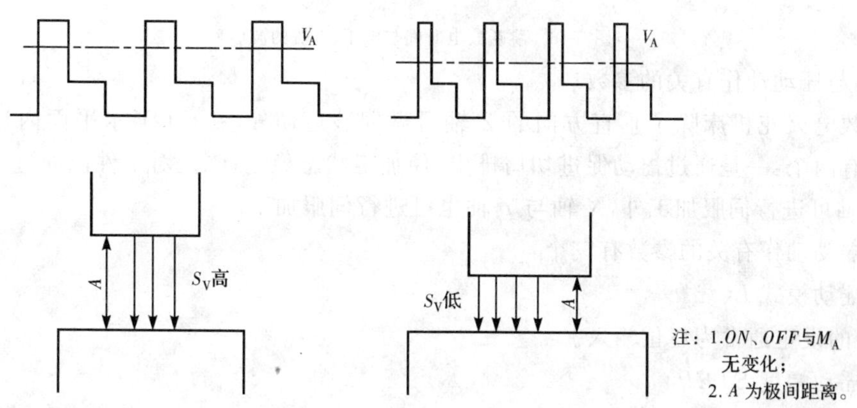

图 5-15　伺服基准电压 S_V 值的影响

③跳跃上升时间 U_P

在电火花成形加工过程中，为了排除电蚀废屑，工具电极要进行往复跳跃运动(抬刀)，这样加工稳定性才能得到保证。设定跳跃上升时间的参数是 U_P。U_P 值增大，排屑状况得到改善，加工稳定，但生产率降低。

④跳跃放电时间 D_N

设定工具电极跳跃下降放电时间的参数是 D_N。该参数要设定得使放电状态稳定。当 D_N 值过大时，放电重复次数多，电蚀切屑量多，排屑状况恶化，二次放电和电弧放电的危险性就增大。

如图 5-16 所示，在一个循环中，D_N 值小，放电脉冲数少，切屑少，二次放电和电弧放电不容易发生，但加工速度慢。在加工稳定的状态下，U_P 小，D_N 大，加工速度提高。一般 $D_N=U_P+2$。

⑤极间电容 C

极间电容 C 值与放电频率有关。增大 C 值，加工速度提高，电极损耗增加，电蚀量增大，表面粗糙度变差。

⑥伺服速度 S

S 值大，送进速度低，生产率低。在调节伺服动作时，要防止产生振动。S 值有 0～9 挡，一般取 2～5 挡。

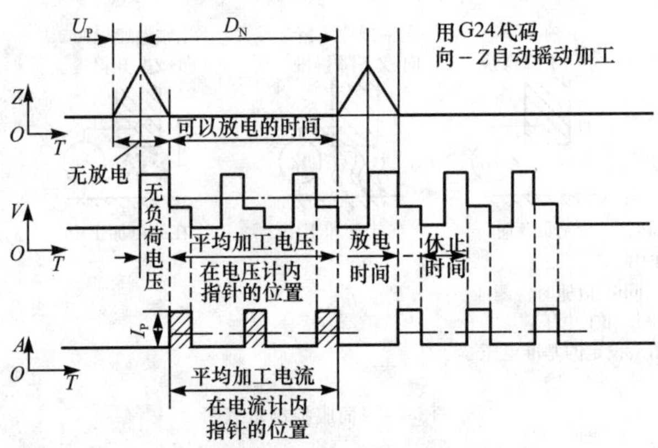

图 5-16 跳跃放电时间与电压、电流的波形

(3)与摇动动作有关的参数

多数电火花机床除了垂直方向的 Z 轴可做伺服运动外，在 XOY 水平面内还能摇动。其目的有两个：一是通过摇动促进切屑排出，使加工状态稳定；二是对工件侧面进行精加工。除了 Z 轴可进行伺服加工外，X 轴与 Y 轴也可进行伺服加工。

与摇动动作有关的参数有三个：

①摇动模式 L_N

L_N 的设定通常为三位输入。

②摇动幅度 $STEP$

$STEP$ 为四位，最大输入为 9999 μm，通常使用 300 μm 以下。若幅度过大，则摇动一周所需的时间较长，有时会发生加工上的问题，例如由加工不稳定引起的表面不均的尺寸偏差。摇动幅度是以工具电极中心为基准的。

③摇动速度 L

L 有 0～9 挡，0 挡最快，一般取 1 挡。摇动速度的选择要注意使工作台不能产生振动。

电火花机床的工具电极还具有按象限划分的摇动功能，即把摇动运动的平面划分成四个象限，以便在各个象限内进行不同模式的摇动。

(四)电极设计

1. 电火花加工的工艺方法

电火花加工的工艺方法主要有单电极直接成形工艺、多电极更换成形工艺、分解电极成形工艺、数控摇动成形工艺、数控多轴联动成形工艺，选择时要根据工件的技术要求、复杂程度、工艺特点、机床类型及脉冲电源的技术规格、性能特点而定。

(1)单电极直接成形工艺

单电极直接成形工艺是在整个加工过程中只用一个电极，不需要进行重复的装夹操作，提高了操作效率，节省了电极制造成本。一般适用于形状简单、精度要求不高的型腔，如加工很浅或余量很小的型腔。例如贯通形状的加工，如图 5-17(a)所示为成形加工前的状态，图 5-17(b)所示为成形加工后的结果。

(2)多电极更换成形工艺

多电极更换成形工艺是按照粗、半精、精加工的放电间隙(g)设计对应的电极来完成一个型腔的粗、半精、精加工,如图 5-18 所示。

(3)分解电极成形工艺

若型腔的形状是由多个规则的形状组成的,则可以通过分解电极降低电极的制造难度,并且使工艺设计简化,但会使加工操作难度增加,如图 5-19 所示。

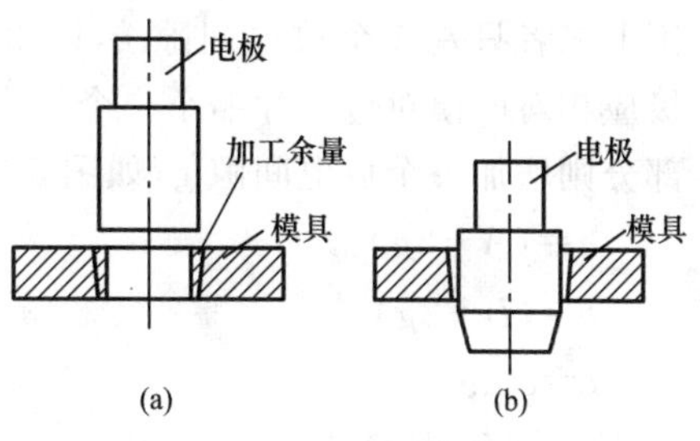

图 5-17　单电极直接成形工艺

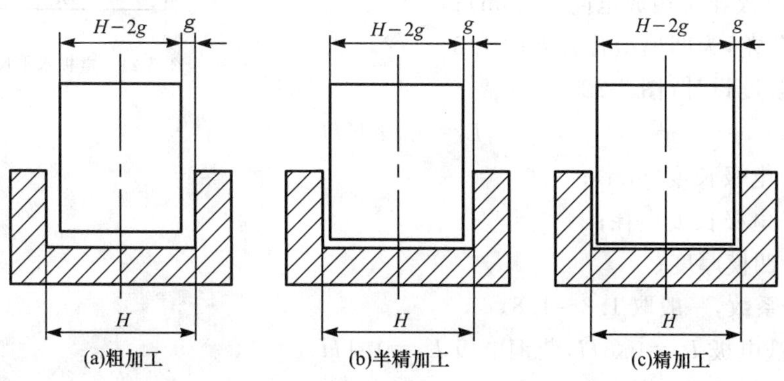

图 5-18　多电极更换成形工艺

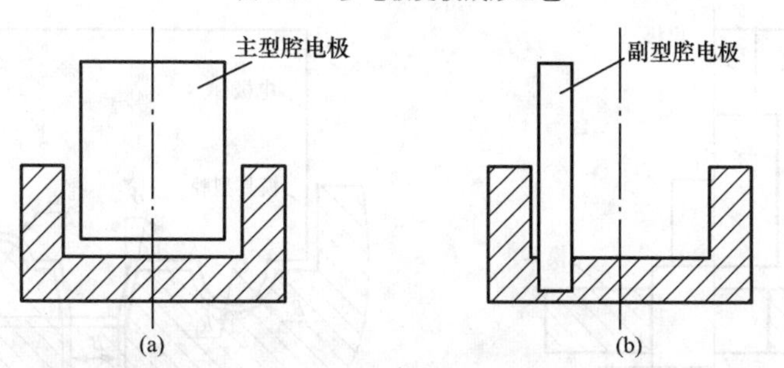

图 5-19　分解电极成形工艺

(4)数控摇动成形工艺

摇动成形可以用简单的电极作为刀具来加工各种形状的型腔,就如同数控铣削加工,如图 5-20 所示。

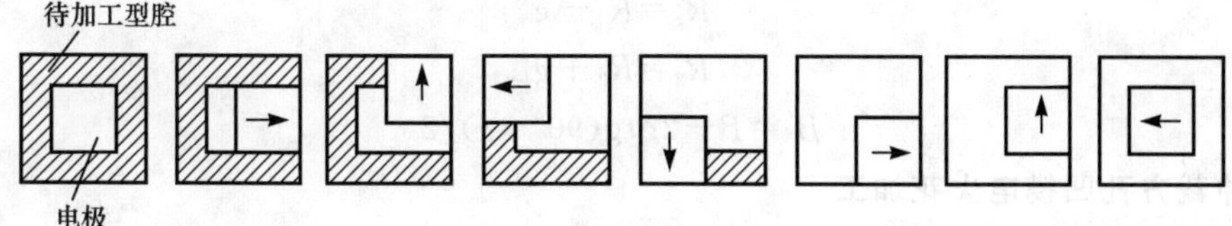

图 5-20　正方形移动加工

2. 电极设计

(1)水平尺寸设计

按凹模尺寸计算电极尺寸,电极的断面形状和尺寸等于相应凹模孔的形状和尺寸。原则上二者只差一个放电间隙 g，即电极的凸起部分，则电极应相对凹模对应尺寸缩小一个放电间隙 g，而电极凹入部分则增加一个放电间隙 g，如图 5-21 所示。

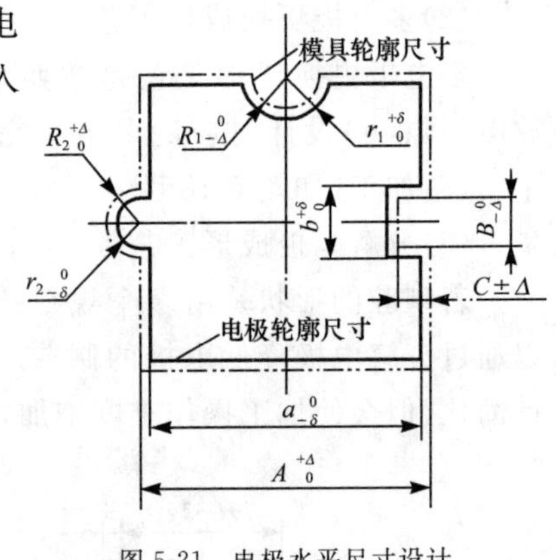

图 5-21 电极水平尺寸设计

$$a=(A-2g)_{-\delta}^{\ 0}$$
$$b=(B+2g)_{\ 0}^{+\delta}$$
$$c=c\pm\delta$$
$$r_1=(R_1+g)_{\ 0}^{+\delta}$$
$$r_2=(R_2-g)_{-\delta}^{\ 0}$$

式中 g——电火花单边放电间隙(mm)；

δ——公差，为凹模型孔公差的 1/3～1/2。

(2)电极长度设计(图 5-22)

$$L_1=L_2+KH$$

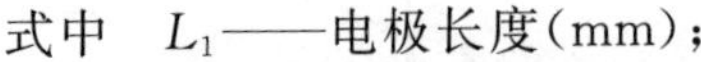

式中 L_1——电极长度(mm)；

L_2——电极长度损耗；

H——凹模厚度；

K——系数，一般取 1.3～1.8。

其中，铸铁电极 $L_2=0.8H$，紫铜电极 $L_2=1.1H$。

(3)纵断面尺寸设计(图 5-23)

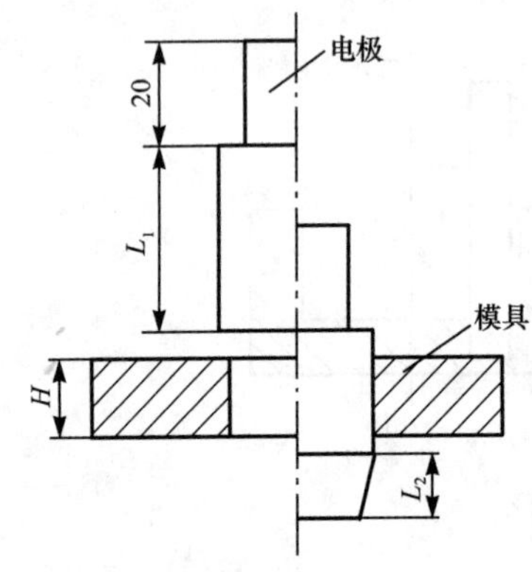

图 5-22 电极长度设计

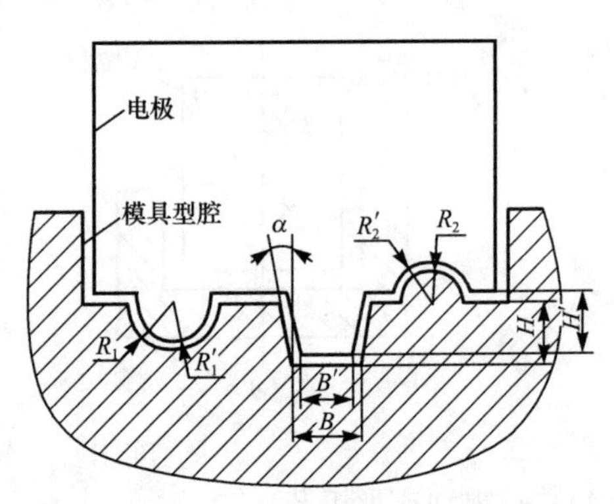

图 5-23 纵断面尺寸设计

$$H'=H$$
$$R_1'=R_1-g$$
$$R_2'=R_2+g$$
$$B'=B-2g\text{tg}(90°-\alpha)/2$$

3. 冲裁方孔凹模电火花加工

工件材料为 T10A，热处理硬度为 59～61HRC，零件各尺寸精度要求如图 5-24 所示。

(1)工艺设计

由于模具零件刃口尺寸精度要求较高，需要热处理淬火后进行精加工，方口无法用机械加工完成，因此采用的加工工艺方案是：粗加工(机械加工)—热处理—磨削—精密镗削(两个销孔)—电火花加工刃口(以两个销孔为基准)。

电火花加工前的半成品毛坯如图 5-25 所示。

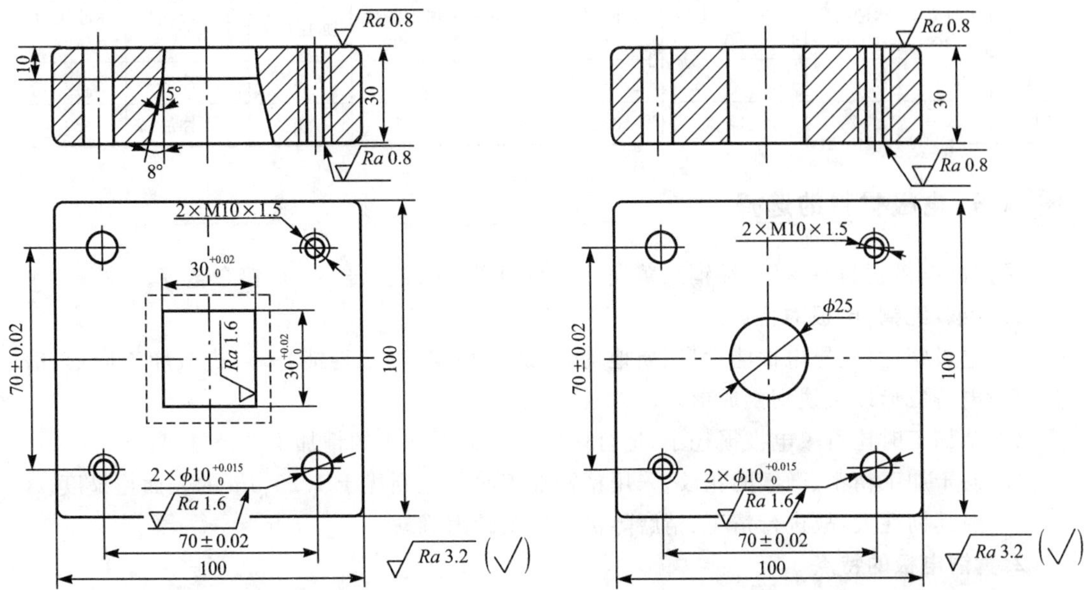

图 5-24　冲裁方孔凹模零件图　　　图 5-25　电火花加工前的半成品毛坯

(2)电极设计

①电极横断面尺寸设计

选择单边放电间隙 $g=0.1$ mm。

②电极长度设计

选择紫铜电极长度为

$$L_1=1.1\times30+1.8\times30=87\ \text{mm}$$

设计后的电极如图 5-26 所示。

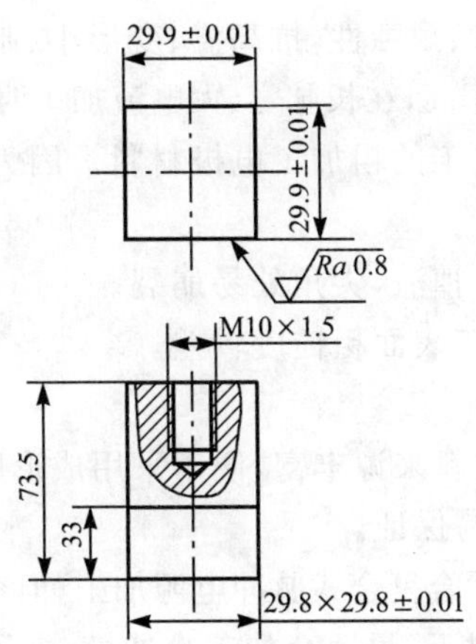

图 5-26　精加工电极零件图

(3)电规准的选择

加工时采用下冲油,用粗、精加工两挡电规准,并采用高、低压复合脉冲电源,见表 5-4。

表 5-4　　电规准的选择(冲裁方孔凹模)

	脉冲宽度/μs	脉冲间隔/μs	脉冲峰值电流/A	脉冲电压/V	加工电流/A	加工深度/mm	加工极性	工作液循环方式	冲油压力/kPa
粗加工	100	50	24	173	7～8	33	负	下冲油	10
精加工	7	2	24	80	3～4	73	负	下冲油	20

(五)电极材料的选择

常用的电极材料有紫铜(纯铜)、黄铜、钢、石墨、铸铁、银钨合金、铜钨合金等。

1. 紫铜(纯铜)电极的特点

(1)电极塑性好、导电性能优良、质地均匀、放电稳定、加工性能好,可机械加工成形、锻造成形、电铸成形以及线切割成形等。

(2)精加工时比石墨电极损耗小,适合做电火花成形加工的精加工电极材料。

(3)易于加工精密、微细的花纹,采用精密加工时能达到优于 1.25 μm 的表面粗糙度。

(4)因其韧性大,故进行精车、精磨等机械加工较困难。

2. 黄铜电极的特点

(1)最适宜在中小规准情况下加工,加工稳定性好,制造也较容易,生产率高。

(2)电极损耗较一般电极都大,不容易使被加工件一次成形,所以一般只用于简单的模具加工、通孔加工、取断丝锥等。

3. 钢电极的特点

(1)来源丰富,价格便宜,具有良好的机械加工性能。

(2)加工稳定性较差,电极损耗较大,生产率也较低。

(3)可将电极和冲头合为一体,只需一次成形,可缩短电极与冲头的制造工时,适合"钢打钢"冷冲模加工。

4. 石墨电极的特点

(1)具有良好的抗热冲击性、耐蚀性,抗高温、变形小、制造容易、质量轻、容易修正。

(2)加工稳定性较好,生产率高,在长脉宽、大电流加工时电极损耗小,可做到小于 0.5%。

(3)适用于做电火花成形加工的粗加工电极材料。因为石墨的热胀系数小,也可以作为穿孔加工的大电极材料。

(4)机械强度差,容易脱落、掉渣,尖角处易崩裂。

(5)精加工电极损耗大,加工表面粗糙度较差。

5. 铸铁电极的特点

(1)制造容易、价格低廉、材料来源丰富,便于采用成形磨削,因此电极的尺寸精度、几何形状精度及表面粗糙度等都容易保证。

(2)加工稳定性较好,特别适合复合式脉冲电源加工,但容易起弧,生产率也不及铜电极。

(3)电极损耗一般达 20%以下,最适合加工冷冲模,多用于穿孔加工。

6. 铜钨合金电极的特点

含钨量较高,电极损耗小,机械加工成形也较容易,特别适合工具钢、硬质合金等材料的模具加工及特殊异形孔、槽的加工,是电加工中比较好的材料。其缺点是价格较贵。

1. 工艺设计

除型腔外均采用机械加工完成。最终确定的加工工艺方案是:粗加工(机械加工)—热处理—磨削—精密镗削(两个销孔)—电火花加工型腔(以两个销孔为基准)。

2. 电极设计

由于型腔模具尺寸精度要求较高,故采用粗、半精、精三个电极进行加工,如图 5-27 所示。

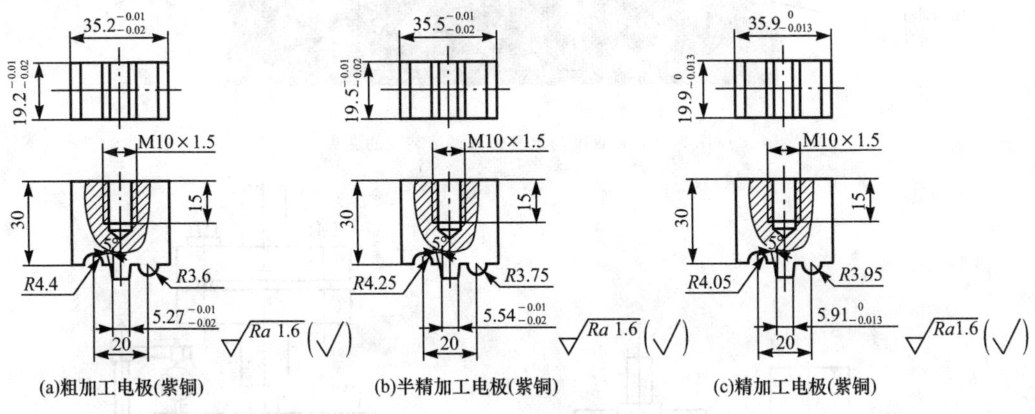

图 5-27　多电极结构

3. 电规准的选择

采用粗、半精、精加工的电规准见表 5-5。

表 5-5　　电规准的选择(型腔模具)

	脉冲宽度/μs	电压/V		电流/A		脉冲间隔/μs	冲油压力/kPa	加工深度/mm	加工极性
		高压	低压	高压	低压				
粗加工	1024	8	24	30	20	200	9.8	10	负
	1024	8	12	20	10	200	9.8	12	负
半精加工	512	8	8	16	8	200	9.8	14	负
	256	8	4	12	4	100	9.8	14	负
精加工	64	4	4	2	1	2	19.6	14.5	负
	2	8	1.5	2	1	20	19.6	15	正

4. 电极的校正

电极装夹好后,必须进行校正才能加工,即不仅要调节电极与工件基准面垂直,还需要在水平面内调节、转动一个角度。电极与工件基准面垂直常用球面铰链来实现,工具电极的截面形状与型孔或型腔的定位靠主轴与工具电极安装面的相对转动机构来调节,垂直度与水平转角调节正确后,都应用螺钉夹紧,如图 5-28 所示。

电极装夹到主轴上后必须进行校正,一般的校正方法如下:

(1)根据电极的侧基准面,采用千分表校正电极的垂直度,如图 5-29 所示。

(2)电极上无侧面基准时,将电极上端面作为辅助基准来校正电极的垂直度,如图 5-30 所示。

图 5-28 垂直度与水平转角调节装置的夹头

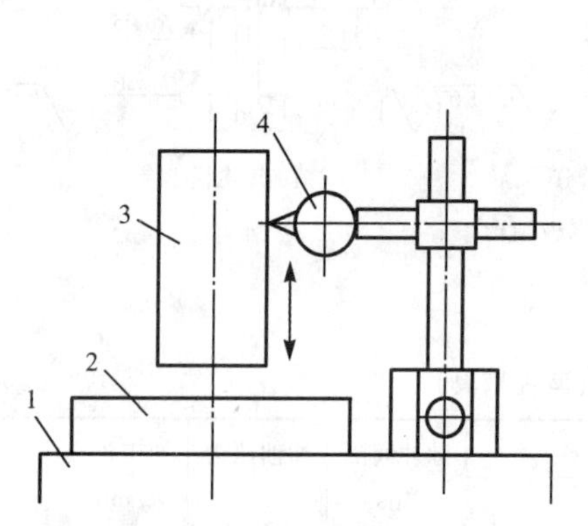

图 5-29 用千分表校正电极的垂直度

1—工作台；2—凹模；3—电极；4—千分表

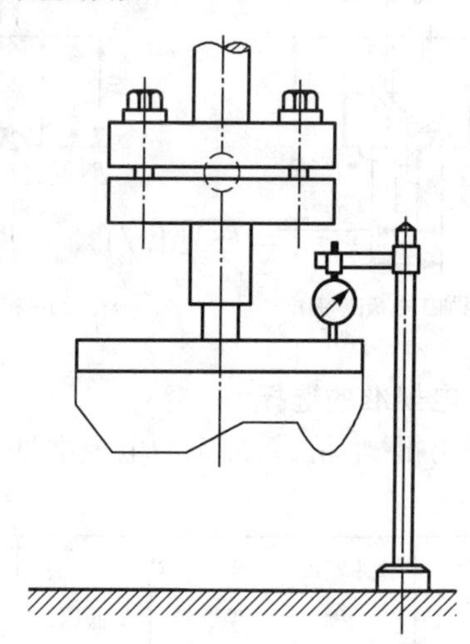

图 5-30 型腔加工用电极校正

五 知识、能力测试

(一)填空题

1.电火花加工简称________，是一种直接利用________和________进行加工的新工艺。

2.电火花加工过程中，工具电极和工件不接触，而是靠工具电极和工件之间不断的________火花放电，产生局部瞬间的高温将金属材料逐步________掉。

3.按工具电极和工件相对运动的方式和用途不同，可大致将电火花加工分为________________、电火花线切割加工、电火花磨削和镗磨、________________、电火花表面强化和________________六大类。

4.常见的电火花机床由________、________、________、工作液循环过滤系统等组成。

5.电火花加工中的工艺指标包括________和加工精度、________、________、________等，影响因素有________和非电参数。

6.电参数主要有________、脉冲间隔、________、峰值电流、________等，非电参数主要有________、流量、________、抬刀频率、________、平动量等。

7.电规准中对加工影响最大的三个参数是________、________和________。

8.电火花型腔加工常用的电极材料主要有________和________，特殊情况下也可采用铜钨合金与银钨合金电极。

9.电火花加工用的纯铜必须是________的电解铜，最好经过锻打，未经锻打的纯铜做电极时电极损耗________。

10.电火花型腔加工的工具电极在设计时通常包括工具电极的________、________、排气及排屑结构、________、底座。

11.电火花加工的原理是基于________________之间脉冲性火花放电的电腐蚀现象来蚀除多余的金属，从而达到尺寸加工成形质量的预定要求。

12.我国把电火花加工分为两大类，即________________和电火花线切割。

13.________是影响电火花加工精度的一个主要因素，也是衡量电规准参数选择得是否合理以及电极材料的加工性能好坏的一个重要指标。

14.用粗规准加工时，被加工表面粗糙度 Ra 值小于________ μm。

15.常用的电极结构有________、组合电极、镶拼式电极。

16.当正极的蚀除速度大于负极时，工件应接________。

17.精规准用来进行精加工，多采用较________的电流峰值。

18.电火花操作人员必须站在________上进行工件加工操作，加工过程中不可碰触工具电极。

19.放电加工时，工作液面要高于工件一定距离，一般为________，如果液面过低、加工电流较大，很容易引起火灾。

20.平动是指________横向进给加工，摇动是指坐标工作台横向进给加工。

21.采用冲、抽油方式进行排渣与________，可以使电火花成形加工过程稳定。

(二)选择题

1.模具零件在淬火后其表面硬度可达 50HRC 以上，采取(　　)可不受材料硬度的影响。

A.机加工　　B.电火花加工　　C.手动加工

2.电极损耗在各个部位是不均匀的，通常在同一电极上(　　)。

A.角损耗＞端面损耗＞边损耗　　B.边损耗＞角损耗＞端面损耗

C.端面损耗＞边损耗＞角损耗　　D.角损耗＞边损耗＞端面损耗

3.在电规准三个参数中，增大(　　)将提高生产率。

A.脉冲宽度　　B.脉冲间隔　　C.脉冲峰值电流

4.工具电极为铜、加工材料为钢时，要获得较好的表面粗糙度，必须选用(　　)的脉冲宽度和(　　)的脉冲间隔。

A.较窄　　B.较宽　　C.较大　　D.较小

5. 电火花加工过程中，电极用于传输电脉冲和蚀除工件材料，而电极本身一般(　　)。

A. 不损耗　　B. 损耗较少　　C. 损耗较多

6. 电火花机床相对于工作台(　　)方向为 X 轴，向(　　)为 X 轴正向，向(　　)为 X 轴负向。

A. 左右　　B. 前后　　C. 右　　D. 左

7. 电火花机床相对于工作台(　　)方向为 Y 轴，向(　　)为 Y 轴正向，向(　　)为 Y 轴负向。

A. 左右　　B. 前后　　C. 前　　D. 后

8. 下列不是模态指令的是(　　)。

A. G00　　B. G01　　C. G04　　D. G03

9. 电火花加工的脉冲参数一般是加工中脉冲电源上选取的电参数，如(　　)、脉冲间隔、峰值电流、工作电压、脉冲波形、加工极性等。

A. 脉冲宽度　　B. 加工速度　　C. 电极损耗　　D. 表面粗糙度

10. 要提高电加工的工件表面质量，应考虑(　　)。

A. 使脉冲宽度增大　　B. 使脉冲峰值电流减小

C. 使单个脉冲能量增大　　D. 使放电间隙增大

11. 影响极性效应的主要因素有(　　)。

A. 峰值电流　　B. 电极材料

C. 工件材料的硬度　　D. 放电间隙

12. 电火花加工冷冲模凹模的优点有(　　)。

A. 可让原来镶拼结构的模具采用整体模具结构

B. 型孔小圆角改成了小尖角

C. 刃口反向斜度大

D. 较易加工出高精度的型腔

13. 为提高电火花加工的生产率，应采取的措施不合理的是(　　)。

A. 减小单个脉冲能量　　B. 提高脉冲频率

C. 增加单个脉冲能量　　D. 合理选用电极材料

(三)判断题

1. 电火花加工与加工材料的热学性能有关，几乎与材料的硬度、韧性等机械性能无关。(　　)

2. 电火花加工电极和工件之间没有相对切削运动，存在机械加工时的切削力。(　　)

3. 电火花加工可以实现加工过程自动化。(　　)

4. 电火花加工效率比普通机械加工高。(　　)

5. 电火花加工靠电、热来蚀除金属。(　　)

6. 脉冲宽度对表面粗糙度的影响比脉冲峰值电流稍大一些。(　　)

7. 石墨电极的加工稳定性较好，但在粗加工或窄脉宽的精加工时电极损耗很大。(　　)

8. 石墨电极适用于加工蚀除量较大的型腔，由于其粗加工可达到很高的生产率，因此可以不对工件进行预加工。（　）

9. 目前应用的地址程序格式是一种可变程序段格式，在一个程序段内数据字的数目以及字的长度（位数）都是可以改变的。（　）

10. 模态指令在程序执行过程中一直有效，直至出现同一组的另一 G 代码为止。（　）

11. 电火花线切割加工时禁止用手接触运丝机构，但是可以用手接触正在加工的工件。（　）

12. 电火花加工必须采用脉冲电源。（　）

13. 通常在电火花生产中，人们把工件接在脉冲电源的正极（工具电极接负极）时，称为正极加工。（　）

14. 电火花加工误差的大小与放电间隙的大小有极大的关系。（　）

15. 脉冲放电后，应有一间隔时间，使极间介质消电离，以恢复两极间液体介质的绝缘强度，准备下次脉冲击穿放电。（　）

16. 电火花加工一般是根据工件材料的技术要求来选择工具电极材料的，常用石墨、铜（黄铜、纯铜）、铜钨合金、银钨合金等熔点、汽化点低的材料做电极。（　）

17. 极性效应较显著的加工，可以使工具电极损耗较少，加工生产率较高。（　）

18. 电规准决定着每次放电所形成的凹坑大小。（　）

19. 极性效应越显著，工具电极损耗就越大。（　）

20. 脉冲宽度及脉冲能量越大，放电间隙越小。（　）

21. 加工精度与放电间隙的大小、稳定性和均匀性有关。放电间隙越小、越稳定、越均匀，加工精度越高。（　）

22. 在实际使用中可任意选择导电材料作为电极材料。（　）

23. 凹模型孔加工中通常只要用一个电规准就可完成全部加工。（　）

24. 冲模电火花粗加工时排屑较难，冲油压力应大些。（　）

25. 电极的制造一般是先进行普通机械加工，然后进行成形磨削。（　）

26. 精加工一般选用脉冲宽度为 2～20 μs 的小峰值电流（2～4 A）进行加工。一般情况下，电极损耗较少（达到 10%）。（　）

27. 摇动加工可以加工出清棱、清角的侧壁和底边。（　）

28. 无柄电极的水平定位面在加工制作时与工具电极的成形部位使用同一工艺基准。（　）

29. 非独立式脉冲电源一般分为低频脉冲电源（即回转式脉冲电源）和高频脉冲电源（即静止式脉冲电源）。（　）

30. 在制造电极时，电极轴线必须与电极固定板基准面垂直，校正时用百分表保证电极固定板基准面与工作台平行，保证电极与工件对正。（　）

31. 一般情况下，用石墨电极加工钢件时，最高电流密度为 3～5 A/cm^2，用紫铜电极加工钢件时可稍小些。（　）

六 拓展知识

(一)密封圈模具的电火花成形铣削

图 5-31 所示为汽车插接器密封圈,其材料为硅橡胶 6144,其特点是流动性好、硬度低、硫化速度快,采用开放式压制成形模具成形。

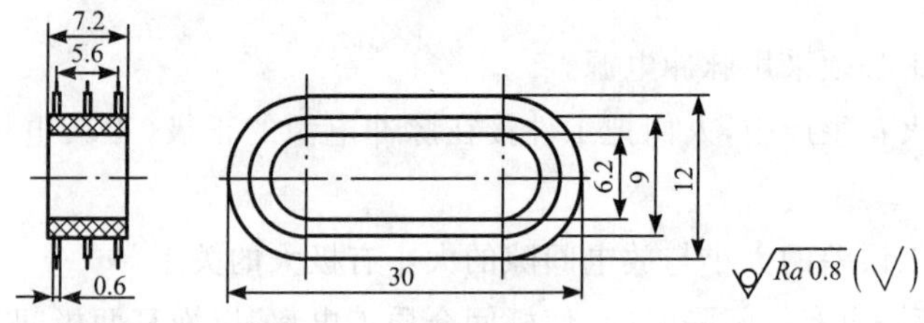

图 5-31 汽车插接器密封圈

压制模具虽然结构简单,但加工难度较大,难点在于环形凸筋所对应的 0.6 mm 环形槽的加工。图 5-32 所示为模板局部结构尺寸,0.6 mm 环形槽属于成形面,对尺寸精度及表面粗糙度有较高要求,如果采用机械切削加工,则需使用图 5-33 所示的成形铣刀。

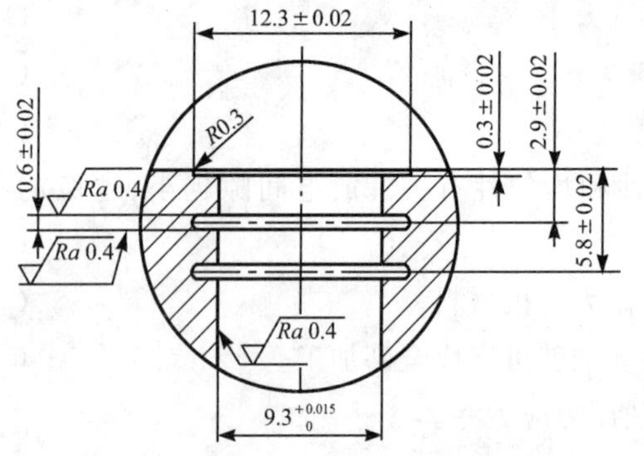

图 5-32 模板局部结构尺寸

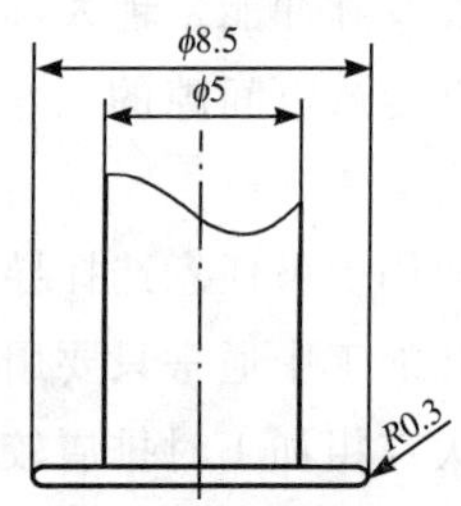

图 5-33 成形铣刀

由于刀具切削刃薄,刚性较差,加工时振动大,难以保证加工质量,且加工后侧凹槽无法抛光,因此采用电火花加工。工序为:线切割加工型孔—电火花半精加工型腔—电火花精加工型腔,半精加工后留 0.05 mm 精加工余量。对于无法抛光的侧凹槽,要求电火花精加工后的表面为最终表面。为保证尺寸精度及表面粗糙度要求,在工艺上采取了以下几项措施:

(1)选择 SKD61 作为模板材料,这是精密注塑模具常用的材料,其电火花加工性能好,容易实现镜面加工。电火花加工时电极材料采用紫铜,其导电性能优良、质地均匀、放电稳定、加工性能好。

(2)精加工采用混粉加工工艺,它与普通电火花加工的最大区别是在工作液中均匀地加入导电微粉(如硅粉、铝粉),使工作液绝缘性能和击穿电压下降;在同样电规准的情况下,其放电间隙比普通工作液大,可以采用更小的电规准进行精加工。

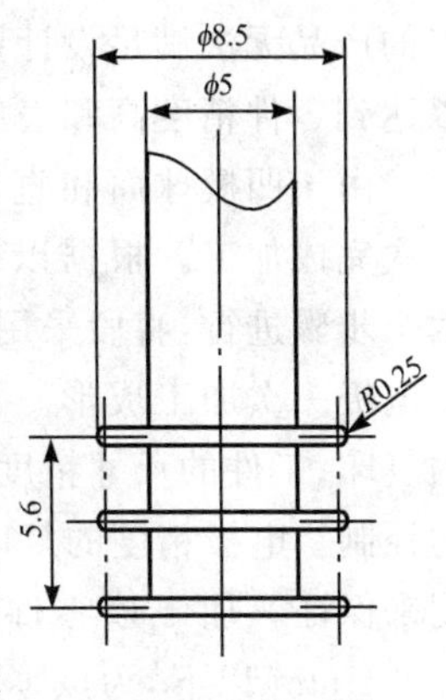

图 5-34　精加工电极

(3)应用电火花成形铣削工艺精加工电极的设计方案如图 5-34 所示,放电间隙取单侧 0.05 mm。电极设计成回转体,类似于成形铣削时的成形铣刀。工作时电极自转,工件在水平面内 X、Y 两个坐标方向做轨迹合成运动。回转电极母线根据要加工的工件侧壁轮廓设计,尺寸为工件轮廓缩放放电间隙;回转半径根据工件水平投影的最小圆角半径设计,应保证不会过切。X 和 Y 两个坐标方向作轨迹合成运动,根据工件水平面轮廓编写相应程序。这种将电火花加工的仿形法与展成法相结合的方法,称为电火花成形铣削。

(4)电火花加工遵循由粗加工到半精加工、再到精加工的逐步进行的过程。粗加工电规准较大,采用负极性加工;精加工电规准较小,采用正极性加工。精加工的单个脉冲能量越小,加工表面粗糙度值就越小。但脉冲能量过小,加工时间会很长。采用混粉加工后,因为工作液绝缘性能降低,故在小脉宽条件下更容易击穿工作液,形成放电通道;减小脉冲宽度,使脉冲频率增加,加工效率可以提高。同时,由于导电微粒对放电通道的分散效应,可以选用较大的脉冲峰值电流进行加工,也可以提高效率。工作液的混粉浓度也是一个重要的参数,加工中选用的工作液是硅粉浓度为 20 g/L 的煤油,硅粉微粒直径为 10 μm。电加工的工艺参数及加工后的表面粗糙度见表 5-6。

表 5-6　电加工的工艺参数及加工后的表面粗糙度

序号	脉冲宽度/μs	脉冲峰值电流/A	加工极性	粉末	表面粗糙度 *Ra* 值/μm
1	350	30	负		10
2	210	18	负		7
3	130	12	负		5
4	70	9	负		3
5	20	6	正		2
6	6	4	正	硅粉	1.3
7	4	3	正	硅粉	0.6
8	2	2	正	硅粉	0.32

加工后应进行测量,使尺寸精度及表面粗糙度符合设计要求。型腔表面变质层厚度为 5～6 μm,表面显微硬度达 875HV,耐蚀性良好,耐疲劳性能与机械加工的表面相近,满足模具使用要求。混粉加工与电火花成形铣削相结合,运用在型腔精加工阶段,多项工艺指标如型腔表面粗糙度、加工速度、表面质量以及工具损耗等,均比普通电火花加工有很大提高。且在较高的加工速度下提高了模具加工精度及表面质量,达到镜面加工的效果,使电火花加工可以作为模具型腔的最终精加工工序。

(二)成形模具中高精度凹模的电火花加工

密封圈模具的凹模如图 5-35 所示,其材料为模具钢,要求在热处理(淬火后的硬度为 65～70HRC) 后加工。该零件型面的尺寸精度、形位精度以及表面粗糙度要求非常高,其中球面轮廓度为 0.01 mm,球面尺寸为 $SR18^{+0.012}_{0}$,表面粗糙度 *Ra* 值为 0.2 μm;直段内径为 $\phi35^{+0.018}_{0}$,表面粗糙度 *Ra* 值为 0.2 μm。该零件采用常规的加工方法无法加工或者加工出来的产品无法满足设计要求。由于该零件的材料是模具钢，因此可以考虑采用电火花加工，以达到零件精度高和表面粗糙度高的要求。

由于凹模球面和直段都具有很高的尺寸精度，因此无法一次完成加工。根据以往的加工经验，可将型腔的加工分为两个步骤进行：直段采用圆柱电极平动加工；球形型腔采用球形电极一次加工成形。加工中需要解决以下问题：电极精度的复印；工件的尺寸精度和形位精度的控制；工件表面光洁度的控制。电极精度的复印主要由主轴回转精度和电极制造精度来保证。加工该零件所采用的电火花机床的主轴跳动在0.001 mm 以下，为该零件的生产打下了基础。

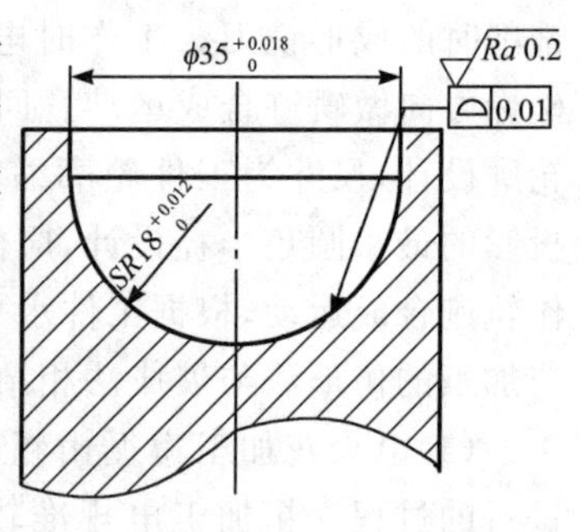

图 5-35 密封圈模具的凹模

1. 电极尺寸精度和形位精度的控制

为了保证凹模型面的精度，在确定电极时，要考虑的因素有电极表面粗糙度、电极球面的轮廓度、电极球面半径及其公差。根据分析，设计了图 5-36 所示的电极。其中电极柄部与电火花机床的主轴连接，要求柄部圆柱度在 0.01 mm 以内。电极球面的轮廓度要不小于凹模型面的轮廓度，因此要达到与凹模一样的轮廓度要求。同时，由于在加工过程中电极旋转，所以要求电极球面与柄部有较好的同轴度（控制在 0.01 mm 以内），这样电极旋转时才能减小电极跳动对凹模型面的影响。另外，在加工过程中发现，电极粗糙度与工件粗糙度没有直接的对应关系。电极表面粗糙度 *Ra* 值应控制为0.8 μm。

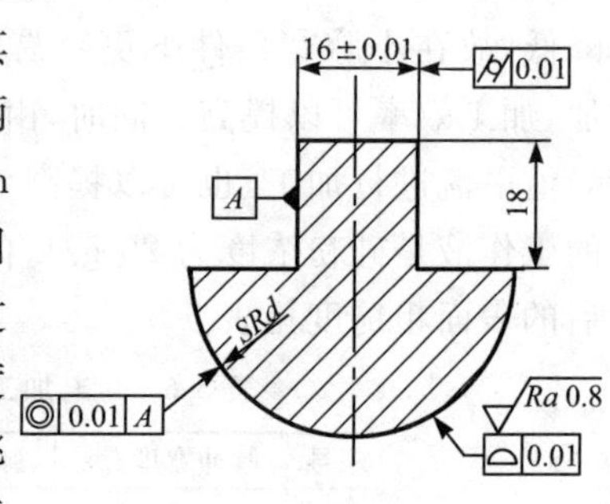

图 5-36 凹模电极

2. 工艺参数的确定

根据加工余量不同，可将加工分为粗加工、半精加工和精加工，以此确定电极球面半径及其公差。粗加工 *SR*17.85±0.05，半精加工 *SR*17.95±0.03，精加工 *SR*17.98±0.01。加工前，使用高精度弹簧夹头夹持电极柄部并找正，找正精度控制在 0.01 mm 以内，这样能很好地保证电极与主轴头的同轴度，减小加工过程中电极旋转对凹模的影响。

3. 凹模表面粗糙度的控制

凹模表面粗糙度 *Ra* 值要求为 0.2 μm，因此在满足精度要求的条件下，电加工过程中的表面粗糙度要尽可能地高。通过对电火花放电机理的研究，采用混粉电火花加工的方法。通过在电火花加工液中加入一定量的粉末，可以明显提高零件的表面光洁度。在精加工的过程中停止冲液，使放电产生的微细颗粒悬浮在电极与工件之间，此时改变电解液的导电性能将导致二次放电的发生，达到混粉加工的效果。同时，在精加工过程中调整并优化放电参数（脉冲宽度、脉冲时间）及主轴转速等，以使加工效果最优。加工完成后，发现残留在凹模表面的电蚀产物会影响凹模型面的光洁度，根据多年电火花加工的经验，可采取用手辅助打掉电腐蚀层的方法，以取得较好的加工效果，表面粗糙度 *Ra* 值从 0.4 μm 降低到 0.2 μm。

七　讨论题

1.电火花加工的物理过程分为哪几个阶段?

2.电火花加工有何优缺点?

3.排气孔的确定原则有哪些?

4.电火花成形加工设备必须具备哪些条件?

5.简述电火花加工的主要用途。

6.提高脉冲频率是提高生产率的有效方法,是否脉冲频率越高越好?为什么?

7.简述紫铜(纯铜)电极、石墨电极、铸铁电极、钢电极、黄铜电极和铜钨合金电极的特点。

8.型腔电火花加工用的电极为何要设排气孔和冲油孔?

9.脉冲宽度对电火花加工的正、负极选择有何影响?其影响机理是什么?

10.写出凹模电火花成形加工型孔的工序方案。

11.常用型腔电火花加工的工艺方法有哪些?各有何特点?

12.简述电火花成形加工和穿孔加工相比所具有的特点。

13.使用阶梯电极有何特殊作用?

14.试说明用二次电极法加工型孔的工作过程及用途。

15.型腔电火花加工时,如何进行电规准的选择与平动量的分配?

16.电火花穿孔加工时,电规准的选择应注意哪些问题?

项目六 齿轮落料凹模线切割加工

知识目标

- 掌握数控电火花线切割机床的工作原理。
- 掌握数控电火花线切割加工的插补原理。
- 掌握电规准中相关参数的含义。
- 掌握线切割基本工艺规律和对精度、效率的影响因素。

能力目标

- 具有编写数控电火花线切割程序的能力。
- 具有正确选择电规准的能力。
- 具有熟练操作数控电火花线切割机床的能力。

一 项目导入

齿轮落料凹模的材料为Cr12MoV，热处理硬度为59～61HRC。图6-1所示为齿轮零件图，其落料凹模按齿轮轮廓尺寸下偏差加工。设计的凹模零件图如图6-2所示，齿形的节点坐标如图6-3所示。

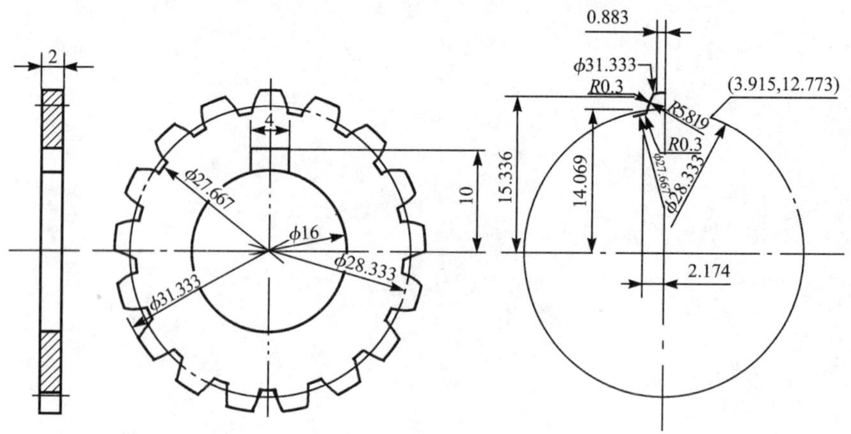

图6-1 齿轮零件图

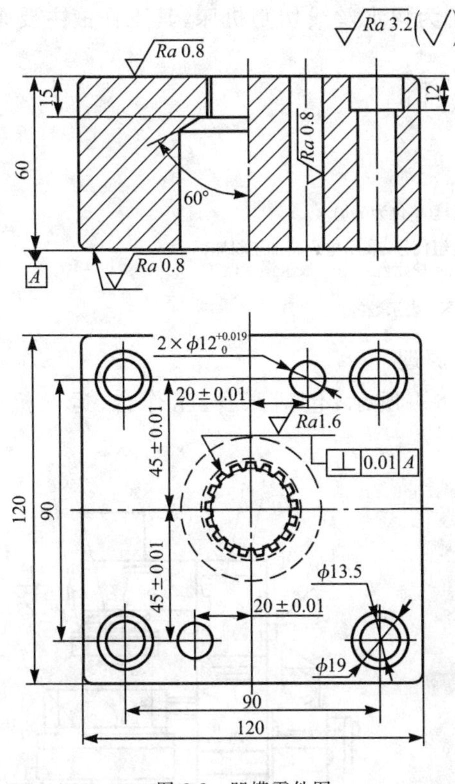

图 6-2　凹模零件图

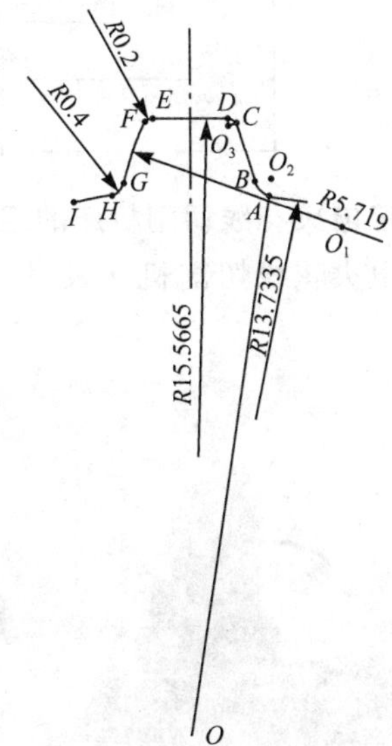

图 6-3　齿形的节点坐标

二　项目分析

齿轮落料凹模是一个形状复杂、精度较高的通孔零件，适合采用电火花线切割加工，能够达到零件的精度要求。

采用电火花线切割加工，就必须掌握电火花线切割加工工艺，设计合理的电规准，编制正确的程序，精准地操作电火花线切割机床。

三　必备知识

(一)数控电火花线切割机床的操作

数控电火花线切割机床利用电腐蚀加工原理，采用金属丝作为工具电极切割工件。电火花线切割(Wire Electrical Discharge Machining，简写为 WEDM)简称为线切割加工，属于电火花加工的一个分支，它是移动金属丝电极，在电极丝和工件之间产生火花放电，并同时按所要求的形状驱动电极丝来加工工件的。

数控电火花线切割机床按走丝速度可分为慢走丝线切割机床和快走丝线切割机床两种。走丝速度为 8～10 m/s 的为快走丝线切割机床，其工作液通常采用 5%左右的乳化液和去离子水等；走丝速度为 10～15 m/min 的为慢走丝线切割机床，其工作液主要是去离子水和煤油。

数控电火花线切割机床的型号表示方法如下：

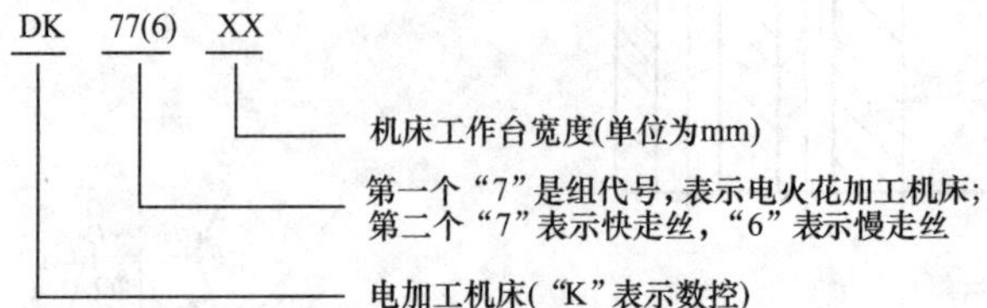

1. 数控电火花线切割机床的组成与工作原理

数控电火花线切割机床及其组成如图 6-4 所示，包括床身、工作台、运丝机构、电气柜等。

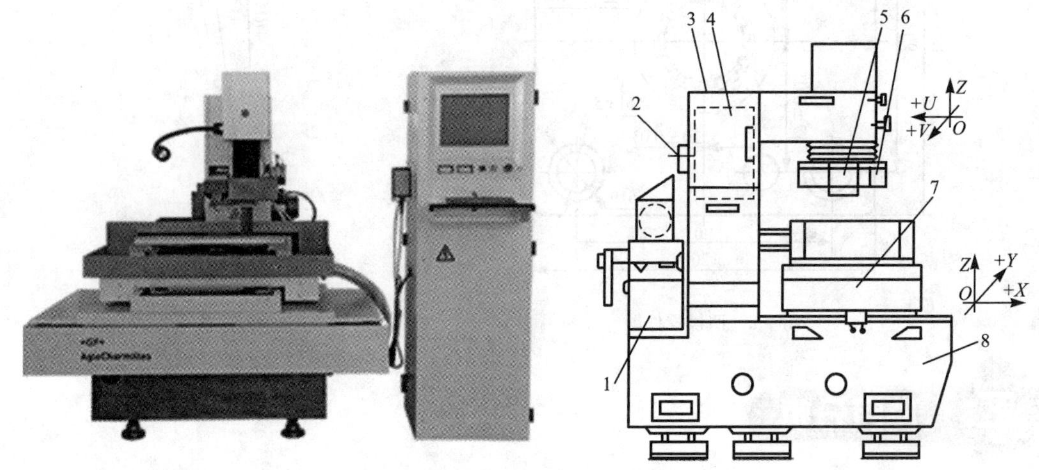

图 6-4 数控电火花线切割机床及其组成

1—储丝筒；2—储丝筒操作面板；3—立柱；4—机床电气柜；5—上导轮部分；6—斜度切割装置；7—工作台；8—床身

(1)快走丝线切割机床的结构

①机床本体

机床本体主要由床身、工作台、运丝机构和丝架等组成。

• 床身是支承和固定工作台、运丝机构等的基体。因此，要求床身具有一定的刚度和强度，故一般采用箱体式结构。床身里面装有机床电气系统、脉冲电源、工作液循环系统等元器件。

• 电火花线切割机床上采用的坐标工作台大多为 X、Y 方向线性运动。不论是哪种控制方式，电火花线切割机床最终都是通过坐标工作台与丝架的相对运动来完成零件加工的。坐标工作台应具有很高的坐标精度和运动精度，而且要求运动灵敏、轻巧，一般都采用十字滑板、滚珠导轨，传动丝杠和螺母之间必须消除间隙，以保证滑板的运动精度和灵敏度。

• 在快走丝线切割加工时，电极丝需要不断地往复运动，这个运动是由运丝机构来完成的。最常见的运丝机构是单滚筒式，电极丝绕在储丝筒上，通过储丝筒做周期性的正反旋转使电极丝高速往返运动。储丝筒轴向往复运动的换向及行程的长短由无触点接近开关及其撞杆控制(图 6-5 中的 5、4)，调整撞杆的位置即可调节行程的长短。这种形式的运丝机构的优点是结构简单、维护方便，因而应用广泛；其缺点是绕丝长度小，电动机正反转频繁，电极丝张力不可调。

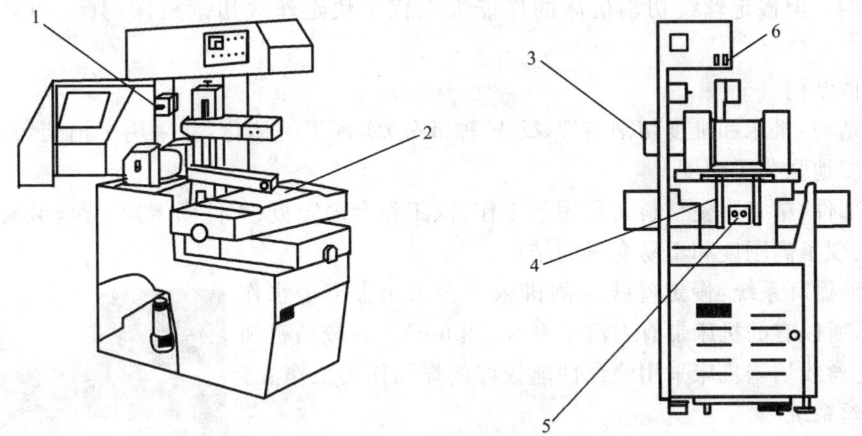

图 6-5　快走丝线切割机床的结构

1—上丝机构；2—工作台；3—储丝筒电动机；4—撞杆；5—接近开关；6—运丝启停开关

• 运丝机构除上面所叙述的内容外，还包括丝架。丝架主要是在电极丝快速移动时对电极丝起支承作用，并使电极丝工作部分与工作台平面保持垂直。为获得良好的工艺效果，上、下丝架之间的距离应尽可能小。

为了实现锥度加工，最常见的方法是在上丝架的上导轮上加两个小步进电动机，使上丝架上的导轮做微量坐标移动（又称 U、V 轴移动），其运动轨迹由计算机控制。

②脉冲电源

电火花线切割加工的脉冲电源与电火花成形加工的脉冲电源在原理上相同，但受加工表面粗糙度和电极丝允许承载电流的限制，电火花线切割加工脉冲电源的脉宽较窄（2～60 μs），单个脉冲能量、平均电流（1～5 A）一般较小，所以总是采用正极性加工。

③数控系统

数控系统在电火花线切割加工中起着重要作用，具体体现在两方面：

• 轨迹控制作用。它精确地控制电极丝相对于工件的运动轨迹，使零件获得所需的形状和尺寸。

• 加工控制。它能根据放电间隙的大小与放电状态控制进给速度，使之与工件材料的蚀除速度相平衡，以保持正常、稳定的线切割加工。

目前绝大部分机床采用数字程序控制，并且普遍采用绘图式编程技术，操作者首先在计算机屏幕上画出要加工的零件图形，线切割专用软件（如 YH 软件、北航海尔的 CAXA 线切割软件等）会自动将图形转化为 ISO 代码或 3B 代码等线切割程序。

④工作液循环系统

工作液循环与过滤装置是电火花线切割机床不可缺少的一部分，其主要包括工作液箱、工作液泵、流量控制阀、进液管、回液管和过滤网罩等。工作液的作用是及时地从加工区域中排除电蚀产物，并连续充分供给清洁的工作液，以保证脉冲放电过程稳定而顺利地进行。目前绝大部分快走丝线切割机床的工作液是专用乳化液。乳化液种类繁多，大家可根据相关资料正确选用。

(2)慢走丝线切割机床的结构

同快走丝线切割机床一样,慢走丝线切割机床也是由机床本体、脉冲电源、数控系统等部分组成的。但慢走丝线切割机床的性能大大优于快走丝线切割机床,其结构具有以下特点:

①主体结构

机头结构:机床和锥度切割装置(*U*、*V* 轴部分)实现了一体化,并采用了桁架铸造结构,从而大幅度地强化了刚度。

主要部件:精密陶瓷材料大量用于工作臂、工作台固定板、工件固定架、导丝装置等主要部件上,实现了高刚度和不易变形的结构。

工作液循环系统:慢走丝线切割机床大多采用去离子水作为工作液,所以有的机床带有去离子系统(图 6-6)。在较精密加工时,慢走丝线切割机床采用绝缘性能较好的煤油作为工作液。

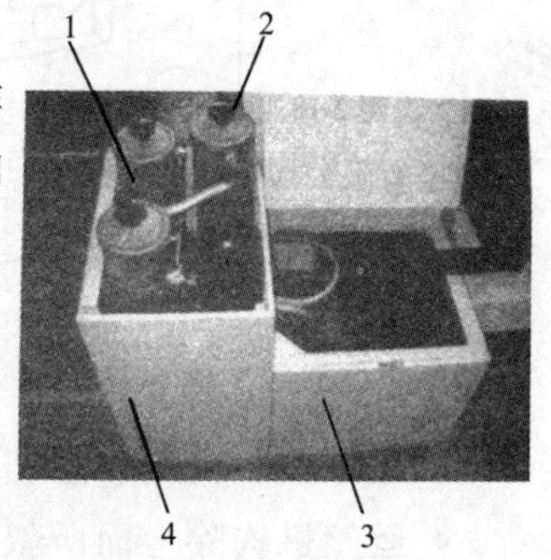

图 6-6 去离子系统

1—滤芯;2—过滤筒;3—污水筒;4—洁水筒

②走丝系统

慢走丝线切割机床的电极丝在加工中是单方向运动(即电极丝是一次性使用)的。在走丝过程中,电极丝由储丝筒出丝,由电极丝输送轮收丝。慢走丝系统(图 6-7)一般由储丝筒、导丝轮、导向器、张紧轮、压紧轮、圆柱滚轮、断丝检测器、电极丝输送轮、其他辅助件(如毛毡、毛刷)等组成。

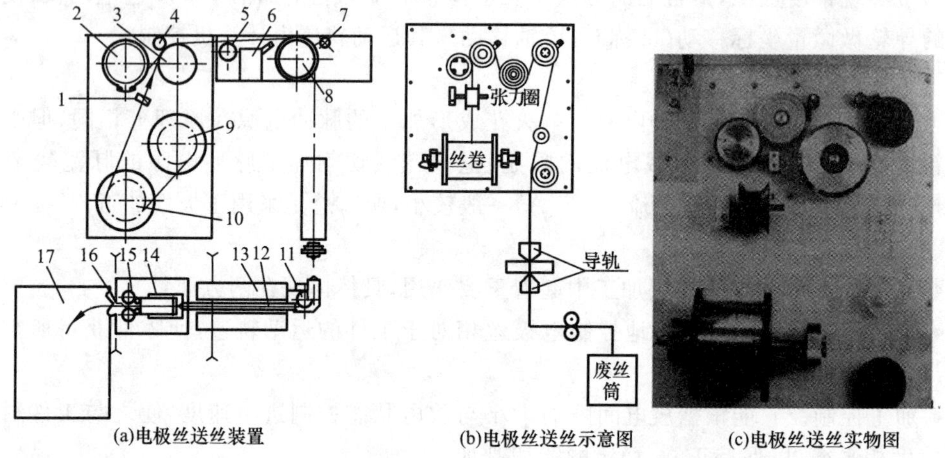

图 6-7 慢走丝系统

1—导向孔模块;2、8、11—滚轮;3—张紧轮;4—压紧轮;5—毛毡;6—断丝检测器;7—毛刷;9—储丝筒;10—圆柱滚轮;12—导丝轮;13—下臂;14—接丝装置;15—电极丝输送轮;16—废丝孔模块;17—废丝筒

(3)快走丝线切割加工的原理、特点和应用范围

①快走丝线切割加工的原理

电火花线切割加工不用成形的工具电极,而是利用一个连续沿其轴线行进的细金属丝作工具电极,并在金属丝与工件间通以脉冲电流,使工件产生电蚀而进行加工。

快走丝线切割加工原理如图 6-8 所示,利用工具电极丝在工件上接通脉冲电源,电极丝穿过工件上预钻好的小孔,经导向轮由储丝筒带动做往复移动。工件安装在工作台上,由数控装置按加工要求发出指令,控制两台步进电动机带动工作台在水平 *X*、*Y* 两个坐标方向移动而合成任意曲线轨迹，工件即被切割成所需要的形状。加工时，由喷嘴将工作液以一定的压力喷向加工区，当脉冲电压击穿电极丝和工件之间的放电间隙时，两极之间即产生电火花放电而蚀除工件。

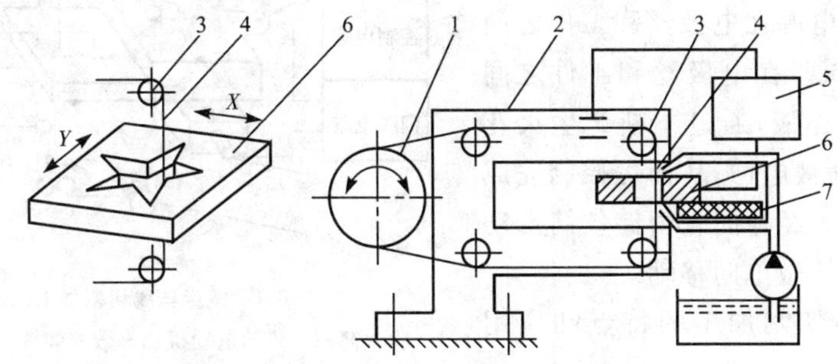

图 6-8　快走丝线切割加工原理

1—储丝筒；2—支架；3—导向轮；4—工具电极丝；5—脉冲电源；6—工件；7—绝缘地板

②快走丝线切割加工的特点

• 不需要制造成形电极，工件材料的预加工量少。

• 由于采用移动的长电极丝进行加工，单位长度电极丝损耗较少，对加工精度影响小。

• 电极丝材料不必比工件材料硬，可以加工难切削的材料，例如淬火钢、硬质合金等。

• 由于电极丝很细，故能够方便地加工具有复杂形状、微细异型孔、窄缝等的零件；又由于切缝很窄，故零件切除量少，材料损耗少，可节省贵重材料，成本低。

• 由于加工中电极丝不直接接触工件，故工件几乎不受切削力，适宜加工低刚度工件和细小零件。

• 直接利用电、热能加工，可以方便地对影响加工精度的参数（脉冲宽度、间隔、电流等）进行调整；有利于加工精度的提高，操作方便，加工周期短；便于实现加工过程中的自动化。

③快走丝线切割加工的应用范围

• 模具加工。绝大多数冲裁模具都采用线切割加工制造，如冲模，包括大、中、小型冲模的凸模、凹模、固定板、卸料板、粉末冶金模、镶拼型腔模、拉丝模、波纹板成形模、冷拔模等。

• 特殊形状、难加工零件，如成形刀具、样板、轮廓量规；加工微细孔槽、任意曲线、窄缝，如异形喷丝板、射流元件、激光器件、电子器件等的微孔与窄缝。

• 特殊材料的加工。各种特殊材料和特殊结构的零件，如电子器件、仪器仪表、电机电器、钟表等零件以及凸轮、薄壳器件等。

• 贵重材料的加工。各种导电材料，特别是稀有贵重金属的切断；各种特殊结构工件的切断。

• 可多件叠加起来加工，能获得一致的尺寸。

• 可制造电火花成形加工用的粗、精工具电极。如形状复杂、带穿孔、带锥度的电极等。

• 新产品试制。

(4)慢走丝线切割加工的原理、特点和应用范围

①慢走丝线切割加工的原理

慢走丝线切割加工是利用铜丝作电极丝，靠火花放电对工件进行切割，如图 6-9 所示。在加工中，一方面经导向轮由储丝筒带动电极丝相对工件不断做上下单向移动；另一方面，

安装工件的工作台由数控伺服 X 轴电动机和 Y 轴电动机驱动，在 X、Y 轴实现切割进给，使电极丝沿加工图形的轨迹对工件进行加工。脉冲电源在电极丝和工件之间加上脉冲电流，同时在电极丝和工件之间浇注去离子水工作液，通过不断产生火花放电，使工件不断被电蚀，从而可控制完成工件的尺寸加工。经导向轮由储丝筒带动电极丝相对于工件做单向移动。

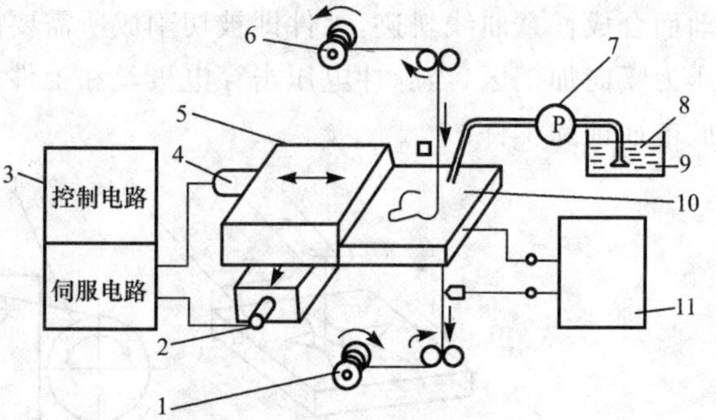

图 6-9 慢走丝线切割加工的原理

1—收丝筒；2—Y 轴电动机；3—数控装置；4—X 轴电动机；5—工作台；6—储丝筒；7—泵；8—去离子水；9—工作液箱；10—工件；11—脉冲电源

②慢走丝线切割加工的特点和应用范围

• 不需要制造成形电极，用一个细电极丝作为电极，按一定的线切割程序进行轮廓加工，工件材料的预加工量少。

• 电极丝的张力均匀恒定，电极丝运行平稳，重复定位精度高，可进行二次或多次线切割，从而提高了加工效率，使加工表面粗糙度 Ra 值降低，最佳表面粗糙度 Ra 值可达 0.05 μm。尺寸精度大为提高，加工精度已稳定达到±0.001 mm。

• 可以使用多种规格的金属丝进行线切割加工，尤其是贵重金属，可采用直径较细的电极丝，能节约不少贵重金属。

• 慢走丝线切割机床采用去离子水作为冷却液，因此不必担心发生火灾，有利于实现无人化连续加工。

• 慢走丝线切割机床配用的脉冲电源峰值电流很大，切割速度最高可达40 mm^2/min。不少慢走丝电火花线切割机床的脉冲电源配有精加工回路或无电解作用加工回路，特别适合微细超精密工件的线切割加工，如模数为 0.055 mm 的微小齿轮的加工等。

• 有自动穿丝、自动切断电极丝运行功能，即只要在工件上留有加工工艺孔，就能在一个工件上进行多工位的无人连续加工。

• 采用单向运丝，即新的电极丝只一次性通过加工区域，因而电极丝的损耗对加工精度几乎没有影响。

• 加工精度稳定性高，切割出的锥度表面平整、光滑。

慢走丝线切割广泛应用于精密冲模、粉末冶金压模、样板、成形刀具及特殊、精密零件的加工。

2. 数控电火花线切割机床的操作

(1)常见功能

①模拟加工功能。模拟显示加工时电极丝的运动轨迹及其坐标。

②短路回退功能。加工过程中若进给速度太快而电腐蚀速度较慢，则在加工时会出现短路现象，控制器会改变加工条件并沿原来的轨迹快速后退，消除短路，防止断丝。

③回原点功能。遇到断丝或其他一些情况需要回到起割点，可用此操作。

④单段加工功能。加工完当前段程序后自动暂停，并有相关提示信息，如“单段停止！”。此功能主要用于检查程序每一段的执行情况。

⑤暂停功能。暂时中止当前的功能(如加工、单段加工、模拟、回退等)。

⑥MDI 功能。采用手动数据输入方式输入程序，即可通过操作面板上的键盘把数控指令逐条输入存储器中。

⑦进给控制功能。能根据加工间隙的平均电压或放电状态的变化，通过取样、变频电路不断地定期向计算机发出中断申请，自动调整伺服进给速度，保持平均放电间隙，使加工稳定，提高切割速度和加工精度。

⑧间隙补偿功能。线切割加工数控系统所控制的是电极丝中心移动的轨迹，因此，加工零件时有补偿量，其大小为单边放电间隙与电极丝半径之和。

⑨自动找中心功能。电极丝能够自动找正后停在孔中心处。

⑩信息显示功能。可动态显示程序号、计数长度、电规准参数、切割轨迹图形等参数。

⑪断丝保护功能。在断丝时，控制机器停在断丝坐标位置上等待处理，同时高频停止输出脉冲，储丝筒停止运转。

⑫停电记忆功能。可保存全部内存加工程序，当前没有加工完的程序可保持 24 小时以内，随时可停机。

⑬断电保护功能。在加工时如果突然发生断电，系统会自动将当时的加工状态记下来。在下次来电加工时，系统自动进入自动方式，并提示"从断电处开始加工吗？按 OFF 键退出！按 RST 键继续！"。这时，如果想继续从断电处开始加工，则按下 RST 键，系统将从断电处开始加工，否则按 OFF 键退出加工。

使用该功能的前提是不要轻易移动工件和电极丝，否则来电继续加工时会发生很长时间的回退，影响加工效果甚至导致工件报废。

⑭分时控制功能。可以一边进行切割加工，一边编写另外的程序。

⑮倒切加工功能。从用户编程方向的反方向进行加工，主要用在加工大工件、厚工件时电极丝断丝等场合。电极丝在加工中断丝后穿丝较困难，若从起割点重切则比较耗时间，并且重复加工时间隙内的污物多，易造成拉弧、断丝。此时应采用倒切加工功能，即回到起始点，用倒切加工完成加工任务。

⑯平移功能。主要用在切割完当前图形后，在另一个位置加工同样图形等场合。这种功能可以省掉重新画图的时间。

⑰跳步功能。将多个加工轨迹连接成一个跳步轨迹，可以简化加工的操作过程。如图 6-10 所示，实线为零件形状，虚线为电极丝路径。

图 6-10　轨迹跳步

⑱任意角度旋转功能。可以大大简化某些轴对称零件的编程工艺，如齿轮只需先画一个齿形，然后让它旋转几次，就可完成加工。

⑲代码转换功能。能将 ISO 代码转换为 3B 代码等。

⑳上下异形功能。可加工出上、下表面形状不一致的零件，如上面为圆形、下面为方形等。

(2)操作步骤

数控电火花线切割机床的操作面板如图 6-11 所示。

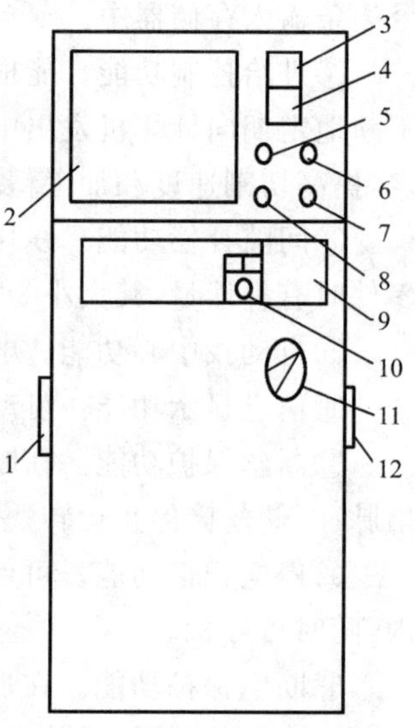

图 6-11 数控电火花线切割机床的操作面板

1—串行通信口;2—彩色显示器;3—电压表;4—电流表;5—急停按钮(红色);6—机床电气按钮(绿色);7—开机按钮(白色);8—关机按钮(红色);9—键盘;10—鼠标;11—电源总开关;12—软盘驱动器

①转动机床电气柜上的电源总开关(红色),按下开机按钮(白色),启动机床的控制系统。

②计算机屏幕上会出现"WELCOME TO BKDC",按任意键进入机床操作的主菜单界面。

③解除机床的急停按钮,再按机床电气按钮(绿色),机床启动完毕。

④用钼丝垂直校正器找正钼丝的垂直度,确保钼丝与工作台垂直。

⑤在工作台上装夹工件,并对工件进行找正。

⑥在机床的主菜单界面下按下开泵功能键,此时冷却液从水嘴喷出。旋转机床床身上的工作液调节旋钮以调节上水嘴和下水嘴的流量大小,应使工作液包裹钼丝为最佳。

⑦在测试子菜单下,按高运丝键启动运丝电动机,钼丝将高速运行;按低运丝键钼丝将低速运行。

⑧在机床的主菜单界面下进入"人工"子菜单,再进入"对边"子菜单,调整工作台运动,使钼丝沿$+X$、$-X$、$+Y$和$-Y$方向移动至与工件轻轻接触,完成对边。

⑨在机床的主菜单界面下,按编程键将启动线切割软件,画图,生成程序。

⑩在"运行"子菜单下进入"画图"子菜单,屏幕上会出现加工工件的图形,可将加工图形等比例缩小或放大显示。

⑪在"运行"子菜单下,按电参数键进入"电参数"子菜单。可按丝速键、电流键、脉宽键和间隔比键,根据工件的加工要求合理地设置电规准。

⑫在"运行"子菜单下,按正向切割键则机床将开启工作液泵,启动运丝电动机,工作台移动,沿编程路径开始加工工件。

⑬加工完毕后取下工件,将工件擦拭干净,再将机床擦干净,工作台表面涂上机油。

(二)线切割编程

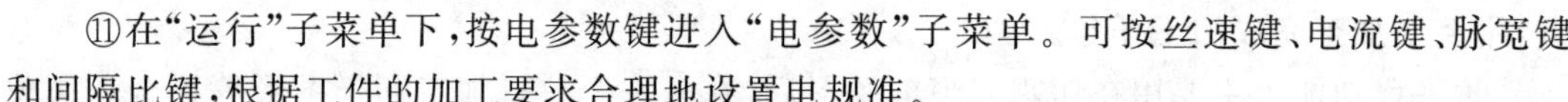

1. 插补原理

零件的外形轮廓通常由直线、圆弧或曲线构成,数控机床要通过数控加工程序以最小的允许误差精确加工出零件轮廓,就必须控制机床各坐标轴以最小量化单位的合成运动去逼近零件轮廓。数控系统按照一定的方法确定刀具运动轨迹的过程叫做插补,能完成插补功能的模块或装置称为插补器。

CNC 装置每输出一个脉冲,机床执行部件的最小位移量称为脉冲当量。插补就是根据零件加工程序中有关几何形状、轮廓尺寸的原始数据及其指令,通过相应的插补运算,计算出轮廓起点与终点之间各中间点的坐标值,通过驱动控制装置向机床各个坐标轴进行脉冲分配,控制伺服电动机驱动刀具相对于工件的运动轨迹,以一定的精度要求逼近工件的外形轮廓尺寸。图 6-12 所示为直线和圆弧的插补过程。

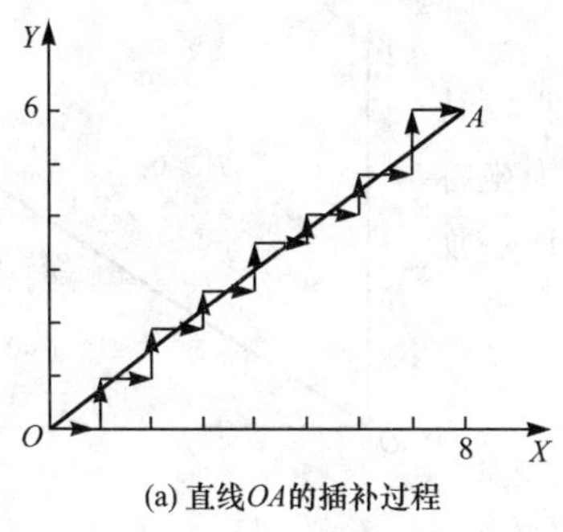

(a) 直线OA的插补过程

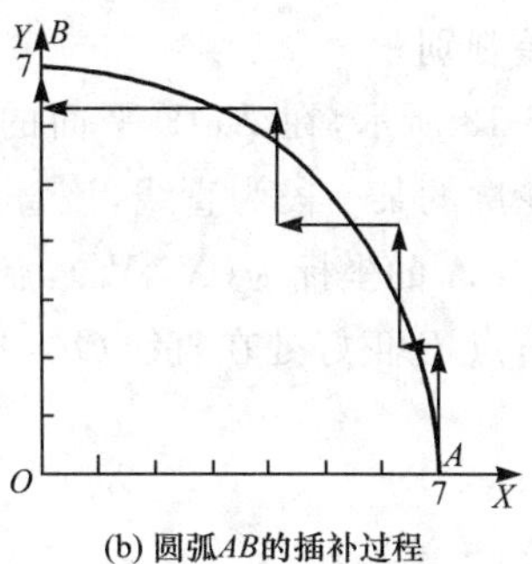

(b) 圆弧AB的插补过程

图 6-12　直线和圆弧的插补过程

对于平面曲线的运动轨迹，需要两个坐标轴联动；对于空间曲线或立体曲面，则要求三个或三个以上坐标轴联动，才能形成其轨迹。

插补方法有很多，早期的数控系统通常采用硬件逻辑电路来完成插补工作，称为硬件插补；目前大多数系统均采用插补程序进行插补，称为软件插补。软件插补结构简单、灵活易变、可靠性好，而硬件插补速度快。实际应用时经常采用粗、精两级插补方式，即用软件插补一小段数据作为粗插补，再用硬件插补方式将小段数据分成单个脉冲输出，即精插补。根据插补计算方法分有数字脉冲增量法和数据采样法。

数字脉冲增量法：CNC 系统在插补计算过程中不断地向各个坐标轴发出互相协调的进给脉冲，驱动各坐标轴进给电动机的运动。其特点是每插补运算一次，最多给每一轴进给一个脉冲，产生一个基本长度单位的移动量，即脉冲当量。输出脉冲的最大速度取决于执行一次插补运算所需的时间。具体的算法主要有逐点比较法、数字积分法等。

数据采样法：位置伺服通过系统及测量装置构成闭环，在每个插补运算周期输出的不是单个脉冲，而是线段数据。系统定时对反馈回路采样，得到的采样数据与插补程序所产生的指令数据相比较后，通过误差信号的输出来驱动伺服电动机。常用的数据采样插补法有时间分割法和扩展数字积分法等。

逐点比较法的基本原理：在刀具按要求轨迹运动加工零件轮廓的过程中，不断比较刀具与被加工零件轮廓之间的相对位置，并根据比较结果决定下一步的进给方向，使刀具向减小偏差的方向进给。

在逐点比较法插补过程中，控制机床运动坐标每走一步均要完成以下工作：

偏差判别：判别加工点对规定几何图形的偏离位置，决定坐标进给方向。

坐标进给：根据判别结果控制坐标进给一步，向规定图形靠拢，缩小偏差。

偏差计算：计算新的加工点对规定图形的偏差，作为下一步判别的依据。

终点判别：判断是否到达程序规定的加工终点，若到达加工终点则停止插补，否则再回到第一步。如此不断重复上述循环过程，就能加工出规定的轮廓形状。

逐点比较法以折线来逼近直线或圆弧，它与规定的直线或圆弧之间的误差在一个脉冲当量以内，因此只要脉冲当量足够小，加工精度就能得到保证。

(1)逐点比较法直线插补

①偏差判别

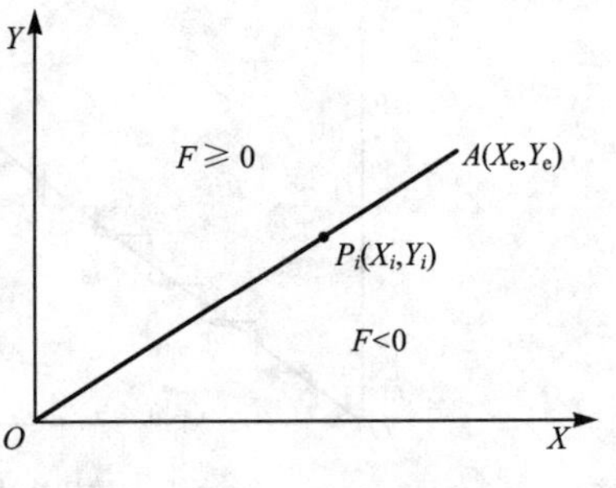

图 6-13 逐点比较法直线插补

如图 6-13 所示,在 XOY 平面的第一象限内,假设待加工零件轮廓的某一段为直线,该直线的加工起点为坐标原点 O,终点 A 的坐标为(X_e,Y_e),点 $P_i(X_i,Y_i)$为任一加工动点。若点 P_i正好处在直线 OA 上,则下式成立:

$$\frac{Y_i}{X_i}=\frac{Y_e}{X_e}$$

即 $X_eY_i-X_iY_e=0$。

若加工动点 $P_i(X_i,Y_i)$在直线 OA 的上方,则下式成立:

$$\frac{Y_i}{X_i}>\frac{Y_e}{X_e}$$

即 $X_eY_i-X_iY_e>0$。

若加工动点 $P_i(X_i,Y_i)$在直线 OA 的下方,则下式成立:

$$\frac{Y_i}{X_i}<\frac{Y_e}{X_e}$$

即 $X_eY_i-X_iY_e<0$。

设偏差函数为 F_i,则

$$F_i=X_eY_i-X_iY_e \tag{6-1}$$

当 $F_i=0$ 时,点 $P_i(X_i,Y_i)$落在直线上;

当 $F_i>0$ 时,点 $P_i(X_i,Y_i)$落在直线的上方;

当 $F_i<0$ 时,点 $P_i(X_i,Y_i)$落在直线的下方。

②坐标进给

由上述分析和式(6-1)可知,当 $F_i>0$ 时,加工动点在给定直线的上方,为使偏差缩小,系统应控制坐标轴在 X 正方向进给一步;当 $F_i<0$ 时,加工动点在给定直线的下方,为使偏差缩小,系统应控制坐标轴在 Y 正方向进给一步;当 $F_i=0$ 时,加工动点与给定直线重合,此时可任意走 X 正方向或 Y 正方向,通常是按 $F_i>0$ 时处理。

③偏差计算

按式(6-1)可计算新加工点的偏差,但要对加工动点 P_i的坐标进行乘法和减法运算,比较繁杂。通常采用递推法来计算新偏差,即利用前一点的加工偏差来推算出下一点的加工偏差,具体算法如下:

当 $F_i\geqslant0$ 时,加工动点向 X 正方向进给一步,即由点 $P_i(X_i,Y_i)$沿 X 正方向移动到点 $P_{i+1}(X_{i+1},Y_{i+1})$,点 P_{i+1}的坐标为

$$\begin{cases}X_{i+1}=X_i+1\\Y_{i+1}=Y_i\end{cases}$$

将此坐标代入偏差判别公式(6-1),可得新加工点的偏差函数 F_{i+1}为

$$F_{i+1}=X_eY_{i+1}-X_{i+1}Y_e=X_eY_i-(X_i+1)Y_e=X_eY_i-X_iY_e-Y_e=F_i-Y_e \tag{6-2}$$

当 $F_i<0$ 时,加工动点向 Y 正方向进给一步,此时由点 $P_i(X_i,Y_i)$沿 Y 正方向移动到点

$P_{i+1}(X_{i+1},Y_{i+1})$，点 P_{i+1} 的坐标为

$$\begin{cases} X_{i+1}=X_i \\ Y_{i+1}=Y_i+1 \end{cases}$$

则偏差函数 F_{i+1} 为

$$F_{i+1}=X_e Y_{i+1}-X_{i+1}Y_e=X_e(Y_i+1)-X_i Y_e=X_e Y_i+X_e-X_i Y_e=F_i+X_e \tag{6-3}$$

式(6-2)和式(6-3)即为第一象限直线插补偏差的递推公式。从中可以看出，计算偏差 F_{i+1} 只需要知道直线终点坐标 X_e 和 Y_e，而不用计算每一加工动点的坐标值，且只有加法和减法运算，形式简单。

④终点判别

采用总步长法，设置一个终点计数器，存入从起点到终点的总插补步数 $\Sigma=|X_e-X_0|+|Y_e-Y_0|$。当 X 方向或 Y 方向进给一步时，终点计数器 Σ 减 1，当 Σ 减到 0 时，插补到达终点，停止插补。

【例 6-1】 如图 6-14 所示，加工第一象限直线 OA，起点 O 的坐标为(0,0)，终点 A 的坐标为(4,3)，取坐标值为脉冲当量，试用逐点比较法对该直线进行插补运算，并画出走刀轨迹图。

解　插补总步数 $\Sigma=4+3=7$，开始时刀具对准直线起点，此时偏差 $F_0=0$，整个插补运算过程见表 6-1，走刀轨迹如图 6-14 所示。

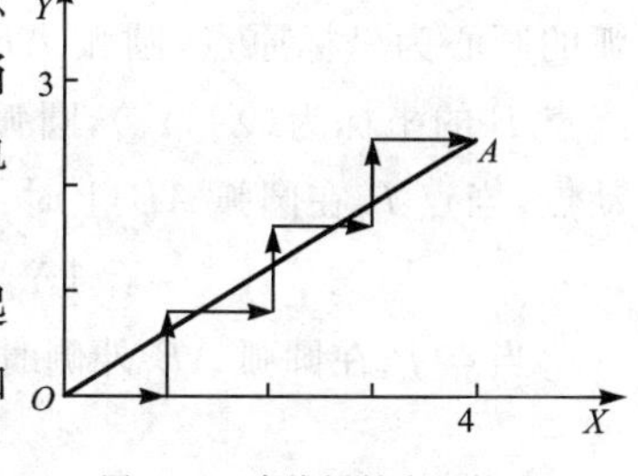

图 6-14　直线插补走刀轨迹

通过采用逐点比较法，控制刀具走出一条接近零件轮廓线的轨迹。当脉冲当量很小时，刀具走出的折线非常接近直线轨迹。逼近误差的大小与脉冲当量的大小有直接关系。

表 6-1　　直线插补过程

序号	偏差判别	坐标进给	偏差计算	终点判别
起点			$F_0=0$	$\Sigma=7$
1	$F_0=0$	$+X$	$F_1=F_0-Y_e=-3$	$\Sigma=7-1=6$
2	$F_1=-3<0$	$+Y$	$F_2=F_1+X_e=1$	$\Sigma=6-1=5$
3	$F_2=1>0$	$+X$	$F_3=F_2-Y_e=-2$	$\Sigma=5-1=4$
4	$F_3=-2<0$	$+Y$	$F_4=F_3+X_e=2$	$\Sigma=4-1=3$
5	$F_4=2>0$	$+X$	$F_5=F_4-Y_e=-1$	$\Sigma=3-1=2$
6	$F_5=-1<0$	$+Y$	$F_6=F_5+X_e=3$	$\Sigma=2-1=1$
7	$F_6=3>0$	$+X$	$F_7=F_6-Y_e=0$	$\Sigma=1-1=0$

以上讨论的是第一象限内的直线插补算法，其他三个象限内的直线插补算法可用相同原理推出。为适用于四个象限内的直线插补，在偏差计算时，无论是哪个象限内的直线，都用其坐标的绝对值来进行计算。此时进给方向规定为：在第二象限时，$F\geqslant0$ 向 $-X$ 方向步进，$F<0$ 向 $+Y$ 方向步进；在第三象限时，$F\geqslant0$ 向 $-X$ 方向步进，$F<0$ 向 $-Y$ 方向步进；在第四象限时，$F\geqslant0$ 向 $+X$ 方向步进，$F<0$ 向 $-Y$ 方向步进。终点判别也应用终点坐标的绝对值作为计数初值。表 6-2 列出了四个象限内的直线插补偏差计算公式和脉冲进给方向。

表 6-2　　　　四个象限内的直线插补偏差计算公式和脉冲进给方向

线型	进给方向 $F_i \geqslant 0$	进给方向 $F_i < 0$	偏差计算公式
L_1	$+X$	$+Y$	当 $F_i \geqslant 0$ 时，$F_{i+1}=F_i-\lvert Y_e\rvert$ 当 $F_i<0$ 时，$F_{i+1}=F_i+\lvert X_e\rvert$
L_2	$-X$	$+Y$	
L_3	$-X$	$-Y$	
L_4	$+X$	$-Y$	

(2)逐点比较法圆弧插补

①偏差判别

圆弧轨迹的方向分顺时针方向和逆时针方向，现以第一象限逆时针圆弧为例来分析其插补原理。如图 6-15 所示，设圆弧的圆心为坐标原点，圆弧 AB 的起点 A 的坐标为(X_0,Y_0)，终点 B 的坐标为(X_e,Y_e)，圆弧半径为 R，点 $P_i(X_i,Y_i)$为加工动点，当点 P_i在圆弧 AB 上时：

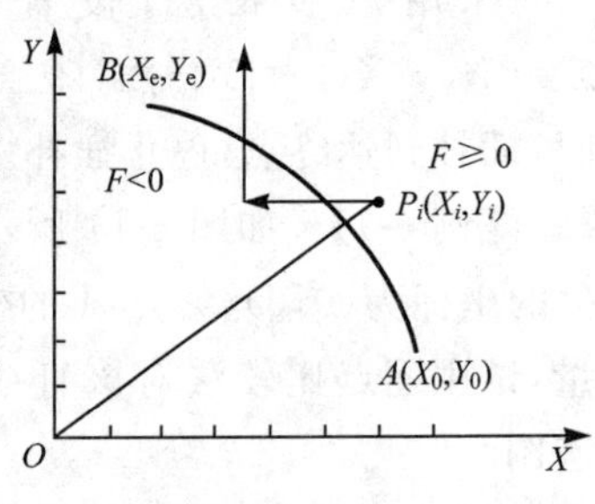

图 6-15　逐点比较法圆弧插补

$$X_i^2+Y_i^2-R^2=0$$

当点 P_i在圆弧 AB 外侧时：

$$X_i^2+Y_i^2-R^2>0$$

当点 P_i在圆弧 AB 内侧时：

$$X_i^2+Y_i^2-R^2<0$$

因此，偏差函数为

$$F_i=X_i^2+Y_i^2-R^2=(X_i^2+Y_i^2)-(X_0^2+Y_0^2) \tag{6-4}$$

当 $F_i=0$ 时，点 $P_i(X_i,Y_i)$在圆弧 AB 上；

当 $F_i>0$ 时，点 $P_i(X_i,Y_i)$在圆弧 AB 外侧；

当 $F_i<0$ 时，点 $P_i(X_i,Y_i)$在圆弧 AB 内侧。

②坐标进给

当 $F_i>0$ 时，加工动点 P_i在圆弧之外，为缩小偏差，应向 X 负方向进给一步。当 $F_i<0$ 时，加工动点 P_i在圆弧之内，为缩小偏差，应向 Y 正方向进给一步。当 $F_i=0$ 时，加工动点 P_i在圆弧之上，将此情形与 $F_i>0$ 合并处理。

③偏差计算

与直线插补类似，也可推出圆弧插补的递推公式。

当 $F_i>0$ 时，加工动点向 X 负方向进给一步，即由点 $P_i(X_i,Y_i)$沿 X 负方向移动到点 $P_{i+1}(X_{i+1},Y_{i+1})$，点 P_{i+1}的坐标为

$$\begin{cases} X_{i+1}=X_i-1 \\ Y_{i+1}=Y_i \end{cases}$$

将此坐标代入偏差判别公式(6-4)，可得新加工动点的偏差函数 F_{i+1}为

$$F_{i+1}=X_{i+1}^2+Y_{i+1}^2-R^2=(X_i-1)^2+Y_i^2-(X_0^2+Y_0^2)=F_i-2X_i+1 \tag{6-5}$$

当 $F_i<0$ 时，加工动点向 Y 正方向进给一步，即由点 $P_i(X_i,Y_i)$ 沿 Y 正方向移动到点 $P_{i+1}(X_{i+1},Y_{i+1})$，点 P_{i+1} 的坐标为

$$\begin{cases}X_{i+1}=X_i\\Y_{i+1}=Y_i+1\end{cases}$$

新加工点的偏差函数 F_{i+1} 为

$$F_{i+1}=X_{i+1}^2+Y_{i+1}^2-R^2=X_i^2+(Y_i+1)^2-(X_0^2+Y_0^2)=F_i+2Y_i+1 \quad (6\text{-}6)$$

式(6-5)和式(6-6)即为第一象限逆时针圆弧插补偏差的递推公式。从公式中可以看出，进给后新加工动点的偏差计算公式除与前一动点的偏差值有关外，还与前一动点的坐标有关。动点坐标值随着插补的进行是变化的，所以在偏差计算的同时，还必须计算新加工动点的坐标，这与直线插补是不同的。

④终点判别

圆弧插补的终点判别方法也可采用总步长法。设置一个终点计数器，存入从起点到终点的总插补步数 $\Sigma=|X_e-X_0|+|Y_e-Y_0|$，当 X 方向或 Y 方向进给一步时，终点计数器 Σ 减 1，当 Σ 减到 0 时，插补到达终点，停止插补。

【例 6-2】 如图 6-16 所示，加工第一象限逆圆弧 AB。起点 A 的坐标为(4,1)，终点 B 的坐标为(1,4)，圆心在 O 点。试用逐点比较法对该圆弧进行插补运算，并画出走刀轨迹图。

解 插补总步数 $\Sigma=|1-4|+|4-1|=6$。整个插补运算过程见表 6-3，走刀轨迹如图6-16所示。

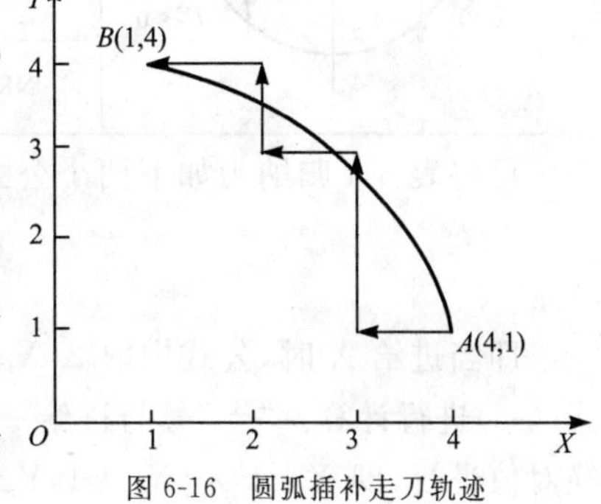

图 6-16　圆弧插补走刀轨迹

表 6-3　**圆弧插补过程**

序号	偏差判别	坐标进给	偏差与坐标值计算	终点判别
起始	$F_0=0$		$X=4,Y=1$	$\Sigma=6$
1	$F_0=0$	$-X$	$F_1=F_0-2X+1=-7,X=3,Y=1$	$\Sigma=6-1=5$
2	$F_1=-7<0$	$+Y$	$F_2=F_1+2Y+1=-4,X=3,Y=2$	$\Sigma=5-1=4$
3	$F_2=-4<0$	$+Y$	$F_3=F_2+2Y+1=1,X=3,Y=3$	$\Sigma=4-1=3$
4	$F_3=1>0$	$-X$	$F_4=F_3-2X+1=-4,X=2,Y=3$	$\Sigma=3-1=2$
5	$F_4=-4<0$	$+Y$	$F_5=F_4+2Y+1=3,X=2,Y=4$	$\Sigma=2-1=1$
6	$F_5=3>0$	$-X$	$F_6=F_5-2X+1=0,X=1,Y=4$	$\Sigma=1-1=0$

以上讨论的是第一象限逆圆弧插补方法。按照四个象限和圆弧方向，圆弧可分为八种线型，用 SR_1、SR_2、SR_3、SR_4 分别表示第一、二、三、四象限的顺圆弧，用 NR_1、NR_2、NR_3、NR_4 分别表示第一、二、三、四象限的逆圆弧。表 6-4 列出了四个象限内圆弧插补偏差计算公式和脉冲进给方向。

表 6-4 四个象限内的圆弧插补偏差计算公式和脉冲进给方向

进给方向			偏差与坐标值计算公式
线型	$F_i \geqslant 0$	$F_i < 0$	
SR_1	$-Y$	$+X$	当 $F_i \geqslant 0$ 时： $F_{i+1}=F_i-2Y_i+1$ $X_{i+1}=X_i$ $Y_{i+1}=Y_i-1$ 当 $F_i<0$ 时： $F_{i+1}=F_i+2X_i+1$ $X_{i+1}=X_i+1$ $Y_{i+1}=Y_i$
SR_3	$+Y$	$-X$	
NR_2	$-Y$	$-X$	
NR_4	$+Y$	$+X$	
SR_2	$+X$	$+Y$	当 $F_i \geqslant 0$ 时： $F_{i+1}=F_i-2X_i+1$ $X_{i+1}=X_i-1$ $Y_{i+1}=Y_i$ 当 $F_i<0$ 时： $F_{i+1}=F_i+2Y_i+1$ $X_{i+1}=X_i$ $Y_{i+1}=Y_i+1$
SR_4	$-X$	$-Y$	
NR_1	$-X$	$+Y$	
NR_3	$+X$	$-Y$	

可将表 6-4 归纳为如下两个公式：

$$F_{i+1}=F_i \pm 2|X_i|+1 \tag{6-7}$$

$$F_{i+1}=F_i \pm 2|Y_i|+1 \tag{6-8}$$

即当进给 X 时，公式中取 $2|X_i|$，用式(6-7)进行计算；当进给 Y 时，公式中取 $2|Y_i|$，用式(6-8)进行计算。“±”号与进给一步后坐标绝对值的增减一致。新坐标值的计算也先用绝对值进行(即 $X\pm1$ 为 $|X|\pm1$，$Y\pm1$ 为 $|Y|\pm1$)，然后决定“+”号或“−”号。如加工第二象限内的顺圆弧时，若 $F\geqslant0$，则应走 $+X$，故应取 $2X_i$，但因为在第二象限内，沿 $+X$ 进给一步后，X 坐标的绝对值减小，故应取“−”号，其偏差计算公式为 $F_{i+1}=F_i-2|X_i|+1$。设 $X_i=-8$，则新的 X 坐标值 $X_{i+1}=-7$，但计算时应用绝对值，即 $|X_{i+1}|=|X_i|-1=8-1=7$。用式(6-7)进行计算时为 $F_{i+1}=F_i-2\times8+1=F_i-15$。

2.3B 格式程序编制

目前，常用数控线切割机床的程序格式为 BXBYBJGZ，其含义见表 6-5。

表 6-5 常用数控线切割机床的程序格式及其含义

B	X	B	Y	B	J	G	Z
分隔符号	坐标值	分隔符号	坐标值	分隔符号	计数长度	计数方向	加工指令

(1)分隔符号(B)

它将 X、Y、J 三项分隔开，以免执行指令时混淆。

(2)坐标值(X,Y)

为简化数控装置，规定只能插入坐标的绝对值，而切割点的实际坐标位置可由切割点所在的象限(用加工指令 Z 表示)来确定。坐标值的单位为 μm。当 X 或 Y 为零时可以不写，但分隔符号“B”必须保留。加工圆弧时，取圆心作切割坐标的原点，并建立切割坐标系；X、Y 值为圆弧起点的坐标绝对值。加工斜线时，取斜线起点作切割坐标的原点，并建立切割坐标系，X、Y 值为斜线终点的坐标绝对值。也可将两者同时放大或缩小相同倍数。加工直线

(平行于切割坐标轴)时,取 $X=Y=0$。

(3)计数方向(G)

计数方向的选取应保证加工精度。

加工斜线时,计数方向按图 6-17 所示选取。当斜线终点在阴影区域(以 45°为界)内时,计数方向取 G_Y,反之取 G_X;当斜线终点正好在 45°线上时,计数方向任取。即

$$|X_e|>|Y_e| \text{时,取} G_X$$

$$|Y_e|>|X_e| \text{时,取} G_Y$$

$$|X_e|=|Y_e| \text{时,任取}$$

加工圆弧时,计数方向按图 6-18 所示选取。当圆弧终点在阴影区域内时,计数方向取 G_X,反之取 G_Y;当圆弧终点正好在 45°线上时,计数方向任取。即

$$|X_e|>|Y_e| \text{时,取} G_Y$$

$$|Y_e|>|X_e| \text{时,取} G_X$$

$$|X_e|=|Y_e| \text{时,任取}$$

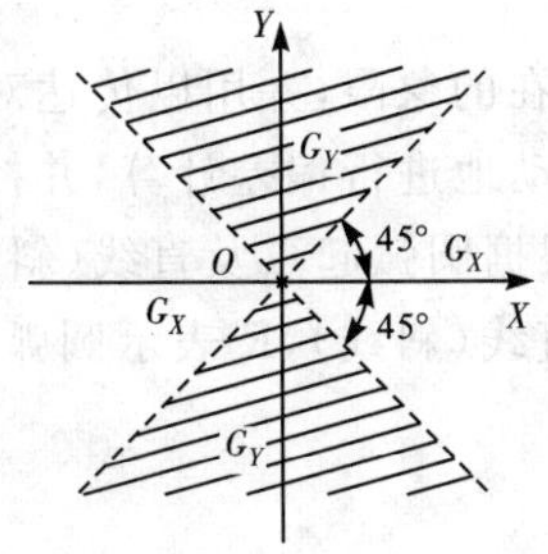

图 6-17　加工斜线时的计数方向

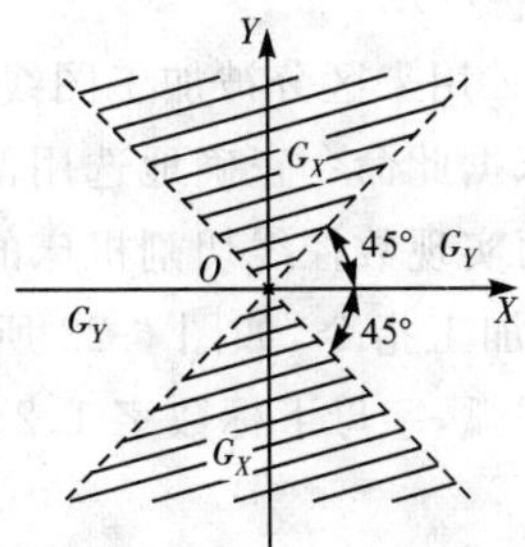

图 6-18　加工圆弧时的计数方向

注意:圆弧与斜线计数方向的选取恰好相反。

(4)计数长度(J)

计数长度是指被加工图线在计数方向上投影长度的总和,单位为 μm。J 的数值必须填写足六位数。例如,$J=1979$ μm 时,应填写成 001979。

当计数方向 G 确定后,计数长度 J 就是被加工图线在该方向坐标轴上投影长度绝对值的总和。

【例 6-3】 加工图 6-19 所示的斜线,其终点 A 的坐标为 (X_e,Y_e),且 $Y_e>X_e$,试确定其 G 和 J。

解　因为 $|Y_e|>|X_e|$,故计数方向取 G_Y。斜线 OA 在 Y 轴上的投影总长是 Y_e,故取 $J=Y_e$。

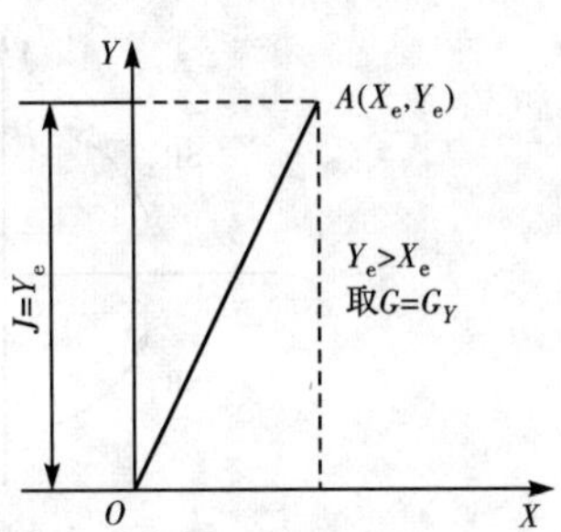

图 6-19　确定斜线的 G 和 J

【例 6-4】 加工图 6-20 所示的圆弧,起点 A 在第四象限内,终点 B 在第一象限靠近 Y 轴处,试确定其 G 和 J。

解　因终点 B 靠近 Y 轴,即在图 6-18 所示的阴影区域内,故计数方向取 G_X。计数长度为各象限中的圆弧段在 X 轴上投影长度绝对值的总和,即 $J=J_{X1}+J_{X2}$。

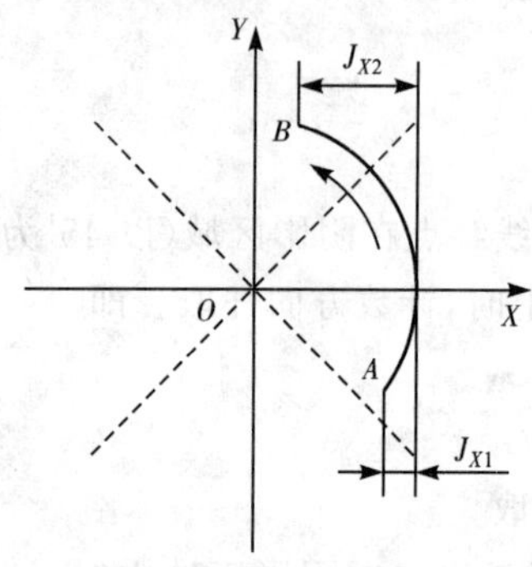

图 6-20 确定圆弧的 G 和 J(1)

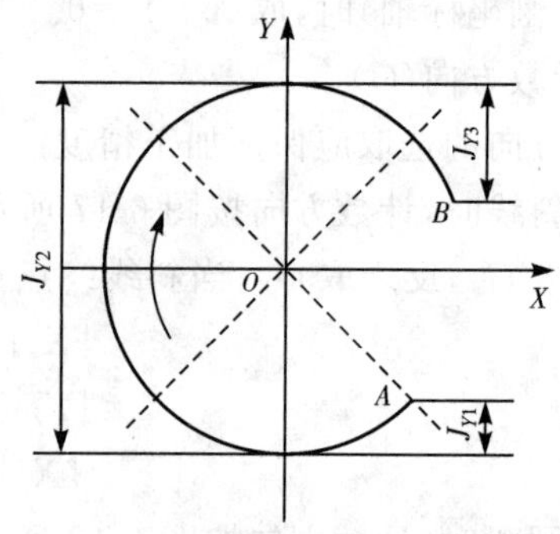

图 6-21 确定圆弧的 G 和 J(2)

【例 6-5】 加工图 6-21 所示的圆弧，试确定其 G 和 J。

解 因其终点 B 靠近 X 轴，故计数方向取 G_Y。J 为各象限的圆弧段在 Y 轴上投影长度绝对值的总和，即 $J=J_{Y1}+J_{Y2}+J_{Y3}$。

(5)加工指令(Z)

加工指令 Z 用来区分被加工图线的不同状态和所在的象限，并用以传达对机床发出的加工命令，机床据此命令正确地选用偏差计算公式，自动地进行偏差计算，并控制步进电动机的进给，从而实现数控线切割机床的加工自动化。根据圆弧起点及直线(斜线)方向的不同，共有 16 种加工指令，如图 6-22 所示。用 L 表示直线(斜线)，R 表示圆弧，S 表示顺圆弧，N 表示逆圆弧，字母下标数字 1、2、3、4 表示象限。

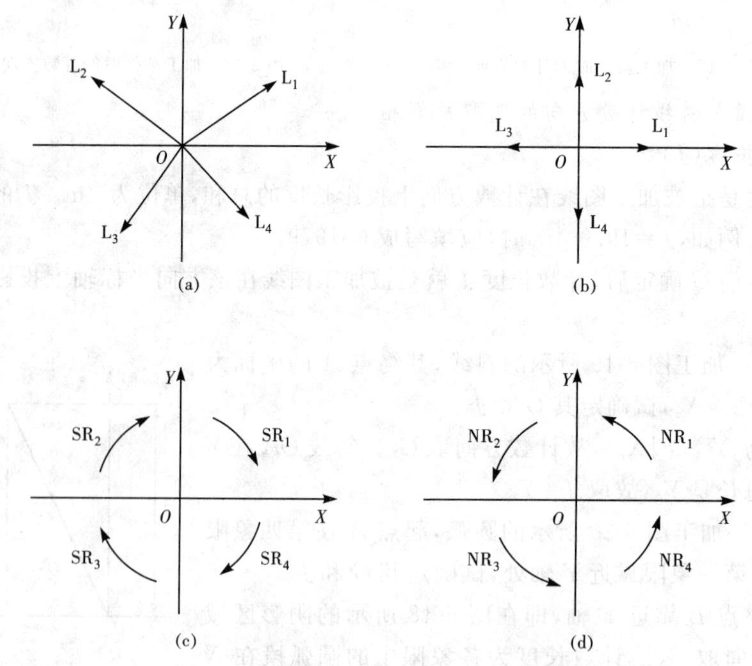

图 6-22 加工指令

加工斜线时，四个象限中的斜线分别用 L_1、L_2、L_3、L_4 表示(图 6-22(a))；对于与切割坐标相重合的直线，L_1、L_2、L_3、L_4 的规定如图 6-22(b)所示。

加工圆弧时，分别用顺切“SR”、逆切“NR”并加下标（起点所在的象限）表示，如图 6-22(c)和图 6-22(d)所示。

注意：加工圆弧时，若起点刚好在切割坐标轴上，则理论上认为其下标可任选相邻两象限之一均可。但考虑到减少机床执行指令时的换向，应选取该圆弧所指的象限为象限指令较好。如图 6-23(a)所示，点 A 为圆弧起点，当指向第二象限时，应取 NR_2，而不取 NR_1。在图 6-23(b)中，点 A 仍是圆弧起点，但指向第一象限，故应取 SR_1，而不取 SR_2。

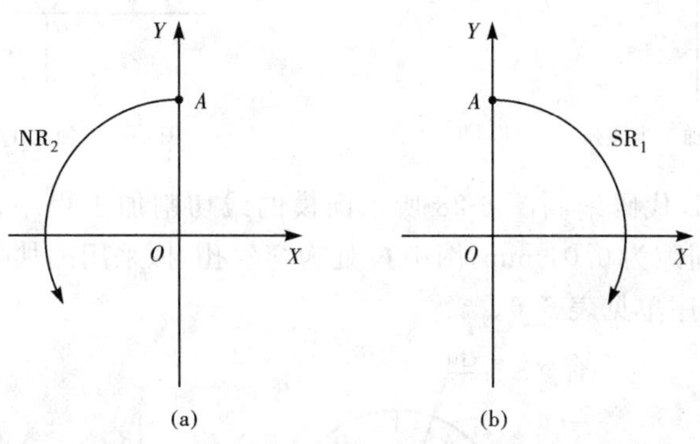

图 6-23　圆弧起点在坐标轴上时加工指令的选取

【例 6-6】　如图 6-24 所示，加工与 X 轴夹角为 60°的斜线，终点坐标为 $X_e=3.926$，$Y_e=-6.800$，其程序为 B3926B6800B006800GYL4。由于斜线程序中的 X 和 Y 值可按比例扩大或缩小，故程序可变为 B100000B173205B006800GYL4。

【例 6-7】　如图 6-25 所示，加工与 Y 轴正向重合的直线，长为 21.5，其程序为 BBB021500GYL2。

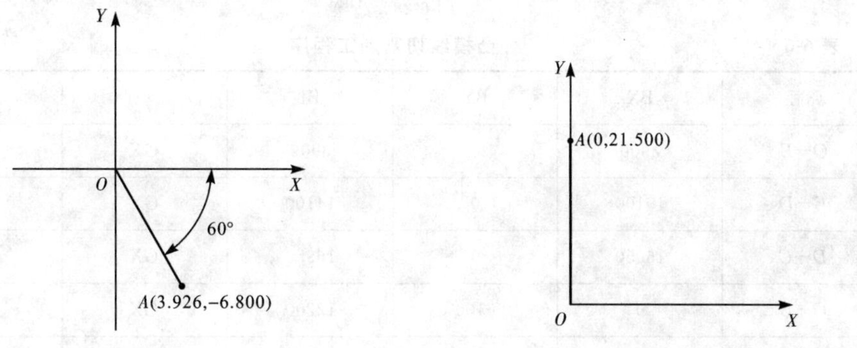

图 6-24　加工与 X 轴夹角为 60°的斜线　　6-25　加工与 Y 轴重合的直线

【例 6-8】　加工图 6-26 所示的半圆弧，从点 A 切到点 B，起点坐标为(−5,0)，其程序为 B5000BB010000GYSR2。

【例 6-9】　加工图 6-27 所示的 1/4 圆弧，从点 A 切到点 B，起点坐标为(0.707,0.707)，终点坐标为(−0.707,0.707)，其程序为 B707B707B001414GXNR1。由于终点恰好在 45°线上，故计数方向也可取 G_Y，即 B707B707B001414GYNR1。

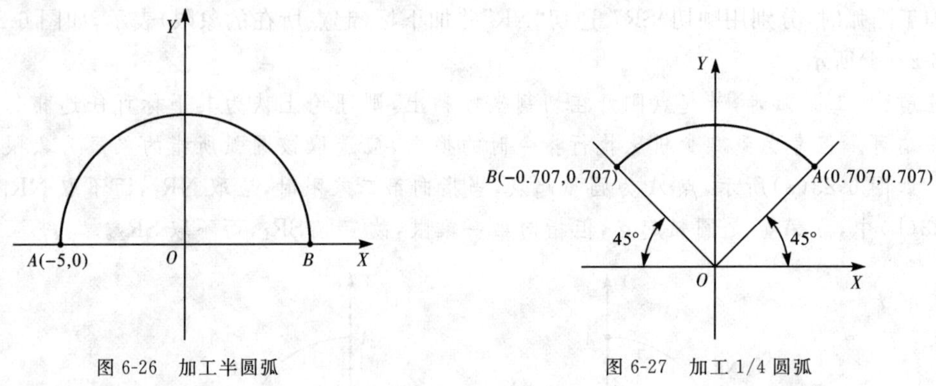

图 6-26 加工半圆弧　　　　图 6-27 加工 1/4 圆弧

【例 6-10】 用 3B 代码编制图 6-28 所示凸模的线切割加工程序。已知电极丝直径为 0.18 mm，单边放电间隙为 0.01 mm，图中 O 处为穿丝孔，拟采用的加工路线为 O—E—D—C—B—A—E—O，程序单见表 6-6。

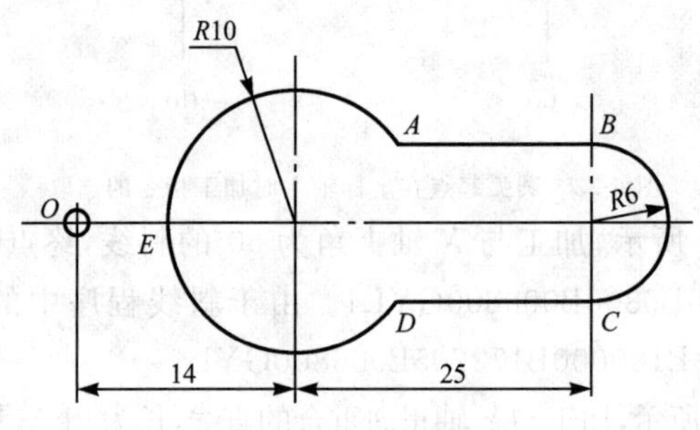

图 6-28 凸模

表 6-6　　凸模线切割加工程序

路径	BX	BY	BJ	G	Z
$O-E$	3900	0	3900	GX	L1
$E-D$	10100	0	14100	GY	NR3
$D-C$	16950	0	16950	GX	L1
$C-B$	0	6100	12200	GX	NR4
$B-A$	16950	0	16950	GX	L3
$A-E$	8085	6100	14100	GY	NR1
$E-O$	3900	0	3900	GX	L3

3. ISO 格式程序编制

ISO 格式程序和数控铣的程序基本相同，因为线切割加工时没有旋转主轴，所以没有 Z 轴移动指令，也没有主轴旋转的 S 指令及相关的 M03、M04、M05 等工艺指令。

常用 G 功能和 M 功能指令这里只给出与数控铣不同的 G51（丝倾斜左）、G52（丝倾斜右）、G50（取消锥度）、M40（放电加工 OFF）、M80（放电加工 ON）。

(1)程序段格式

程序段格式：

N×××× G×× X×××× Y×××× I×××× J××××

其中　N——顺序号，也叫程序段号。顺序号位于程序段之首，地址符是 N，后续数字一般为 2～4 位，如 N02、N0010。其作用是便于对程序进行检查、校对、修改和调用子程序。顺序可以任意设置，可以不写，也可以不按顺序编号。

G——准备功能地址符，又称为 G 功能或 G 指令，是一种建立机床或控制系统工作方式的命令。后续数字为两位正整数，即 G00～G99。前置“0”可以省略，如 G03 可省略成 G3。

X、Y、I、J——尺寸字，也叫尺寸指令，主要用来指令电极丝运动到达的坐标位置。后续数字为整数，单位为 μm，可加正、负号。例如：G01 X3000 Y－4500。

(2)程序格式

一个完整的程序由程序名及若干个程序段(程序主体)和程序结束指令组成。一般的数控加工程序格式：

程序名(单列一段)＋程序主体＋程序结束指令(单列一段)

①程序名

每个程序都必须有文件名，文件名用字母和数字表示。文件名不能重复。

②程序主体

由若干程序段组成，分为主程序和子程序。子程序是可由控制程序调用的一般加工程序，它在加工中具有独立的意义，可以嵌套。调用子程序的加工程序叫主程序。

③程序结束指令

程序结束指令 M02 是辅助功能字，由地址符 M 及随后的两位数字组成，即 M00～M99，也称为 M 功能或 M 指令。M02 安排在程序的最后，当系统执行到 M02 程序段时，会自动停止进给和供给工作液，并使数控系统复位。

【例 6-11】　编制切割 2.5mm×5mm 方孔的程序。

线切割程序如下：

```
B10
N01 G92 X0 Y0
N02 G01 X5000 Y5000
N03 G01 X2500 Y5000
N04 G01 X2500 Y2500
N05 G01 X0 Y0
N06 M02
```

(3)ISO 代码及程序编制

①ISO 代码介绍

电火花线切割数控机床 ISO 代码见表 6-7。

表 6-7 电火花线切割数控机床的 ISO 代码

代码	功能	属性	代码	功能	属性
G00	快速定位	模态	G54	加工坐标系 1	模态
G01	直线插补	模态	G55	加工坐标系 2	模态
G02	顺圆插补	模态	G56	加工坐标系 3	模态
G03	逆圆插补	模态	G57	加工坐标系 4	模态
G04	暂停		G58	加工坐标系 5	模态
G05	*X* 轴镜像	模态	G80	移动轴到接触感知	
G06	*Y* 轴镜像	模态	G81	移动轴到机床极限	
G08	*X-Y* 轴交换	模态	G82	移动到当前位置坐标的一半处	
G09	取消镜像和 *X-Y* 轴交换	模态	G84	校正电极丝指令	
Gll	打开跳转(SKIPON)	模态	G90	绝对坐标指令	
G12	关闭跳转(SKIPOFF)	模态	G91	增量坐标指令	
G20	英制	模态	G92	设置当前点的坐标值	
G21	公制	模态	MOO	程序暂停	
G28	尖角圆弧过渡	模态	M02	程序结束	模态
G29	尖角直线过渡	模态	M05	忽略接触感知	模态
G40	取消电极丝补偿	模态	M98	子程序调用	模态
G41	电极丝左偏	模态	M99	子程序调用结束	
G42	电极丝右偏	模态	T84	起动液泵	
G50	消除锥度	模态	T85	关闭液泵	
G51	左锥度	模态	T86	起动走丝机构	
G52	右锥度	模态	T87	关闭走丝机构	

②按图名义尺寸线切割程序编制

【例 6-12】 编写加工图 6-29 所示弧线的线切割程序。

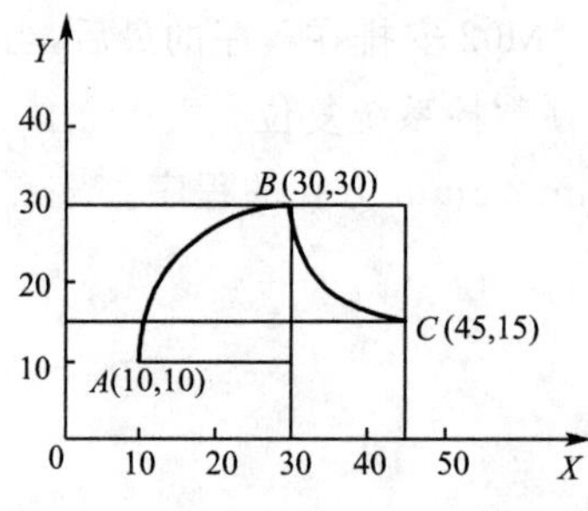

图 6-29 弧线加工图(1)

线切割程序如下：

B20

N01 G92 X10000 Y10000

N02 G02 X30000 Y30000 I20000 J0

N03 G03 X45000 Y15000 I15000 J0

N04 M02

【例 6-13】 编写加工图 6-30 所示弧线的线切割程序。

线切割程序如下：

```
B02
N01 G92 X0 Y0
N02 G01 X10000 Y0
N03 G01 X10000 Y20000
N04 G02 X40000 Y20000 I15000 J0
N05 G01 X30000 Y0
N06 G01 X0 Y0
N07 M02
```

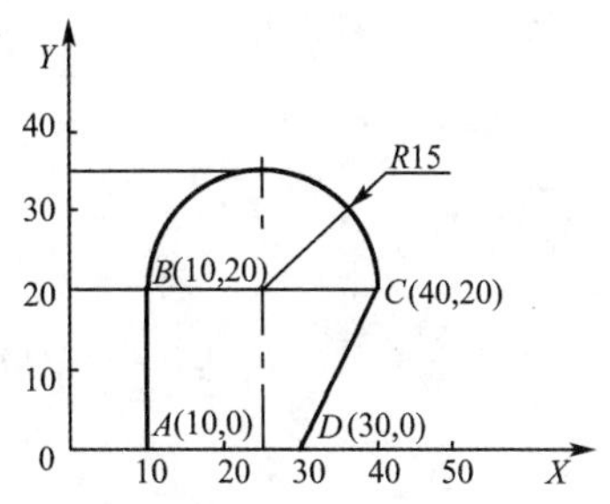

图 6-30　弧线加工图(2)

(4)间隙补偿指令 G40、G41、G42

G41 为左偏补偿指令，格式：G41 D __

G42 为右偏补偿指令，格式：G42 D __

其中，D 表示偏移量(补偿距离)。

沿着电极丝前进的方向看，电极丝在工件的左边为左补偿，电极丝在工件的右边为右补偿。间隙补偿指令的确定如图 6-31 所示。

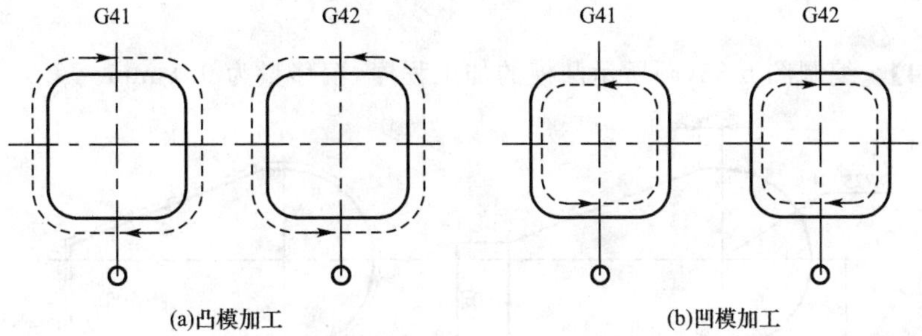

图 6-31　间隙补偿指令的确定

G40 为取消间隙补偿指令，格式：G40

(5)锥度加工指令 G50、G51、G52

G51 为锥度左偏指令，格式：G51 A __

G52 为锥度右偏指令，格式：G52 A __

其中，A 表示角度值。

G50 为取消锥度指令，格式：G50

加工带锥度的工件时要正确使用锥度加工指令，如图 6-32 所示。顺时针加工时，沿着电极丝前进的方向看，上导轮带动电极丝向左倾斜实现锥度左偏加工，锥度左偏加工出来的工件为上大下小(使用 G51 指令)，锥度右偏加工出来的工件为上小下大(使用 G52 指令)；逆时针加工时，沿着电极丝前进的方向看，上导轮带动电极丝向右倾斜实现锥度右偏加工，锥度右偏加工出来的工件为上大下小(使用 G52 指令)，锥度左偏加工出来的工件为上小下大(使用 G51 指令)；图 6-32 中的 W 为下导轮中心到工作台面的距离，H 为工件厚度，S 为上导轮中心到工作台面的距离。

(6)手动操作指令 G80、G82、G84

G80 为接触感知指令，可以使电极丝从现行位置接触到工件，然后停止。

G82 为半程移动指令，是加工位置沿指定坐标轴返回一半距离，即当前坐标值一半的位置。

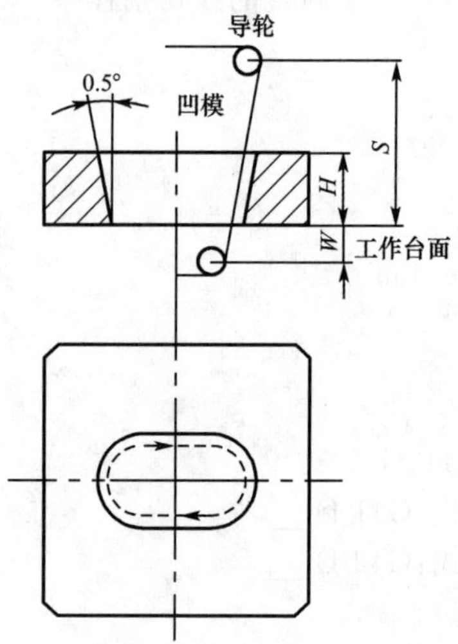

图 6-32 凹模锥度加工

G84 为校正电极丝指令，能通过微弱放电校正电极丝与工作台的垂直，在加工前一般要先进行校正。

【例 6-14】 编制图 6-33(a)所示凸模的加工程序，偏移量为 0.1 mm。

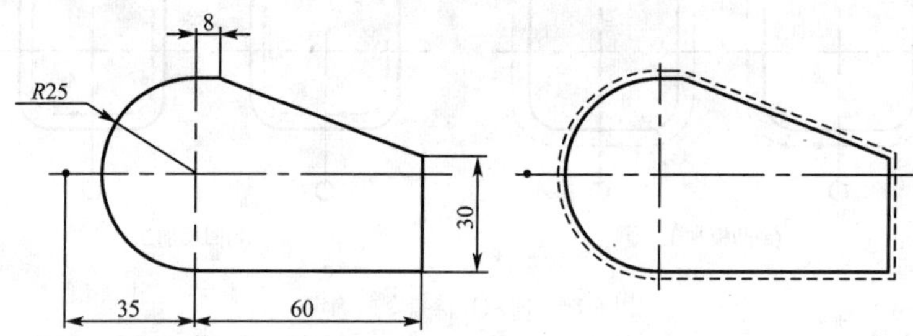

图 6-33 凸模断面尺寸和走刀轨迹

按照图 6-33(b)中的虚线走刀轨迹编制加工程序如下：

```
N10 T84 T86 G90 G92 X-35000 Y0
N20 G41 D100
N30 G01 X-25000 Y0
N40 G02 X8000 Y25000 I25000 J0
N50 G01 X60000 Y5000
N60 G01 X60000 Y-25000
N70 G01 X0 Y-25000
N80 G02 X-25000 Y0 I0 J25000
N90 G40
N100 G01 X-35000 Y0
N110 T85 T87 M02
```

(三)垫片凸模加工

垫片凸模如图 6-34、图 6-35 所示，材料为 Cr12MoV，热处理硬度为 59～61HRC，按零件名义尺寸切割。

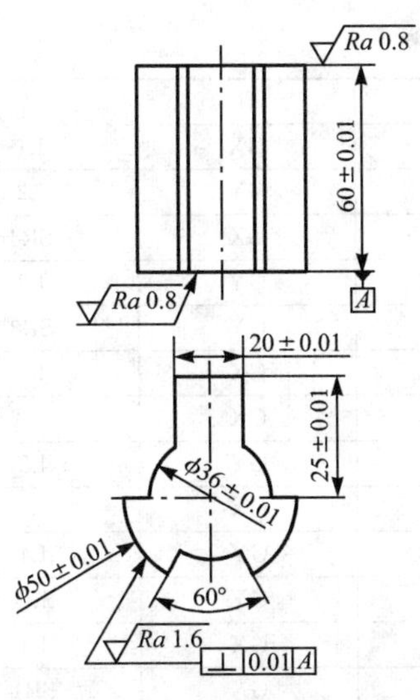

图 6-34　垫片凸模零件图

图 6-35　垫片凸模实物图

1. 工艺设计与参数选择

准备毛坯并设计切割路线。如图 6-36 所示为毛坯图及切割路线，据此在编程软件上进行编程。各节点坐标见表 6-8。

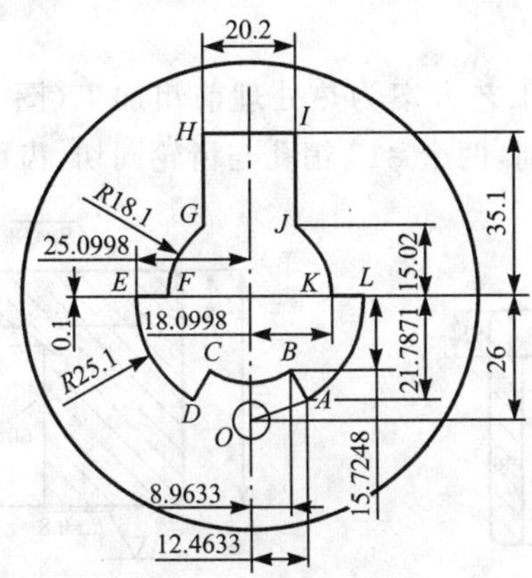

图 6-36　毛坯图及切割路线

表 6-8　各节点坐标

节点	A	B	C	D	E	F
X、Y 坐标	12.4633,−21.7871	8.9633,−15.7248	−8.9633,−15.7248	−12.4633,−21.7871	−25.0998,0.1	−18.0998,0.1
节点	G	H	I	J	K	L
X、Y 坐标	−10.1,15.02	−10.1,35.1	10.1,35.1	10.1,15.02	18.0998,0.1	25.0998,0.1

2. 程序编制

按照切割路线编写 3B 格式程序，见表 6-9。

表 6-9　　垫片凸模线切割加工程序

路径	BX	BY	BJ	G	Z
O—*A*	12463	4213	012463	GX	L1
A—*B*	3500	6062	006062	GY	L2
B—*C*	8962	15725	017927	GX	SR4
C—*D*	3500	6062	006062	GY	L3
D—*E*	12463	21787	021887	GY	SR3
E—*F*	7000	0	007000	GX	L1
F—*G*	18100	100	008000	GX	SR2
G—*H*	0	20080	020080	GY	L2
H—*I*	20200	0	020200	GX	L1
I—*J*	0	20080	020080	GY	L4
J—*K*	10100	15020	014920	GY	SR1
K—*L*	7000	0	007000	GX	L4
L—*A*	25100	100	012637	GX	SR1
A—*O*	12463	4213	012463	GX	L3

四 项目实施

1.工艺设计

齿轮落料凹模线切割加工工艺方案为热处理前粗加工(图 6-37)、热处理后精加工(图 6-38),中心工艺孔 $\phi25$ 需要磨削,两个 $\phi12$ 销孔与齿轮同切,齿形节点坐标见表 6-10。

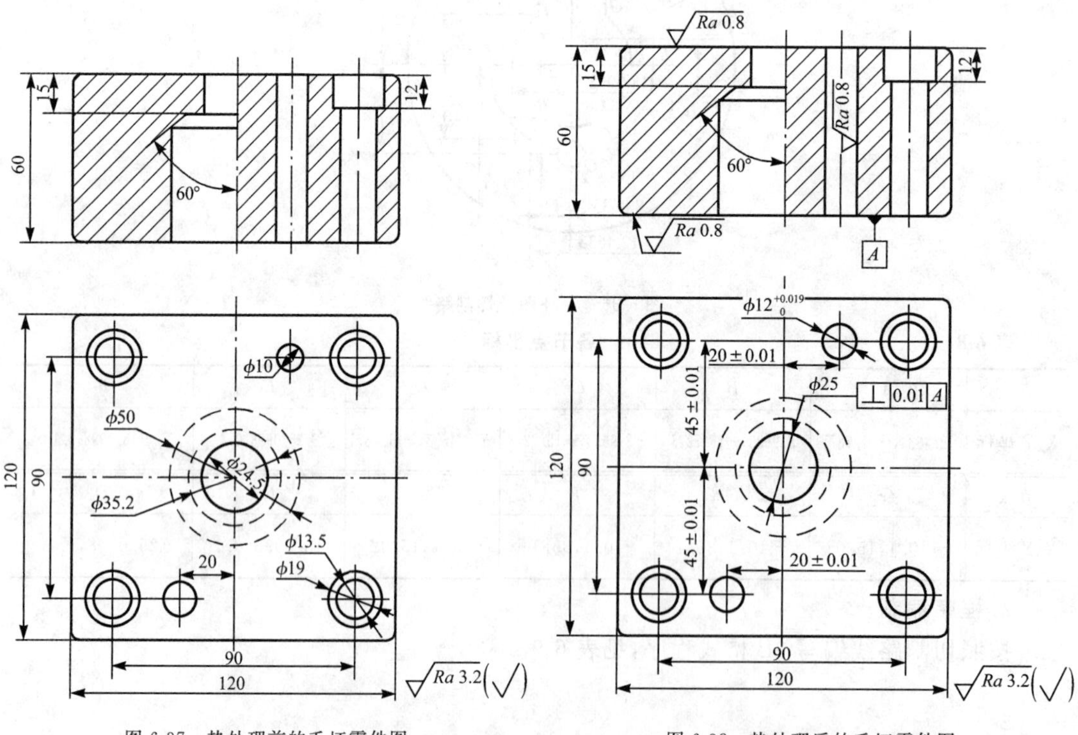

图 6-37　热处理前的毛坯零件图　　　图 6-38　热处理后的毛坯零件图

表 6-10　　齿形节点坐标

节点	O_1	A	B	C	D	O_2	O_3
X、Y 坐标	3.915,12.773	2.025,13.5834	1.6918,13.9002	1.1501,15.4285	0.9856,15.5353	2.084,13.979	0.973,15.3357

2. 程序编制(一个齿程序)

按照切割路线编制的 3B 格式程序见表 6-11。

表 6-11　　齿轮落料凹模线切割加工程序

路径	BX	BY	BJ	G	Z
$O-A$	2025	13583	013583	GY	L1
$A-B$	59	396	000317	GY	SR3
$B-C$	5606	1127	001528	GX	NR1
$C-D$	177	93	000164	GX	NR1
$D-E$	986	15535	001972	GX	NR1
$E-F$	13	199	000106	GY	NR2
$F-G$	5064	2656	001529	GY	NR2
$G-H$	392	79	000333	GX	SR4
$H-I$	2025	13583	000994	GX	NR2

五 知识、能力测试

(一)填空题

1. 线切割机床由________、________、________三大部分组成。机械本体包括________、________、________、________、________、附件和夹具等。

2. 校正器是一种校正电极丝________的精密附件,使用中应________取________放,防止摔碰。

3. 电阻器简称为________,一般用符号________表示。

4. 电容器简称为________。

5. 整流二极管分________半导体二极管和________半导体二极管。目前线切割用的是________半导体二极管。

6. 常用的单相整流电路是单相________整流电路。

7. 进给速度是加工过程中电极丝________沿________方向相对于工件的________速度,单位为________。

8. ________接正极,________接负极,称正极性。反之,________接负极,________接正极,称反极性。线切割加工时,所用脉冲宽度较________,为了增加切割速度并减少钼丝损耗,一般________接正极,称正极性加工。

9. 数控电火花编程中有两种坐标系:________和________。

10. ________的电极丝做高速往复运动,一般走丝速度为 8~11 m/s,它是我国独有的电火花加工方式。低速走丝机构的电极丝做________运动,一般走丝速度低于 0.2 m/s,它是国外生产和使用的主要机种。

11. 国内数控电火花线切割机床 3B 指令格式中 Z 加工指令共有________种，直线加工有________种，圆弧加工有________种。

12. 一个字由一个________和一组________组合而成。如 G01 总称为字，G 为地址，01 为数字组合。

13. 线切割加工工艺指标的高低一般是用________、加工表面粗糙度和________等来衡量的。

14. 工件厚度及电极丝直径对切割速度的影响：若电极丝的直径________，将造成切缝过大，电蚀量过大，从而影响电火花线切割加工速度；若电极丝的直径________，承受电流小，切缝小，不利于排屑和加工稳定性，就不可能获得理想的切割速度。

15. 走丝速度对切割速度的影响：走丝速度越________，放电区域内的电极丝温升越低，工作液进入间隙的速度越快，电蚀产物的排出也就越________。

16. 加工指令(Z)由圆弧起点所在的象限决定。若起点在 X 轴正方向上，则逆圆的加工指令为________，顺圆的加工指令为________；若起点在 Y 轴正方向上，则逆圆的加工指令为________，顺圆的加工指令为________；若起点在 X 轴负方向上，则逆圆的加工指令为________，顺圆的加工指令为________；若起点在 Y 轴负方向上，则逆圆的加工指令为________，顺圆的加工指令为________。

17. 线切割加工整圆要用________方式编程。

(二)选择题

1. 快走丝线切割常用的电极丝材料有(　　)。

A. Al　　B. Cu　　C. Mo

2. 对于线切割工作液作用的说法不正确的是(　　)。

A. 有一定的绝缘性　　B. 有较好的冷却作用

C. 有较好的流动性

3. 加工时要防止工作液等导电物进入电器部分，一旦发生因电器短路而造成的火灾，应首先切断电源，立即用(　　)等合适的灭火器灭火。

A. 干冰　　B. 水　　C. 四氯化碳

4. 快走丝线切割机床的储丝筒电极、工作液泵电极都使用 A、B、C(　　)V 的三相交流电。

A. 220　　B. 380　　C. 36

5. 快走丝线切割机床使用的工作液为(　　)。

A. 线切割专用乳化液　　B. 去离子水　　C. 煤油

6. 电火花线切割加工是在电火花加工基础上发展起来的一种工艺形式，它是直接利用(　　)进行加工的工艺方法。

A. 电能和热能　　B. 电能和光能　　C. 热能和化学能

7. 由于电火花线切割与普通机加工在原理上有很大差别，所以使用电火花线切割方法加工的零件质量往往比用普通机加工方法加工的零件质量(　　)。

A. 好　　B. 差　　C. 差不多

8. 慢走丝线切割的走丝速度为(　　)。

A. 8～10 m/s　　B. 10～15 m/min　　C. 8～15 m/t

9. 快走丝线切割的走丝速度为(　　)。

A. 8～10 m/s　　B. 10～15 m/min　　C. 8～15 m/t

10. 锥度切割是(　　)以一定的倾斜角度进行切割的方法。

A. 电极丝　　B. 工作台　　C. 丝架

11. 材料的可加工性不再与其硬度、强度、韧性、脆性等有直接关系，相反在电火花线切割加工中，淬火钢比未淬火钢更(　　)加工。

A. 容易　　B. 难

(三)判断题

1. 储丝机构的作用是保证电极丝能进行往复循环的高速运行，由电动机传动储丝筒做高速正反向转动。(　　)

2. 对于线切割加工，无论被加工工件的硬度如何，只要是导体或半导体材料都能实现加工。(　　)

3. 使用慢走丝线切割机床进行多次加工，可达到与坐标磨床相近的程度。(　　)

4. 高速走丝数控电火花线切割加工机床也称为快走丝线切割机床。(　　)

5. 高速走丝机构的电极丝做高速单向运动，一般走丝速度为 8～11 m/s。(　　)

6. 提高脉冲电源的空载电压、增大放电间隙，有利于冷却和排屑，切割速度也相应提高。(　　)

7. 在慢走丝线切割加工中，目前普遍使用去离子水和煤油作为工作液。(　　)

8. 线切割加工中电极丝的切割速度主要取决于电极丝表面层的状态。(　　)

9. 电极丝张力越大，切割速度越低。(　　)

六　拓展知识

(一)上下异形面零件的线切割加工

上下异形面零件即上、下表面为不同的几何形状，而侧面则依照上、下表面的轮廓光滑过渡而成的零件。在不同高度处，其横截面轮廓均不同，如图 6-39 所示。这类零件往往需要进行热处理(通常热处理硬度要求达 45～50HRC)，采用一般的数控机床(如数控铣床)很难达到其要求的精度，且其加工工艺相当复杂。而采用先进的数字化自动控制技术和具有锥度切割功能的线切割机床，则能较好地解决此类零件的加工问题，且加工工艺也较简单。

1. 线切割锥度加工的实现机理及实现方法

线切割锥度加工的实现机理是线切割钼丝(电极丝)相对于工件表面产生倾斜。锥度加工可通过加工前根据工件几何形状参数预先编制好的数控加工程序自动控制上、下丝架导向器按一定的程序轨迹移动来实现，具体方法为：

(1)上丝架可动，下丝架不动；

(2)下丝架可动，上丝架不动；

(3)上、下丝架都可动。

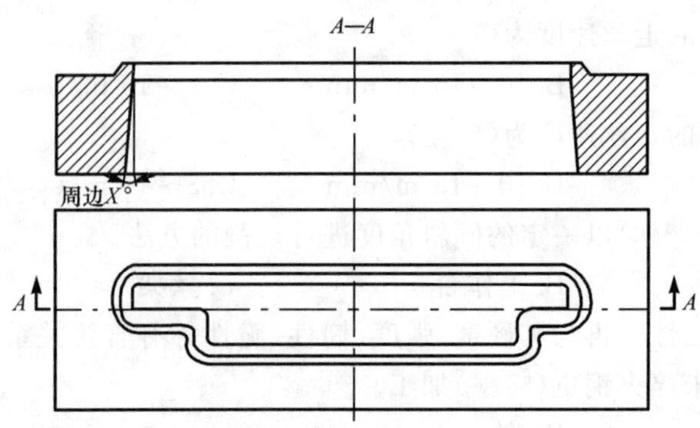

图 6-39 上下异形面零件图

2. 对机床的要求、机床坐标系及各坐标轴运动方向的定义

因上下异形面零件的上、下表面几何形状不同，在加工过程中必须由两个平行的加工坐标系（X-Y，U-V）（图 6-40）分别控制其运动轨迹，且程序较复杂，不能手工编制，因此必须采用具有锥度切割功能且配有自动编程系统的线切割机床。

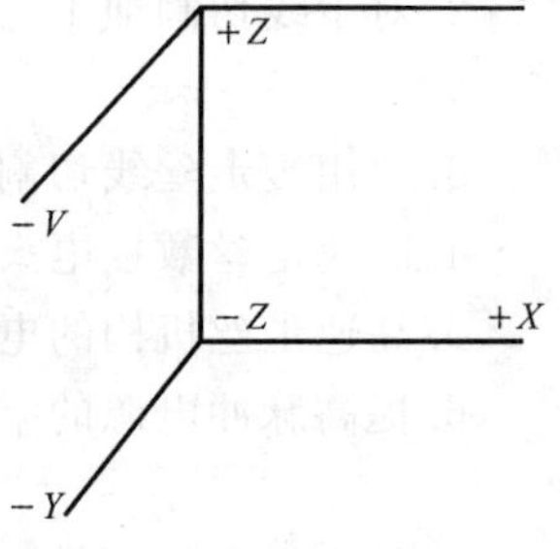

图 6-40 加工坐标系

坐标系及各坐标轴运动方向的定义如下：站在机床前并面向机床，左右为 X 方向，前后为 Y 方向，以钼丝相对工作台面的运动方向为标准，钼丝向右运动为＋X 方向，钼丝向左运动为－X 方向，钼丝向前（远离操作者方向）运动为＋Y 方向，钼丝向后（靠近操作者方向）运动为－Y 方向，U、V 轴分别与 X 、Y 轴相对应，与 X 轴平行的是 U 轴，与 Y 轴平行的是 V 轴，运动方向同 X、Y 轴的运动方向。

3. 编程要求

采用钼丝切割上下异形面零件时，上、下两个坐标平面（X-Y，U-V）所走的长度和轨迹均不同，必须根据工件上、下表面的几何形状分别编程。同时为了保证切割时上、下两个加工坐标保持步调一致，必须根据工件的实际形状找出关键点，人为地进行分段，保证上、下表面的几何图形具有相同数目的图素。

为了便于对刀，切割前带锥度的线切割机床一般均处在零锥度状态，即钼丝垂直于 X-Y 坐标平面。因此在编制上、下表面的两个程序时，还必须保证它们具有相同的丝孔坐标。

4. 程序合成的必要条件

结合线切割加工的其他工艺要求，可归纳出上下异形面零件编程的必要条件：

（1）上、下两表面图形的关键点数相同，以保证两个程序具有相同数目的程序段。

（2）丝孔坐标相同，以保证在零锥度状态下对刀、起割、加工完毕，钼丝恢复到起始状态。

（3）补偿量相同，应在同一个方向上（左或右）进行钼丝半径补偿。

（4）加工走向相同，应往同一个方向（顺时针或逆时针）插补走刀。

5. 加工实例

以在 CAXA-WEDM 自动编程软件中编制图 6-41 所示上下异形面零件的加工程序为例，分析其编程过程和工艺要求。

如图 6-41 所示，工件上表面为 $\phi 28$ 圆形，下表面为一个外接圆为 $\phi 40$、内接圆为 $\phi 30$ 的正五角星，由此组成一个高为 40 mm 的上下异形面零件。

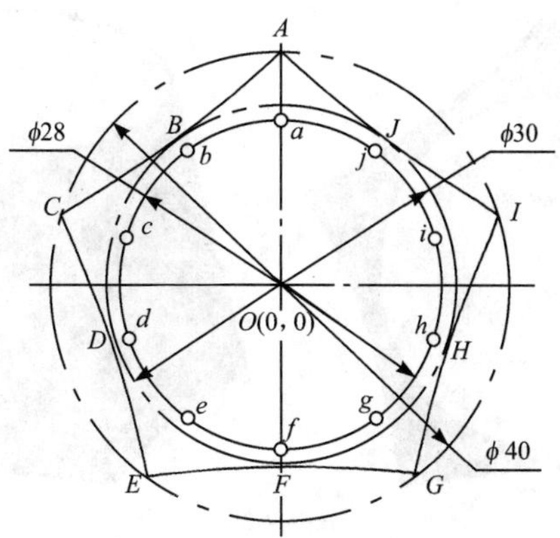

图 6-41　上下异形面零件的程序编制

(1)编制 $\phi28$ 圆的线切割加工程序

在 CAXA-WEDM 软件中点击绘制圆图标，在绘图窗口内绘制一圆心坐标为(0,0)、直径为 28 mm 的圆。

点击绘制直线图标，绘制一起点坐标为(0,15)、终点坐标为(0,−15)的辅助直线。点击“编辑”菜单，选择“旋转”→“线段复制旋转”，将辅助直线以 O 为旋转中心 36°等角复制四次，则五条辅助直线与圆的十个交点将 $\phi28$ 圆十等分，得出十个关键点($a\sim j$)，使之与正五角星的关键点数相同(因正五角星是由十条线段连接而成，故刚好也是十个关键点($A\sim J$))。点击“编辑”→“切割编程”菜单，在弹出的“参数”对话框中设置如下参数：起割坐标(0,14)，孔位坐标(0,22)，补正方向为逆时针，补偿半径为＋0.1 mm，即可编制出 $\phi28$ 圆的线切割加工程序，共 15 条。

(2)编制正五角星线切割加工程序

在 CAXA-WEDM 软件中点击绘制圆图标，绘出直径分别为 40 mm 和 30 mm、圆心坐标均为(0,0)的两个同心圆。点击绘制直线图标，绘制一起点坐标为(0,22)、终点坐标为(0,−22)的辅助直线。点击“编辑”菜单，选择“旋转”→“线段复制旋转”，将辅助直线以 O 为旋转中心 36°等角复制四次，则五条辅助直线与两个圆的 20 个交点分别将 $\phi40$ 和 $\phi30$ 圆十等分。点击绘制直线图标，分别连接 AB、BC、CD、DE、EF、FG、GH、HI、IJ、JA，作出正五角星，其中 A、B、C、D、E、F、G、H、I、J 即为十个关键点。点击“编程”→“切割编程”菜单，在弹出的“参数”对话框中设置如下参数：起割坐标(0,20)，孔位坐标(0,22)，补正方向为逆时针，补偿半径为＋0.1 mm，即可编制出正五角星的线切割加工程序，共 15 条。

(3)程序合成

由上述可知，两个图形程序具有相同的工艺参数。同有十个关键点，孔位坐标同为(0,22)，补正方向均为逆时针，补偿半径均为＋0.1，程序条数均为 15 条，因而具备程序合成的必要条件。在线切割机床的编程窗口中设置程序合成参数：线架，即上、下两导轮之间的距离，将实际测量值输入，如 100 mm；厚度，即工件高度，本例中工件高度为 40 mm；基面，即机床下导轮中心至工件下端面的距离，将实际测量值输入，如 20 mm；标高，即机床上、下两导轮的中心距，将实际测量值输入，如 80 mm。参数输入完毕，系统即可根据上面两个程序自动合成上下异形面零件的加工程序。上下异形面零件的三维图如图 6-42 所示。

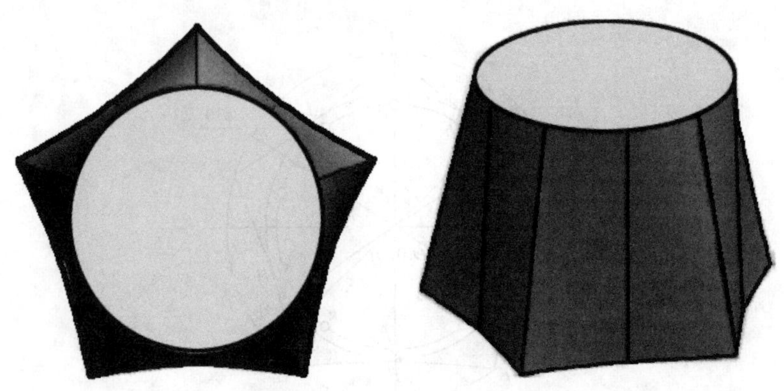

图 6-42 上下异形面零件的三维图

(二)凸模模具数控线切割加工的经验方法

1. 硬质合金凸模的线切割

工艺措施如下：

(1)切割前模具的选材应充分考虑材质优、热处理变形小，且选择合理的切割路线，尽可能减小工件变形。

(2)预先在毛坯的适当位置用穿孔机或电火花成形机床加工好 $\phi1.0$～$\phi1.5$ 的穿丝孔，穿丝孔中心与凸模轮廓线间的引入切割线段长度取 5～10 mm。

(3)凸模的轮廓线与毛坯边缘的宽度应至少保证为毛坯厚度的 1/5。

(4)加工凸模时，若必须一次切割至尺寸要求，就不可进行二次切割。一般情况下，第一次切割时应保留一到两处固定余量，在进行最后一次切割时，再将固定余量切割掉。工件的固定余量一般为 3～4 mm，大型工件可稍大些。此后再采用其他加工方法，如抛光等，使之达到规定的精度与表面粗糙度要求。

(5)偏移量的选择。二次切割的方法与普通的电火花线切割加工相同，第一次比原加工路线增加约 40 μm 的偏移量，使电极丝远离工件开始加工；第二次(或第三次)逐渐靠近工件进行加工，直至加工表面满足要求。通常，为避免产生过切现象，应留 10 μm 左右的余量，供手工精修。

(6)大部分外形多次切割加工完成后，将工件用压缩空气吹干，再用酒精溶液将毛坯端面洗净、晾干，然后用黏结剂或液态快干胶(通常采用 502 快干胶)将经磨床磨平的厚度约 0.3 mm 的金属薄片粘牢在毛坯上，再按原先多次的偏移量切割工件的预留连接部分。

2. 凸、凹模联合加工

在线切割机床上加工冷冲模时，通常的做法是用两块坯料分别加工出凸模和凹模。这种方法比较浪费材料，同时凸、凹模间隙的均匀性也比较难控制。而采用凸、凹模同时加工的方法，就可弥补上述方法的不足。由于电极丝加工出恒定的槽宽是保证凸、凹模间隙均匀的关键，因此就要求在加工中保持各项参数的稳定性。以往的工艺做法是，分别备出凸、凹模两块模板，在线切割机床上切割出内、外形。利用在一块模板上同时加工出凸、凹模的螺钉孔、沉头孔和穿丝孔，热处理后在线切割机床上一次加工出凸模和凹模。模板厚为 30 mm，现设钼丝直径为 0.18 mm，单边放电间隙为 0.01 mm，则钼丝放电实际补偿量为

0.10 mm。若采用无锥度切割，要同时切割出凸、凹模，冲裁间隙为0.20 mm，则无法保证设计要求为0.06 mm的配合间隙。

3. 多件凸、凹模联合加工

塑料加工中，常常会有很多相同或类似的工件需要加工，这就需要考虑多件加工的问题。多件加工的一般方法是单件依次加工，如凸模、镶件的加工等。特殊加工方法有三种：

(1)无需穿丝孔的排列切割法

此种加工方法的优点在于不用加工穿丝孔，省工时，且能节省材料。当工件形状规则时，还可相互借用加工，更节省时间和材料。此种方法的难点在于工件排位时两件之间距离的计算，图形的排布需要有较丰富的电加工知识和2D图形处理能力。

(2)凸模排列切割法

此种加工方法的优点在于加工切割种类可多选。排位时可根据需要灵活决定工件的切落顺序。可以所有工件一次全部切割后修刀切落；也可先加工各工件上所有的顶尖孔，然后再单件一一切落。此方法的难点在于合理控制工件的边距以及穿丝孔的位置，因为穿丝孔的位置决定着工件的切落顺序或变形情况。

(3)凹模排列切割法

此方法的优点在于可减少工件的装夹次数，一次大面积装夹还有利于工件的校正及找边。由于是一次切割出来的，故两片的拼合精度也可得到保证。其难点在于图形的处理，工件内底边与工件外底边的距离千万不可排错。

七 讨论题

1. 什么是放电间隙？
2. 什么是加工电流？
3. 什么是脉冲宽度？
4. 什么是脉冲间隔？
5. 加工图6-43所示的零件，厚度为20 mm，切割速度为40 mm^2/min左右，计算加工此零件需要的时间。

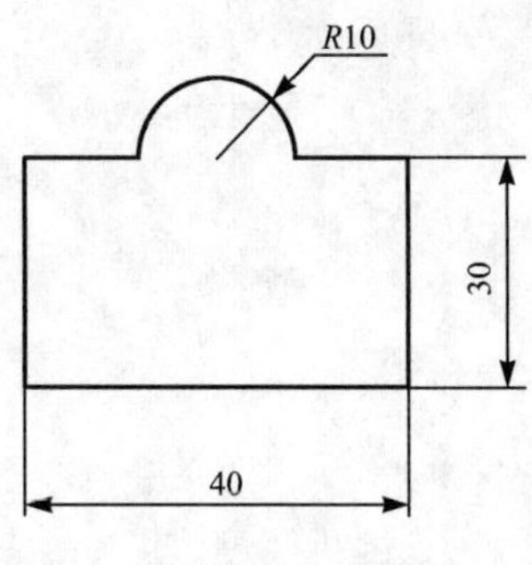

图6-43 零件图(1)

6. 线切割加工编程，零件图如图6-44所示。
7. 线切割加工编程，零件图如图6-45所示。

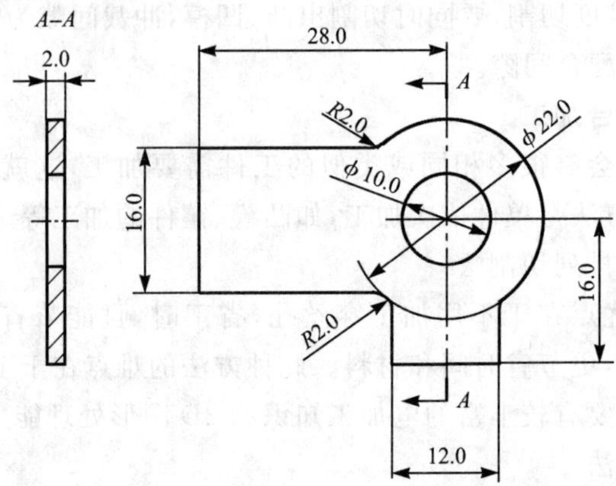

图 6-44　零件图(2)

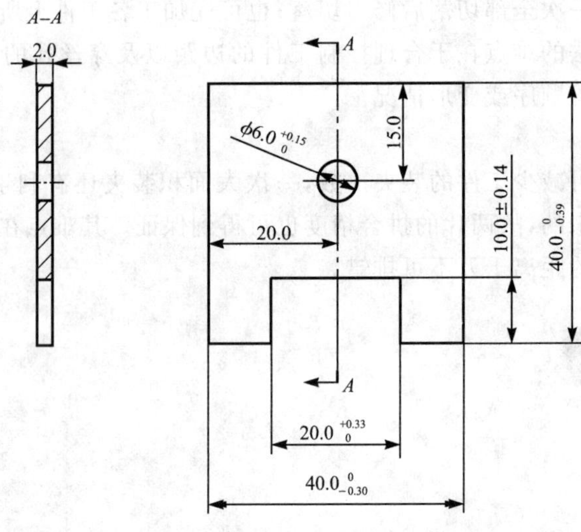

图 6-45　零件图(3)

项目七

空调机垫片冲裁复合模的装配与调试

知识目标

- 掌握冲压模具的装配方法。
- 掌握冲压模具的装配工艺规程。

能力目标

- 具有装配冲压模具组件、部件的能力。
- 具有模具修配与调整间隙的能力。
- 具有调试冲压样件及检验的能力。

一 项目导入

空调机垫片冲裁复合模如图7-1所示，制定模具装配与调试工艺方案。

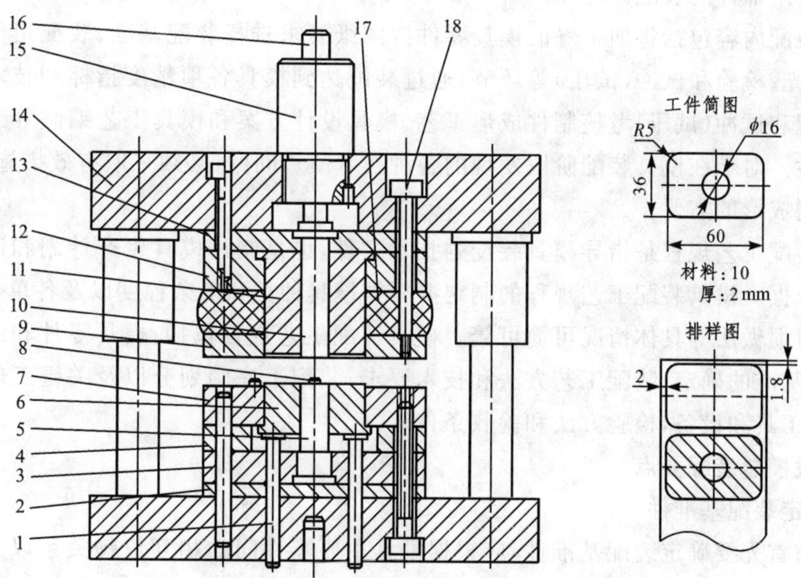

图7-1　空调机垫片冲裁复合模

1—顶杆；2、4、13—垫板；3—凸模固定板；5—凸模；6—推板；7—落料凹模；8—定位销；9—卸料板；10—推杆；11—凸凹模；12—凸凹模固定板；14—模架；15—模柄；16—打杆；17—橡胶；18—卸料螺钉

图 7-1 所示的模具结构较为复杂，需要掌握其工作原理。将模具结构分成模架、工作部件、标准件三部分，首先考虑模架的制造与装配；然后考虑工作部件的装配，并将其固定到上、下模板上，调整间隙；最后考虑卸料板的装配。

(一)模架装配

模具装配过程是按照模具技术要求和各零件间的相互关系，将合格的零件连接固定为组件、部件，直至装配成合格的模具。它可以分为组件装配和总装配等。模具装配是模具制造过程中的关键工作，装配质量的好坏直接影响制件的质量、模具本身的工作状态及使用寿命。模具制造属于少件生产类型，所以模具装配大都采用集中装配的组织形式。所谓集中装配是指将模具零件组装成部件或模具的全过程，由一个工人在固定地点来完成。有时因交货期短，也可将模具装配的全部工作适当分散为各种部件的装配和总装配，由一组工人在固定地点合作完成，这种组织形式称为分散装配。

对于需要大批量生产的模具部件(如标准模架)，一般采用移动式装配，即每一道装配工序按一定的时间完成，装配后的组件再传送至下道工序，由下道工序的工人继续进行装配，直至完成整个部件的装配。

模具装配内容包括将加工好的模具零件按图纸要求选择装配基准、装配组件、调整、修配、研磨抛光、检验和试冲(试压)等环节，通过装配达到模具各项精度指标和技术要求。通过模具装配和试冲(试压)考核制件成形工艺、模具设计方案和模具工艺编制等工作的正确性和合理性。对于在模具装配阶段发现的各种技术质量问题，必须采取有效措施及时解决，以满足试制成形的需要。

模具装配工艺规程是指导模具装配的技术文件，也是制订模具生产计划和进行生产技术准备的依据。模具装配工艺规程的制定要根据模具种类和复杂程度以及各单位的生产组织形式和习惯做法等具体情况可简可繁。模具装配工艺规程包括：模具零件和组件的装配顺序，装配基准的确定，装配工艺方法和技术要求，装配工序的划分以及关键工序的详细说明，必备的工具和设备，检验方法和验收条件等。

1. 冲裁模总装配要点

(1)确定装配基准件

装配前首先要确定装配基准件，应根据模具主要零件间的相互依赖关系以及装配是否方便和易于保证装配精度要求来确定装配基准件。根据模具类型不同，导板模以导板为装配基准件，复合模以凸凹模为装配基准件，级进模以凹模为装配基准件，模座有窝槽结构的以窝槽为装配基准件。

(2)确定装配顺序

根据各个零件与装配基准件的依赖关系和远近程度来确定装配顺序。装配零件要有利于后续零件的定位和固定,不得影响后续零件的装配。

(3)控制冲裁间隙

装配时要严格控制凸、凹模间的冲裁间隙,保证间隙均匀。

(4)活动部件的要求

模具内各活动部件必须保证位置、尺寸正确,活动配合部位的动作灵活、可靠。

(5)试冲

试冲是模具装配的重要环节,通过试冲可发现一些问题,并采取有效措施来解决。

2. 模具装配精度

(1)相关零件的位置精度

例如定位销与孔的位置精度,上、下模之间以及定、动模之间的位置精度,型腔、型孔与型芯之间的位置精度等。

(2)相关零件的运动精度

相关零件的运动精度包括直线运动精度、圆周运动精度及传动精度。例如导柱和导套之间的配合状态,顶块和卸料装置的运动是否灵活、可靠,以及送料装置的送料精度等。

(3)相关零件的配合精度

相互配合零件间的间隙和过盈程度是否符合技术要求。

(4)相关零件的接触精度

例如模具分型面的接触状态如何,间隙大小是否符合技术要求,弯曲模上、下成形表面的吻合一致性,以及拉深模定位套外表面与凹模进料表面的吻合程度等。

3. 模架技术条件

冲压模模架技术条件(JB/T 8050—2008)的主要内容如下:

(1)组成模架的零件应符合相应标准和技术条件(JB/T 8071—2008)的规定。

(2)装入模架的每对导柱和导套间的配合状况应符合表 7-1 的规定。

表 7-1　导柱和导套间的配合要求

配合形式	导柱直径/mm	配合精度		配合后的过盈量/mm
		H6/h5(Ⅰ级)	H7/h6(Ⅱ级)	
		配合后的间隙值/mm		
滑动配合	≤18	≤0.010	≤0.015	
	18～28	≤0.011	≤0.017	
	28～50	≤0.014	≤0.021	
	50～80	≤0.016	≤0.025	
滚动配合	18～35			0.01～0.02

(3)装配成套的滑动导向模架分为Ⅰ级和Ⅱ级,装配成套的滚动导向模架分为0Ⅰ级和0Ⅱ级。各级精度的模架必须符合表 7-2 中的规定。

表 7-2 模架分级技术指标

检查项目	被测尺寸/mm	精度等级	
		0Ⅰ、Ⅰ级	0Ⅱ级、Ⅱ级
		公差等级	
上模座上平面对下模座下平面的平行度	≤400	5	6
	>400	6	7
导柱轴心线对下模座下平面的垂直度	≤160	4	5
	>160	4	5

(4)模架装配后，上模相对下模上下移动时，导柱和导套之间应滑动平稳。装配后，导柱固定端面与下模座下平面保持 1～2 mm 的空隙，导套固定端面应低于上模座上平面 1～2 mm。

(5)压入式模柄与上模座为 H7/h6 配合；除浮动模柄外，其他模柄装入上模座后，模柄轴心线对上模座上平面的垂直度误差在模柄长度内不大于 0.05 mm。

(6)在有明显方向标志的情况下，滑动式、滚动式中间导柱模架和对角导柱模架允许采用相同直径的导柱。

4. 模架的装配方法

下面主要介绍压入式模架的装配方法。压入式模架的导柱和导套与上、下模座采用过盈配合。按照导柱、导套的安装顺序，有以下两种装配方法：

(1)先压入导柱的装配方法

压入导柱如图 7-2 所示。压入导柱时，在压力机平台上将导柱置于模座孔内，用专用工具的百分表(或宽座角尺)在两个垂直方向检验和校正导柱的垂直度。边检验、校正边压入，将导柱缓缓压入模座。

将上模座反置套上导套。转动导套，用百分表检验导套内外圆配合面的同轴度，如图 7-3 所示。然后将同轴度最大误差调至两导套中心连线的垂直方向，使因同轴度误差而引起的中心距变化最小，然后压入导套。

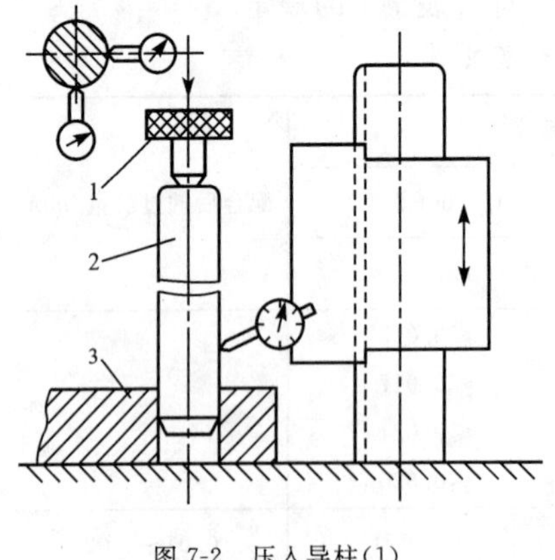

图 7-2 压入导柱(1)

1—压块；2—导柱；3—下模座

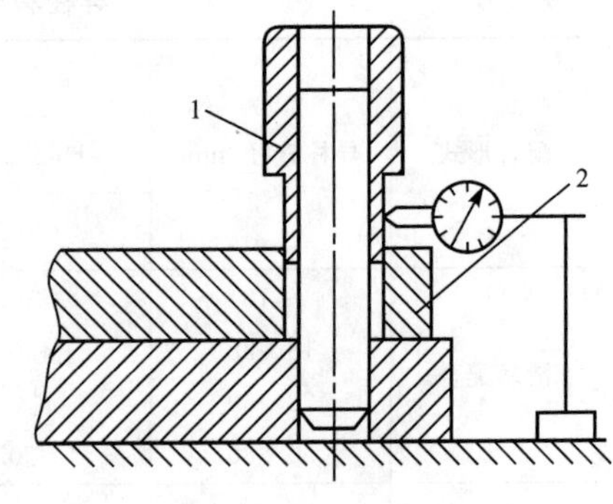

图 7-3 压入导套(1)

1—导套；2—上模座

(2)先压入导套的装配方法

压入导套如图 7-4 所示。将上模座放于专用工具的平板上，平板上有两个与底面垂直、与导柱直径相同的圆柱，将导套分别套在两个圆柱上，垫上等高垫块，在压力机上将两个导套压入上模座。

压入导柱如图 7-5 所示。在上、下模座之间垫入等高垫块，将导柱插入导套内，在压力机上将导柱压入下模座 5～6 mm。然后将上模座提升到导套不脱离导柱的最高位置，如图 7-5 中双点画线所示的位置，然后轻轻放下，检验上模座与等高垫块接触的松紧是否均匀。如松紧不均匀，则应调整导柱，直至松紧均匀，然后再压入导柱。

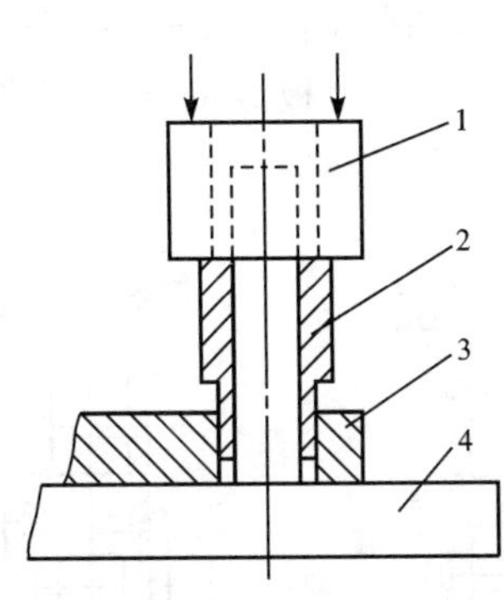

图 7-4　压入导套(2)

1—等高垫块；2—导套；3—上模座；4—专用工具

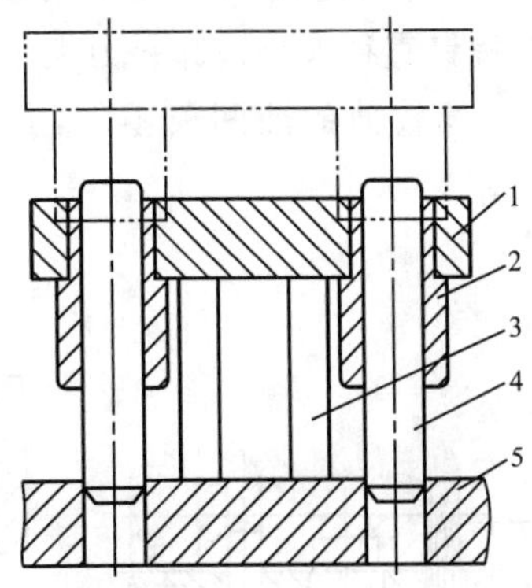

图 7-5　压入导柱(2)

1—上模座；2—导套；3—等高垫块；4—导柱；5—下模座

(二)组件装配

1. 模柄的装配

压入式模柄的装配过程如图 7-6 所示。装配前要检验模柄和上模座配合部位的尺寸精度和表面粗糙度，并检验模座安装孔面与上模座上平面的垂直度。装配时将上模座放平，在压力机上将模柄慢慢压入(或用铜棒打入)模座，要边压入边检验模柄的垂直度，直至模柄台阶面与安装孔台阶面接触为止。然后检验模柄相对于上模座上平面的垂直度，合格后加工骑缝销孔，再安装骑缝销，最后磨平端面。

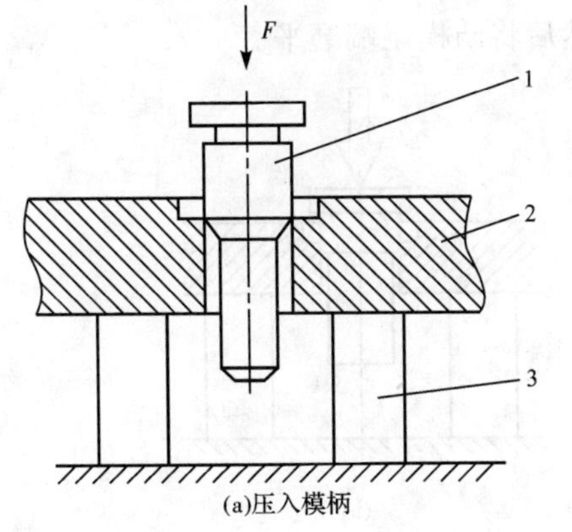

(a)压入模柄

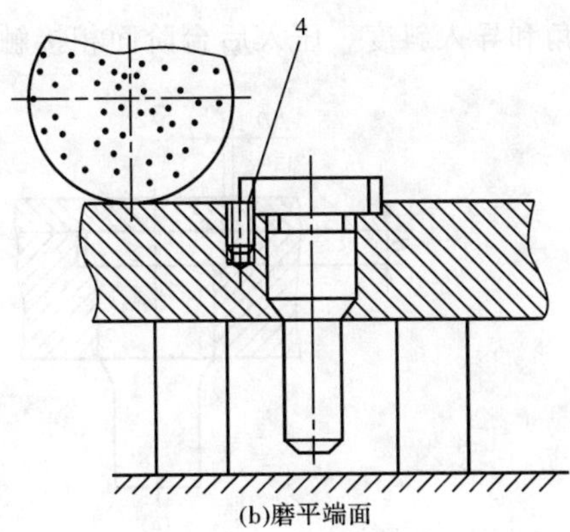

(b)磨平端面

图 7-6　压入式模柄的装配过程

1—模柄；2—上模座；3—等高垫块；4—骑缝销

2. 冲裁模凸模的装配

模具和其他机械产品一样，各个零件、组件通过定位和固定而连接在一起，确定各自的相互位置。零件的固定方法会因具体情况而有所不同，有时会影响模具装配工艺路线。

(1)紧固件法

紧固件法如图 7-7 所示,主要通过定位销和螺钉将零件连接。图 7-7(a)主要适用于大型截面成形零件的连接,其圆柱销的最小配合长度 $H_2 \geqslant 2d_2$,螺钉拧入的连接长度:对于钢件 $H_1 = d_1$ 或稍长,对于铸铁件 $H_1 = 1.5d_1$ 或稍长。图 7-7(b)所示为螺钉吊装固定方式,凸模定位部分与固定板配合孔采用基孔制过渡配合 H7/m6 或 H7/n6,或采用小间隙配合 H7/h6,螺钉直径大小视卸料力大小而定。图 7-7(c)、图 7-7(d)适用于截面形状比较复杂的凸模或壁厚较薄的凸凹模零件,其定位部分的配合长度应保持为板厚的 2/3,用圆柱销卡紧。

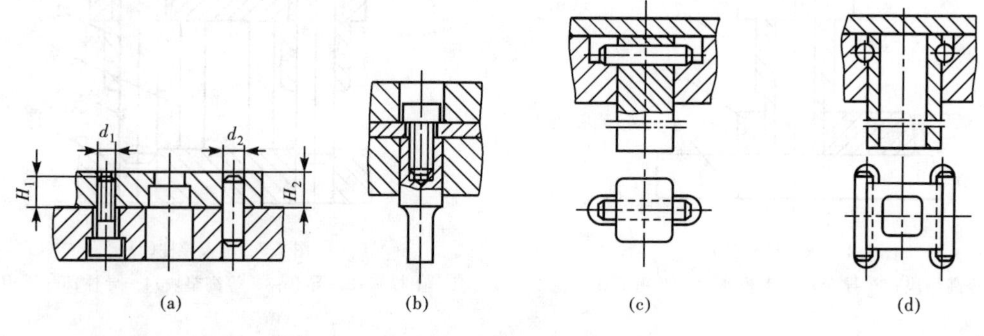

图 7-7 紧固件法

(2)压入法

压入法如图 7-8 所示,定位配合部位采用 H7/m6、H7/n6 和 H7/r6 配合,适用于冲裁板厚小于 6 mm 的冲裁凸模与各类模具零件。如图 7-8(a)所示,利用台阶结构限制轴向移动,注意台阶结构的尺寸,应使 $H > \Delta D$($\Delta D = 1.5 \sim 2.5$ mm,$H = 3 \sim 8$ mm)。

压入法的特点是连接牢固可靠,对配合孔的精度要求较高,加工成本高。装配压入过程如图 7-8(b)所示,将凸模固定板型孔台阶朝上,放在两个等高垫铁上,将凸模工作端朝下放入型孔中对正,用压力机慢慢压入,要边压边检查凸模垂直度,并注意过盈量、表面粗糙度、导入圆角和导入斜度。压入后台阶面相接触,然后将凸模尾端磨平。

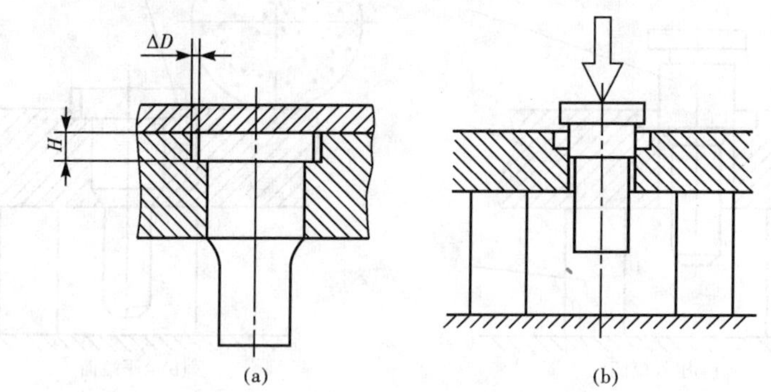

图 7-8 压入法

(3)铆接法

铆接法如图 7-9 所示,它主要适用于冲裁板厚不大于2 mm的冲裁凸模和其他轴向拔力不太大的零件。凸模和型孔配合部分保持 0.01~0.03 mm 的过盈量,铆接端凸模硬度在 30HRC 以内。固定板型孔铆接端周边倒角为 $C0.5 \sim C1$。

(4)热套法

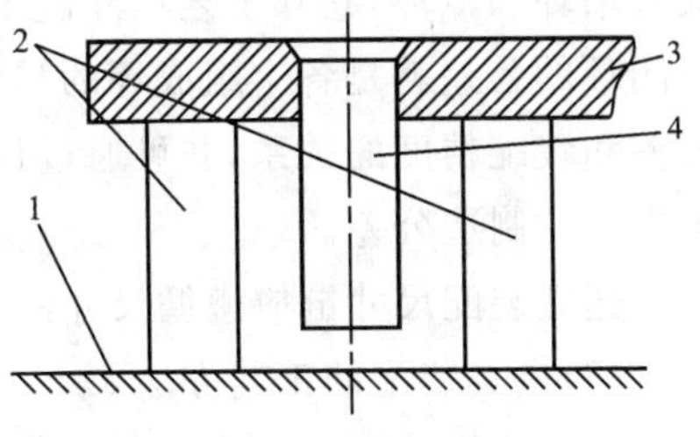

图 7-9　铆接法

1—钳工平台;2—等高垫块;3—固定板;4—凸模

热套法主要用于固定凹模和凸模拼块以及硬质合金模块。当连接起固定作用时,配合过盈量要小些;当要求连接有预应力作用时,配合过盈量要大些。当配合过盈量控制在 0.01～0.02 mm 范围时,对于钢质拼块一般不预热,只是将模套预热到 300～400 ℃并保持 1 h,即可热套;对于硬质合金模块,应在 200～250 ℃条件下预热,模套在 400～450 ℃条件下预热后热套。一般在热套后继续进行型孔的精加工。

(三)冲裁模卸料板的装配

1.装配尺寸链和装配工艺方法

(1)冲裁模卸料螺钉的作用

图 7-1 中卸料螺钉的作用是调整卸料板的位置,落料后将套在凸凹模上的条料卸下,同时卸料板也有压料作用。

(2)装配尺寸链

模具装配的重要问题是用何种装配工艺方法来达到装配精度要求,如何根据装配精度要求来确定零件的制造公差,而建立和分析装配尺寸链将确定经济合理的装配工艺方法和零件的制造公差。

在模具装配中,将与某项精度指标有关的各个零件的尺寸依次排列,形成一个封闭的链形尺寸,这个链形尺寸就称为装配尺寸链,如图 7-10 所示。

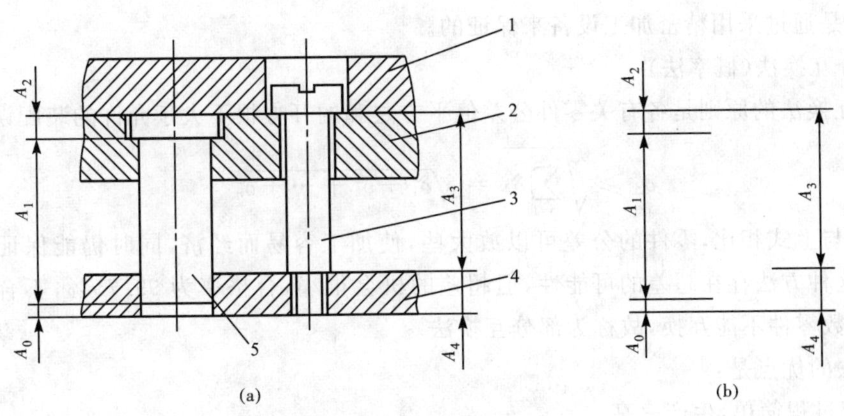

图 7-10　装配尺寸链

1—垫板;2—固定板;3—卸料螺钉;4—弹压卸料板;5—凸模

装配尺寸链的组成和计算方法与工艺尺寸链相似。装配尺寸链有封闭环和组成环。封闭环是装配后自然得到的,它往往是装配精度要求或技术条件规定的尺寸。如图7-10中的 A_0 是装配后形成的,它是技术条件规定的尺寸,即封闭环。

组成环是构成封闭环的各个零件的相关尺寸,如图 7-10 中的 A_1、A_2、A_3 和 A_4。组成环又分增环和减环，它和工艺尺寸链中的判断方法相同。由于各个组成环都有制造公差，所以封闭环的公差就是各个组成环的累积公差。因此，建立和分析装配尺寸链就能够了解累积公差和装配精度的关系，并可通过计算公式和定量计算来确定合理的装配工艺方法以及各个零件的制造公差。

建立装配尺寸链应遵循尺寸链组成环短原则，即环数最少原则。

(3)模具装配的工艺方法

模具装配的工艺方法有互换法、修配法和调整法。模具生产属于单件小批量生产，具有成套性和装配精度高的特点，所以目前模具装配常用修配法和调整法。今后随着模具加工设备的现代化，零件制造精度将满足互换法的要求，互换法的应用会越来越多。

①互换法

互换法的实质是通过控制零件的制造公差来保证装配精度。

按互换程度可将互换法分为完全互换法和部分互换法。

- 完全互换法(极值法)

完全互换法的原则是各有关零件的公差之和应不大于允许的装配误差。用公式表示如下：

$$\delta_\Delta \geqslant \sum_{i=1}^{n} \delta_i = \delta_1 + \delta_2 + \cdots + \delta_n$$

式中 δ_Δ——装配允许的误差(公差)；

δ_i——各有关零件的制造公差。

显然，在这种装配中，零件是完全可以互换的，即对于加工合格的零件，不需经过任何的选择、修配或调整，经装配后就能达到预定的装配精度和技术要求。例如，某 ϕ56 定、转子硅片硬质合金多工位自动级进模，凹模由 12 个拼块镶拼而成，制造精度达 μ 级，不带修配就可以装配，这是通过采用精密加工设备来保证的。

- 部分互换法(概率法)

部分互换法的原则是各有关零件公差值平方之和的开方根不大于允许的装配误差，即

$$\delta_\Delta \geqslant \sqrt{\sum_{i=1}^{n} \delta_i^2} = \sqrt{\delta_1^2 + \delta_2^2 + \cdots + \delta_n^2}$$

显然，与上式相比，零件的公差可以放大些，使加工容易而经济，同时仍能保证装配精度。采用这种方法存在超差的可能性，但超差的机会很小，合格率为 99.75%，不合格率很小，只有少数零件不能互换，故称为部分互换法。

互换法的优点是：

- 装配过程简单，生产率高。
- 对工人技术水平要求不高，便于流水线作业和自动化装配。
- 容易实现专业化生产，降低成本。
- 备件供应方便。

互换法的缺点是：

- 零件加工精度要求高(相对于其他装配方法而言)。
- 部分互换法有生产出不合格产品的可能。

②修配法

在单件小批量生产中，当装配精度要求高时，如果采用完全互换法，则使相关零件尺寸精度要求很高，这对降低成本不利。在这种情况下，采用修配法是适当的。

修配法是在某零件上预留修配量，在装配时根据实际需要修整预修面来达到装配精度的方法。修配法的优点是能够获得很高的装配精度，而零件的制造公差可以放宽，其缺点是装配中增加了修配工作量，工时多且不易预定，装配质量依赖于工人技术水平，生产率低。

采用修配法时应注意：

- 应正确选择修配对象。应选择那些只与本项装配精度有关，而与其他装配精度无关的零件；通过装配尺寸链计算修配件的尺寸与公差；既要有足够的修配量，又不要使修配量过大。
- 应尽可能考虑用机械加工代替手工修配。

③调整法

调整法的实质与修配法相同，仅具体方法不同。它是利用一个可调整的零件来改变它在机器中的位置，或变化一组定尺寸零件（如垫片、垫圈）来达到装配精度的方法。

调整法可以放宽零件的制造公差，但装配时同样费工费时，并要求工人有较高的技术水平。

(4)装配尺寸链的计算

应用装配尺寸链来解决装配精度问题，其步骤是：建立装配尺寸链—确定装配工艺方法—进行尺寸链计算—最终确定零件的制造公差。

下面举例说明装配尺寸链的计算方法，并比较分别采用互换法和修配法装配时的各组成环的公差和极限偏差。

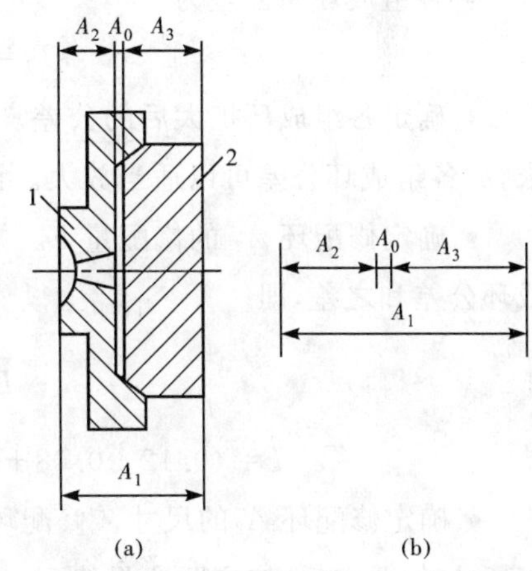

图 7-11　斜楔锁紧滑块机构装配尺寸链简图

【例 7-1】　如图 7-11 所示为塑料注射模的斜楔锁紧滑块机构装配尺寸链简图，该模具的装配精度和工作要求：在空模闭合状态下必须使定模内平面至滑块分型面有 0.18～0.3 mm 的间隙；模具在闭合注射加压后，两哈夫滑块沿着斜楔滑行而产生锁紧力，应确保哈夫滑块分型面密合，不得使塑件产生飞边。

已知各零件的基本尺寸为：$A_1=57$，$A_2=20$，$A_3=37$。试分别采用互换法和修配法装配，并确定各组成环的公差和极限偏差。

解　首先绘制装配尺寸链简图，如图 7-11(b)所示。

由于 A_0 是在装配过程中最后形成的，故为封闭环。A_1 为增环，A_2、A_3 为减环。

封闭环的基本尺寸为

$$A_0=\sum\overrightarrow{A}-\sum\overleftarrow{A}=A_1-(A_2+A_3)=57-(20+37)=0$$

符合模具技术规定要求 $A_0=0$。

封闭环的公差为

$$T_0=ES_0-EI_0=0.30-0.18=0.12$$

式中 ES_0——封闭环的正偏差；

EI_0——封闭环的下偏差。

①互换法

• 各组成环的平均公差为

$$T_{mj}=\frac{T_0}{m}=\frac{0.12}{3}=0.04$$

式中，m 为组成环的环数。

• 确定各组成环的公差，以平均公差为基础，按各组成环基本尺寸的大小和加工难易程度调整。

$$T_1=0.05, T_2=T_3=0.03$$

• 确定各组成环的极限偏差。留 A_1 为协调尺寸，其余各组成环的包容尺寸下偏差为零，被包容尺寸上偏差为零，则

$$A_2=20_{-0.03}^{\ 0}, A_3=37_{-0.03}^{\ 0}$$

这时各组成环的中间偏差为

$$\Delta_2=-0.015, \Delta_3=-0.015$$

②修配法

• 各组成环原公差为

$$T_1=0.05, T_2=T_3=0.03$$

• 确定各组成环扩大后的公差。设 A_2 为修配环，装配时通过修配 A_2 达到装配技术要求，故各组成环公差可以适当放大。设 $T_1'=0.12, T_2'=T_3'=0.08$。

• 确定修配环 A_2 的修配量 F。修配量 F 为扩大公差后，各组成环公差和与扩大前各组成环公差和之差，即

$$F=\sum_{i=1}^{m}(T_i'-T_i)$$

$$F=(0.12+0.08+0.08)-(0.05+0.03+0.03)=0.17$$

• 确定修配环 A_2 的尺寸。修配环 A_2 的实际尺寸应该在已知 A_1 和 A_3 的实际尺寸和封闭环 A_0 的要求后，按实际余量修配，故要保证 A_2 在修配中去除余量后满足 A_0 的要求。

$$A_2=20+0.17+0.08=20.25$$

在零件加工阶段 $A_2=20.25-0.08$，在装配阶段再按实际情况修配 A_2，直至满足装配要求。

通过以上分析计算可知：按互换法装配，各组成环的公差最小，约为 IT9 级；按修配法装配，各组成环的公差最大，约为 IT11 级。但修配法增加了修配工作量，适用于单件小批量生产。

2. 凸、凹模间隙(壁厚)的调整

冲模凸、凹模之间的间隙以及塑料模等型腔和型芯之间形成的制件壁厚，在装配时必须

给以保证。为了保证间隙及壁厚尺寸，在装配时应根据具体模具结构的特点，先固定其中一件（如凸模或凹模）的位置，再以这件为基准，控制好间隙或壁厚以固定另一件的位置。

控制间隙（壁厚）的方法有以下几种：

（1）垫片法

垫片法如图 7-12 所示。将厚薄均匀、厚度值等于间隙值的纸片、金属片或成型制件放在凹模刃口四周，然后慢慢合模，将等高垫块垫好，使凸模进入凹模刃口内，观察凸、凹模的间隙状况。如果间隙不均匀，则用敲击凸模固定板的方法调整间隙，直至均匀为止。然后拧紧上模紧固螺钉，再放纸片试冲，观察纸片冲裁状况，直至将间隙调整到均匀为止。最后将上模座与凸模固定板夹紧后同钻、同铰定位销孔，然后打入圆柱销定位。这种方法广泛应用于中小冲裁模，也适用于拉深模、弯曲模等，同样适用于塑料模等壁厚的控制。

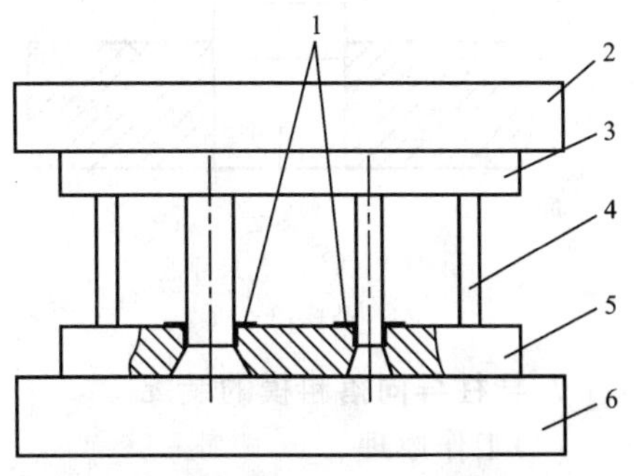

图 7-12　垫片法

1—垫片；2—上模座；3—凸模固定板；4—等高垫块；5—凹模；6—下模座

（2）镀铜法

对于形状复杂、凸模数量多的冲裁模，用上述方法控制间隙比较困难。这时可在凸模表面镀上一层软金属，如镀铜等。镀层厚度等于单层冲裁间隙值。然后按上述方法调整、固定、定位。镀层在装配后不必去除，在使用中冲裁时会自然脱落。

（3）透光法

透光法是将上、下模合模后，用灯光从底面照射，观察凸、凹模刃口四周的光隙大小，从而判断冲裁间隙是否均匀。如果间隙不均匀，应再进行调整、固定、定位。这种方法适用于薄料冲裁模。如用模具间隙测量仪表进行检测和调整则更好。

（4）涂层法

涂层法是在凸模表面涂上一层如磁漆或氨基醇酸漆之类的薄膜。涂漆时应根据间隙大小选择不同黏度的漆，或通过多次涂漆来控制其厚度。涂漆后将凸模组件放于烘箱内，在 100～120 ℃下烘烤 0.5～1 h，直至漆层厚度等于冲裁间隙值，并使其均匀一致。然后按上述方法调整、固定、定位。

（5）工艺尺寸法

工艺尺寸法如图 7-13 所示。在制造冲裁凸模时，将凸模长度适当加长，将其截面尺寸加大到与凹模型孔呈滑配状。装配时，凸模前端进入凹模型孔内，自然形成冲裁间隙，然后将其固定、定位。最后将凸模前端加长段磨去即可。

（6）工艺定位器法

工艺定位器法如图 7-14 所示。装配前，做一个二级装配工具，即工艺定位器，图中的 d_1 与冲孔凸模滑配，d_2 与冲孔凹模滑配，d_3 与落料凹模滑配，d_1 和 d_3 在一次装卡中加工成形，以保证两个直径的同心度。装配时利用工艺定位器来保证各部分的冲裁间隙。工艺定位器法也适用于塑料模等壁厚的控制。

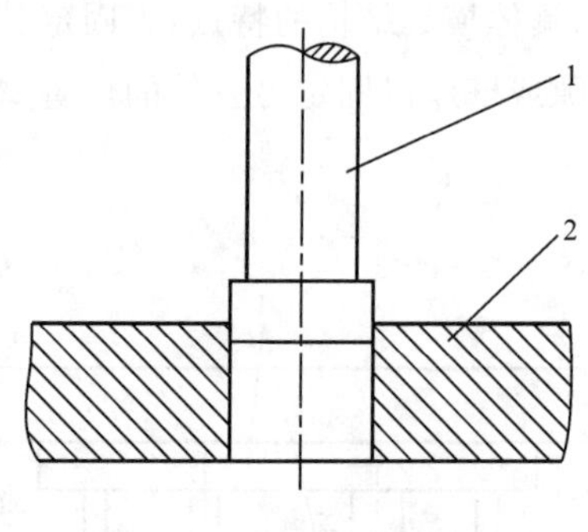

图 7-13 工艺尺寸法

1—凸模；2—凹模

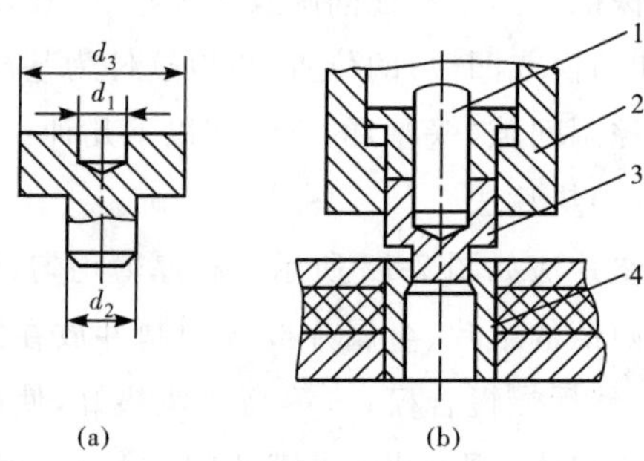

图 7-14 工艺定位器法

1—凸模；2—凹模；3—工艺定位器；4—凸凹模

3. 导柱导向落料模的装配

(1)工作原理

图 7-15 所示为导柱导向落料模的结构。该结构的落料模一般用于材料较薄且表面平面度要求较高的冲件。模具工作时，上模与压力机滑块一起做上下运动，冲裁前，顶件器与凸模一起将材料压紧，上模随滑块继续下行，凸模进入凹模前，导柱已经进入导套，从而保证了冲裁过程中凸、凹模之间间隙的均匀性。凸模进入凹模，将材料冲下，在上模上行时，通过打杆打击顶件器实现推件。

导柱式冲裁模的导向比导板模的导向可靠，且精度高、寿命长，使用安装方便，但轮廓尺寸较大，模具较重，制造工艺复杂，成本较高。它广泛用于生产批量大、精度要求高的冲裁件。

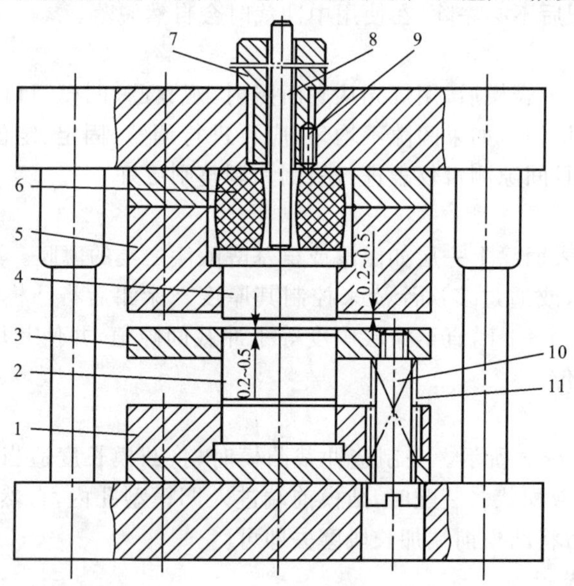

图 7-15 导柱导向落料模的结构

1—固定板；2—凸模；3—卸料板；4—顶件器；5—凹模；6—橡胶；

7—模柄；8—打杆；9—止转螺钉；10—卸料螺钉；11—弹簧

(2)装配技巧

①装配前的准备

- 通读设计图样，了解导柱导向落料模的装配工艺要点：保证凸、凹模间隙均匀，上模随压力机滑块回程时，顶件器动作应及时、可靠。

• 查对各零件是否已完成装配前的加工工序，并经检验合格。

• 确定装配方法和装配顺序。经认定各零件已完成精加工，可保证凸、凹模间隙均匀，则可进行直接装配。该模具选用标准模架，成组装配包括模柄和凸模的装配。根据模具结构形式，可选择凸模作为基准件(也可选择凹模作为基准件)，先安装下模，采用透光法或垫片法控制间隙，再安装上模。

• 领用螺钉、圆销、卸料螺钉、弹簧、橡胶等，准备所需辅助工具。

②模柄的装配

本结构采用旋入式模柄，按旋入式模柄的装配基本技巧进行装配。

③安装凸模

按台阶凸模压入的基本技巧进行装配。

④安装下模

标准模架的规格尺寸 $L \times B$ 按模具零件(如凹模、固定板等)的外廓尺寸选用。一般情况下，需使模板(如凹模、固定板等)的中心线与标准模架上、下模座的中心线位置一致。

以凸模为基准件安装下模时，将固定板、垫板与下模座用螺钉、圆销紧固，按螺钉、圆销的装配基本技巧进行装配。

⑤安装上模

按照用透光法或垫片法调整间隙的基本技巧安装上模。

⑥安装其他零件

• 拆开上模，装入适量橡胶，应使顶件器工作端面在弹力作用下低出凹模刃口面 0.2～0.5 mm，顶件器工作端面不得高于凹模刃口面。

• 在下模上安装卸料板、卸料螺钉和弹簧，安装后卸料板上工作面不得低于凸模刃口面，可高出 0.2～0.5 mm。

⑦试冲

装配好的模具应在指定的压力机上试冲，试冲用的材料应为冲件要求的牌号和规格尺寸(包括料厚和料宽)。试冲合格后交付使用。

(3)装配禁忌

①安装后要检查顶件器动作是否可靠，切忌有卡死现象。

②卸料螺钉沉孔深度应足够，切忌太小。

四　项目实施

复合模是多工序模中的一种，它是在压力机的一次行程中，在同一位置上同时完成几道工序的冲模。根据落料凹模位置的不同，可将复合模分为正装复合模和倒装复合模。

1. 复合模的装配要求

相对于单工序模来说，复合模的结构要复杂得多，其主要工作零件(凸模、凹模、凸凹模)数量多，上、下模都有凸模和凸凹模，给加工和装配增加了一定难度。结构上采用的打件、推件机构在冲压过程中的动作必须及时、可靠，否则极易发生模具刃口崩裂的现象。因此，对复合模装配提出如下要求：

(1)必须保证主要工作零件(凸模、凹模、凸凹模)和相关零件(如顶件器、推件板等)的加工精度。

(2)加工和装配时,凸模和凹模之间的间隙应均匀一致。

(3)如果是依靠压力机滑块中横梁的打击来实现推件,则推件机构推力合力的中心应与模柄中心重合。为保证推件机构工作可靠,推件机构的零件(如顶杆)在工作中不得歪斜,以防止工件和废料推不出,导致小凸模折断。

(4)下模中设置的推件机构应有足够的弹力,并保持工作平稳。

复合模所选用装配方法和装配顺序的原则与单工序冲裁模基本相同,但具体装配技巧应根据具体的模具结构而定。

2. 模具工作原理

图 7-1 所示为一副正装落料-冲孔复合模的典型结构,它是在压力机的一次行程中,在模具同一位置上同时完成落料和冲孔两道冲压工序。落料凹模和冲孔凸模装在下模,冲孔凹模和落料凸模装在上模。模具工作时,上模与压力机滑块一起下行,卸料板首先将板料压紧在凹模端面上;当压力机滑块继续下行时,凸凹模与推板一起将落料部分的条料压紧,以防工件变形;当压力机的滑块下滑到最低点时,凸凹模进入落料凹模,同时完成落料、冲孔。上模随滑块上行,推板将工件从落料凹模中推出,卸料板在橡皮作用下将条料从凸凹模上卸下,打杆将冲孔废料从凸凹模中打出。在左侧有两个定位销用来控制条料送进方向,中间的一个定位销用来控制条料送进步距。

3. 模具装配

落料-冲孔复合模是在模具同一位置上完成两道冲压工序,则在模具同一位置上要安装两套凸、凹模。如何安装两套凸、凹模并保证冲裁间隙均匀以及两套凸、凹模的相互位置正确,是这类模具装配时要解决的主要问题。此类模具的装配技巧如下:

(1)确定装配顺序和装配方法

分析此类模具的结构特点和技术要求,确定模具的装配顺序和装配方法。如采用外购标准模架,则此类模具应先将凸凹模按照装配图要求安装在模板(座)上,再根据冲裁间隙要求,将冲孔凸模、落料凹模安装在另一模板上,最后安装其他结构零件,如卸料零件、推料零件等。

(2)凸凹模的安装方法

①根据模具装配图要求,将凸凹模按凸模安装方法装在凸凹模固定板上。

②用夹板将凸凹模固定板、垫板(不一定都有)、模板(座)夹紧(必须牢固,不能在加工中产生松动),加工紧固螺钉过孔和螺纹底孔。拆去夹板,在凸凹模固定板上加工螺纹。

③用螺钉将凸凹模固定板、垫板(不一定都有)、模板(座)固定在一起(必须牢固,不能在加工中产生松动),加工定位销孔,安装定位销。

④用夹板将卸料板与凸凹模固定板、垫板(不一定都有)、模板(座)夹紧,加工卸料螺钉过孔和螺纹底孔。加工结束后拆去夹板和卸料板,在卸料板上加工螺纹。

(3)冲孔凸模、落料凹模的安装及间隙调整方法

①根据模具装配图要求,将凸模按凸模固定方法装配到凸模固定板上。

②按模具装配图的顺序,用夹板将凸模固定板、垫板(不一定都有)、落料凹模、模板(座)夹牢(不要太紧,轻敲能移动)。

③将装配好的凸凹模模板与另一模板合模。合模时应注意冲孔凸模能进入凸凹模中,凸凹模能进入落料凹模中。如不能进入,则可轻敲凸模固定板和落料凹模。将固定凸模固定板、垫板(不一定都有)、落料凹模、模板(座)的夹板锁紧(必须牢固,不能在加工中产生松动)。

④将模具分开,将固定凸模固定板、垫板(不一定都有)、落料凹模、模板(座)的夹板进一

步锁紧(必须牢固,不能在加工中产生松动),加工螺钉过孔及螺纹。

⑤用螺钉将凸模固定板、垫板(不一定都有)、落料凹模、模板(座)固定在一起,不要拧太紧。

⑥将上、下模合模。合模时先采用透光法调整凸模固定板与凸凹模的相对位置,使冲孔凸模与冲孔凹模的间隙分配均匀,再调整落料凹模与凸凹模的相对位置,使落料凸模与落料凹模的间隙分配均匀。将固定凸模固定板、垫板(不一定都有)、落料凹模、模板(座)的螺钉拧紧。

⑦用纸进行试切,根据切出纸的质量检验间隙分配是否均匀,若不均匀则重复步骤⑥的操作,直至间隙分配均匀。

⑧在装有凸模固定板、垫板(不一定都有)、落料凹模、模板(座)的下(上)模上加工定位销孔,并安装定位销。

(4)其他零件的安装方法

①推板(杆)的安装

将工件或废料从凹模中推出一般采用推板(杆),加工顶杆过孔,退出定位销,松开紧固螺钉,将推板(杆)、顶杆按装配图要求装好,使推板(杆)高出凹模的高度符合装配图要求(0.2～0.5 mm),然后重新装好螺钉、销钉。

②卸料板和橡皮(或弹簧)的安装

将卸料板套在凸凹模上,装上橡皮(或弹簧)和卸料螺钉,并调节橡皮(或弹簧)的压缩量,保证有足够的卸料力。调节卸料螺钉的长度,使卸料板高出凸凹模的高度符合装配图要求(0.2～0.5 mm)。

4. 注意事项

(1)应对主要零件(凸模、凹模、凸凹模)进行检验,如采用配制(作)法加工的凸模、凹模、凸凹模,应实测其尺寸,判断按其实测尺寸形成的实际冲裁间隙是否在装配要求范围内。切忌未检验实际冲裁间隙就进行装配。

(2)安装顺序切忌颠倒。

(3)安装后应检查推料件动作是否可靠,切忌有卡死现象。

(4)顶杆的长度切忌不一致。顶杆过孔与顶杆的间隙应合理,间隙为 0.2～0.3 mm,切忌太大。

五　知识、能力测试

(一)填空题

1. 模具的导柱、导套在开始试模前要进行________。

2. 在冷冲模装配过程中,对于小于 1 mm 的薄板冲裁模,通常选用________来调整和控制模具的冲裁间隙。

3. 模具制造中,螺孔、螺钉孔一般采用配钻加工法加工,常用的配钻加工法主要有____________、样冲印孔法和复印印孔法等。

4. 选择划线基准是钳工划线工序的重要内容之一,一般情况下要尽量选用________作为划线基准。

5. 对冷作模具材料使用性能的基本要求是:良好的________性,高强度,足够的韧性,良好的抗疲劳性能,良好的抗咬合能力等。

6. 在装配冷冲模时，对于形状复杂、凸模数量多的小间隙冲裁模，常用的间隙调整和控制方法是________。

7. 在模具装配时，按装配加工顺序间接获得的环称为________。

8. 模架的导向精度是保证模具工作精度的关键，在国家标准中，Ⅰ级滑动导向模架导柱、导套的配合精度要求为________。

9. 冲裁模调试的要点是：________________；定位装置的调整；卸料系统的调整；导向系统的调整。

10. 对于薄板冲裁模，应具有高的精度和耐磨性，因此在工艺上应保证模具________小、不开裂且硬度高。

11. 模具装配过程中，由相关零件尺寸或相互位置关系所组成的尺寸链称为模具________。

12. 冷冲模零件的各紧固螺钉孔一般都由钳工加工，攻丝前底孔加工的钻头直径一般应选不小于________较为合适。

13. 在实际生产中，为了保证导柱、导套孔间距的一致，上、下模板上的导柱、导套孔的加工一般采用________的方法。

14. 落料时，应以凹模为基准配制________，凹模刃口尺寸按磨损的变化规律分别进行计算。

(二)选择题

1. 钳工操作规程中，在钻削加工时为了防止发生危险，不能________。

A. 戴手套操作　　B. 穿工作服操作

C. 戴安全帽操作　　D. 穿围裙操作

2. 低变形冷作模具钢是在碳素工具钢的基础上加入少量合金元素而发展起来的，通常加入的合金元素不包括________。

A. Cr　　B. T　　C. Mn　　D. Si

3. 测定淬火钢件的硬度一般选用________。

A. 布氏硬度计　　B. 洛氏硬度计　　C. 维氏硬度计　　D. A、B 均可

4. 曲柄摇杆机构中死点位置产生的根本原因是________。

A. 摇杆为主动体

B. 从动件运动不正确或卡死

C. 施与从动件的力的作用线通过从动件的转轴轴心

D. 没有在曲柄上装一飞轮

5. 职工在企业里工作要做到________。

A. 遵守劳动纪律　　B. 遵守工艺纪律

C. 严守岗位　　D. 以上皆是

6. 以下冷作模具或热作模具的制造工艺路线中正确的是________。

A. 成形磨削及电加工冷作模具：锻造—球化退火—机械加工成形—淬火、回火—钳修装配。

B. 复杂冷作模具：锻造—球化退火—机械粗加工—高温回火或调质—机械加工成形—钳工装配。

C. 热挤压模：下料—锻造—退火—机械粗加工—探伤—成形加工—淬火、回火—钳修—抛光。

D. 锤锻模：下料—锻造—预先热处理—机械加工—淬火、回火—精加工。

7. 拉深模调试中不是制件起皱的原因的是________。

A. 压边力不足　　B. 压边力不均匀

C. 凹模的圆角半径太小　　D. 凸、凹模间隙过大

8. 复合模在结构上有个起双重作用的零件叫________，________复合模的凸模、凹模一般在上模。

A. 凹模，正装式　　B. 凹模，倒装式

C. 凸凹模，倒装式　　D. 凸凹模，正装式

9. 拉深件不发生拉裂的最________拉深系数称为极限拉深系数，拉深件的拉深系数________极限拉深系数时可以一次拉深成形。

A. 小，大于　　B. 小，小于　　C. 大，大于　　D. 大，小于

10. 确定弯曲件最小相对弯曲半径的目的是限制弯曲件产生________。

A. 变形　　B. 回弹　　C. 裂纹　　D. 偏移

11. 冲裁模试冲时，冲件的毛刺较大，产生的原因有________。

A. 刃口太锋利　　B. 淬火硬度高

C. 凸凹模配合间隙过小　　D. 凸凹模配合间隙不均匀

(三)判断题

1. 曲柄摇杆机构不一定有“死点”位置。（　）

2. 拉深模凸、凹模之间的间隙等于拉深毛坯板料的厚度。（　）

3. 钻精孔时应选用润滑性较好的切削液。因钻精孔时除了冷却外，更重要的是需要良好的润滑。（　）

4. 在制造落料模时，一般都是先加工好凸模零件，然后以凸模刃口实际尺寸和冲裁间隙来配做凹模刃口尺寸。（　）

5. 氧化物磨料适用于碳素工具钢、合金工具钢、高速钢和铸铁工件的研磨。（　）

6. 超声波抛光适用于加工各种金属材料和非金属材料。（　）

7. 模具间隙调整中的透光法适用于厚料冲裁模。（　）

8. 试模后的制品零件应不少于两件。（　）

9. 冷冲模标准模架主要分滑动导向模架和滚动导向模架两种。（　）

10. 冲裁零件产生毛刺过大的原因可能是间隙偏大、偏小或不均匀。（　）

11. 冲裁模卸料或卸件困难的原因可能是模具制造与装配不正确。（　）

12. 模具装配工艺规程是指导模具装配的技术性文件，也是制订模具生产计划和进行生产技术准备的依据。（　）

13. 在装配和调整模具冲裁间隙的工艺过程中，垫片法常用于间隙小于 0.1 mm 的小间隙模具的装配。（　）

14. 冲裁模卸料或卸件困难的原因可能是弹性元件弹力不够。（　）

15. 复合模用于冲压形状复杂的零件。（　）

16. 冲裁间隙过大时，断面将出现二次剪切光亮面。（　）

六 拓展知识

模具作为一种高寿命的专用工艺装备，具有以下生产特点：

(1)属于单件、多品种生产

模具是高寿命专用工艺装备，每副模具只能生产某一特定形状、尺寸和精度的制件，这就决定了模具生产属于单件、多品种生产规模的性质。

(2)客观要求模具生产周期短

当前由于产品更新换代的加快和市场的竞争，客观上要求模具生产周期越来越短。模具的生产管理、设计和工艺操作都应该满足客观要求。

(3)模具生产的成套性

当某个制件需要用多副模具来加工时，各副模具之间往往互相影响，只有最终制件合格，这一系列模具才算合格。因此，在生产和计划安排上必须充分考虑模具生产的成套性。

(4)试模和试修

由于模具生产的上述特点和模具设计的经验性，模具在装配后必须通过试冲或试压来确定是否合格，同时有些部位需要试修才能最终确定是否合格，因此在生产进度安排上必须留有一定的试模周期。

(5)模具加工向机械化、精密化和自动化方向发展

目前产品零件对模具精度的要求越来越高，故高精度、高寿命、高效率模具的需求越来越多。加工精度主要取决于加工机床的精度、加工工艺条件、测量手段和方法。目前精密成形磨床、CNC高精度平面磨床、精密数控电火花线切割机床、高精度连续轨迹坐标磨床以及三坐标测量仪的应用越来越普遍，使模具加工向高技术密集型方向发展。

(一)模具标准化

1. 模具标准化的意义

模具是机械工业的基础装备，随着机械工业的发展，模具工业也得到了相应的发展。模具标准化是模具生产技术发展到一定水平的产物，是一项综合性技术工作和管理工作，它涉及模具设计、制造、材料、检验和使用的各个环节。同时模具标准化工作又对模具行业的发展起到促进作用，是模具专业化生产、专门化生产和采用现代技术装备的基础。模具标准化的意义主要体现在以下几方面：

(1)模具标准化是模具现代化生产的基础

模具标准化工作贯穿于模具标准的制定、修订和贯彻执行的全过程。模具标准的产生为组织模具专业化和专门化生产奠定了基础，模具标准化的贯彻又推动了模具生产和技术的发展。

(2)模具标准化的贯彻执行提高了模具技术经济指标

模具标准化的贯彻执行及商品化生产对于降低模具成本、缩短模具制造周期和保证模具质量起到了促进作用。工业化国家模具标准件的利用率达60%以上，我国只有20%左右。据介绍，在大量使用模具标准零部件和半成品件后，可使模具制造周期缩短20%～40%，成本降低20%～30%。

(3)模具标准化是开展模具 CAD/CAM 工作的先决条件

工业发达国家模具 CAD/CAM 工作已经普及,我国已取得一定的成果,但从整体上看仍处于起步阶段。模具 CAD/CAM 工作是建立在模具图样绘制规划、标准模架、典型组合和结构、设计参数和技术要求标准化以及使用现代加工技术装备的基础上的,它对于提高模具技术经济指标和解决大型复杂模具技术的难题是必不可少的。

(4)模具标准化工作为促进国际技术交流创造了条件

模具标准化工作是国际间技术交流和生产技术合作的基础,也是我国模具生产技术走向世界的桥梁。

2. 我国模具标准化的发展状况

我国模具标准化工作开始于 20 世纪 60 年代,当时部分工业部门和地区分别制定了各自部门或地区性的模具标准,主要为冷冲压模架和零部件,同时也建立了一些模具专业生产厂。为促进全国模具技术的交流,1981 年原国家标准总局发布了《冷冲模》国家标准,这是我国模具行业的第一个国家标准;1983 年 11 月又成立了全国模具标准化技术委员会,加速了我国模具标准化的进程,使模具标准化工作进入一个新阶段。经过多年的工作以及各部门之间的合作和交流,目前我国模具国家标准和行业标准已有 50 多项,涉及主要模具的各个方面。随着国际交往的增多、进口模具国产化的发展和三资企业对其配套模具的国际标准的提出,我们一方面在标准制定方面注意尽量采用国际标准或国外先进国家的标准;另一方面考虑模具标准件生产企业各自的市场需要,除参照我国标准外,也要参照国外先进企业的标准来生产标准件,例如日本的"富特巴"、美国的"DME"、德国的"哈斯考"标准已在我国广为流行。

(二)模具生产技术管理

1. 模具生产的过程和特点

模具生产的组织形式因模具生产的规模、模具的类型、加工设备状况和生产技术水平的不同而异。目前国内模具企业生产的组织形式主要有以下三类:

(1)按生产工艺指挥生产

模具的生产过程按照模具制造工艺规程确定的程序和要求来组织。生产班组的划分以工种性质为准,如分成车工、铣镗、磨工、特种加工、精密加工、热处理、备料和模具钳工等若干班组。由专职计划调度人员编制生产进度计划,统一组织调度全部生产过程。

这种组织形式的特点是:

①便于计划管理,为采用计算机辅助设计、制造、管理和网络技术创造了条件。

②符合专业化生产原则,有利于提高生产率和技术水平。

③生产组织严密、计划性强,要求技术人员和管理人员有较高的素质和能力,对产品和生产的变化有更强的适应性和应变性。

④由于分工细、生产环节多,故模具生产周期长。

(2)以模具装配钳工为核心指挥生产

按照模具类型的不同,以模具钳工为核心,配备一定数量的车、铣、磨等通用设备和人员组成若干生产单元,在一个生产单元内由模具钳工统一指挥生产。由专门化较强且高精密的机床组成独立生产单元,由车间统一调度和安排。

这种组织形式适用于生产规模较小和模具品种较单一的生产情况。它的特点是:

①属于作坊式生产，因此模具质量和进度主要取决于模具钳工的技术水平和管理水平。

②生产目标明确，责任性强，有利于调动生产人员的积极性。

③简化生产环节，有利于缩短制造周期和降低成本。

④不利于生产技术的提高和标准化工作的开展。

(3)全封闭式生产

这种组织形式是将模具车间内的模具设计、工艺、管理和生产人员按不同的模具类型组成若干个独立封闭的生产工段，在生产工段内实行全配套。

它的特点是：

①工段内有生产指挥权，减少了生产环节，加快了生产进度。

②不便于生产技术的统一管理，各工段之间无法有效地协调和平衡。

③当某一环节出现问题后，易造成整个生产过程无法正常进行。

生产组织形式的选择主要取决于模具生产技术发展的水平和生产规模。评定生产组织形式是否合适，主要看能否保证模具质量、提高综合经济效益。

2. 模具的技术经济指标

模具作为一种商品，客观条件对模具的共同要求也就是模具的技术经济指标，概括起来可以归纳为模具的精度和刚度、模具的生产周期、模具的生产成本和模具的寿命四个基本方面。在模具生产过程的各个环节中，都要从这四个基本方面来考虑制定方案，同时模具的技术经济指标也是衡量一个国家、地区和企业模具生产技术水平的重要标志。

3. 模具加工分析

模具是由许多零件组成的，每个零件的材料、尺寸形状、精度和表面粗糙度、热处理要求等是根据产品零件的加工要求、模具零件的不同作用和零件间的相互关系而确定的。模具零件的表面形状有平面、斜面、圆柱面、圆锥面、螺纹面和曲面，各个表面在模具中所起的作用是不同的。在加工工艺安排中要仔细分析各个表面的作用、几何形状特征及技术要求，确定各个表面的加工方法，以合格的模具零件为最终装配奠定基础。

4. 模坯设计与质量要求

模具零件的毛坯设计是否合理，对模具零件加工的工艺性以及模具质量和寿命都有很大的影响。在毛坯设计中，首先考虑的是毛坯形式。模具零件的毛坯形式主要分为原型材、锻造件、铸造件和半成品件四种。在决定毛坯形式时主要考虑以下几方面：

(1)模具材料的类别

由在模具设计中规定的模具材料类别可以确定毛坯形式。例如，精密冲裁模的上、下模座多为铸钢材料；当大型覆盖件拉深模的凸模、凹模和压边圈零件的材料为合金铸铁时，这类零件的毛坯形式必然为铸造件；非标准模架上、下模座的材料多为 45 钢，其毛坯形式应该是厚钢板的原型材。

(2)模具零件的类别和作用

对于模具结构中的工作零件，例如精密冲裁模和中载冲压模的工作零件多为高碳高合金工具钢材料，其毛坯形式应该为锻造件；对于高寿命冲裁模的工作零件，其材料为硬质合金，其毛坯形式为粉末冶金；对于模具结构中的一般结构件，多选择原型毛坯。

(3)模具零件的几何形状特征和尺寸关系

当模具零件的不同外形表面尺寸相差较大时，例如凸缘式模柄零件，为了节省原材料和减少机械加工工作量，应选择锻件毛坯。

5. 模具生产计划管理

模具生产计划管理的目的是确保模具生产周期，按质按时按量交付模具。模具生产多由模具使用方提出模具生产周期、质量要求和品种等，因此对模具生产方而言具有不确定性。实践证明，在模具生产中采用网络计划技术是组织模具生产和进行计划管理的有效措施。

(1)网络计划技术的基本原理

网络计划技术的基本原理是以网络图为基础，通过网络分析和计算，制订网络计划并进行管理。网络图表达模具计划任务的进度安排和各个零件工序间的关系，通过网络分析计算网络时间参数，找出其中的关键工序和关键时间，利用加长周期的时差不断改变网络计划。在计划执行过程中，通过进度反馈信息进行调度，最终保证生产周期。

(2)工作步骤

①技术资料准备

在绘制模具生产计划网络图之前，必须掌握模具加工的全部技术资料和计划工时定额等。图 7-16 所示为传统模具制造流程，表 7-3 所列为某覆盖件拉深模的加工项目。

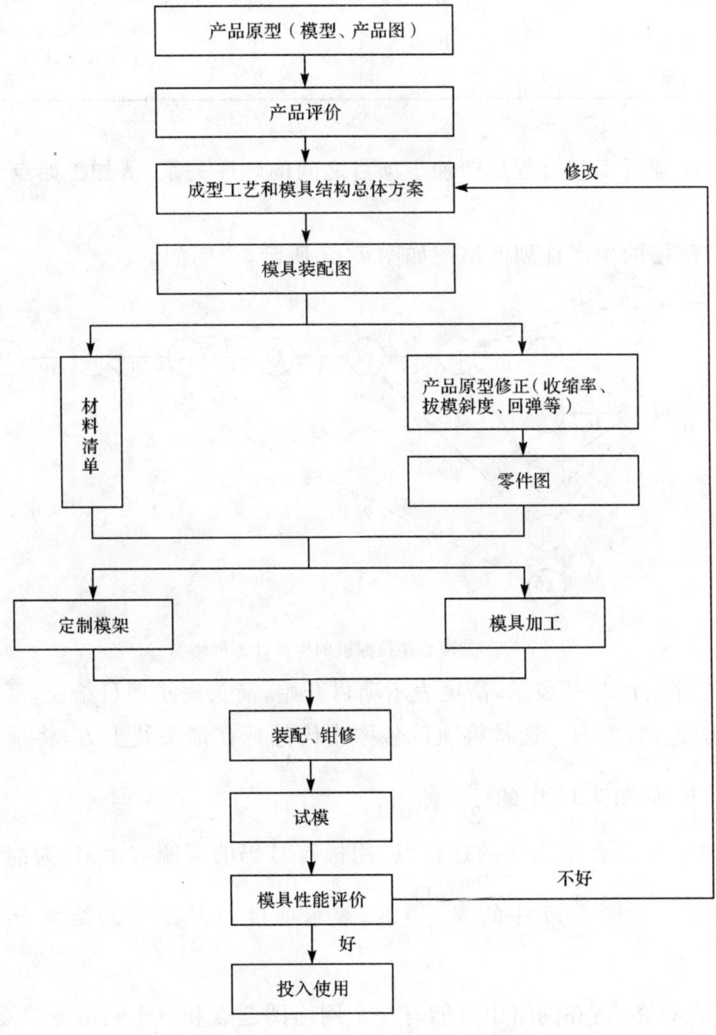

图 7-16　传统模具制造流程

表 7-3　　某覆盖件拉深模的加工项目

加工项目名称	代号	工时定额/天	后续项目
产品原型的设计制造	A	20	B
样板的设计制造	B	18	L
模具设计	C	20	D
模具工艺编制	D	10	E、F、G、H、K
型材毛坯供应	E	4	L
锻件供应	F	16	L
铸件供应	G	30	L
外构件供应	H	4	M
试模材料供应	K	6	R
机械加工	L	24	M
模具初装	M	4	N
模具钳修	N	6	P
模具总装	P	30	R
试模周期	R	10	T
入库	T	2	结束

②绘制网络图

根据模具加工项目工艺过程反馈加工项目之间的顺序关系，从加工始点开始依次排列，直至加工结束。

某覆盖件拉深模的生产计划网络图如图 7-17 所示，说明如下：

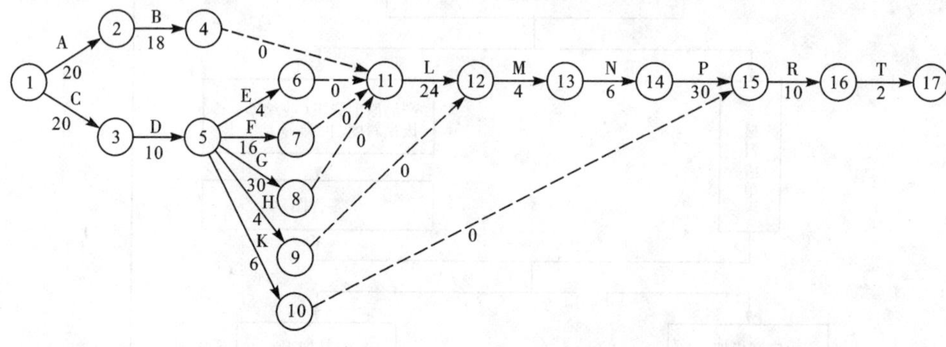

图 7-17　某覆盖件拉深模的生产计划网络图

• 项目（或工序）：用"→"表示，箭尾表示项目开始，箭头表示项目结束，箭头指示方向表示项目流动（或前进）的方向。通常将项目名称或代号标在箭头线上方，将项目所需工时定额标在箭头线下方，如图 7-17 中的$\xrightarrow[24]{L}$。

• 结点：是两个或两条箭头线的连接点，用标有号码的圆圈表示，意为前一项目的结束和后续项目的开始。如图 7-17 中的③$\xrightarrow[10]{D}$⑤，表示项目 D 开始于 3、结束于 5，也可记为项目（3,5）。

• 网络图起点和终点：在网络中只能有一个网络图起点和一个网络图终点，表示整个加工的开始和结束。网络图路线就是从网络图起点开始，沿着箭头方向从左向右到达终点所经过的路线。如图 7-17 中的①→③→⑤→⑩→⑮→⑯→⑰就是一条网络图路线。一张网络图中会有多条路线。按照加工项目的顺序，项目只能从左向右排列，不能有循环回路。

• 虚箭头线：在网络图中引入虚项目，用虚箭头线表示。它只表示项目前后顺序的逻辑关系，不消耗任何资源和时间。

• 网络图编号：项目的编号不能重复，箭尾编号要小于箭头编号。编号要从左到右，逐列编号；从上到下，逐行编号。根据需要可以空号。

③计算网络时间，找出关键路线

如图 7-17 所示，从网络图的左边，即从起点位置开始，沿箭头指向顺序到达网络图终点。从该网络图可以看出共有六条路线：

①→②→④→⑪→⑫→⑬→⑭→⑮→⑯→⑰；

①→③→⑤→⑥→⑪→⑫→⑬→⑭→⑮→⑯→⑰；

①→③→⑤→⑦→⑪→⑫→⑬→⑭→⑮→⑯→⑰；

①→③→⑤→⑧→⑪→⑫→⑬→⑭→⑮→⑯→⑰；

①→③→⑤→⑨→⑫→⑬→⑭→⑮→⑯→⑰；

①→③→⑤→⑩→⑮→⑯→⑰。

分别计算按这六条路线加工所需要的时间，计算结果如下：

第一条路线的加工时间为 114 天；

第二条路线的加工时间为 110 天；

第三条路线的加工时间为 122 天；

第四条路线的加工时间为 136 天；

第五条路线的加工时间为 88 天；

第六条路线的加工时间为 48 天。

从中可以看出第四条路线的加工时间为 136 天，是加工时间最长的路线，即第四条路线为关键路线。这条关键路线决定了该覆盖件拉深模的制造周期，按关键路线加工延误一天，模具制造周期就延误一天。这条关键路线是该覆盖件拉深模制造周期的主要矛盾，其制造周期也称为拉深模最早开工时间。

④分析关键路线，确保计划加工周期

如果关键路线的制造周期能够满足计划加工周期的要求，就说明该覆盖件拉深模的制造进度方案可行，否则应从关键路线入手，找出缩短制造周期的办法。缩短制造周期的主要措施有：

• 采用新工艺、新技术，缩短项目完成时间。

• 分解项目，提高项目之间的平行程度，交叉作业，缩短周期。

• 利用时差，在非关键路线和关键路线上调整项目，缩短关键路线时间。

以上措施需要在模具设计、工艺、模型准备、坯料准备、加工设备调节和计划运行方式等方面采取有效办法。

该覆盖件拉深模的计划加工周期为 130 天，显然关键路线的制造周期是不可行的，需要修改网络图，直至关键路线小于 130 天，才能满足计划加工周期的要求。

最终采取的措施是，将目前的铸件供应项目 G，由目前的由模具工艺提出、在模具工艺完成后进行改为由模具设计提出、在模具设计完成后进行，此时的关键路线为①→③→⑧→⑪→⑫→⑬→⑭→⑮→⑯→⑰。制造周期缩短为126天，满足计划加工周期的要求。

⑤加强信息反馈和计划调整

按上述办法确定模具作业计划进度表。由于模具是单件生产，在加工过程中偶然因素较多，这些都会干扰计划的正常执行，因此计划调度人员要每日掌握进展的实际情况，发现问题要及时解决、及时调整，确保生产如期完成。

(3)模具计划网络图的类型

①生产准备计划网络图

包括技术准备以及坯料的粗加工等。

②生产计划网络图

生产计划可以按月、按季和按年度制订，也可分阶段人为进行。

对于车间生产计划，可以采用滚动计划法编制全车间的阶段计划。生产准备计划规定得比较粗，调整范围大；而对阶段完成计划则管理得要细一些，调整要及时，要确保任务的完成。

③编制关键设备负荷平衡图

在运用网络技术控制模具制造进度时，必须搞好关键设备的负荷平衡。因为网络图是以单副模具编制的，为了避免同一时间内多副模具零件同时集中在某一关键设备上，必须编制关键设备负荷平衡图。在编制某关键设备的负荷平衡图时，应将该设备的有效工作时间按日程画出方格图，按加工零件的定额工时在方格图上画出作业计划线，凡已画的日程方格中不允许有第二条线出现，后续零件加工开始位置线与前一零件加工结束位置线前后相接，从而达到平衡任务的目的。在编制时，若由于种种原因而发生重叠，则应按任务缓急进行调整。在实施中，由于各种因素的干扰而发生变化，此时也必须及时调整，保证计划的正常实施。

6. 模具设计与工艺管理

(1)在模具设计与工艺管理工作中要认真贯彻有关国家标准、行业标准和企业标准。

(2)对于企业内经常重复出现的典型模具结构和零件，设计人员、工艺人员与标准化人员应一同设计图样、表格及典型和标准工艺卡的形式，减少技术人员重复性的劳动和笔误，也可以规定一些通用的简化画法。

(3)在技术工作中，要遵循稳妥可靠的原则，在采用新技术、新材料、新工艺和新结构时要积极和慎重，要采用实践证明是成熟和可靠的新技术、新材料、新工艺和新结构。

(4)加强图样管理和经验的积累，首先明确各级技术人员的责任，严肃执行图样的更改和借阅制度，模具试用合格后应及时进行图样的定型和归档工作。

(5)模具技术人员应经常和定期深入生产第一线，了解问题、发现问题并解决问题。对于相关车间的生产条件和技术现状，应做到心中有数。

(三)模具价格评估

1. 模具价格评估经验法

模具价格评估有两种比较简单的计算方法，或叫经验法。

(1)方法一

模具价格＝材料费＋设计费＋加工费与利润＋增值税＋试模费＋包装运输费

其中：材料费(材料及标准件)占模具总费用的 15%～30%；设计费占模具总费用的 10%～15%；加工费与利润占模具总费用的 30%～50%；增值税率为 17%；大中型模具的试模费可控制在模具总费用的 3%以内，小型精密模具的试模费可控制在模具总费用的 5%以内；包装运输费可按实际计算或按 3%计算。

(2)方法二

模具价格＝(6～10)×材料费

对于锻模和塑料模，模具价格为材料费的 6 倍；对于压铸模，模具价格为材料费的 10 倍。

2. 模具价格评估通用公式

在模具行业中认为合理的模具价格评估通用公式如下：

模具价格＝技术准备费＋原材料费＋加工费＋装配调试费＋技术风险费＋包装运输费＋利润＋税收＋其他费用

其中：技术准备费包括根据样件的产品建模、造型、工艺分析及模具设计等费用；原材料费包括各种原材料及标准件和所采购的非标准零部件、半成品等费用；技术风险费主要根据模具的技术难度决定；其他费用主要包括专用工具费、模具及其制件的测试费、保险费、营销费等。

从上述公式及其说明中可以看出模具价格的主要影响因素。

3. 模具的报价策略和结算方式

从模具的估价到模具的报价只是模具价格评估的第一步，而其最终目的是通过模具制造交付使用后的结算，形成最终的模具结算价。在这个过程中，人们总是希望模具估价、模具价格和模具结算价三者相等，而在实际操作中，这三者并不完全相等，有可能出现波动误差值，这就是以下所要讨论的问题。

模具估价后需要进行适当处理，整理成模具的报价，为签订模具加工合同做依据。通过反复洽谈商讨，最后形成双方均认可的模具价格，才能签订合同，然后开始模具的加工。

模具估价后，不能直接将估价作为报价。一般来说，在估价的基础上增加 10%～30%作为第一次报价，经过商讨，可根据实际情况调低报价。但是当模具的商讨报价低于估价的 10%时，需重新对模具进行改进细化估算，最后确定模具价格。

应当指出，模具是科技含量较高的专用产品，不应当以低价甚至是亏本价去迎合客户的要求，而应该做到优质优价，把保证模具的质量、精度、寿命放在第一位，不应把模具价格看得过重，否则会引起误导。

七　讨论题

1. 完成图 7-18 所示的模具装配，阐述装配过程中的注意事项及保证装配质量的措施。

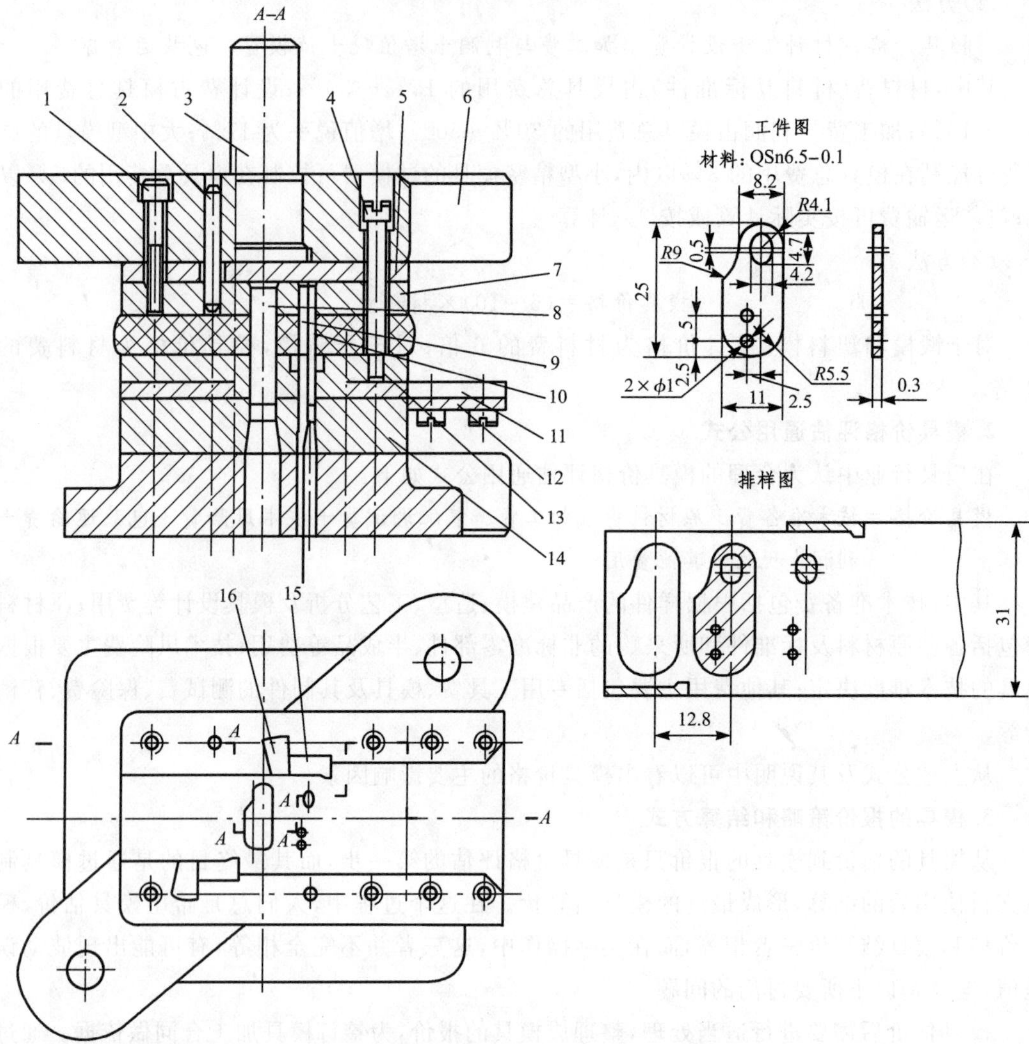

序号	名称	数量	材料	备注
1	内六角螺钉	4	35	GB/T 70.1—2008
2	销钉	2	35	GB/T 119—2000
3	模柄	1	Q235	JB/T 7646.1—2008
4	卸料螺钉	4	45	JB/T 7650—2008
5	垫板	1	45	43～48HRC
6	模架	1		GB/T 2851—2008
7	凸模固定板	1	45	
8	落料凸模	1	CrWMn	58～62HRC
9	冲小孔凸模	2	CrWMn	58～62HRC
10	冲大孔凸模	1	CrWMn	58～62HRC
11	导料板	2	45	28～32HRC
12	承料板	1	Q235	
13	卸料板	1	45	28～32HRC
14	凹模	1	CrWMn	58～62HRC
15	侧刃	2	Cr12	62～64HRC
16	侧刃挡块	2	T8A	55～60HRC

图 7-18 模具装配图(1)

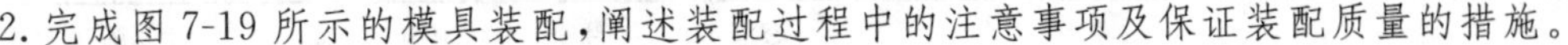

2. 完成图7-19所示的模具装配，阐述装配过程中的注意事项及保证装配质量的措施。

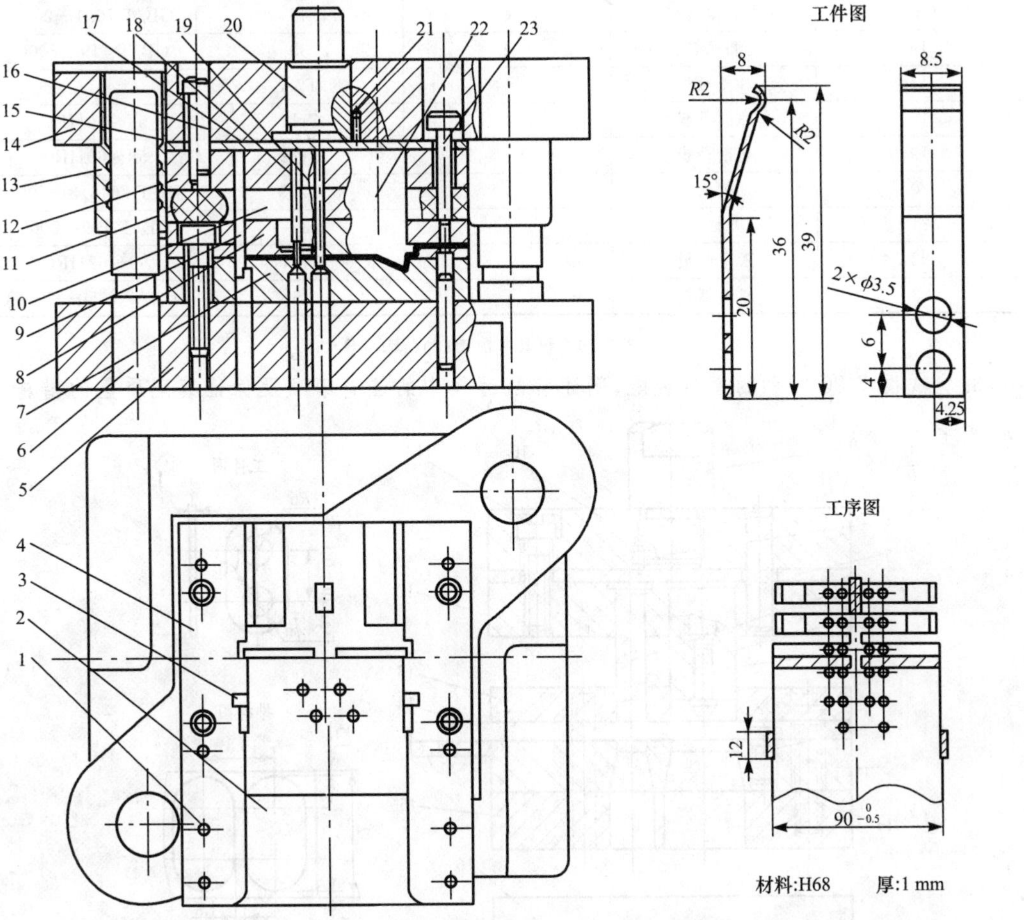

工件图

工序图

材料:H68　　厚:1 mm

序号	名称	数量	材料	备注
1	内六角螺钉	4	Q235	GB/T 70.1—2008
2	承料板	1	Q235	46～52HRC
3	侧刃挡块	2	T8A	
4	导料板	2	45	43～48HRC
5	下模座	1	HT200	GB/T 2856.2—2008
6	导柱	2	20	
7	凹模	1	Cr12	62～64HRC
8	卸料板	1	45	28～32HRC
9	侧刃	2	T8A	62～64HRC
10	切口凸模	1	Cr12	58～60HRC
11	橡皮	足量	耐油橡胶	
12	凸模固定板	1	45	
13	导套	2	20	
14	上模座	1	HT200	

图7-19　模具装配图(2)

序号	名称	数量	材料	备注
15	内六角螺钉	4	45	GB/T 70.1—2008
16	圆柱销	4	35	GB/T 119—2000
17	垫板	1	T7A	
18	冲孔凸模	4	Cr12	58～60HRC
19	切断凸模	1	Cr12	58～60HRC
20	模柄	1	Q235	JB/T 7646.3—2008
21	圆柱销	1	35	GB/T 119—2000
22	压弯凸模	1	T8A	60～62HRC
23	卸料螺钉	4	45	GB/T 7650—2008

图 7-19　模具装配图(2)(续)

3. 完成图 7-20 所示的模具装配，阐述装配过程中的注意事项及保证装配质量的措施。

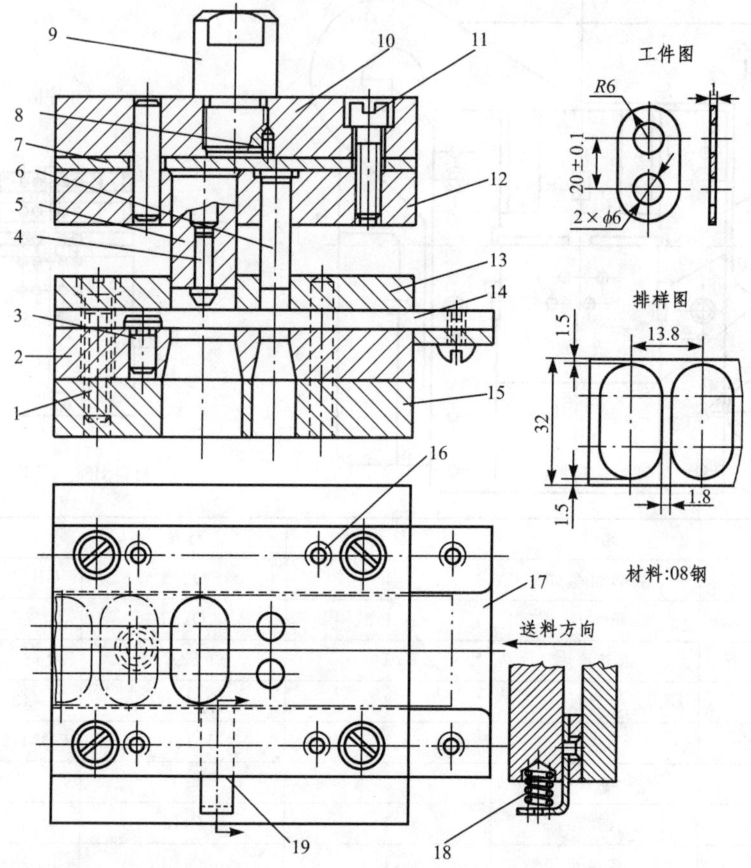

序号	名称	数量	材料	备注
1	紧固螺钉	4	45	GB/T 70.1—2008
2	凹模	1	Cr12	60～62HRC
3	圆头固定挡料销	1	45	44～48HRC

图 7-20　模具装配图(3)

序号	名称	数量	材料	备注
4	导正销	1	45	56～60HRC
5	落料凸模	1	T8A	58～60HRC
6	冲孔凸模	2	T8A	58～60HRC
7	垫板	1	45	43～48HRC
8	圆柱销	2	45	GB/T 119—2000
9	旋入式模柄	1	Q235A	JB/T 7646.2—2008
10	上模座	1	HT200	100×80×25
11	紧固螺钉	4	45	GB/T 70.1—2008
12	凸模固定板	1	45	
13	导板	1	45	28～32HRC
14	导料板	2	45	28～32HRC
15	下模座	1	HT200	
16	圆柱销	2	45	GB/T 119—2000
17	承料板	1	Q235	
18	弹簧	1	65Mn	43～48HRC
19	始用挡料销	1	45	44～48HRC

图 7-20　模具装配图(3)(续)

4. 控制和调整模具间隙(壁厚)的常用工艺方法有哪几种?
5. 模具钳工应具备哪些基本技能和基本专业知识?
6. 阐述影响冲裁件质量的主要原因。
7. 阐述提高冲裁件质量的方法。
8. 冲裁模装配的主要技术要求是什么?
9. 冲裁模试模时出现送料不畅通或被卡死的现象,找出其产生的原因及调整方法。
10. 冲裁模试模时出现凸、凹模刃口相碰的现象,找出其产生的原因及调整方法。
11. 模架装配后应达到哪些技术要求?

项目八

罩盖注塑模具的制造与装配

知识目标

- 掌握注塑模具的装配方法。
- 掌握注塑模具装配工艺规程。

能力目标

- 具有装配注塑模具组件、部件的能力。
- 具有模具修配与调整的能力。
- 具有调试注塑样件及检验的能力。

一 项目导入

如图 8-1 所示为罩盖零件图，材料为 ABS 塑料（丙烯腈-丁二烯-苯乙烯共聚物）。

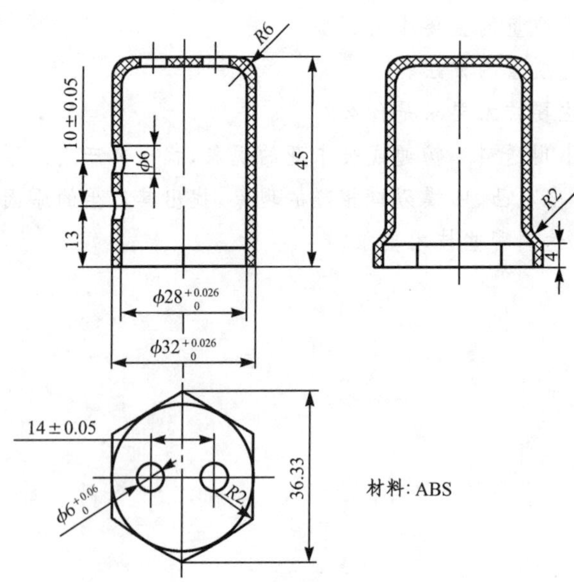

图 8-1 罩盖零件图

根据材料及零件图要求，设计双分型面注塑模具，一模两腔，点浇口成型。如图 8-2 和图 8-3 所示为该注塑模具的结构，根据图样加工典型零件，写出模具的工作原理、装配顺序、注意事项及调整要点，并完成模具装配。

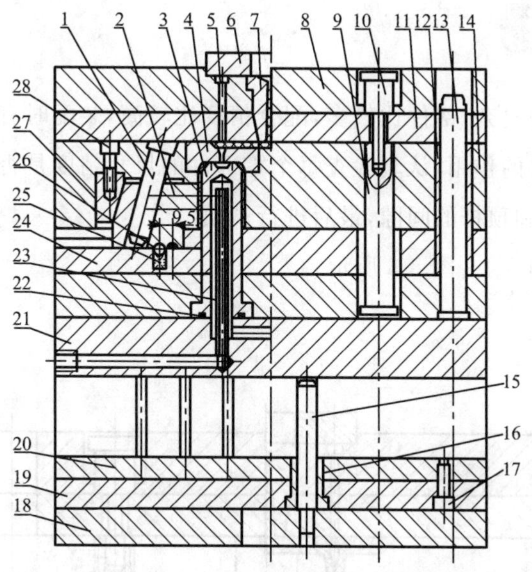

图 8-2　模具结构（主视图）

1—斜导柱；2—侧抽芯滑块；3—型芯；4—定模镶件；5—拉料杆；6—定位圈；7—浇口套；8—定模座板；9—拉杆；10—限位螺钉；11—拖出板；12—导套；13—导柱；14—定模板（中间板）；15—推料导向柱；16—推料导套；17、28—螺钉；18—动模座板；19—推板；20—推杆固定板；21—支承板；22—O 形密封圈；23—喷水管；24—推件板；25—弹簧；26—钢球；27—斜楔

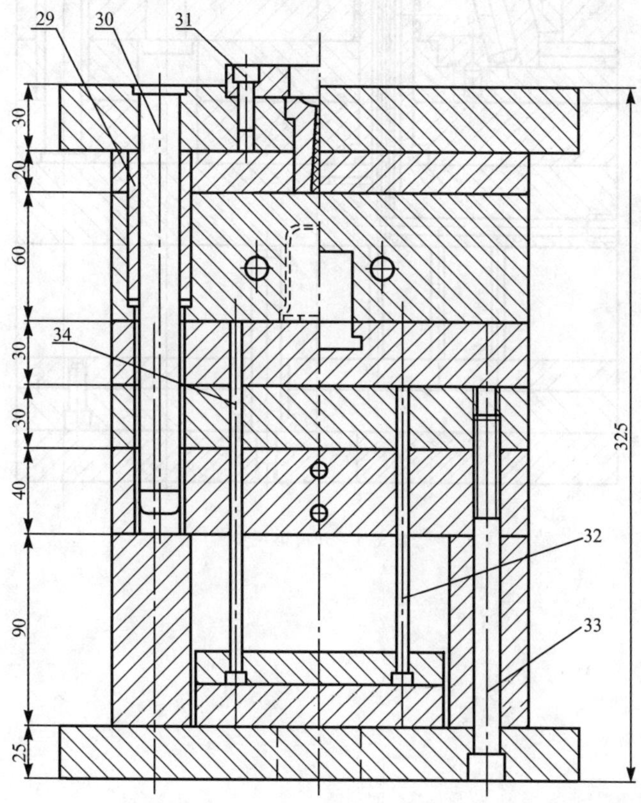

图 8-3　模具结构（左视图）

29—导套；30—导柱；31、33—螺钉；32—推杆；34—复位杆

二 项目分析

罩盖注塑模具较为复杂，部件比较多，配合精度比较高，装配时有一定难度，需要认真分析工作原理和各零部件的作用，认真检查每个零部件的尺寸精度是否合格，确定正确的装配顺序，装配并调整推杆和顶杆的间隙，最后进行试模。

模具工作过程如图 8-4～图 8-6 所示。

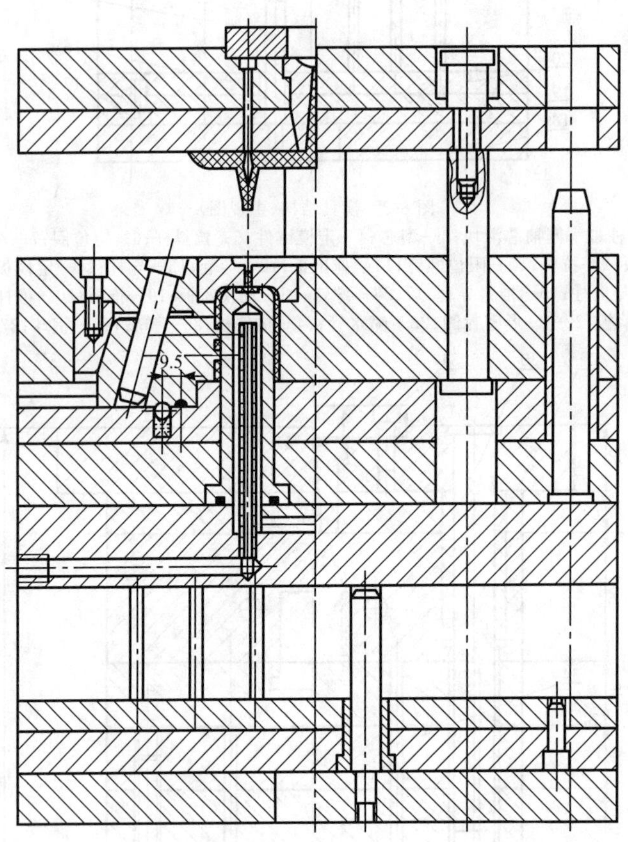

图 8-4 开模第一步

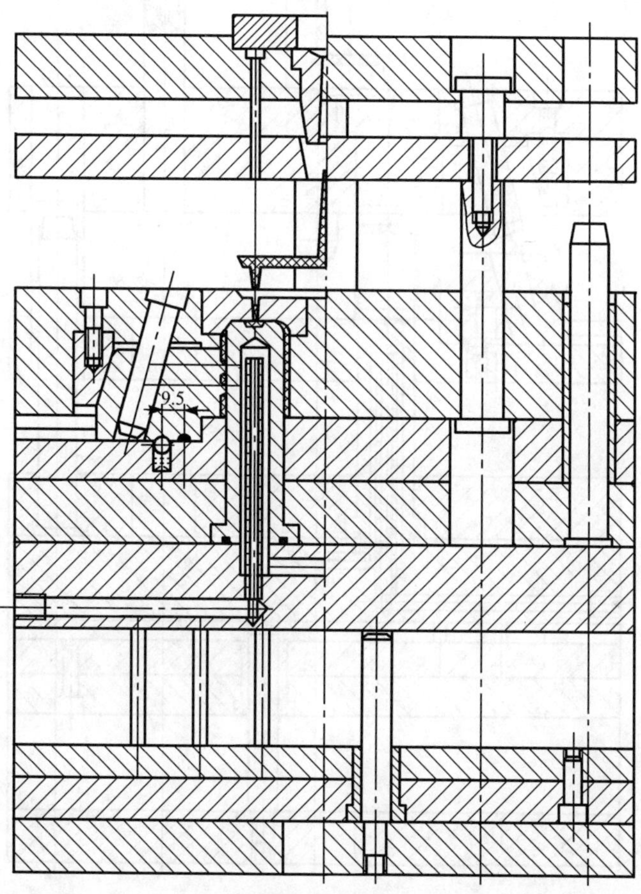

图 8-5　开模第二步

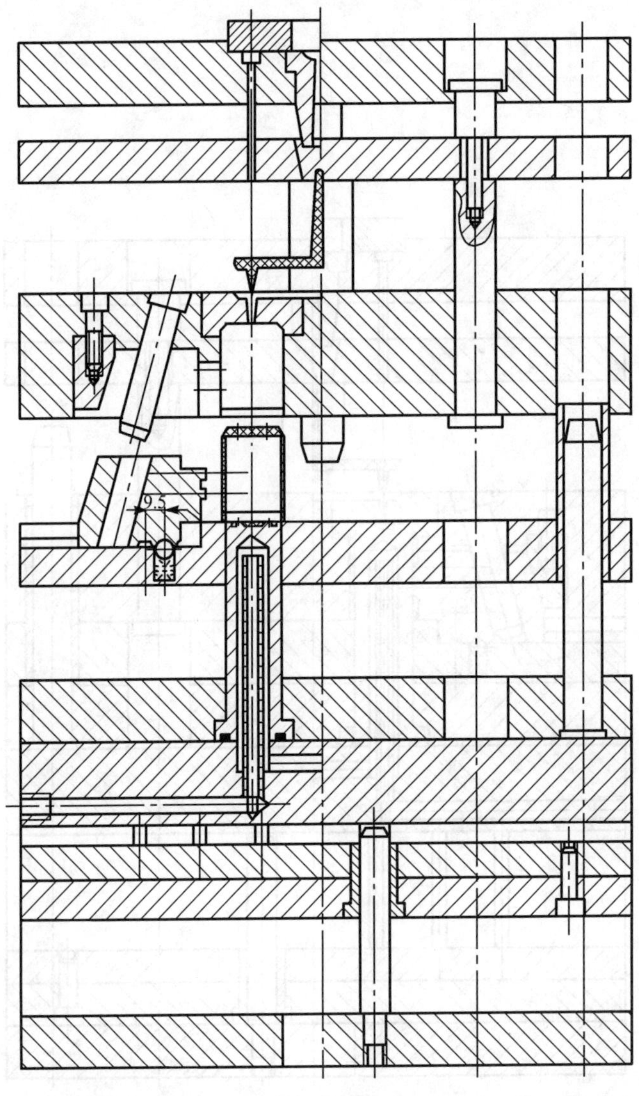

图 8-6 开模第三步

三 必备知识

(一)型腔、型芯与模板的装配

由于注塑模具结构比较复杂、种类多,故在装配前要根据其结构特点拟定具体装配工艺。

1. 注塑模具常规装配程序

(1)确定装配基准。

(2)装配前对零件进行测量,合格零件必须去磁并将零件擦拭干净。

(3)调整各零件组合后的累积尺寸误差,如各模板的平行度要校验修磨,以保证模板组装密合，分型面处吻合面积不得小于80%，间隙不得超过溢料最小值，以防产生飞边。

(4)装配中尽量保持原加工尺寸的基准面，以便于总装合模调整时检查。

(5)组装导向系统，并保证开模、合模动作灵活，无松动和卡滞现象。

(6)组装修整顶出系统，并调整好复位及顶出位置等。

(7)组装修整型芯和镶件，保证配合面间隙达到要求。

(8)组装冷却或加热系统，保证管路畅通，不漏水、不漏电，阀门动作灵活。

(9)组装液压或气动系统，保证运行正常。

(10)紧固所有连接螺钉，装配定位销。

(11)试模合格后打上模具标记，如模具编号、合模标记及组装基面等。

(12)检查各种配件、附件及起重吊环等零件，保证模具装备齐全。

根据注塑模具结构的不同，型腔凹模和型芯与模板的紧固方式不同，模具的装配过程也不同。

2. 埋入式型芯装配

如图8-7所示为埋入式型芯的结构，固定板沉孔与型芯尾部为过渡配合。固定板的沉孔一般采用铣削加工，当沉孔较深时，沉孔侧面会形成斜度，修正比较困难。此时可按固定板沉孔的实际斜度修磨型芯配合段，保证配合要求。

若型芯埋入固定板较深，则可将型芯尾部四周略修成斜度。埋入深度在5 mm以内时不应修斜度，否则将影响固定强度。

在修整配合部分时，应特别注意动、定模的相对位置，修配不当将会使装配后的型芯不能与动模配合。

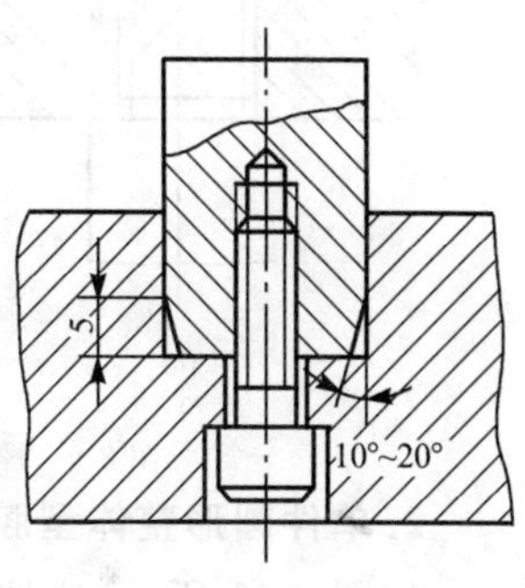

图8-7　埋入式型芯的结构

(二)螺钉固定式型芯与固定板的装配

面积大而高度低的型芯常用螺钉、销孔与固定板连接，如图8-8所示。

1. 装配顺序

(1)在加工好的型芯上压入实心的销钉套。

(2)在型芯螺孔口部抹红丹粉，根据型芯在固定板上要求的位置，用定位块定位，将型芯与固定板合拢，用平行夹将定位块夹紧在固定板上。将螺钉孔的位置复印到固定板上，取下型芯，在固定板上钻螺钉过孔并锪沉孔，用螺钉将型芯初步固定。

(3)在固定板的背面划出销孔的位置，并与型芯一起钻、铰销钉孔，压入销钉。

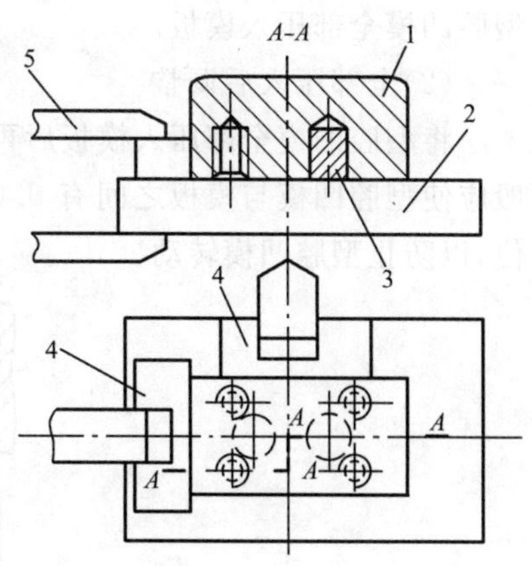

图8-8　大型芯固定结构
1—型芯；2—固定板；3—销钉套；
4—定位块；5—平行夹板

如图8-9所示为螺纹连接式固定型芯的两种结构。先加工好止转螺孔，然后进行热处理，组装时要配磨型芯与固定板的接触平面，以保证型芯在固定板上的相对位置。

对某些有方向要求的型芯，螺纹拧紧后型芯的实际位置与理想位置之间常常出现误差。

如图 8-10 所示，α 是理想位置与实际位置之间的夹角，型芯的位置误差可通过修磨 A、B 面来消除。为此，应先进行预装并测出 α 的大小，其修磨量 Δ 按下式计算：

$$\Delta=\frac{\alpha}{360^\circ}\cdot t$$

式中 α——误差角(°)；

t——连接螺纹的螺距(mm)。

为了使装配过程简化，在安装有方向要求的型芯时，可采用图 8-9(b)所示的螺帽固定方式。这种方式适合固定外形为任何形状的型芯，以及在固定板上同时固定几个型芯。

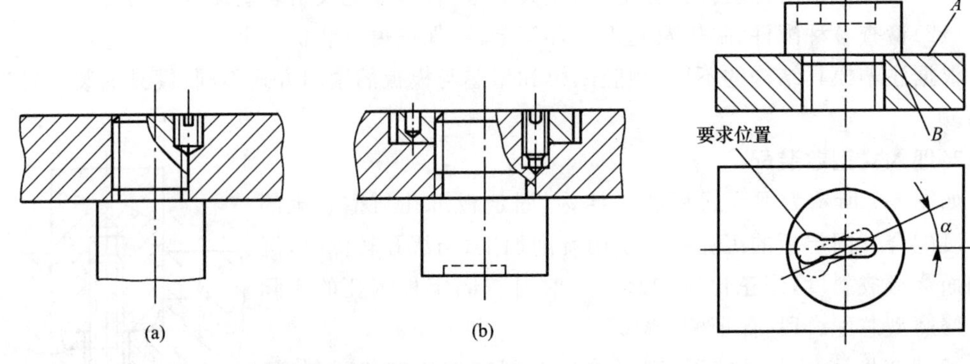

图 8-9 螺纹连接式固定型芯的结构

图 8-10 型芯的位置误差

2. 单件圆形整体型腔凹模的镶入

如图 8-11 所示，这种型腔凹模镶入模板的关键是型腔形状和模板相对位置的调整及最终定位。调整的方法有以下几种：

(1)部分压入后调整

型腔凹模压入模板极小一部分时，用百分表校正其直边部分。当调至正确位置时，再将型腔凹模全部压入模板。

(2)全部压入后调整

将型腔凹模全部压入模板后再调整其位置。用这种方法调整时不能采用过盈配合，一般应使型腔凹模与模板之间有 0.01～0.02 mm 的间隙。位置调整正确后，需用定位件定位，以防止型腔凹模转动。

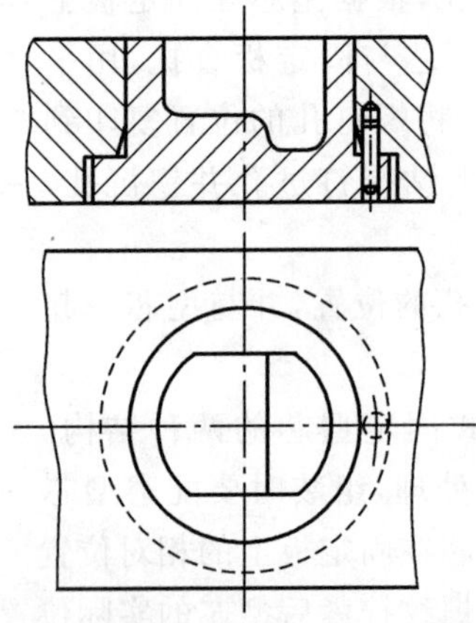

图 8-11 单件圆形整体型腔凹模与模板的镶入

3. 多件整体型腔凹模的镶入

在同一块模板上需镶入两个以上型腔凹模，且动、定模板之间要求精确的相对位置者，其装配工艺比较复杂。装配时，先要选择装配基准，合理地确定装配工艺，保证装配关系正确。在图 8-12 所示的结构中，小型芯必须同时穿过小型芯固定板和推块的孔，再插入定模镶块的孔中。因此，定模镶块、推块和型芯固定板这三者必须有正确的相对位置。因推块是套入镶在动模板上的型腔凹模的长孔中的，所以动模板固定型腔凹模孔的位置要按型腔外形的实际位置尺寸来修正。并且定模镶块经热处理后，小孔孔距将有所变化，因此应选择定模镶块上的孔作为装配基准，通过推块的孔配钻型芯固定板。

4. 修磨消除型芯端面与加料室平面的间隙(图 8-13)

修磨固定板平面 A。修磨时需拆下型芯，对于多型腔模具，当几个型芯尺寸不一致时，不能采用此法。

修磨型腔上平面 B。不需拆卸零件，修磨方便，但同样不能用于多型腔模具。

修磨型芯台肩面 C，装入模板后再修磨 D 面。适用于多型腔模具。

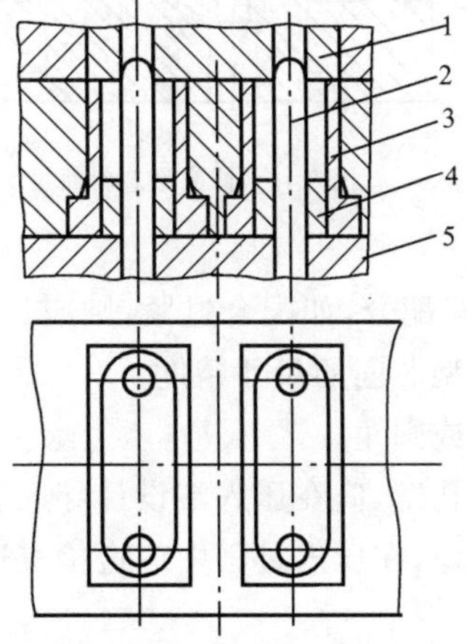

图 8-12　多件整体型腔凹模的镶入

1—定模镶块；2—小型芯；3—型腔凹模；4—推块；5—小型芯固定板

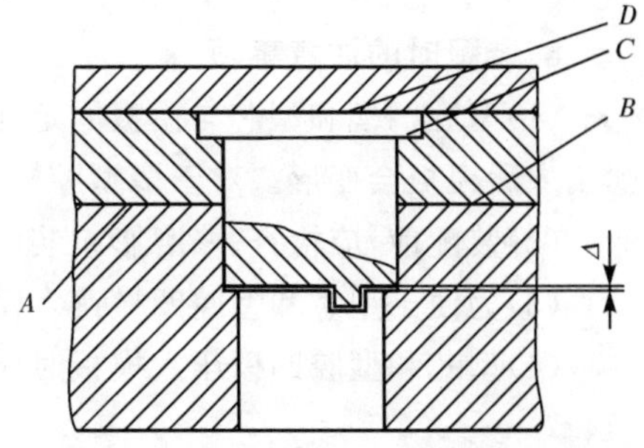

图 8-13　修磨消除间隙的方法(1)

5. 修磨消除型腔与型芯固定板的间隙(图 8-14)

修磨型芯工作面 A(图 8-14(a))，只适用于型芯工作面为平面的情况。

在型芯和固定板台肩内加入垫片(图 8-14(b))，适用于小模具。

在固定板上设置厚度不小于 2 mm 的垫块供修磨用(图 8-14(c))。

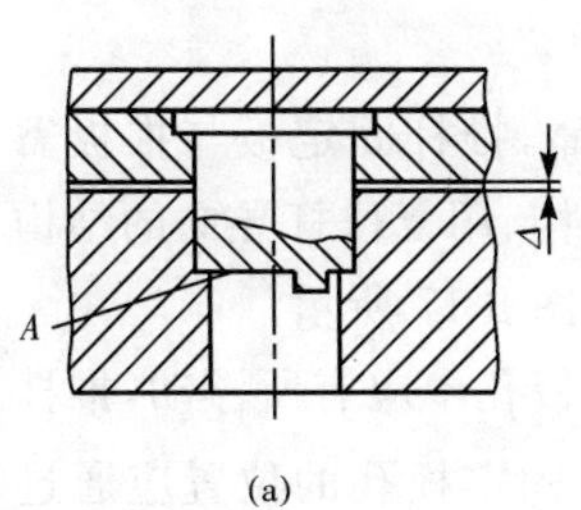

(a)

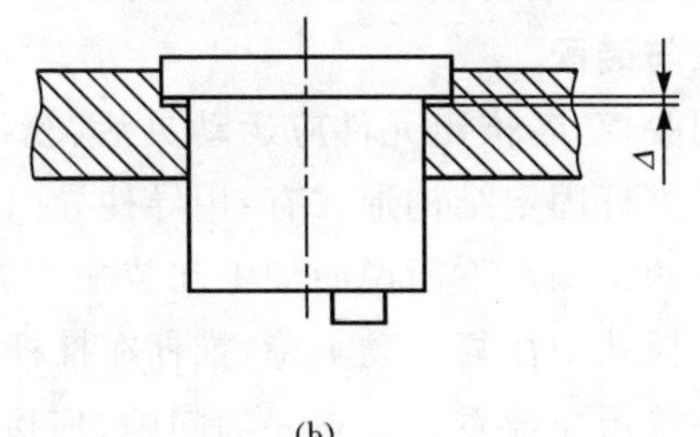

(b)

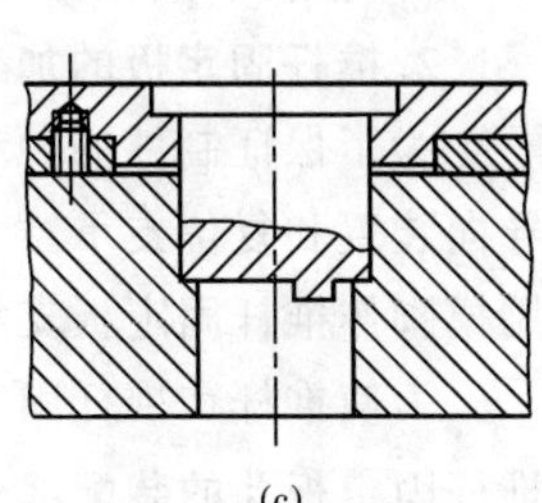

(c)

图 8-14　修磨消除间隙的方法(2)

6. 修磨浇口套(图 8-15)

方法:A 面高出固定板平面 0.02 mm 由加工精度保证;为使 B 面伸出固定板平面 0.02 mm,应将浇口套压入固定板后将二者磨至一样平,然后拆去浇口套,再将固定板磨去 0.02 mm。

7. 修磨型芯斜面(图 8-16)

方法:将型芯斜面先磨成形,高度增加一修磨量。合模时使型芯与上型芯接触,测出修磨量 $h'-h$,然后对型芯斜面进行修磨。要求合模后与型面贴合。

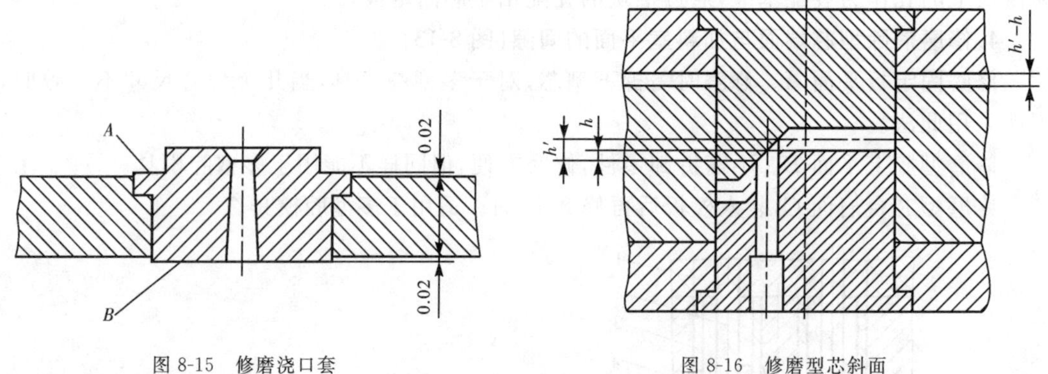

图 8-15 修磨浇口套　　图 8-16 修磨型芯斜面

8. 装配时的注意事项

(1)型腔凹模和型芯与模板固定孔一般为 H7/m6 配合,如配合过紧,则应进行修磨,否则压入后模板会变形。对于多型腔模具,还会影响各型芯间的尺寸精度。

(2)装配前,应检查、修磨影响装配的清角为倒棱或圆角。

(3)为便于型芯和型腔凹模镶入模板并防止挤毛孔壁,应在压入端设计导入斜度。

(4)型芯和型腔凹模压入模板时应保持垂直与平稳,在压入过程中应边检查边压入。

(三)推杆与推板的装配与修整

1. 推杆的装配要求

(1)推杆的导向段与型腔推杆固定板孔的配合间隙要正确,一般为 H8/f8 配合,注意防止间隙太大而漏料。

(2)推杆在推杆固定板孔中的往复运动应平稳,无卡滞现象。

(3)推杆和复位杆端面应分别与型腔表面和分型面平齐。

2. 推杆固定板的加工与装配

为了保证制件的顺利脱模,各推出元件应运动灵活、复位可靠,推杆固定板与推板需要导向装置和复位支承。其推杆固定结构形式有:用导柱导向的结构、用复位杆导向的结构和用模脚作推杆固定板支承的结构。下面说明加工和装配方法,如图 8-17 所示。

为使推杆在推杆固定板孔中往复运动平稳,推杆在推杆固定板孔中应有所浮动,推杆与推杆固定板孔的装配部分每边应留有 0.5 mm 的间隙,所以推杆固定板孔的位置应通过型腔镶块上的推杆固定板孔配钻而得。其配钻过程为:

(1)将型腔镶块上的推杆固定板孔配钻到支承板上,配钻时用动模板和支承板上原有的

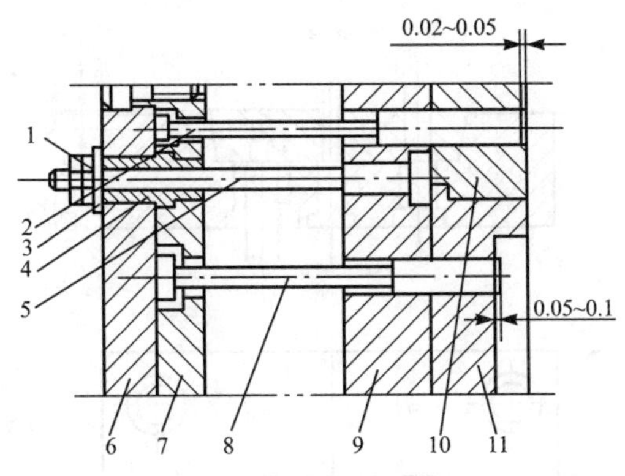

图 8-17　推杆的装配

1—螺帽；2—复位杆；3—垫圈；4—导套；5—导柱；6—推板；7—推杆固定板；8—推杆；9—支承板；10—动模板；11—型腔镶块

螺钉与销钉进行定位和紧固。

(2)通过支承板上的孔配钻推杆固定板。推杆固定板和支承板之间可利用已装配好的导柱、导套定位，用平行夹夹紧。

在上述配钻过程中，还可以配钻推杆固定板上的其他孔，如复位杆和拉料杆的固定孔等。

3. 推杆的装配与修磨

(1)将推杆固定板孔入口处和推杆顶端倒成小圆角或斜度。

(2)修磨推杆尾部的台肩，使其厚度比推杆固定板孔的深度小 0.05 mm 左右。

(3)装配推杆时将导套的推杆固定板套在导柱上，然后将推杆的复位杆穿入推杆固定板、支承板和型腔镶块推杆固定板孔中，再盖上推板，并用螺钉紧固。

(4)将导柱台肩修磨到正确尺寸。由于模具闭合后，推杆和复位杆的极限位置取决于导柱的台阶尺寸，因此在修磨推杆端面之前，应先将推板复位到极限位置，若推杆低于型面，则应修磨导柱台阶；若推杆高出型面，则可修磨推板的底平面。

(5)修磨推杆和复位杆的端面时，应先将推板复位到极限位置，然后分别测出推杆和复位杆高出型面与分型面的尺寸，确定修磨量。修磨后，推杆端面应与型面平齐，但可高出 0.05～0.10 mm；复位杆端面应与分型面平齐，但可低于 0.02～0.05 mm。

当推杆数量较多时，装配应注意两个问题：一是应将推杆与推杆固定板孔进行选配，防止组装后产生推杆动作不灵活、卡紧现象；二是必须使各推杆端面与制件相吻合，防止因顶出点的偏斜或推力不均匀而使制件脱模时变形。

4. 埋入式推板的装配

埋入式推板机构是将推板埋入固定板沉坑内，如图 8-18 所示。

装配的主要技术要求：既要保证推板与型芯和沉坑的配合要求，又要保证推板上的螺孔与导套安装孔的同轴度要求。

装配步骤如下：

(1)修配推板与固定板沉坑的锥面配合。首先修正推板侧面，使推板底面与沉坑底面接

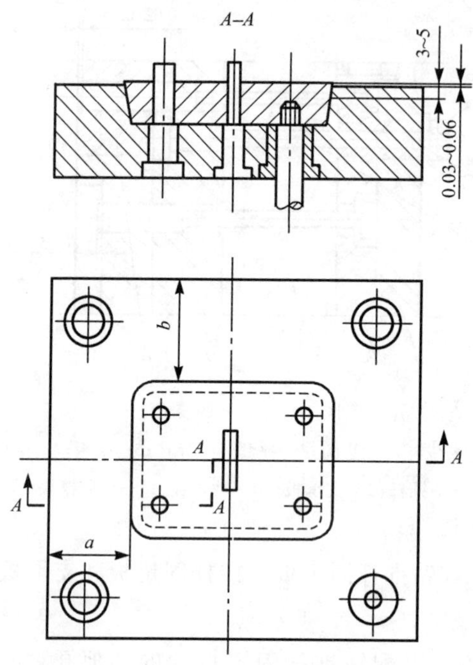

图 8-18　埋入式推板

触，同时使推板侧面与沉坑侧面保持接触，其接触面高度为 3～5 mm，而推板上平面高出固定板 0.03～0.06 mm。

(2)配钻推板螺孔。将推板放入沉坑内，用平行夹夹紧。在固定板导套孔内安装二级工具钻套(其内径等于螺孔底径)，通过二级工具钻套钻孔、攻螺纹。

(3)加工推板和固定板的型芯孔。采用同镗法加工推板和固定板的型芯孔，然后将固定板的型芯孔进行扩大。

(四)斜导柱抽芯机构的装配

斜导柱抽芯机构如图 8-19 所示。

1. 装配技术要求

(1)闭模后，滑块的上平面与定模平面必须留有 $x=0.2\sim0.8$ mm 的间隙。这个间隙在注射机上闭模时被锁模力消除，转移到斜楔和滑块之间。

(2)闭模后，斜导柱外侧与滑块斜导柱孔留有 $y=0.2\sim0.5$ mm 的间隙。在注射机上闭模后，锁模力将滑块推向内方，如不留间隙，则会使斜导柱受侧向弯曲力。

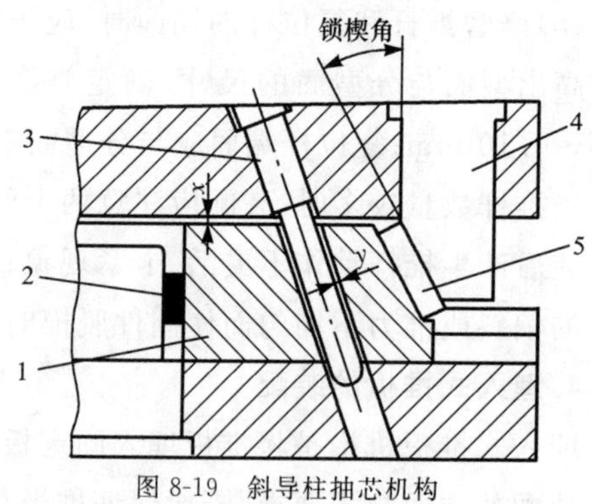

图 8-19　斜导柱抽芯机构

1—滑块；2—壁厚垫片；3—斜导柱；4—锁楔(压紧块)；5—垫片

2. 装配步骤

(1)将型芯装入型芯固定板,成为型芯组件。

(2)按设计要求在固定板上调整滑块和导块的位置,待位置确定后,用夹板将其夹紧,钻导块安装孔和动模板上的螺孔,安装导块。

(3)安装定模板锁楔,保证锁楔斜面与滑块斜面有70%以上的面积密贴。如侧芯不是整体式,则可在侧型芯位置垫上相当于制件壁厚的铝片或钢片。

(4)闭模,检查间隙 x 是否合格(通过修磨和更换滑块尾部垫片来保证 x 值)。

(5)将定模板、滑块和型芯组合在一起用夹板夹紧,在卧式镗床上镗斜导柱孔。

(6)松开模具,安装斜导柱。

(7)修正滑块上的导柱孔口为圆环状。

(8)调整导块,使其与滑块松紧适当,钻导块销孔,安装导块销。

(9)镶侧型芯。

(五)导柱、导套的装配

导柱、导套分别安装在动模板与定模板上,它们是模具合模用的导向装置,因此动、定模板以及上导柱和导套孔的加工很重要,其相对位置误差要求在0.01 mm以内。工艺上,除通过精密坐标镗床可分别在动、定模板上镗孔以达到要求之外,一般还可采用的方法是将动、定模板合在一起(用工艺定位销钉定位),在车床、铣床或镗床上进行配镗孔。

对于需淬硬的模板,若其导柱、导套孔系在热处理前已加工正确,则热处理将引起孔形和位置变化,而不能满足导向的要求。因此热处理前,模板孔的加工应留有磨削余量,以便淬硬后用坐标磨床磨孔;或将模板叠合在一起(若模板已制成型腔,则应以型腔为基准进行叠合)用内圆磨床磨孔;或在淬硬的模板孔(孔径加大)内压入软套或软芯,再在软芯上镗导柱、导套孔。

由于模具的结构和装配方法各不相同,所以导柱、导套孔的加工工序安排也不同,一般有下述三种情况:

(1)在模板的型腔凹模固定孔未修正之前安排加工导柱、导套孔的工序。它适用于各模板上固定孔的形状与尺寸均一致,且采用将各模板叠合后一起加工固定孔的方案。此时可借助导柱、导套进行各模板间的定位。

不规则立体形状的型腔在装配合模时很难找正相对位置(图8-20),此时导柱、导套可作定位用,以加工正确的固定孔。

(2)对于动、定模板上的型芯、型腔镶件之间无严格要求或模具没有斜滑块机构的情况,由于这类模具需修配的面较多,特别是多方向的多滑块结构,所以如不事先装好导柱、导套,则合模时难以找正基准,部件修正困难。

(3)在动、定模修正与安装完成之后安排导柱、导套孔的加工,它适用于在合模时动、定模之间能正确找正的情况。如图8-21所示,合模时可由动模的小型芯穿入定模镶块孔中找正位置。

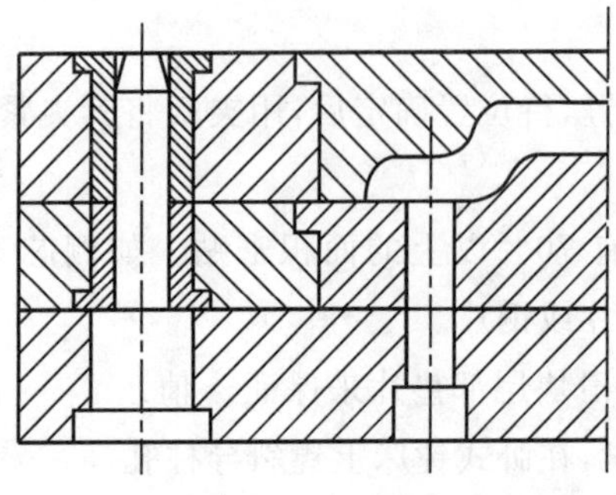

图 8-20 找正相对位置困难的型腔

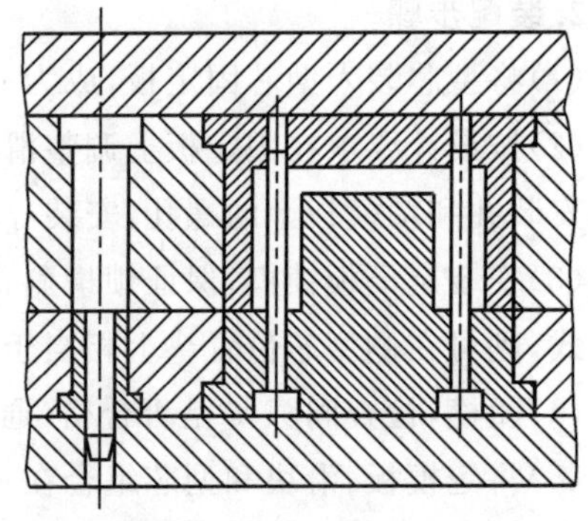

图 8-21 动、定模间有正确配合要求的结构

过盈配合件装配之前，必须检查其过盈量、配合部分的粗糙度和压入端的导入斜度等，在符合要求后方可压入。如图 8-22 所示浇口套的压入，除压合部分为过盈配合外，还需保证台肩外圆与模板沉孔间不留缝隙，否则在注塑时可能引起渗料。按压入工艺要求，压入端应有导入斜度，但为了避免渗料，又不允许模板孔口有导入斜度。解决此矛盾的工艺措施是：将压入件的压入端倒圆角（避免压入时切削孔壁）并加大高度 Δ 供压装后磨去；为保证台肩外圆与模板沉孔之间的缝隙不大于 0.02 mm，要求模板沉孔与模板孔、压入件阶梯外圆的同轴度均不超过 0.01 mm；压入件台肩应倒角，以便压入后台肩面与沉孔面紧贴。

又如图 8-23 所示导钉的压入，对拼的模块常用两导钉定位，但拼块在热处理后其导钉孔的形状和孔距都有变化，因此在压入导钉之前应将两半拼块合拢并用研棒研正导钉孔。若两半拼块都较厚，则只能分别研磨导钉孔，但应事先考虑当孔对准后外形所产生的偏移，因此需将拼块外形留有加工余量，待导钉装入后再加工外形直至达到要求。

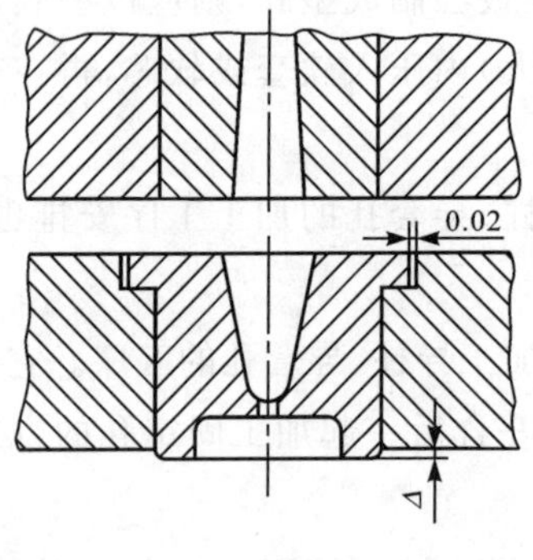

图 8-22 浇口套的压入

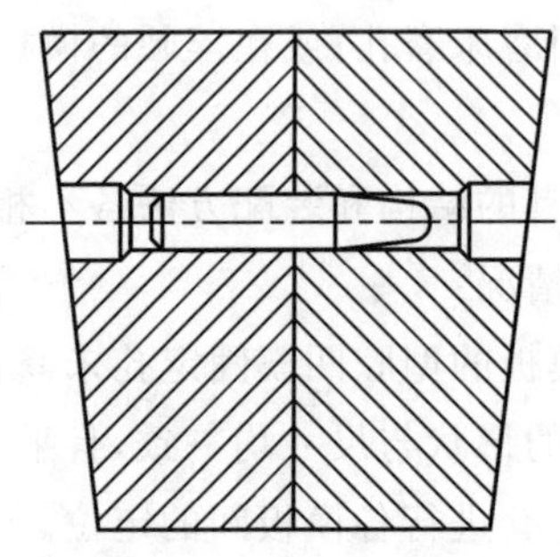

图 8-23 导钉的压入

(六)模具调试

模具装配完成后，在交付生产之前应进行试模。试模的目的：检查模具在制造上存在的缺陷，并查明原因、加以排除；可以对模具设计的合理性进行评定，并对成型工艺条件进行探索，这将有益于模具设计和成型工艺水平的提高。

试模应按以下顺序进行：

1. 装模

在模具装上注射机之前，应按设计图样对模具进行检验，以便及时发现问题并进行修理，减少不必要的重复安装和拆卸。在对模具的固定部分和活动部分进行分开检查时，要注意方向记号，以免装配时出错。

模具尽可能整体安装，吊装时要注意安全，操作者要协调一致，配合密切。当将模具定位圈装入注射机上定模板的定位圈座后，注射机以极慢的速度合模，用动模板将模具轻轻压紧，然后装上压板。通过调节螺钉将压板调整到与模具的安装基面基本平行，然后压紧，如图 8-24 所示。压板的位置绝不允许如图中双点画线所示的那样。压板的数量根据模具的大小进行选择，一般为 4～8 块。在模具被紧固后可慢慢启模，直到动模部分停止后退，这时应调节机床的顶杆，使模具上的推杆固定板和动模支承板之间的距离不小于 5 mm，以防顶坏模具。

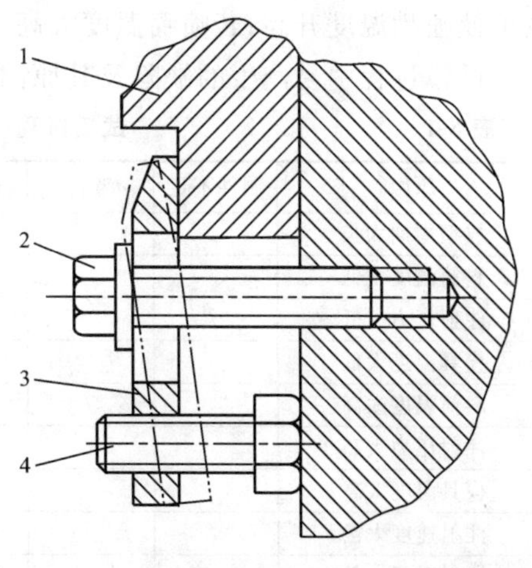

图 8-24　模具的紧固

1—垫块；2—压紧螺钉；3—压板；4—调节螺钉

为了防止制件溢料并保证型腔能适当排气，合模的松紧程度很重要。由于目前还没有锁模力的测量装置，因此对注射机的液压柱塞-肘节锁模机构主要是凭目测和经验进行调节，即在合模时肘节先快后慢，以使合模的松紧程度合适。

对于需要加热的模具，应在模具达到规定温度后再校正合模的松紧程度，最后接通冷却水管或加热线路。对于采用液压马达或电动机启闭的模具，也应分别进行通电加以检验。

2. 试模

经过以上的调整、检查，做好试模准备后，选用合格的原料，根据推荐的工艺参数将料筒和喷嘴加热。由于制件的大小、形状和壁厚不同，且设备上热电偶位置的深度和温度表的误差也各有差异，因此资料上介绍的加工某一塑料的料筒和喷嘴温度只是一个大致范围，还应根据具体条件进行调试。判断料筒和喷嘴温度是否合适的最好办法是将喷嘴和主流道脱开，用较低的注射压力使塑料从喷嘴中缓慢地流出，观察料流。如果没有冷料头、气泡、银丝、变色，且料流光滑、明亮，就说明料筒和喷嘴温度是比较合适的，可以开机试模。

在开始注射时，原则上选择在低压、低温和较长的时间条件下成型。如果制件未充满，通常是先增加注射压力。当大幅度提高注射压力仍无效果时，才考虑改变时间和温度。延长时间实质上是使塑料在料筒内的受热时间加长，注射几次后若仍然未充满，才可考虑提高料筒温度。但料筒温度的上升以及它与塑料温度达到平衡需要一定的时间(一般为 15 min 左右)，要耐心等待，不要过快地把料筒温度升得太高，以免塑料过热甚至发生降解。

注射成型时可选用高速和低速两种工艺。一般在制件壁薄而面积大时采用高速注射，而对于壁厚且面积小的制件则采用低速注射。在高速和低速都能充满型腔的情况下，除玻璃纤维增强塑料外，其余制件均宜采用低速注射。

对黏度高且热稳定性差的塑料，采用较低的螺杆转速和略低的背压加料及预塑；对黏度低且热稳定性好的塑料，可采用较高的螺杆转速和略高的背压加料及预塑。在喷嘴温度合适的情况下，采用喷嘴固定形式可提高生产率。但当喷嘴温度太低或太高时，需要采用每次注射后向后移动喷嘴的形式（若喷嘴温度太低，则由于后加料时喷嘴离开模具，减少了散热，故可使喷嘴温度升高；若喷嘴温度太高，则后加料时可挤出一些过热的塑料）。

试模过程中易产生的缺陷及其原因见表 8-1。

表 8-1　　试模过程中易产生的缺陷及其原因

原因	制件不足	溢料	凹痕	银丝	熔接痕	气泡	裂纹	翘曲变形
成型周期太长		√		√				
料筒温度太低	√				√		√	
注射压力太低	√		√		√	√		
模具温度太低			√					√
料筒温度太高		√	√	√		√		√
注射压力太高		√					√	√
模具温度太高			√					√
注射速度太慢	√							
注射时间太长				√	√		√	
注射时间太短	√		√		√			
加料太多		√						
加料太少	√		√					
原料含水分过多			√					
分流道或浇口太小	√		√	√	√			
模穴排气不好	√			√		√		
制件太厚或壁厚变化太大			√			√		
制件太薄	√							
成型机能不足	√		√	√				
成型机锁模力不足		√						

在试模过程中应详细记录，并将结果填入试模记录卡中，注明模具是否合格。如需反修，则应提出反修意见。在试模记录卡中应摘录成型工艺条件及操作注意要点，最好能附上注塑成型的制件，以供参考。对试模后合格的模具，应将其清理干净，涂上防锈油后入库。

（七）注塑模具装配实例

1. 热固性塑料移动式压模（图 8-25）

（1）装配要求

①保证模具上、下平面的平行度偏差不大于 0.05 mm。

②B 面与 C 面必须同时接触。

③保证尺寸 6.05±0.03。

装配时以型腔为装配基准。

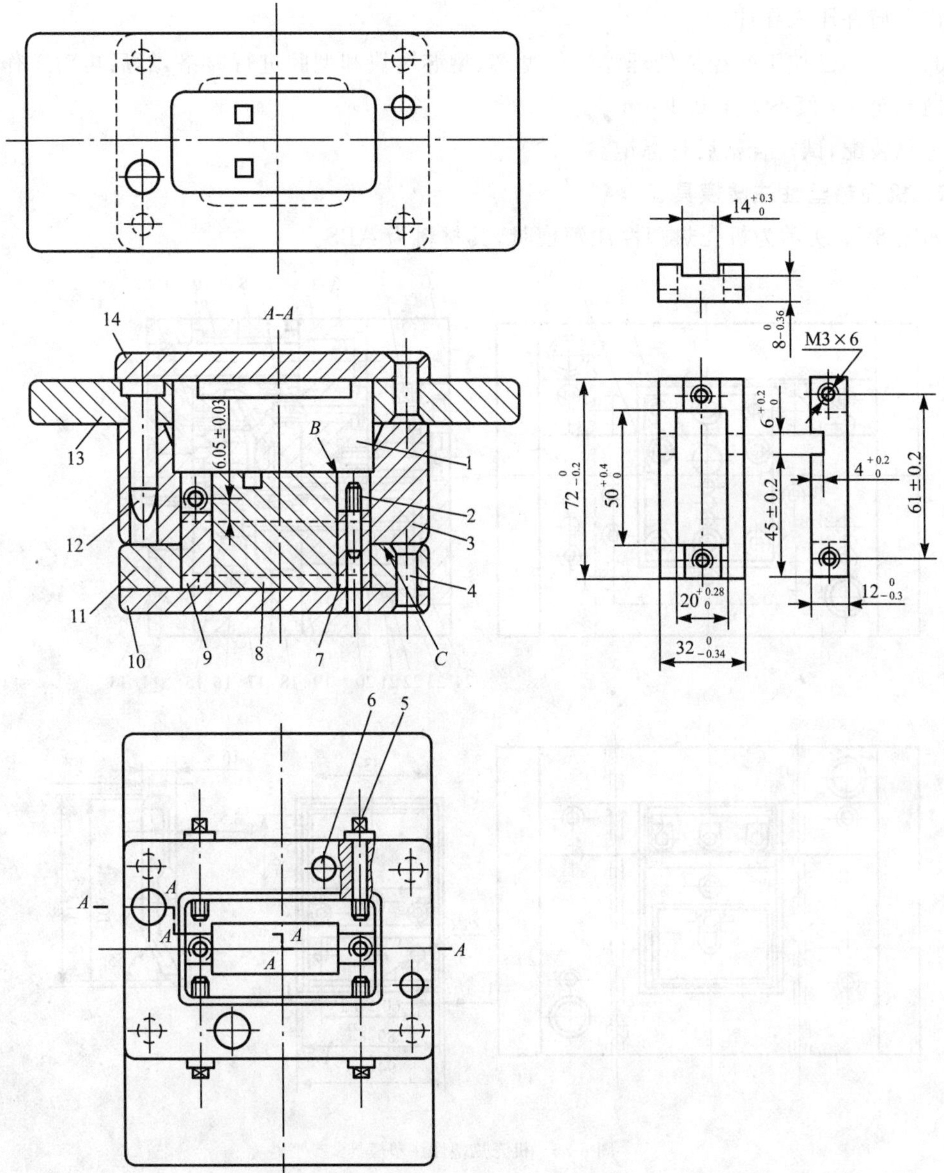

图 8-25　热固性塑料移动式压模

1—上型芯；2、5—嵌件螺杆；3—凹模；4—铆钉；6、12—导钉；

7、9—型芯拼块；8—下型芯；10、14—支承板；11—下固定板；13—上固定板

(2)装配工艺

①按图样检验零件尺寸。

②用压印块压印修整型腔，使之与型芯紧密配合，再按照图纸要求加工型腔的其余部分。

③用上型芯压印精修上固定板型孔并组装；用压印块压印精修下固定板型孔，按配合要求将下型芯和镶块压入。

④修磨上、下型芯组装后的高度和型腔上、下两平面，直至达到装配要求。

⑤用软质垫片保持型腔和上型芯之间的间隙均匀，用平行夹夹紧后钻、铰、镗导柱孔，拆

开后锪台肩并压入导柱。

⑥将全部已加工并经热处理淬硬的型芯、型芯镶块和型腔进行镀铬，然后再对工作表面研磨抛光至 Ra 值不大于 0.1 μm。

⑦总装配，试模合格后打标记。

2. 机壳热塑性注塑模具

如图 8-26 所示为机壳热塑性注塑模具，其材料为 ABS。

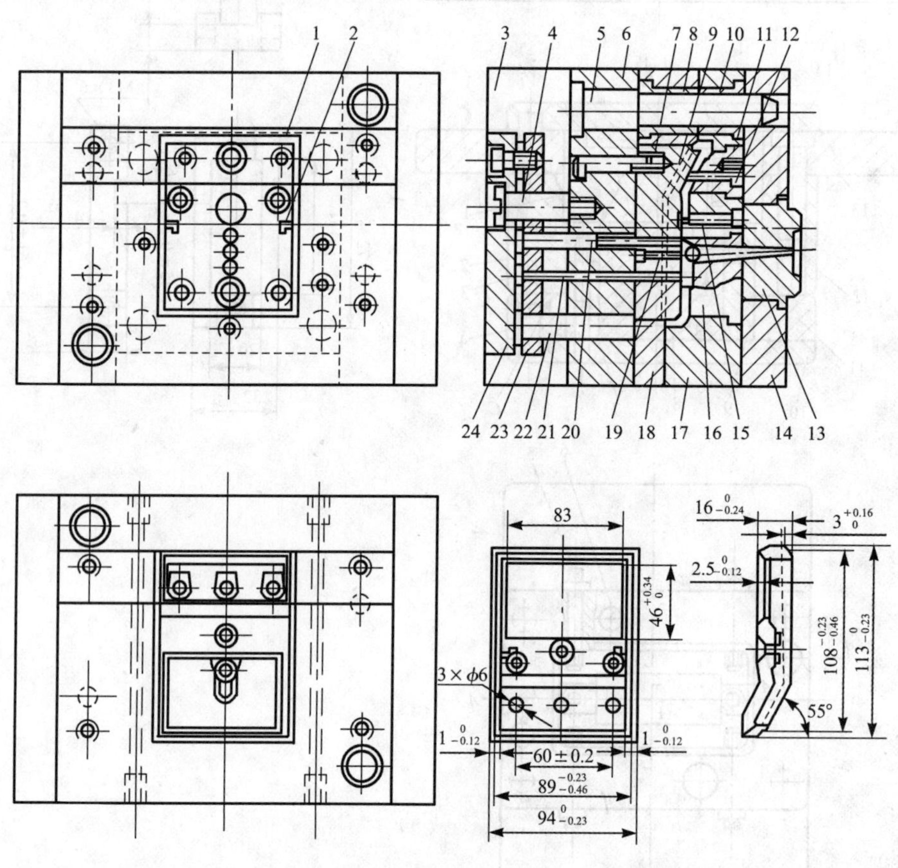

图 8-26 机壳热塑性注塑模具

1—嵌件螺杆；2—矩形推杆；3—模脚；4—限位螺钉；5—导柱；6—支承板；7—销钉套；8、10—导套；9、12、15—型芯；11、16—镶块；13—浇口套；14—定模座板；17—定模；18—卸料板；19—拉杆；20、21—推杆；22—复位杆；23—推杆固定板；24—推板

(1)装配要求

①模具上、下平面的平行度偏差不大于 0.05 mm，分型面处需密合。

②顶件时顶杆和卸料板的动作必须保持同步，上、下模的型芯必须紧密接触。

(2)装配工艺

①按照图样要求检验各零件尺寸。

②修磨定模与卸料板分型面的密合程度。

③将定模、卸料板和支承板叠合在一起并用平行夹夹紧，镗导柱、导套孔，在孔内压入工艺定位销，然后加工侧面的垂直基准。

④利用定模的侧面垂直基准确定定模上的实际型腔中心，作为以后加工的基准，分别加工定模上的小型芯孔、镶块型孔的线切割穿丝孔和镶块台肩面。修磨定模型腔部分，压入镶块进行组装。

⑤利用定模型腔的实际中心加工型芯固定型孔的线切割穿丝孔，并进行线切割型孔。

⑥在定模卸料板和支承板上分别压入导柱、导套，并保证导向可靠、滑动灵活。

⑦用螺孔复印法和压销钉套法紧固定位型芯于支承板上。

⑧过型芯引钻、铰支承板上的顶杆孔。

⑨过支承板引钻顶杆固定板上的顶杆孔。

⑩加工限位螺钉孔、复位杆孔，并组装顶杆固定板。

⑪组装模脚与支承板。

⑫在定模座板上加工螺孔、销钉孔和导柱孔，并将浇口套压入定模座板上。

⑬装配定模部分

- 镶块与定模的装配

将镶块 16、型芯 15 装入定模中，测出两者突出型面的尺寸。退出定模，按型芯 9 的高度和定模深度的实际尺寸单独对型芯和镶块进行修磨，修磨后再装入定模中，检查镶块 16、型芯 15 和型芯 9，使定模与卸料板同时接触。将型芯 12 装入镶块 11 中，用销钉定位，以镶块外形和斜面作基准，预磨型芯斜面，将预磨过的型芯和镶块装入定模中，再将定模和卸料板合拢，测出分型面的间隙尺寸后，将镶块 11 退出，根据测定的间隙尺寸精磨型芯斜面至要求的尺寸，然后将镶块 11 装入定模中，磨平定模的支承面。

- 定模和定模座板的装配

在定模和定模座板装配之前，浇口套和定模座板已组装合格，因此可直接将定模与定模座板叠合，使浇口套上的浇道孔和定模上的浇道孔对正，用平行夹夹紧，通过定模座板孔在定模上预钻螺纹底孔并配钻、铰销钉孔，然后将二者拆开，在定模上攻螺纹。螺孔加工好后再将定模和定模座板叠合，装入销钉后拧紧螺钉。

⑭装配动模部分并修正顶杆和复位杆的长度

- 装配型芯

装配前，首先修光卸料板的型孔，并与型芯作配合检查，要求滑动灵活，然后将导柱穿入导套 8 的孔内，将动模固定板和卸料板合拢。在型芯上的螺孔口部涂红丹粉，然后将其放入卸料板孔内，在动模固定板上复印出螺孔的位置，取下卸料板和型芯，在动模固定板上加工螺钉过孔。如果型芯不淬火，也可先在动模固定板上钻螺钉过孔，并利用螺钉过孔在型芯上配钻螺纹底孔，然后在型芯上攻螺纹。将销钉套压入型芯并装好拉料杆后，将动模固定板、卸料板、型芯重新组装在一起，调整好型芯位置，用螺钉紧固，在动模固定板背面划线并钻、铰定位销孔，打入定位销。

- 配作推杆孔

通过型芯上的推杆固定板孔，在动模固定板上钻锥窝，卸下型芯，按锥窝钻出推杆固定板上的孔。再用平行夹将推杆固定板和动模固定板夹紧，通过动模固定板配钻推杆固定板上的孔。

• 配作限位杆孔

首先在推杆固定板上钻限位螺杆孔，然后用平行夹将动模固定板与推杆固定板夹紧，通过推杆固定板的限位螺杆孔在动模固定板上钻锥窝，卸下推杆固定板，在动模固定板上钻孔并对限位螺杆孔攻螺纹。

• 装配推杆

将推板与推杆固定板叠合，配钻限位螺钉过孔和推杆固定板上的螺孔并攻螺纹，将推杆装入推杆固定板后盖上推板并用螺钉紧固，然后将其装入动模，检查和修磨推杆端面。

⑮装配完毕后进行试模，试模合格后打标记并交验入库。

1. 定模板

定模板如图 8-27 所示，其材料为 45 钢，调质硬度为 255～270HB，已完成六面加工，制定其加工工艺并填入表 8-2 中。

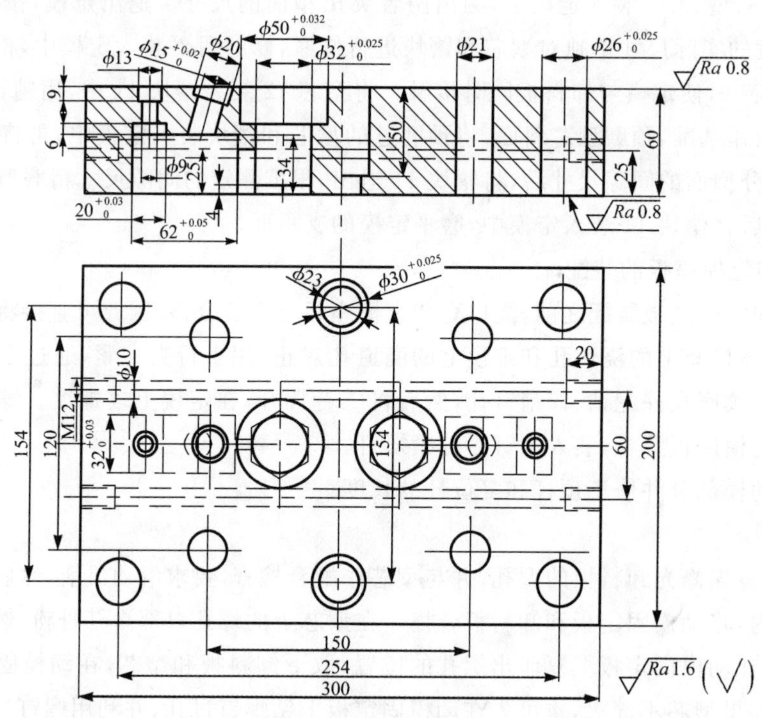

图 8-27 定模板零件图

表 8-2 定模板加工工艺

工序号	工序名称	工序内容	定位基准	加工设备

2. 型芯

型芯如图 8-28 所示，其材料为 Cr12MoV 钢，淬火硬度为 55～60HRC，锻件，制定其加工工艺并填入表 8-3 中。

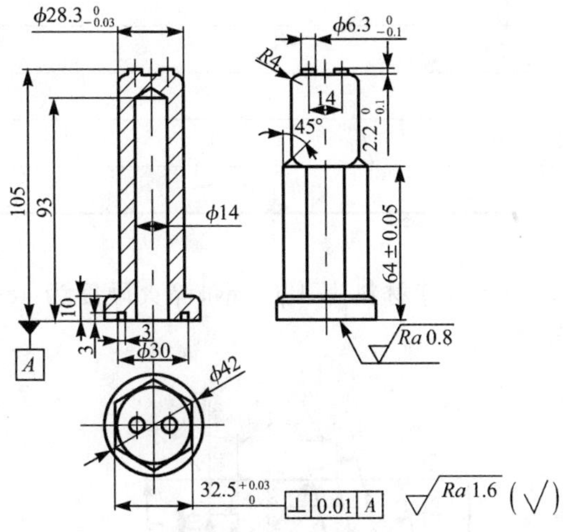

图 8-28　型芯零件图

表 8-3　　型芯加工工艺

工序号	工序名称	工序内容	定位基准	加工设备

3. 定模镶件

定模镶件如图 8-29 所示，其材料为 Cr12MoV 钢，淬火硬度为 55～60HRC，锻件，制定其加工工艺并填入表 8-4 中。

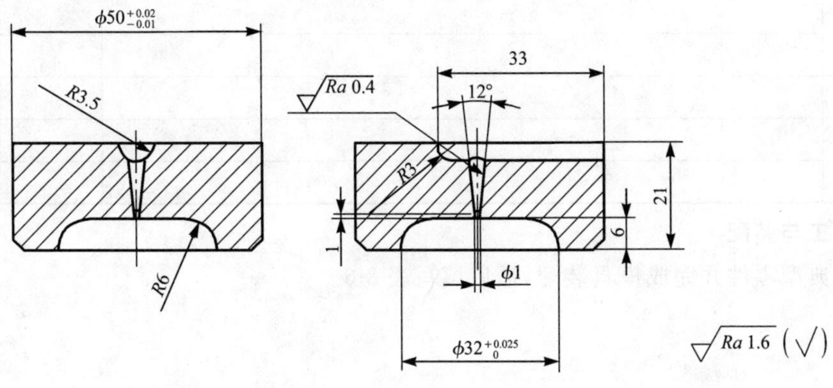

图 8-29　定模镶件零件图

表 8-4 定模镶件加工工艺

工序号	工序名称	工序内容	定位基准	加工设备

4. 侧抽芯滑块

侧抽芯滑块如图 8-30 所示，其材料为 40Cr 钢，淬火硬度为 48～52HRC，锻件，制定其加工工艺并填入表 8-5 中。

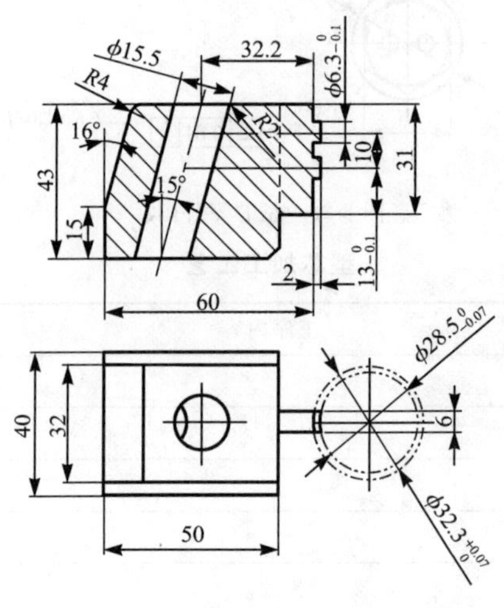

图 8-30 侧抽芯滑块零件图

表 8-5 侧抽芯滑块加工工艺

工序号	工序名称	工序内容	定位基准	加工设备

5. 加工与装配

加工典型零件并完成模具装配，最后填写表 8-6。

表 8-6　　　　　　　　加工与装配工作单

名称		罩盖注塑模具的制造与装配		
班级		姓名		
零件加工				
序号	名称	精度检验	分析与改进	
1	定模板			
2	型芯			
3	定模镶件			
4	侧抽芯滑块			
模具装配				
序号	名称	装配顺序	装配结果	分析与改进

五　知识、能力测试

(一)填空题

1. 为使塑料模成型件或其他摩擦件有高硬度、高耐磨性和高韧性，在工作中不至于脆断，应选用渗碳钢制造，并进行渗碳、淬火和________以作为最终热处理。

2. 在塑料模具的装配工艺中，通常采用________和测量法来控制和调整间隙，以保证模具型腔壁厚符合设计要求。

3. 根据研磨工作原理，研具材料的组织要均匀而细小，且有较高的稳定性和耐磨性，工作面的硬度要比工件的硬度________，并具有很好的吸附和嵌存磨料的性能。

4. 对塑料模具材料基本使用性能的要求是：足够的强度和刚度，良好的耐磨性和耐腐蚀性，足够的韧性，较好的________性能和尺寸稳定性，良好的导热性等。

5. 低淬透性冷作模具钢中，使用最多的是________和 GCr15 轴承钢。

6. 塑料模成型件的材料选用情况比较复杂，对于型腔表面要求耐磨性好、心部韧性要好但形状并不复杂的注塑模具来说，可选用低碳结构钢和________钢。

7. 抛光是零件的最后一道精加工工序，抛光的基面应有较高的粗糙度要求，一般应达到 Ra 值为________以上。

8. 塑料模型腔表面的光洁度要求较高，在热处理加热时要注意保护型腔，严格防止其表面发生各种缺陷，否则将给下一步________工序带来困难。

9. 模具装配的工艺方法有互换法、________，随着模具技术和制造设备的现代化发展，互换法的应用会越来越多。

10. ϕ20 轴的上偏差为＋6 μm，下偏差为－15 μm，那么其公差为________μm。

11. 注塑模具在开始试模时，原则上应在________压、低温和较长保压时间下成型。

12. 塑料模具要求韧性较高，故必须适当降低其硬度要求，则其型腔表面的耐磨性必须________。

13. 三坐标测量机按机械结构分，有________、龙门式、桥式、镗床式和手臂式等。

14. 目前，已有的快速成型技术和快速成型系统有很多种，其中最典型的有立体印刷成型、层合实体制造、________、熔融沉积制造四种。

(二)选择题

1. 下列哪一项不是影响模具使用寿命的最主要因素？________

A. 模具的服役条件　　B. 模具的设计与制造过程

C. 模具的安装、使用及维护　　D. 模具操作工的操作水平

2. 一般认为，当钢的硬度为________ HBS 时，切削加工性能最好。

A. 80～160　　B. 170～230　　C. 230～360　　D. 380～420

3. 组成机器的运动单元是________。

A. 机构　　B. 构件　　C. 部件　　D. 零件

4. 导套材料为 40 钢，要求硬度为 58～62HRC，内圆精度为 IT7 级，Ra 值为 0.2 μm，则内孔加工方案可选________。

A. 钻孔—镗孔—粗磨—精磨—研磨　　B. 钻孔—扩孔—精铰

C. 钻孔—拉孔　　D. 钻孔—扩孔—镗孔

5. 完全互换装配法的特点是________。

A. 对工人的技术水平要求高　　B. 装配质量不稳定

C. 产品维修方便　　D. 不易组织流水作业

6. 一般情况下，侧浇口均开设在模具的________。

A. 分型面上　　B. 动模侧　　C. 定模侧　　D. 推杆上

7. 下列塑料适合注塑成型的是________。

A. 酚醛塑料　　B. PC　　C. 氨基塑料　　D. 环氧树脂

8. 模具价格通常包含________。

A. 材料费　　B. 设计费　　C. 加工费　　D. 以上皆是

9. 下列选项中不是电化学加工的是________。

A. 电解加工　　B. 电镀加工

C. 电铸加工　　D. 电火花加工

10. 对于塑料模浇口套的装配，下列说法正确的是________。

A. 浇口套与定模板采用间隙配合

B. 浇口套的压入端允许有导入斜度

C. 常将浇口套的压入端加工成小圆角

D. 在浇口套的导入加工时不需留修磨余量

(三)判断题

1. 在模具加工中，抛光的主要作用是进一步降低表面粗糙度，获得光滑表面并改变零件表面的形状精度和位置精度。（　　）

2. 干研磨就是在研磨前，先将磨粒装入研具，用压砂研具对工件进行研磨的一种方法。干研磨时磨粒主要以滑动切削为主，效率低，但尺寸精度和光洁度较好。（　　）

3.模具装配好就可以使用。（　）

4.塑料模试模时，塑件溢料和飞边的原因有可能是注塑压力太高。（　）

5.注塑模具脱模困难应加大脱模斜度。（　）

6.组成模具装配尺寸链的各个尺寸称为环，按装配顺序间接获得的尺寸称为增环。（　）

7.研磨时，当被加工零件的材料较硬时，应该选择较硬的油石。（　）

8.在夹具总装图中通常应标注的位置精度有定位元件之间的位置精度、连接元件与定位元件之间的位置精度以及对刀或导向元件的位置精度。（　）

9.PVD法是在真空度不大于1 Pa的反应室中，通过一定温度下的气相化学反应而在工件表面生成化合物沉积层的过程。（　）

10.利用高功率密度的激光束进行表面热处理的方法称为激光热处理，它分为激光相变硬化、激光表面合金化等。（　）

六　拓展知识

（一）模具高速切削技术

高速切削技术是基于德国物理学家Carl Salomon的切削实验得到的，即当切削速度增大到某一值时，切削温度将随着切削速度的增加而降低。通过这个结论，找到了降低切削力的物理基础。通常把切削速度比常规切削速度高5～10倍以上的切削称为高速切削。

不同材料高速切削的速度范围：铝合金为1000～7000 m/min，铜为900～5000 m/min，钢为500～2000 m/min，灰铸铁为800～3000 m/min，钛合金为100～1000 m/min，镍合金为50～500 m/min。

不同加工方式高速切削的速度范围：车削为700～7000 m/min，铣削为200～7000 m/min，钻削为100～1000 m/min，铰削为20～500 m/min，拉削为30～75 m/min，磨削为5000～10000 m/min。与之相对应的进给速度一般为2～25 m/min，甚至可达60～80 m/min。

1.高速切削的优越性

近年来，由于高速切削加工和常规切削加工相比，在提高生产率、减少热变形和切削力以及实现高精度、高质量零件的加工方面具有显著的优越性，因此高速切削加工越来越引起人们的关注。

(1)材料切除率高

高速切削加工比常规切削加工单位时间的材料切除率可提高3～6倍，因而零件加工时间通常可缩减到原来的1/3，从而提高了生产率和设备利用率。高效高速铣削的主轴转速一般为15000～40000 r/min，最高可达100000 r/min。在切削钢时，其切削速度约为400 m/min，比传统的铣削加工高5～10倍；在加工模具型腔时，高速切削加工与传统的加工方法（传统铣削、电火花成形加工等）相比，其效率可提高4～5倍。所以高速切削加工在模具制造中得到了广泛应用，并逐步替代部分磨削加工和电加工。

(2)切削力低

和常规切削加工相比，高速切削力至少可降低 30%，这对于加工刚性较差的零件来说，可减少加工变形，提高加工精度，能加工高硬材料，可铣削 50～60HRC 的钢材。

(3)减少热变形

高速切削加工过程中，95%以上的切削过程所产生的热量将被切屑带离工件，工件集聚热量极少，零件不会由于温度而产生翘曲或膨胀变形，因此高速切削特别适合加工容易发生热变形的零件。

(4)实现高精度加工

采用高主轴转速、高进给速度的高速切削加工，其激振频率特别高，已远远超出机床-工件-刀具系统的固有频率范围，这将使加工过程平稳、振动较小，可实现高精度、低粗糙度值加工。高精度高速铣削加工的精度一般为 10 μm，甚至更高。

(5)增加机床结构稳定性

高速切削加工由于温升(约为 3 ℃)和单位切削力小，故表面没有变质层和微裂纹，热变形也小，增加了机床结构稳定性，有利于提高加工精度和表面质量。最好的表面粗糙度 Ra 值小于 1 μm，减少了后续磨削及抛光的工作量。

(6)良好的技术经济效益

传统模具加工过程：毛坯—粗加工—半精加工—热处理硬化—电火花加工—精加工—修磨。

高速切削模具加工过程：硬化毛坯—粗加工—半精加工—精加工。

因此，高速切削加工的综合效率高、质量高、工序简化，虽然机床和刀具投资增加了，但综合效益得到了提高。

2. 高速切削的工业应用

在航空工业部门，现代飞机都采用整体制造加工技术，通过切削加工出高精度、高质量的铝合金或钛合金构件。美国、德国、法国、英国的许多飞机及发动机制造厂已开始采用高速切削加工技术来制造航空零部件产品。英国 EHV 公司采用的日本松浦公司制造的 MC-800VDC-EX4 高速切削加工机床应用于航空专用铝合金整体叶轮的加工，该机床有两个主轴，转速为 40000 r/min，但叶片加工精度可达 5 μm，总精度为 20 μm。

在模具工业中，高速粗加工和淬硬后的高速精加工也很有发展前途，并有取代电火花(EDM)和抛光加工的趋势。德国 Droop 公司生产的 FOG2500 铣床，其主轴转速为 10000～40000 r/min，可用于汽车车身冲压模具和塑料模具的加工，加工零件表面粗糙度和精度可达 50 μm，可取代电火花加工机床。

高速切削加工应注意如下事项：

(1)加工体积不大于 400 mm(长)×400 mm(宽)×150 mm(高)的模具最具经济效益。

(2)采用适合高速切削的 CAM 软件及控制系统，可使高速切削更加流畅和顺滑。精加工模具的高速精加工策略取决于刀具与工件的接触点，而刀具与工件的接触点随着加工表面的曲面斜率和刀具有效半径的变化而变化。对于由多个曲面组合而成的复杂曲面的加工，应尽可能在一个工序中进行连续加工，而不是对各个曲面分别进行加工，以减少抬刀、下刀的次数。由于加工中表面斜率的变化，如果只定义加工的侧吃刀量，就可能造成在斜率不同的表面上实际步距不均匀，从而影响加工质量。Pro/ENGINEER 软件解决上述问题的方法是在定义侧吃刀量的同时，再定义加工表面残留面积高度；HyperMill 软件则提供了等步距加工方式，可保证走刀路径间均匀的侧吃刀量，而不受表面斜率及曲率的限制，保证刀具在切削过程中始终承受均匀的载荷。

一般情况下，精加工曲面的曲率半径应大于刀具半径的 1.5 倍，以避免进给方向的突然转变。在模具的高速精加工中，在每次切入、切出工件时，进给方向的改变应尽量采用圆弧或曲线转接，避免采用直线转接，以保持切削过程的平稳性。目前很多 CAM 软件都具有进给速度的优化调整功能：在半精加工过程中，当切削层面积大时降低进给速度，而当切削层面积小时增大进给速度。应用进给速度的优化调整功能可使切削过程平稳，提高加工表面质量。切削层面积的大小完全由 CAM 软件自动计算，进给速度的调整可由用户根据加工要求来设置。

(3)采用通过动平衡修正的刀具夹头(HSK 类型)及整体性硬质合金刀具，有助于减少对主轴及刀具所造成的振动，并能保持工作面应有的光洁度。

(4)采用适当的比例来夹持立铣刀(刀具在刀夹内的最小长度为刀具直径的 2 倍)可增加其刚性，减少震颤的情况出现；不良的夹套或不合适的锁紧会使刀具产生翘起；热缩性设计的刀头具有较强的刚性及同心性，有助于增加表面光洁度。

(5)刀具的工作长度以短为佳，因为要考虑到挠度与长度成正比；在一般加工的情况下，当刀具外露于夹套的长度为刀具直径的 3 倍或 3 倍以下时，将会获得较好的工作效果。

(二)模具快速成型技术

1. 快速成型技术的形成及发展

随着科学技术的进步，市场竞争日趋激烈，产品更新换代加速，缩短新产品的设计与试制周期、降低开发费用是每个制造厂商面临的迫切问题。计算机技术在过去 30 年内已经成为各领域中强有力的工具，计算机用于产品设计能显著提高设计效率与质量，但是不能解决制造过程中所面临的所有问题。在产品设计完成和批量生产之间，往往还要制造产品的原型样品，以便尽早地对产品设计进行验证和改进，这是一项费时费力的工作，被视为“瓶颈”。

按照常规方法制作产品原型，一般需采用多种机床加工或手工造型，时间长达几周或几个月，加工费用昂贵。另外，对于某些形状复杂的零件和硬质合金材料，即使采用多轴 CNC 加工，也还存在一些无法解决的问题。为解决上述问题，20 世纪 80 年代中期以来，先后在美国、日本、西欧等国家出现了一种全新的造型技术——快速成型技术(Rapid Prototyping Manufacture，简称 RPM)。RPM 技术是一种用材料逐层或逐点堆积出制件的制造方法。分层制造二维物体的思想雏形产生于制造技术并不发达的 19 世纪。早在 1892 年，Blanther 主张用分层法制作三维地图模型。1979 年东京大学的中川威雄教授利用分层技术制造了金属冲裁模、成型模和注塑模。光刻技术的发展对现代 RPM 技术的出现起到了催化作用。

RPM 技术是一种集计算机辅助设计、精密机械、数控、激光技术和材料科学为一体的新型技术，它采用离散、堆积原理，自动而迅速地将所设计物体的 CAD 几何信息转化成实物原型。另外还可根据不同要求，将 RPM 原型和铸造等传统工艺相结合，快速制造出实用零件。这项技术一产生就引起了学术和制造业界的广泛关注，被称为下一世纪制造业发展的方向。快速成型技术是一项直接面向产业界的综合性高新技术，美国(自 1990 年)和欧洲(自 1992 年)每年都要专门举行 RPM 学术会议，美国机械工程师协会(SME)专门成立了

RPM 分会。RPM 技术(包括其应用)已成为众多国际学术会议的主要议题之一,备受瞩目。20 世纪 70 年代末到 80 年代初,美国 3M 公司的 Alan J. Hebert(1978 年)、日本的小玉秀男(1980 年)、美国 VUP 公司的 Charles W. Hull(1982 年)和日本的九谷洋二(1983 年)在不同的地点各自独立地提出了 RPM 的概念,即利用连续层的选区固化产生三维实体的新思想。

美国公司开发出了世界上第一套快速成型系统,即立体光照印刷成型系统(Stereo Lithography Apparatus,简称 SLA),并于 1986 年申请了专利,组建了第一家从事 RPM 技术研究与开发的 3D 系统公司。该公司于 1988 年推出了第一台商品化的快速成型系统 SLP-1。继 3D 系统公司之后,美国相继成立了数家从事快速成型技术研究与开发的公司。例如,美国的 Helisys 公司首创了分层物体制造法(Laminated Objected Manufacture,简称 LOM),UM 公司推出了选择性激光烧结法(Selective Laser Sinterning,简称 SLS),Stratasys 公司开发了熔丝沉积制造法(Fused Deposition Manufacture,简称 FDM),麻省理工学院开发了三维印制法(Three Dimension Printing,简称 TDP)。

继美国之后,日本迅速开展了快速成型技术的研究。1988 年三菱商社研制出与 SLA 类似的光照成型系统,命名为紫外激光扫描立体生成法(SOULP,即 Solid Object Ultraviolet Laser Ploter),并率先在日本市场出售。随后,SONY、三井造船、帝人制机等数家公司也投入了快速成型技术的开发行列。西欧各国发展快速成型技术比美国和日本晚一两年,但是很快就推出了自己的快速成型系统,例如德国 ESO 公司的 Stereos Eosint 系统、以色列 Cubital 公司的 Solider 系统等。

在快速成型技术迅猛发展的同时,许多国家出现了大量的快速成型技术应用服务机构(Rapid Prototyping Service Bureau),应用快速成型技术的企业已经取得了明显的效益。例如,德国大众汽车公司采用 RPM 技术中的分层物体制造法,成功地制造出了异常复杂的 Golf、Passat 轿车的齿轮箱体原型,其精度超过了传统方法,所用时间由八周缩短为两周。此原型用来作为铸模生产金属齿轮箱体铸件。又如,美国 Ford 汽车公司采用 RPM 原型和精密铸造工艺方法生产出了注塑模模腔嵌块,所花时间和费用仅为传统工艺的一半。该公司认为,随着 RPM 技术的进一步完善,将来制造注塑模的时间可减少到三周,费用可降低 60%,经济效益十分可观。美国 Pratt & Whitney 快速制造实验室于 1994 年制造出了 2000 个铸件,按常规方法约需 700 万美元,而采用 RPM 技术只用了 60～70 万美元,生产时间节约了 70%～90%。美国一设计高尔夫球杆的公司,原来由手工艺人和设计者共同工作,用黄铜制作模型,费时费力,只制作出了三个方案。在设计一新球杆时,他们买了一台 LOM-1015 型 RPM 机,在一年之内做出了 90 个物理模型,这样就可以以低成本在短时间内尝试众多的方案。确定某一方案后,用 LOM 机加工出注射模供制造蜡模,再用熔模铸造方法铸出不锈钢或钛的球杆头部模型。

我国自 20 世纪 90 年代以来也开展了相应的快速成型技术的研究和应用。有几家公司引进了国外的 RPM 系统,清华大学、华中理工大学、西安交通大学、南京航空航天大学等几所高等院校及北京隆源自动成型系统有限公司均开展了快速成型技术的研究与开发,并开始有产品问世。现已研制出的样机或系统有华中理工大学基于分层物体制造法(LOM)的 HRP 系统、北京隆源自动成型系统有限公司基于选择性激光烧结法(SLS)的 RPS 系统等。1995 年 11 月在北京召开了中国第一届快速成型技术(RPM)学术及技术展示会;1997 年国家科委专门召集了国内有关 RPM 研究和应用单位,共同探讨了在我国推广 RPM 应用的战略。

由于各国十分重视快速成型技术，每年都有一批研究成果问世，十分复杂的零部件已能用快速成型技术制造出来，企业应用该技术所取得的效益十分明显，故 RPM 设备的需求量日益增大。

直接由计算机模型产生三维物体的快速成型技术涉及机械工程、自动控制、激光、计算机、材料等多个学科，是根据现代设计和现代制造技术迅速发展的需求应运而生的。近年来，该技术迅速地在工业造型、制造、建筑、艺术、医学、航空航天、考古和影视等领域得到了应用。

2. 快速成型技术的基本原理

快速成型技术的具体工艺方法有多种，但其基本原理都是相同的。在成型概念上，以材料添加法为基本思想，目的是将计算机三维 CAD 模型快速地（相对机加工而言）转变为由具体物质构成的三维实体原型。其过程可分为离散和堆积两个阶段。首先在 CAD 造型系统中获得一个三维 CAD 模型，或通过测量机测取实体的形状尺寸，将其转化成模型，再对模型数据进行处理，沿某一方向进行平面分层离散，然后通过专有的 CAM 系统（成型机）将成型材料一层层地加工，并堆积成原型。其过程如图 8-31 所示。

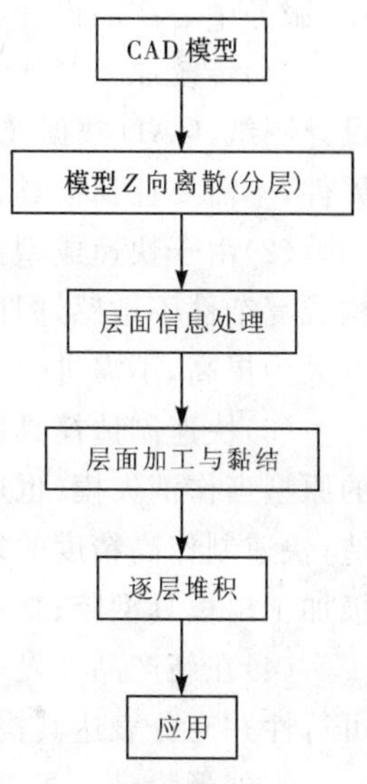

图 8-31　快速成型过程流程图

在图 8-31 中，CAD 模型的形成与一般 CAD 过程无区别，其作用是进行零件的三维几何造型，所以要求 CAD 软件具备较强的实体造型功能，并且应与后续软件有良好的接口。常用的硬件为工作站和高档微型计算机；常用的软件为 Pro/ENGINEER、Auto CAD、SDRC、Unigraphics、CATA 、CADKEY、Compervision、EUCLID 等，这些软件能将零件的曲面或实体模型自动转化成易于切片处理的表面三角形模型。对于 SLA、FDM 等成型方法，还要考虑在模型中加进支承结构设计。由美国 3D 系统公司开发的 CAD 模型的 STL 格式被公认为是目前的标准。它是用一系列空间小平面（三角形）来代表物体表面，每个三角形都用一个法向（指向零件的内部和外部）和三个顶点来描述，三角形的顶点以及它们的法向数据汇集在一起，就形成了描绘三维实体的 STL 格式。

模型 Z 向离散是一个分层过程，它将 STL 格式的 CAD 模型根据有利于零件堆积制造而优选的特殊方位横截成一系列具有一定厚度的薄层，得到每一切层的内外轮廓等几何信息，层厚通常为 0.05～0.4 mm。当每层的厚度有变化时，可采用实时切片方式。层面信息处理就是根据层面几何信息，通过层面内外轮廓的识别与补偿以及废料区的特性判断等生成成型机工作的数控代码，以便成型机的激光头或喷口对每一层面进行精确加工。层面加工与黏结即根据生成的数控指令对当前层面进行加工，并将加工出的当前层与已加工好的零件部分黏合。当每一层制造结束并和上一层黏结后，零件下降一个层面，铺上新的当前层材料（新的当前层位置保持不变），成型机重新布置，再加工新的一层。

如此反复进行，直到整个加工完成，清理掉嵌在工件中不需要的废料，即得到完整的制件。后处理是对用成型机加工完成的制件进行必要的处理，如深度固化、修磨、着色、表面喷镀等，使之达到原型或零件的性能要求。

经过上述过程，即可快速制造出原型。

3. 快速成型技术的应用特点

快速成型技术开辟了不用任何刀具而迅速制作各类零件的途径,并为用常规方法不能或难于制造的零件或模型提供了一种新型的制造手段。由于快速成型技术的灵活性和快捷性,它在航空航天、汽车外形设计、玩具制造、电子仪表与家用电器塑料件制造、人体器官制造、建筑美工设计、工艺装饰设计与制造、模具设计与制造等技术领域已展现出良好的应用前景。国外运用快速成型技术的行业有:航空航天、汽车及有关生产、消费品、电器及日用品、电子产品、铸造厂、政府研究中心、医疗界、重工业、工模具厂、大学及理工研究所、原型制作/服务中心产品设计。归纳起来,快速成型技术有如下应用特点:

(1)传统原型制作方法一般采用电脑数控加工或手工造型,采用快速成型技术能由产品设计图纸、CAD数据或测量机测得的现有产品几何数据直接制成所描绘模型的塑料件或金属件,不需要任何模具、NC加工和人工雕刻。

(2)由于快速成型技术采用将三维形体转化为二维平面的分层制造机理,对工件的几何构成复杂性不敏感,因而能制造出任意复杂的零件,可充分体现出设计细节,尺寸和形状精度大为提高,不需进一步机加工。

(3)快速制造模具。能借助电铸、电弧喷涂等技术,由塑料件制造金属模具;将快速制作的原型当作消失模(也可通过原型翻制消失模的母模,用于批量制作消失模),进行精密铸造;快速制作高精度的复杂木模,进一步浇铸金属件;通过原型制作石墨电极,然后由石墨电极加工出模具型腔;直接加工出陶瓷型腔,进行精密铸造。

(4)在新产品开发中的应用。通过原型(物理模型),设计者可以很快地评估一次设计的可行性并充分表达其构思。

①外形设计。虽然计算机CAD造型系统能在屏幕上从各个方向显示产品设计模型,但无论如何也比不上由快速成型技术所得到的原型的直观性和可视性,对复杂形体尤其如此。制造商可用概念成型的样件作为产品销售的市场宣传工具,即采用RPM原型,可以迅速地让用户对其开发的新产品进行比较评价,确定最优外观。

②检验设计质量。以模具制造为例,传统的方法是根据几何造型(CAD)在数控机床上开模,这对昂贵的复杂模具而言风险太大,设计上的任何不慎就可能造成不可挽回的损失。采用快速成型技术可在开模前精确地制造出将要注射成型的零件,设计上的各种细微问题和错误都能在模型上一目了然地显示出来,大大减少了盲目开模的风险。采用快速成型技术制造的模型又可作为数控仿形铣床的靠模。

③功能检测。利用原型可快速地进行不同设计的功能测试,优化产品设计。如风扇等的设计,可获得最佳扇叶曲面、最低噪声的结构。

(5)能根据有限元分析计算机辅助模拟(CAE)的结果,从而制作实体,检验仿真分析的正确性。可在短时间内用较少的费用对设计进行多次修改,进行相应的模型验证,使产品达到完美。

(6)快速成型过程是高自动化、长时间连续进行的,其操作简单,可以做到昼夜无人看管,一次开机直至整个工件加工结束都可自动进行。

(7)快速成型过程中不需要工装模具的投入,其成本只与成型机的运行费、材料费及操作者工资有关,与产品的批量无关,很适合单件、小批量及特殊、新试制品的制造。

(8)可直接制造复合材料零件。

(9)快速成型中的反求工程具有广泛的应用。激光三维扫描仪、自动断层扫描仪等多种测量设备能迅速、高精度地(达几个丝的精度)测量物体外轮廓或内外轮廓,并将其转化成CAD模型数据,进行快速成型加工。具体应用包括:现有产品的复制与改进,先对反求而得的RPM模型在计算机中进行修改、完善,再用成型机快速加工出来;医学上将RPM与CT扫描技术结合,能快速、精确地制造假肢、人造骨筋、手术计划模型等;可进行人体头像立体摄影,数分钟内即可扫描完毕,由于采用的是极低功率的激光器,故对人体无任何伤害。正因为反求法和快速成型技术的结合有着广泛的用途,故国外的RPM服务机构一般都配有激光扫描仪。

综上所述,快速成型技术的应用使得产品的设计与制造过程有可能并行(图8-32),共同形成一个闭环系统,可改变传统的设计与制造方式,充分体现出设计、评价、制造的一体化思想。

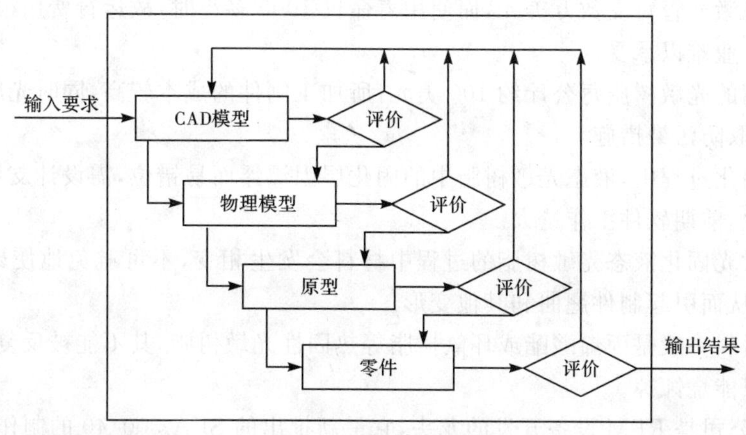

图8-32　RPM并行示意图

4. 快速成型技术的典型方法

目前,快速成型方法有几十种,其中商品化比较好的主要有如下几种:

(1)立体光照成型(SLA)法

SLA法采用紫外激光束硬化液态光敏树脂以生成三维物体,如图8-33所示。在液槽中盛满液态光敏树脂,该树脂可在紫外光照射下进行聚合反应,发生相变,由液态变成固态。成型开始时,工作平台置于液面下一个层高的距离,控制一束能产生紫外线的激光,按照计算机所确定的轨迹对液态光敏树脂逐点扫描,使被扫描区域固化,从而形成一个固态薄截面。然后由升降机构带动工作台下降一层高度,其上覆盖另一层液态光敏树脂,以便进行第二层扫描固化,新固化的一层牢固地粘在前一层上,如此反复直到整个模型制造完毕。一般薄截面的厚度为0.07～0.4 mm。

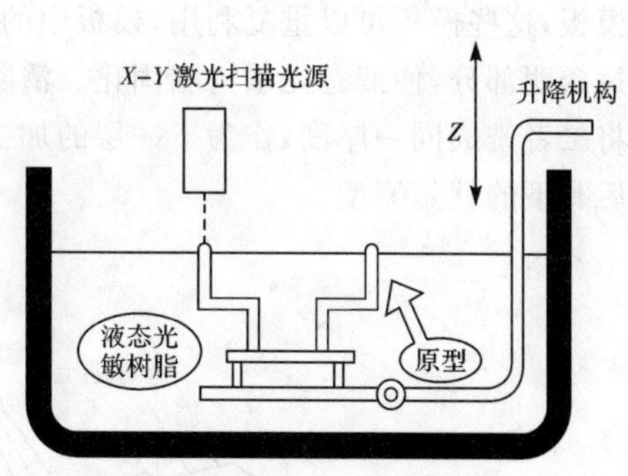

图8-33　立体光照成型(SLA)示意图

模型从树脂中取出后还要进行后固化。将工作台上升到容器上部,排掉剩余树脂,从SLA机上取走工作台和工件,用溶剂清除多余树脂,然后将工件放入后固化装置中,经过一定时间的紫外线曝光后,工件完全固化。固化时间依零件的几何形状、尺寸和树脂特性而定,大多数零件的固化时间不少于30 min。从工作台上取下工件,去掉支承结构,然后进行打光、电镀、喷漆或着色即可。

紫外光可由 HeCD 或 UV argon-ion 激光器产生。激光的扫描速度可由计算机自动调整，以达到不同的固化深度，有足够的曝光量。*X-Y* 扫描仪的反射镜直接控制激光束的最终落点，它可提供矢量扫描方式。

SLA 是第一种投入商业应用的 RPM 技术，全球最早和规模最大的 RPM 公司——美国 3D 系统公司在 1988～1990 年，当其他 RPM 技术尚未达到商品化程度时，就销售了 SLA 设备 254 台。1994 年底，全球共销售了 SLA 设备 595 台，其中 3D 系统公司就占 67%，1996 年占 52%。

SLA 法的特点是技术日益成熟，能制造精细的零件，表面质量好，可直接制造塑料件，制件为透明体。其不足之处有：

①SLA 设备昂贵，例如一种工作台面较小的 SLA-250 系统就高达 30 万美元以上，加之所采用的紫外激光管每支数万美元，而使用寿命仅 1000 多小时，故运行费用很高，一般用户特别是国内企业难以承受。

②造型用的光敏树脂每公斤约 100 美元，所加工制件的成本较高，同时光敏树脂还有一定毒性，需采取防污染措施。

③分层固化过程中，液态光敏树脂中的固化层因漂浮而易错位，需设计支承结构与原型制件一同固化，前期软件工作量大。

④由于激光固化液态光敏树脂的过程中材料会发生相变，不可避免地使聚合物收缩而产生内应力，从而引起制件翘曲和其他变形。

⑤成型材料一般是丙烯酸酯或环氧树脂等热固性光敏树脂，其不能被反复加热熔化，在消失铸造时只能烧蚀掉。

3D 系统公司是 RPM 设备开发的龙头，它最新推出的 SLA-500/40 的制作速度比 SLA-500/30 快 45%。

在 SLA 的基础上又产生了以色列 Cubital 公司的 Solider 系统，如图 8-34 所示。通过该系统成型每一层时要经过多个步骤，它也要采用液态光敏树脂成型。预先制好一系列的模板，这些模板可以重复利用，模板中的透明部分就是模型被切片后的截面形状。紫外光透过透明部分，使液态光敏树脂固化。清除没有固化的部分，以蜡填充（蜡起支承作用），然后将二者铣成同一厚度，作为下一层的加工平台。如此叠加完毕后，原型嵌在蜡块中，熔掉蜡后剩下的就是原型。

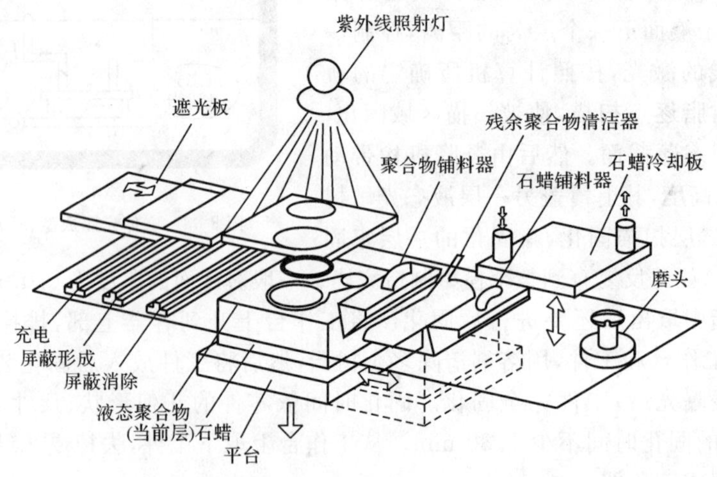

图 8-34 立体光照成型（Solider 系统）示意图

Solider 系统适合制造大型的原型，用 4 kW 的紫外线照射灯照射比激光要快得多。Solider5600 型成型机的加工尺寸为 500 mm×350 mm×500 mm。

(2)分层物体制造(LOM)法

物体分层制造技术是近年来发展起来的一种快速成型技术，它是通过对原料纸进行层合与激光切割来形成零件，如图 8-35 所示。LOM 工艺先将单面涂有热熔胶的涂胶纸带通过加热辊加热、加压，与先前已形成的实体黏结(层合)在一起，此时位于其上方的激光器按照分层 CAD 模型所获得的数据将一层纸切割成所制零件的内外轮廓。轮廓以外不需要的区域则用激光切割成小方块(废料)，它们在成型过程中起支承和固定作用。该层切割完后，工作台下降一个纸厚的高度，将新的一层纸平铺在刚成型的面上，通过热压装置将其与下面已切割层黏合在一起，用激光束再次进行切割。涂胶纸带的一般厚度为 0.07～0.15 mm。由于 LOM 工艺无需激光扫描整个模型截面，只要切出内外轮廓即可，所以制模的时间取决于零件的尺寸和复杂程度，成型速度比较快，制成模型后用聚氨酯喷涂即可使用。

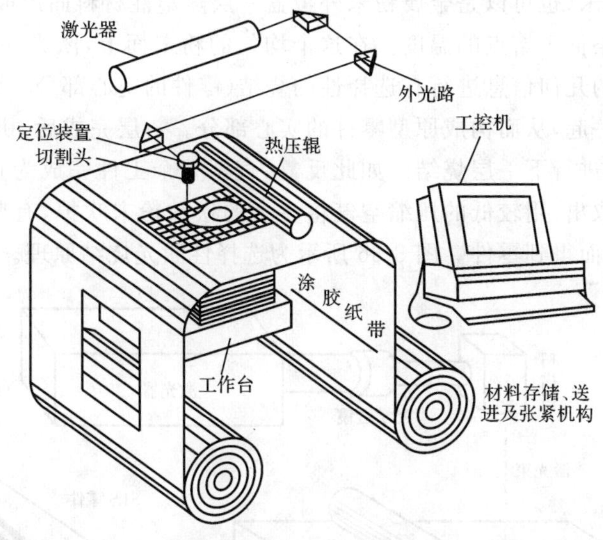

图 8-35　分层物体制造原理

LOM 技术是 20 世纪 80 年代末才开始研究的一种 RPM 技术，其商品化设备于 1991 年问世，一出现就体现了其生命力，首创 LOM 技术的 Helisys 公司得到美国政府的大力资助而一跃成为美国和全球第二大 RPM 公司。1994 年该公司 LOM 设备的销售量已与 3D 系统公司的 SLA 设备的销售量并驾齐驱。LOM 技术发展得快是因其有以下特点：

①设备价格低廉。据华中理工大学的经验，国产每台 LOM 设备的售价为人民币 48 万元左右，采用国外最好的元器件，售价也不过 68 万元。此外，因采用小功率 CO_2 激光器，故不仅成本低廉，使用寿命还长。

②成型材料一般为涂有热熔树脂及添加剂的纸，制造过程中无相变、精度高，几乎不存在收缩和扭曲变形，制件强度和刚度高，几何尺寸稳定性好，可采用木材加工的方法对表面进行抛光。

③成型材料成本低。国产成型材料价格为每千克 30 元左右，制件成本远比 SLA 法便宜，这一点对于中等以上尺寸的制件尤为明显。

④采用 SLA 法制造原型，需对整个断面扫描才能使液态光敏树脂固化，而 LOM 法只需切割断面轮廓，成型速度快，原型制作时间短。

⑤无须支承设计，软件工作量小。

⑥能制造大尺寸制件，工业应用面广。

⑦可代替蜡材，烧失时不膨胀，便于熔模铸造。

该方法也存在一些不足：制件材料的耐候性、黏结强度与所选的基材与胶种密切相关；废料的分离较费时间，目前正从材料的配方、加工参数的合理选取和软件层面处理等多方面采取措施进行改进。

Helisys 公司是 LOM 系统的主要供应商，主要型号有 LOM-2030 和 LOM-1015。国内华中理工大学研制的 LOM 原理的 HRP 系统在多方面独具特色，已经进入市场。

(3)选择性激光烧结(SLS)法

SLS 法采用激光器，使用的材料多为粉末状。先在工作台上均匀地铺上一层很薄(100～200 μm)的热塑性粉末(也可以是金属粉末外覆盖一层热塑性材料而形成的粉末团)，辅助加热装置将其加热到略低于熔点的温度。在这个均匀的粉末面上，激光在计算机的控制下按照设计零件在该层的几何信息进行有选择性的烧结(零件的空心部分不烧结，仍为粉末状)，被烧结部分固化在一起，从而构成原型零件的实心部分。一层完成后，机械滚筒会将新一层粉末铺在该层上，再进行下一层烧结。如此反复，直至整个工件完成为止。全部烧结完后，将工件从工作室里取出，用较低的压缩空气将多余的松散粉末吹掉，有些还要经砂纸打磨，去除多余的粉末，从而得到零件。图 8-36 所示为选择性激光烧结原理。

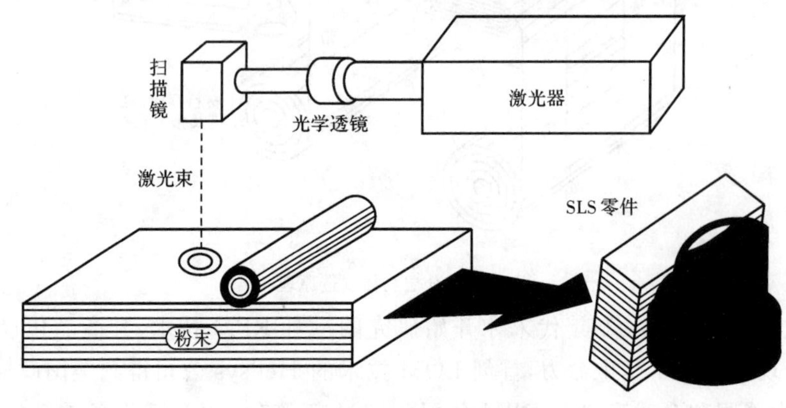

图 8-36　选择性激光烧结原理

SLS 法的最大优点是材料的选择性广，可配合不同用途；材料无毒，可循环利用；不需支承(未烧结的粉末能自然地承托工件)。SLS 法可采用以下粉末材料：

①标准的铸造蜡材：可用于失蜡铸造，制造金属原型、模具等。

②聚碳酸酯：标准的工业热塑性塑料，可制造功能模型及原型、坚固的铸芯(可代替蜡材，用于采用快速铸造法来制造金属原型及模具)、复制用的母模以及砂模铸造用的铸芯。其特点是坚固而耐热，积建速度快，能制造出细微轮廓及薄壁。

③尼龙：标准的工程热塑性塑料，可制造功能测试用的原型，其优点是耐用、耐热、耐化学腐蚀。

④纤细尼龙:标准的工程热塑性塑料,可制造功能原型、砂模铸造用的铸芯以及有装嵌需求的原型。

⑤金属:钢铜合金,适合制造模腔及模芯的镶块,其强度相当于 7075 铝材。主要用于注塑模具,可生产 5 万件产品。

⑥其他发展中的材料。

DTM 公司的最新产品 Sinterstation2500 烧结站系统,其制件范围已达 330 mm×381 mm×432 mm;北京隆源自动成型系统有限公司开发出了 SLS 成型机,已开始进入市场。

(4)熔丝沉积制造(FDM)法

图 8-37 所示为熔丝沉积制造原理。FDM 喷头受水平分层数据的控制,做 X-Y 方向联动扫描及 Z 方向运动,丝材在喷头中被加热至略高于其熔点,呈半流动融熔状态,从喷头中挤压出来,很快凝固,形成精确的层。每层的厚度范围为 0.025~0.762 mm,一层叠一层,最后形成整体。FDM 工艺的关键是保持半流动成型材料的温度刚好在其凝固点之上,通常控制为比凝固温度高 1 ℃左右。

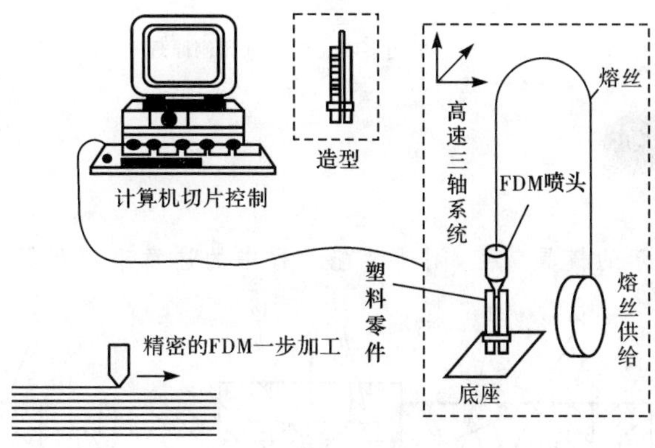

图 8-37　熔丝沉积制造原理

FDM 法所采用的成型材料有聚碳酸酯、铸造蜡材、ABS,可实现塑料零件无注塑模成型制造。

在该技术领域中,美国 Stratasys 公司最为著名,其 Stratasys1600 为最新型;清华大学在这种快速成型方法上也做了大量研究。FDM 法不采用激光,成本低,制作速度快,但精度相对较低。

(5)三维印刷(TDP)法

TDP 法由美国麻省理工学院发明,它也是一种不依赖于激光的成型技术。TDP 法使用粉末材料和黏结剂,喷头在一层铺好的材料上有选择性地喷射黏结剂,在有黏结剂的地方粉末材料被黏结在一起,其他地方仍为粉末,这样层层黏结后就得到一个空间实体,去除粉末后进行烧结,就可得到所需要的零件。TDP 法可用的材料范围很广,尤其是可以制作陶瓷模具,其主要缺点是表面粗糙度差。

目前,3D 系统公司推出了采用多喷头的 TDP 法(图 8-38),采用此法制作零件的速度非常快,成本较低。

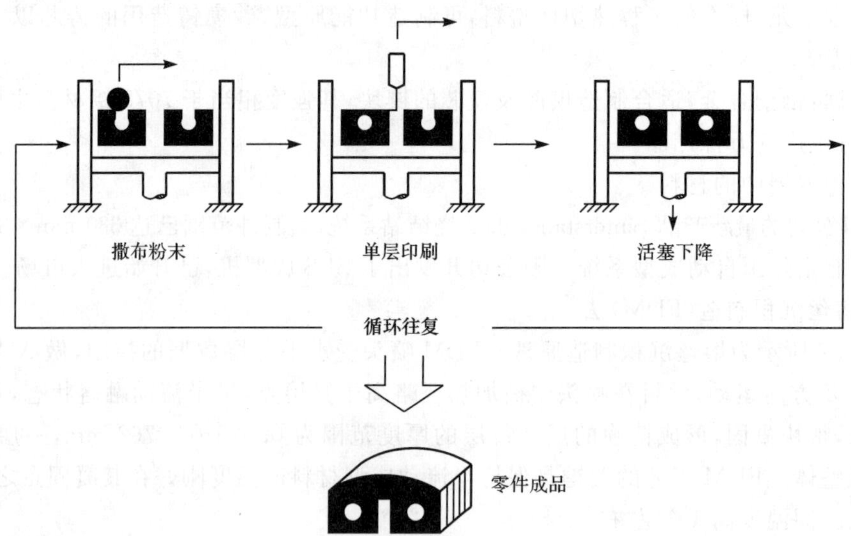

图 8-38 采用多喷头的三维印刷原理

七 讨论题

1. 完成图 8-39 所示的模具装配，阐述装配过程中的注意事项及保证装配质量的措施。

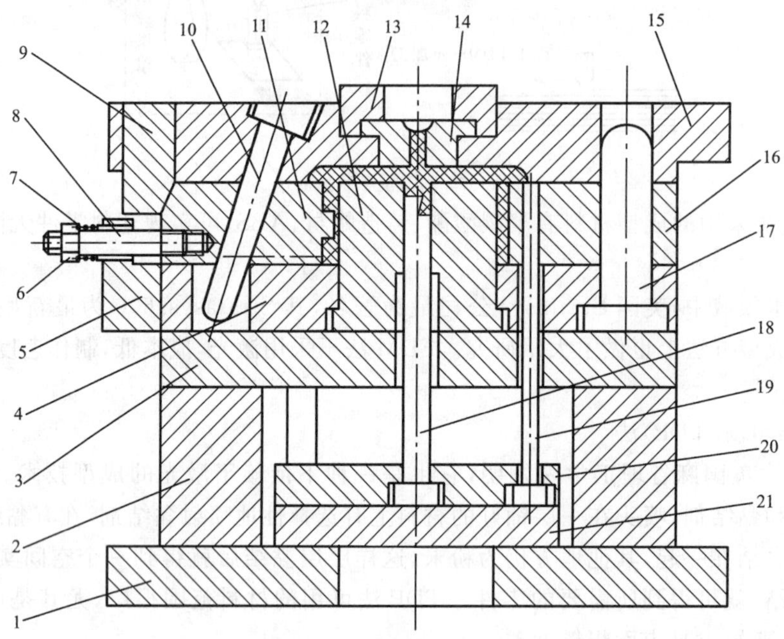

图 8-39 模具装配图(1)

1—动模座板；2—垫块；3—支承板；4—型芯固定板；5—限位挡块；6—螺母；7—弹簧；8—螺钉；9—楔紧块；10—斜导柱；11—侧型芯滑块；12—型芯；13—定位圈；14—主流道衬套；15—定模座板；16—动模板；17—导柱；18—拉料杆；19—推杆；20—推杆固定板；21—推板

2. 完成图 8-40 所示的模具装配，阐述装配过程中的注意事项及保证装配质量的措施。

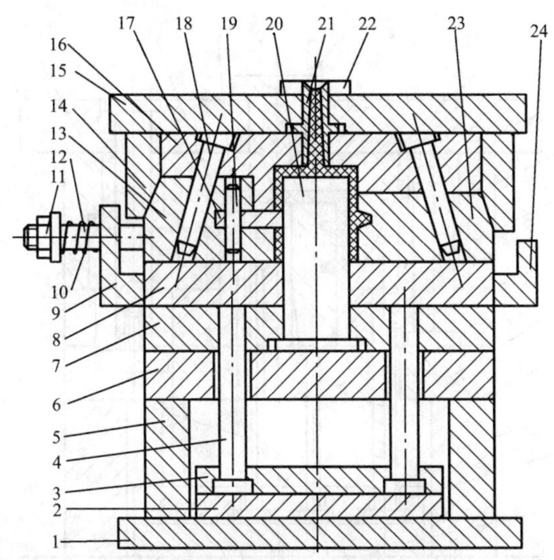

图 8-40　模具装配图(2)

1—动模座板;2—推板;3—推杆固定板;4—推杆;5—垫块;6—支承板;7—型芯固定板;8—推件板;9、24—限位挡块;
10—弹簧;11—螺母;12—螺钉;13、23—侧滑块;14—楔紧块 15—定模座板;16—定模板;
17—侧型芯;18—斜导柱;19—销钉;20—型芯;21—主流道衬套;22—定位圈

3. 完成图 8-41 所示的模具装配,阐述装配过程中的注意事项及保证装配质量的措施。

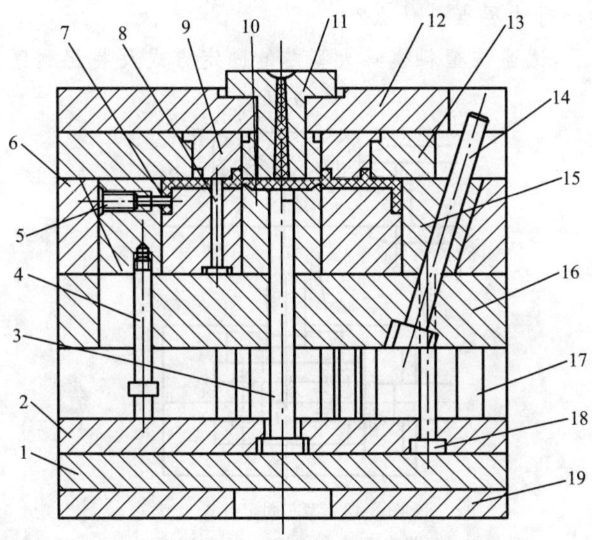

图 8-41　模具装配图(3)

1—推板;2—推杆固定板;3—拉料杆;4—限位螺钉;5—螺塞;6—动模板;7—侧型芯;
8—型芯;9—定模镶件;10—动模镶件;11—浇口套;12—定模座板;13—定模板;
14—斜导柱;15—斜滑块;16—支承板;17—垫块;18—推杆;19—动模座板

4. 完成图 8-42 所示的模具装配,阐述装配过程中的注意事项及保证装配质量的措施。

5. 试述高速切削加工的优越性及工业应用。

6. 试述快速成型技术的基本原理和应用特点。

7. 试述快速成型技术的典型方法。

8. 分型面选择的一般原则有哪些?

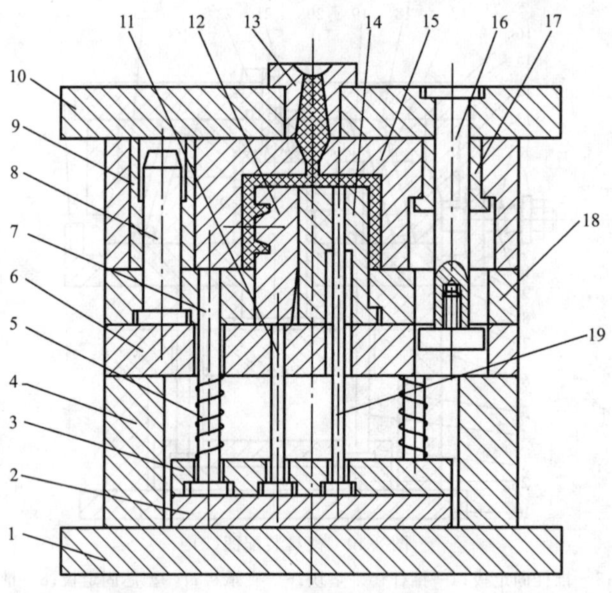

图 8-42 模具装配图(4)

1—动模座板;2—推板;3—推杆固定板;4—垫块;5—弹簧;6—支承板;7—复位杆;8—导柱;9、17—导套;10—定模座板;11、19—推杆;12—活动镶件;13—浇口套;14—型芯;15—定模板;16—拉杆导柱;18—动模板

9. 注射模具在装配时的要点是什么?

10. 如图 8-43 所示,试述该塑料模具大型芯的固定方式及装配顺序。

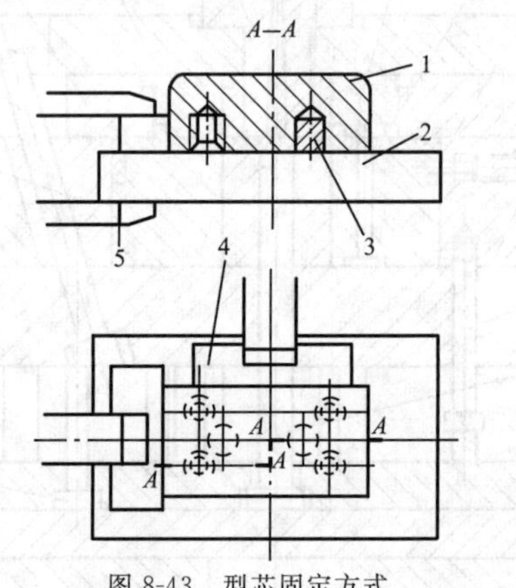

图 8-43 型芯固定方式

1—型芯;2—型芯镶板;3—定位销;4—找正板;5—夹紧板

11. 如图 8-44 所示,装配后在型芯端面与加料室底平面间出现了间隙,可采用哪些方法进行消除?

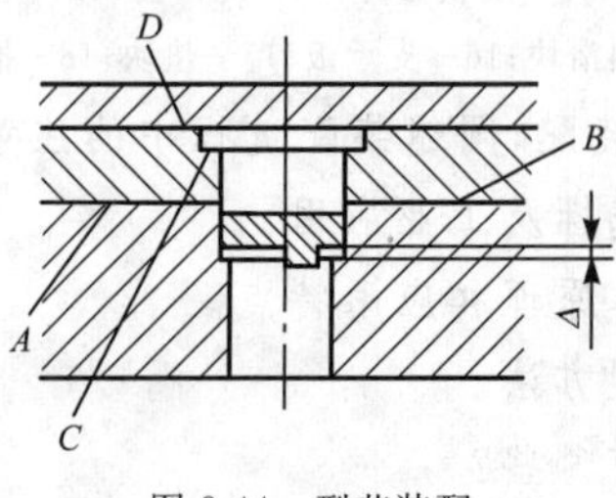

图 8-44 型芯装配

项目九 综合训练

综合能力目标

- 具有分析模具工作原理的能力。
- 具有完成中等复杂模具典型零件工艺规程设计的能力。
- 具有完成中等复杂模具零件加工的能力。
- 具有完成中等复杂模具装配与调试的能力。

一 垫片简易级进模的制作

1. 识读模具结构

垫片简易级进模装配图如图 9-1 所示。该级进模的步进方式是冲 $\phi8$ 孔，以 $\phi8$ 孔定位冲四个 $\phi4$ 孔，间歇一步，间歇步以两个 $\phi4$ 孔定位，落料完成垫片冲裁。

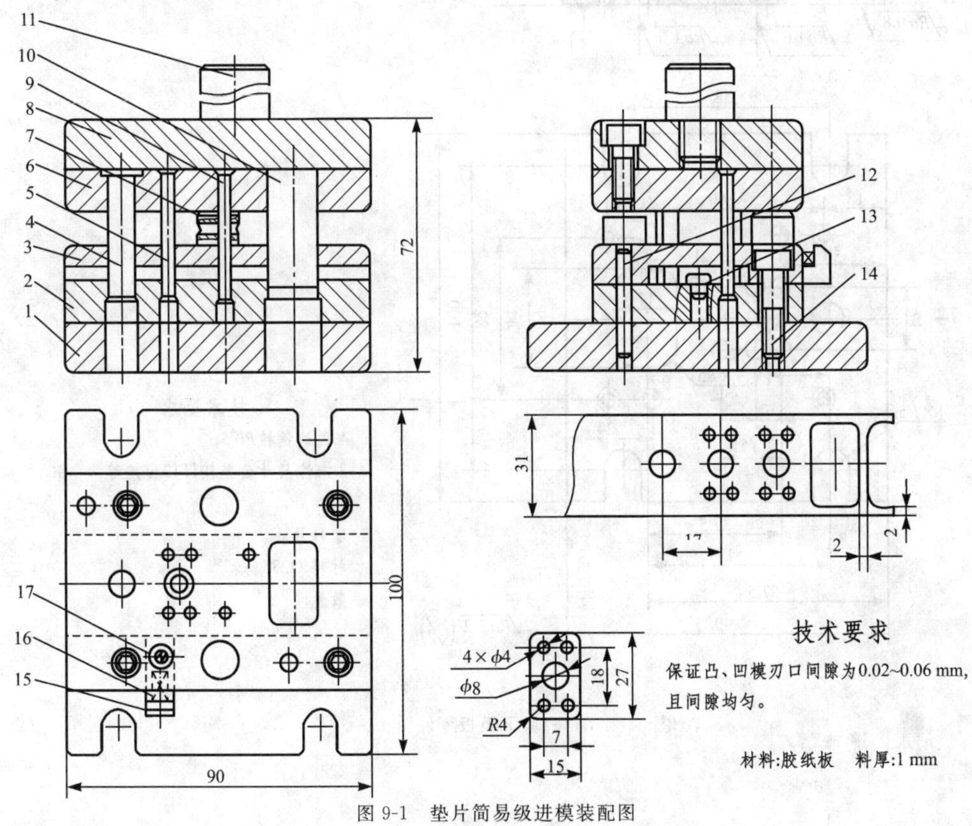

图 9-1　垫片简易级进模装配图

零件号	名称	数量	材料	规格	备注	零件号	名称	数量	材料	规格	备注
1	下模板	1	Q235	100×90×13		10	落料凸模	1	Cr12	34×25×15	
2	凹模	1	Cr12	62×90×12		11	模柄	1	Q235	ϕ20×42	
3	导向板	1	T8A	62×90×10		12	销钉	4		ϕ5×16	标准件
4	冲孔凸模	1	Cr12	ϕ12×34		13	挡料销	1	45	ϕ8×6.5	
5	冲孔凸模	4	Cr12	ϕ6×34		14	内六角螺钉	5		M6×15	标准件
6	凸模固定板	1	Q235	62×90×12		15	始用挡料销	1	45		
7	限位块	2	45	ϕ12×18		16	弹簧	1	65Mn	0.5×4×12	标准件
8	上模板	1	Q235	62×90×14		17	半圆头螺钉	1			标准件
9	导正销	2	T8A	ϕ6×34							

图 9-1 垫片简易级进模装配图(续)

2. 编制零件加工工艺

(1)下模板

下模板零件图如图 9-2 所示,编制其加工工艺并完成加工。

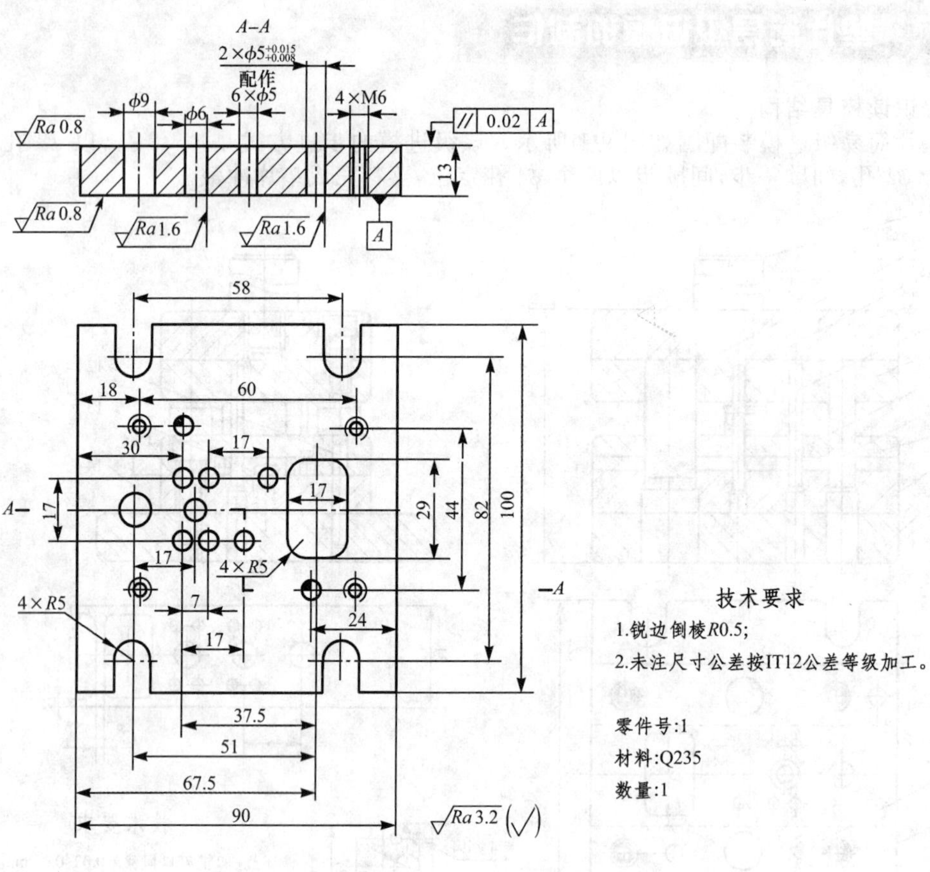

图 9-2 下模板零件图

(2)凹模

凹模零件图如图 9-3 所示,编制其加工工艺并完成加工。

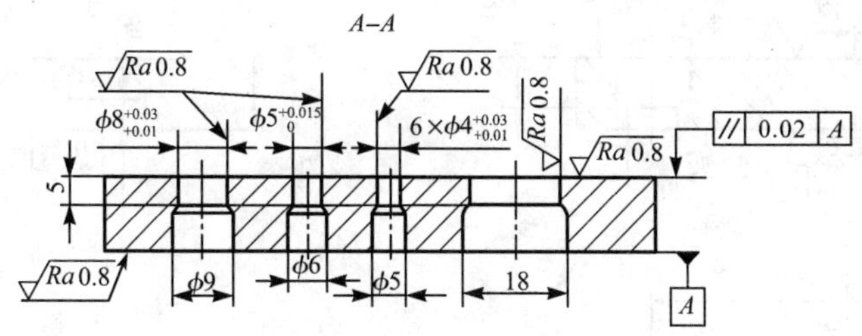

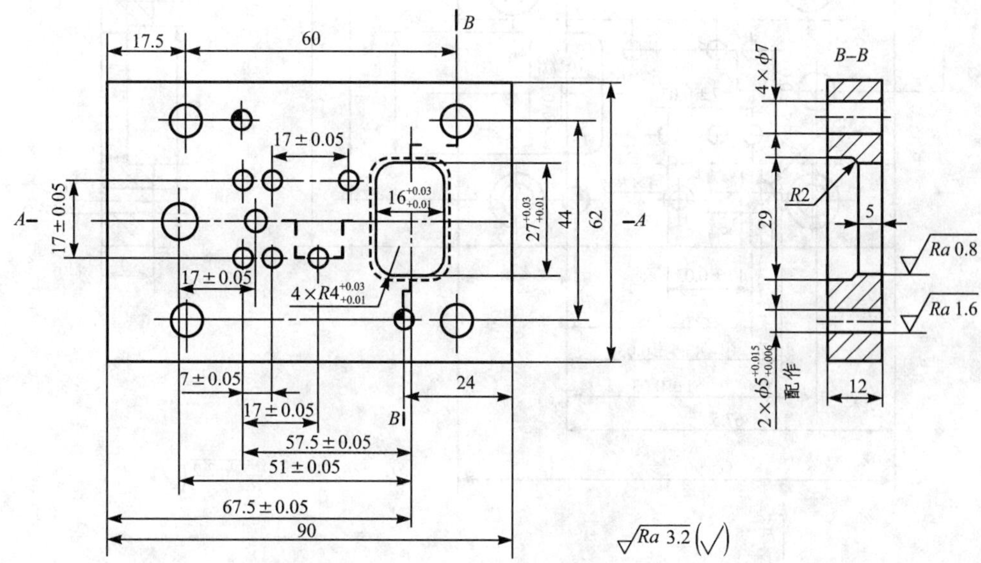

技术要求

1.淬火58~60HRC;

2.未注尺寸公差按IT12公差等级加工。

零件号:2　材料:Cr12　数量:1

图 9-3　凹模零件图

(3)导向板

导向板零件图如图 9-4 所示,编制其加工工艺并完成加工。

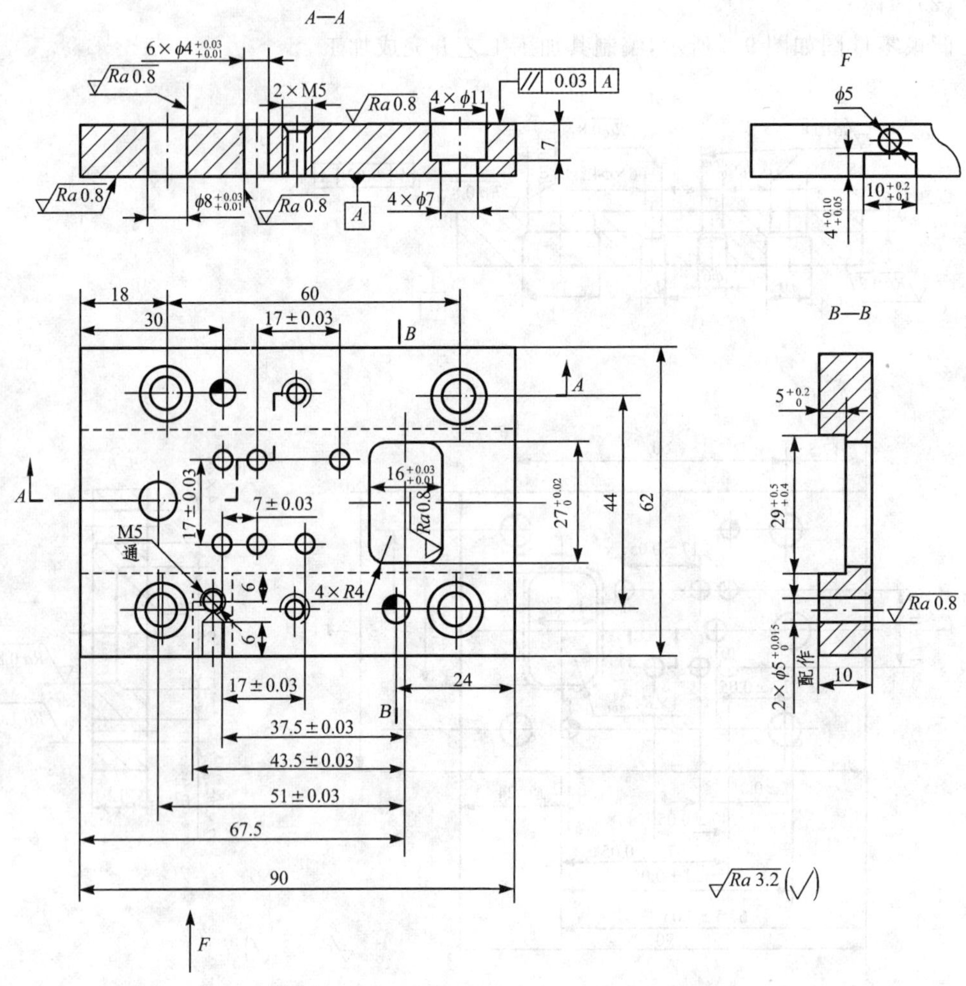

技术要求

1.淬火50~55HRC;

2.锐边倒棱R0.5;

3.未注尺寸公差按IT12公差等级加工。

零件号:3　材料:T8A　数量:1

图 9-4　导向板零件图

(4)冲孔凸模

冲孔凸模零件图如图 9-5、图 9-6 所示,编制其加工工艺并完成加工。

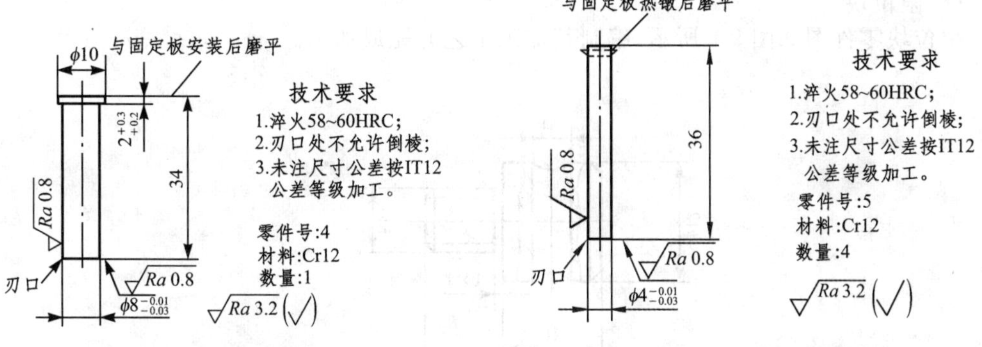

图 9-5　冲孔凸模Ⅰ零件图　　　图 9-6　冲孔凸模Ⅱ零件图

(5)凸模固定板

凸模固定板零件图如图 9-7 所示,编制其加工工艺并完成加工。

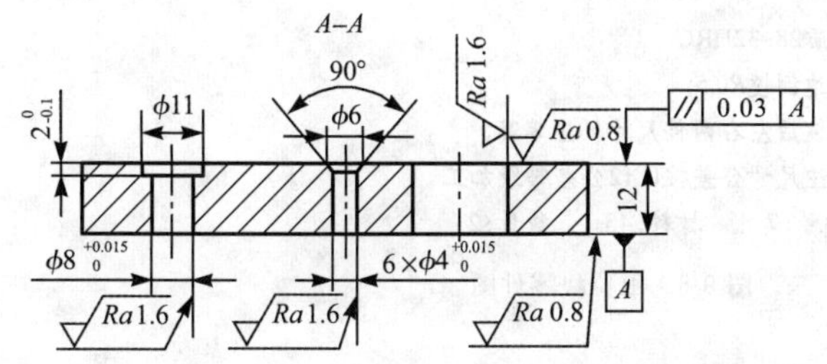

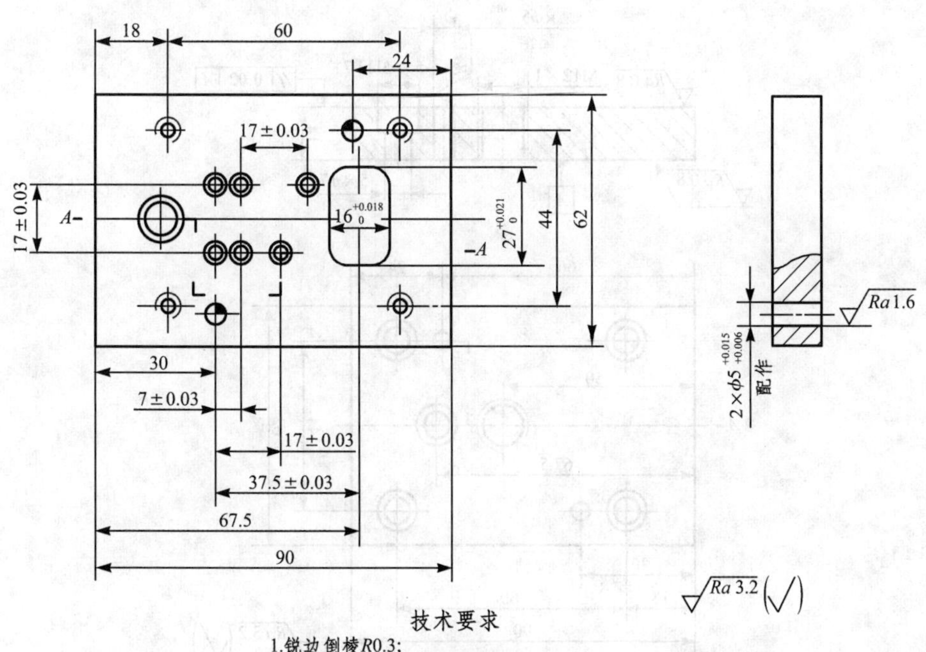

技术要求

1.锐边倒棱R0.3;

2.未注尺寸公差按IT12公差等级加工。

零件号:6　材料:Q235　数量:1

图 9-7　凸模固定板零件图

(6)限位块

限位块零件图如图 9-8 所示，编制其加工工艺并完成加工。

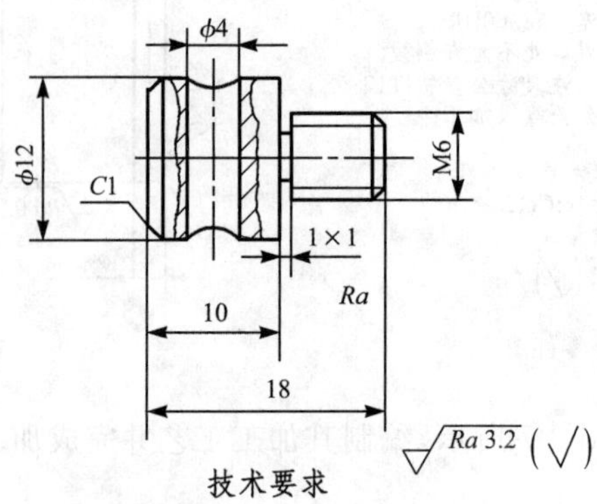

技术要求

1.调质28~32HRC;

2.锐边倒棱R0.5;

3.安装后左右两件尺寸10应等高;

4.未注尺寸公差按IT12公差等级加工。

零件号:7　材料:45　数量:2

图 9-8　限位块零件图

(7)上模板

上模板零件图如图 9-9 所示，编制其加工工艺并完成加工。

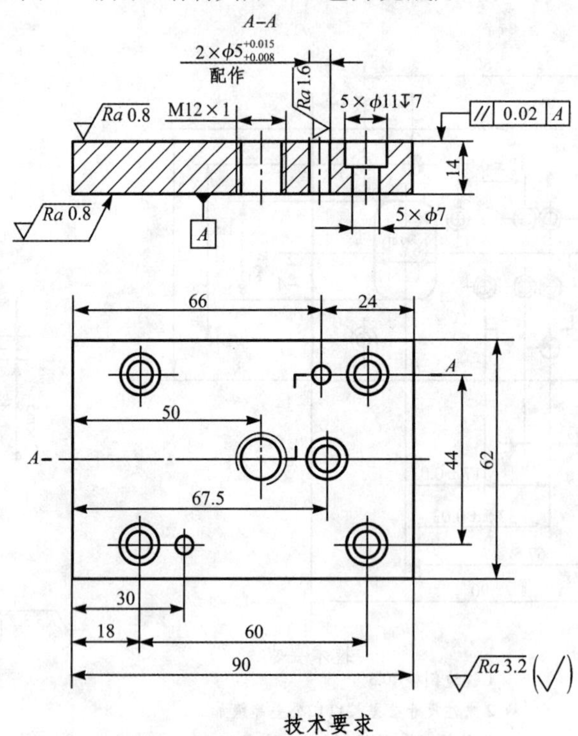

技术要求

1.锐边倒棱R0.5;

2.未注尺寸公差按IT12公差等级加工。

零件号:8　材料:Q235　数量:1

图 9-9　上模板零件图

(8)导正销

导正销零件图如图 9-10 所示,编制其加工工艺并完成加工。

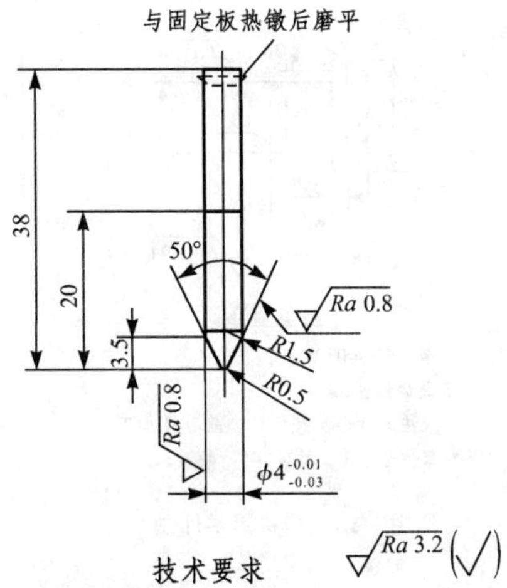

图 9-10 导正销零件图

(9)落料凸模

落料凸模零件图如图 9-11 所示,编制其加工工艺并完成加工。

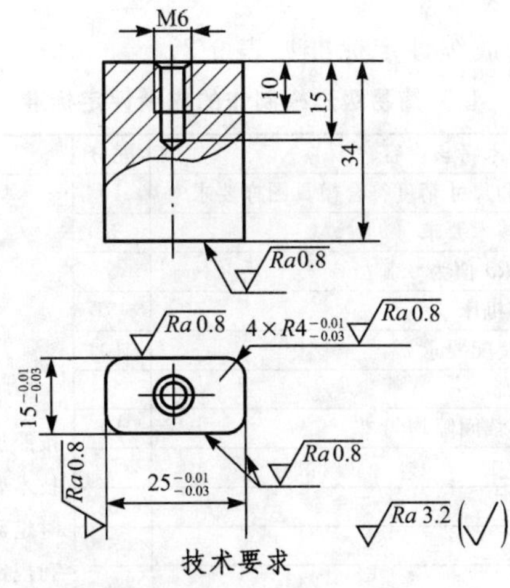

图 9-11 落料凸模零件图

(10)模柄等

模柄零件图如图 9-12 所示，挡料销零件图如图 9-13 所示，始用挡料销零件图如图 9-14 所示，编制其加工工艺并完成加工。

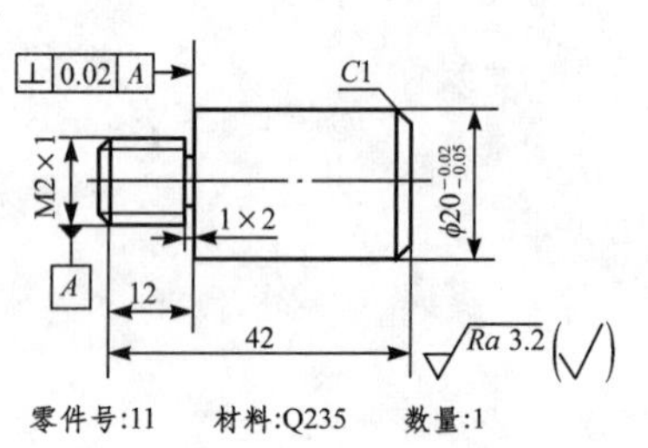

图 9-12　模柄零件图

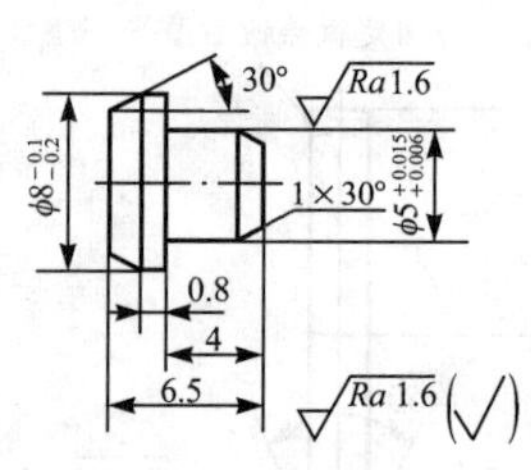

技术要求

1.淬火42~48HRC;

2.锐边倒棱R0.3;

3.未注尺寸公差按IT12公差等级加工。

零件号:13　材料:45　数量:1

图 9-13　挡料销零件图

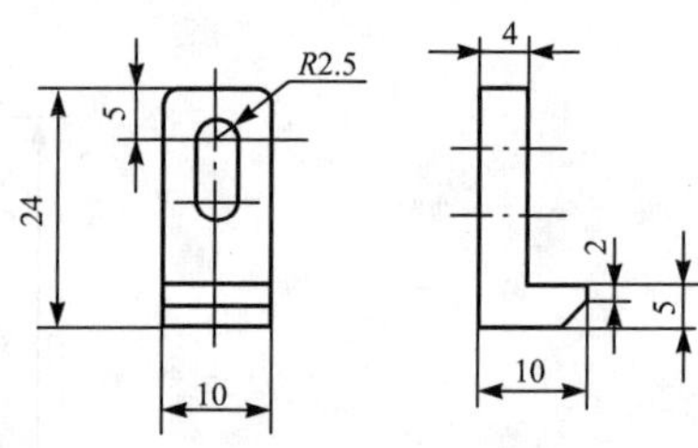

技术要求

1.调质42~48HRC;

2.锐边倒棱R0.3。

零件号:15　材料:45　数量:1

图 9-14　始用挡料销零件图

3. 编制模具装配工艺

通过编制表 9-1，完成模具装配工艺过程，并进行要点分析。

表 9-1　垫片简易级进模的装配工艺过程及其要点分析

序号	名称	工作内容	装配工艺过程及其要点分析
1	上模	装配凸模、导正销、模柄	
2	下模	装配凹模	
3	合模	装配导向板、挡料销并调整	

4. 成绩评定

垫片简易级进模制作的成绩评定标准见表 9-2。

表 9-2　垫片简易级进模制作的成绩评定标准

项目		技术考核内容	配分	评分标准	得分
加工	1	模具成型零件的形状和尺寸精度符合模具图样要求	10	按照加工、装配调试、制件质量、技术要求及安全、文明生产和工时定额的规定，不符合技术要求和规定者扣除该项配分	
	2	模具零件的结构满足技术要求	5		
	3	模具刃口表面粗糙度 Ra 值为 0.8 μm	5		
	4	正确、熟练地操作各种机床	5		
装配	1	模具总装配精度达到装配要求	10		
	2	导向板与凹模位置正确	5		
	3	正确安装冲头，保证冲裁间隙均匀	10		
	4	模具运动自如	5		
调试	1	冲压工艺准备	5		
	2	正确安装模具	5		
	3	压力及参数调整正确	5		
	4	模具工作正常	5		
制件	1	检验制件尺寸的一致性	5		
	2	制件毛刺不超过规定数值 0.05 mm	5		
	3	制件不允许有划伤、变形等缺陷	5		
其他	1	遵守设备操作规程及安全、文明生产条例	5		
	2	工时定额：模具加工 80 h，模具调试 6 h	5		

二 线轮斜导柱抽芯模具的制作

1.识读模具结构

线轮零件图如图 9-15 所示,线轮斜导柱抽芯模具装配图如图 9-16 所示。

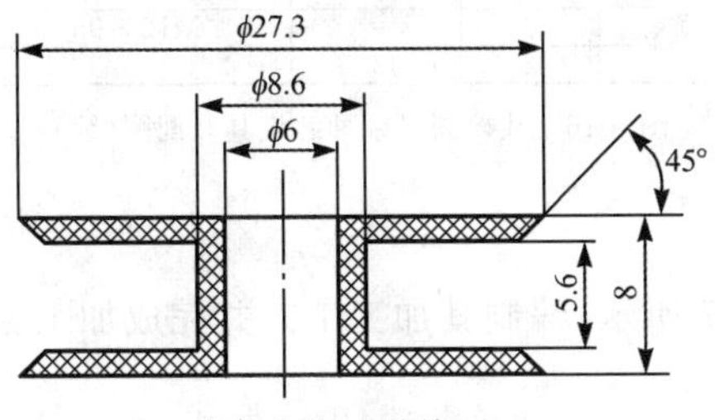

图 9-15 线轮零件图

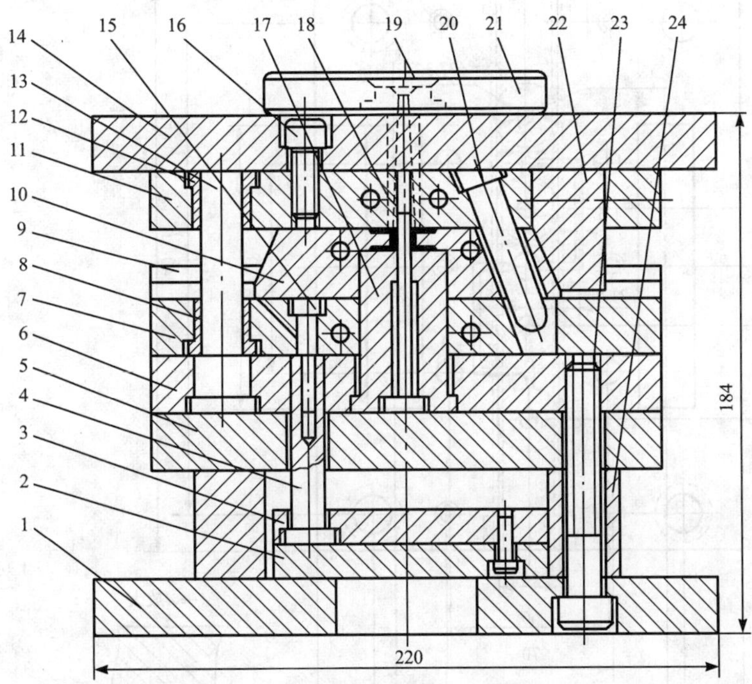

零件号	名称	件数	材料	规格	备注
1	动模座板	1	Q235	240×220×20	
2	顶出板	1	45	240×100×12	
3	顶杆固定板	1	45	240×100×12	
4	顶杆	4	45	ϕ16×68	
5	动模垫板	1	45	240×180×20	
6	型芯固定板	1	45	240×180×20	
7	推板	1	45	240×180	
8	导套Ⅰ	4	T8A	ϕ16×20	
9	T形导滑槽	2	45	180×30×12	
10	型腔滑块	2	45	190×55×25	左、右各1件
11	定模板	1	45	240×180×20	
12	导套Ⅱ	4	T8A	ϕ16×20	
13	导柱	4	T8A	ϕ16×85	B型
14	定模座板	1	Q235	240×220×20	

图 9-16 线轮斜导柱抽芯模具装配图

零件号	名称	件数	材料	规格	备注
15	限位钉	4	45	ϕ16×40	
16	内六角螺钉	6		M10×35	标准件
17	型芯	4	45	ϕ38×58	
18	小型芯杆	4	45	ϕ12×70	
19	浇口套	1	45	ϕ12×50	
20	斜导柱	4	T8A	ϕ12×63	
21	定位圈	1	Q235	ϕ100×15	
22	锁紧楔	2	45	120×45×25	
23	内六角螺钉	6		M12×95	标准件
24	模脚	2	Q235	240×40×25	

图 9-16 线轮斜导柱抽芯模具装配图(续)

2. 编制零件加工工艺

(1)定模板

定模板零件图如图 9-17 所示，编制其加工工艺并完成加工。

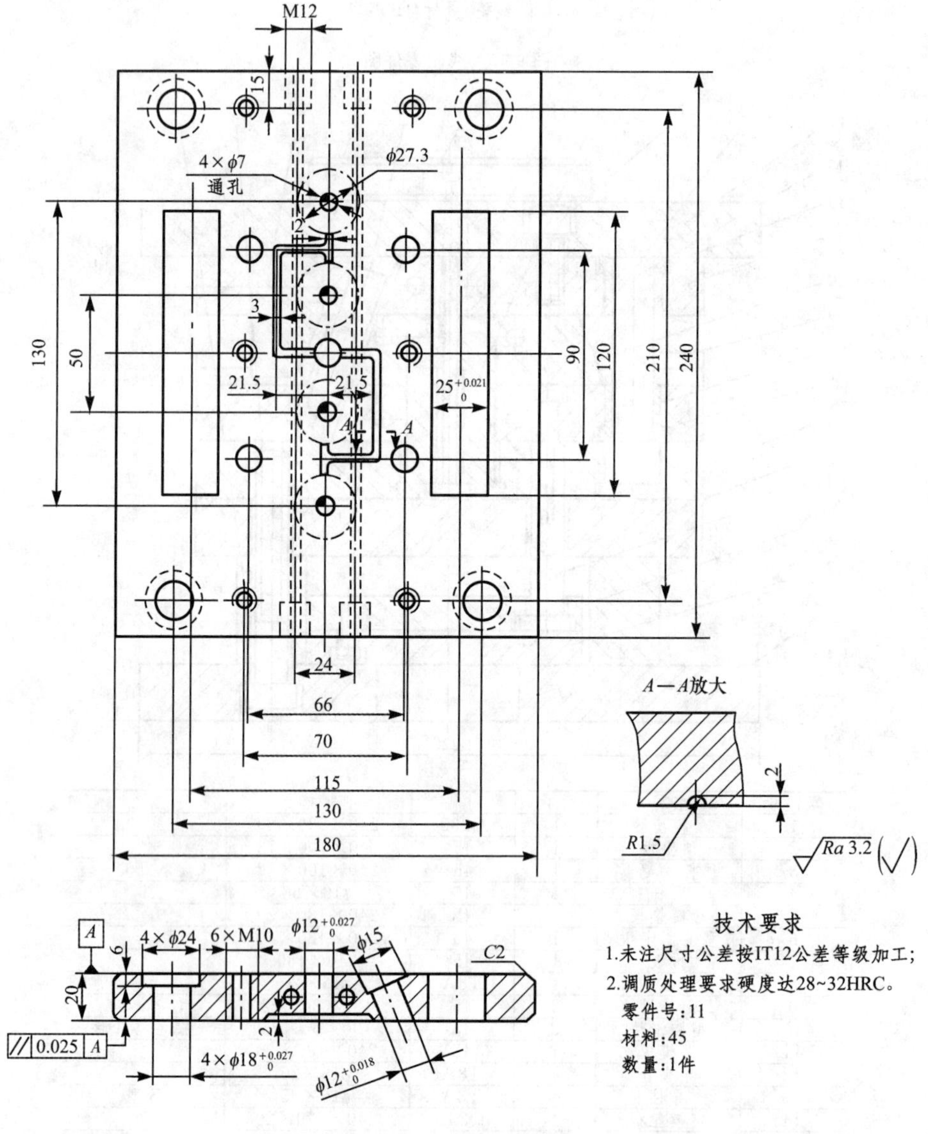

图 9-17 定模板零件图

(2)型腔滑块

型腔滑块零件图如图 9-18 所示，编制其加工工艺并完成加工。

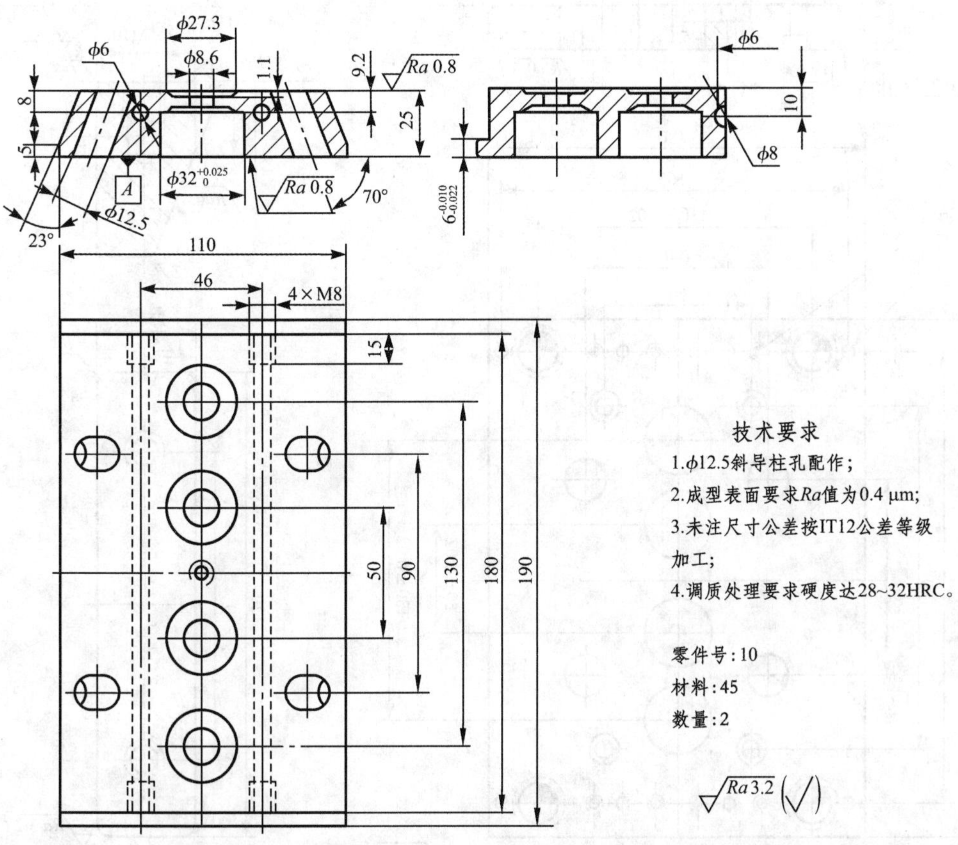

图 9-18　型腔滑块零件图

(3)推板

推板零件图如图 9-19 所示，编制其加工工艺并完成加工。

(4)锁紧楔

锁紧楔零件图如图 9-20 所示，编制其加工工艺并完成加工。

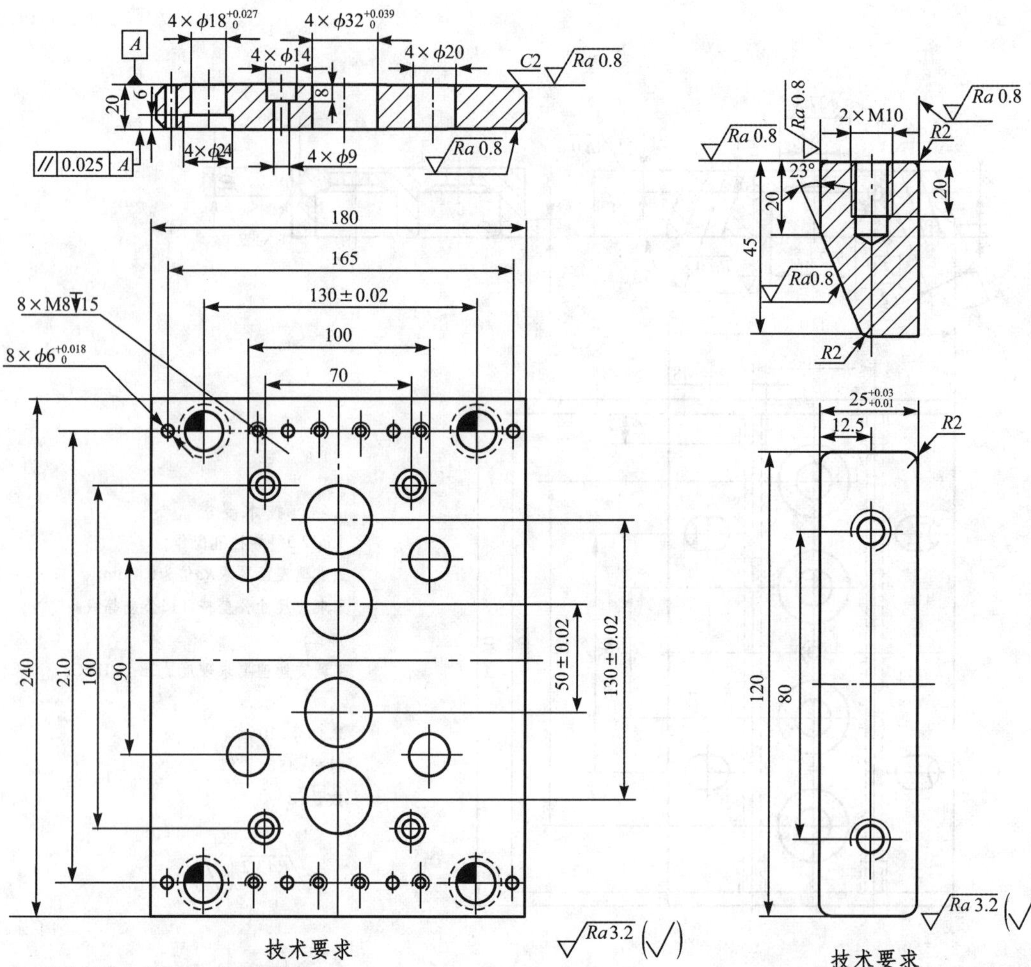

技术要求

1.未注尺寸公差按IT12公差等级加工;

2.调质处理硬度要求达28~32HRC;

3.安装T形导滑槽的螺钉孔和销钉孔尺寸未注,调整好型腔滑块位置后按T形导滑槽的螺钉孔和销钉孔尺寸配作。

零件号:7　　材料:45　　数量:1

图 9-19　推板零件图

技术要求

1.未注尺寸公差按IT12公差等级加工;

2.调质处理硬度要求达28~32HRC。

零件号:22

材料:45

数量:2

图 9-20　锁紧楔零件图

(5)斜导柱

斜导柱零件图如图 9-21 所示,编制其加工工艺并完成加工。

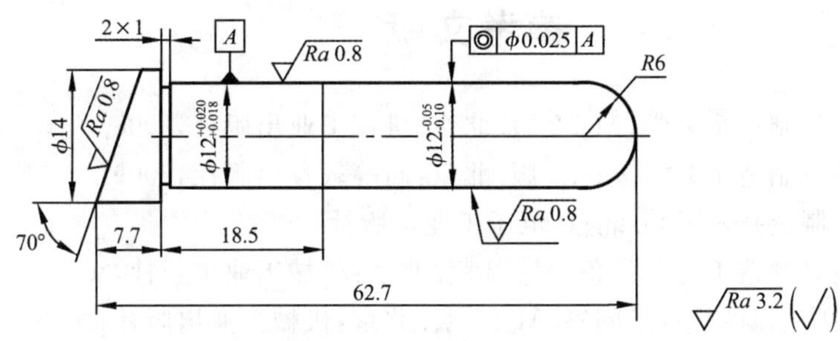

技术要求

1.未注尺寸公差按IT12公差等级加工;

2.淬火处理硬度要求达50~55HRC。

零件号:20　材料:T8A　数量:4

图 9-21 斜导柱零件图

3. 编制模具装配工艺

通过编制表 9-3,完成模具装配工艺过程,并进行要点分析。

表 9-3　线轮斜导柱抽芯模具的装配工艺过程及其要点分析

序号	名称	工作内容	装配工艺过程及其要点分析
1	定模	装配定模板、浇口套、斜导柱、导套等	
2	动模	装配 T 形导滑槽、型腔滑块、顶杆等	
3	合模	调整	

4. 成绩评定

线轮斜导柱抽芯模具制作的成绩评定标准见表 9-4。

表 9-4　线轮斜导柱抽芯模具制作的成绩评定标准

项目		技术考核内容	配分	评分标准	得分
加工	1	模具成型零件的形状和尺寸精度符合模具图样要求	10	按照加工、装配调试、制件质量、技术要求及安全、文明生产和工时定额的规定,不符合技术要求和规定者扣除该项配分	
	2	模具零件的结构满足技术要求	5		
	3	模具成型表面粗糙度 Ra 值为 0.8 μm	5		
	4	正确、熟练地操作各种机床	5		
装配	1	模具总装配精度达到装配要求	10		
	2	导向装置动作顺利	5		
	3	正确安装型芯,使壁厚间隙均匀	5		
	4	正确加工主流道、分流道	5		
	5	正确安装冷却水道	5		
调试	1	注塑工艺参数的准备	5		
	2	正确安装模具	5		
	3	注塑机的工艺参数调整正确	5		
	4	制件脱模顺利,模具工作正常	5		
制件	1	检验制件尺寸的一致性	5		
	2	制件溢边不超过规定数值 0.03 mm	5		
	3	制件外观不允许有凹陷、划伤、变形等缺陷	5		
其他	1	遵守设备操作规程及安全、文明生产条例	5		
	2	工时定额:模具加工 80 h,模具调试 6 h	5		

参考文献

[1] 李云程.模具制造工艺学[M].2版.北京:机械工业出版社,2008.

[2] 郭铁良.模具制造工艺学[M].2版.北京:高等教育出版社,2009.

[3] 张铮.模具制造技术[M].北京:电子工业出版社,2002.

[4] 孙凤勤.模具制造工艺与设备[M].2版.北京:机械工业出版社,2012.

[5] 彭建声,秦晓刚.模具技术问答[M].3版.北京:机械工业出版社,2009.

[6] 滕宏春.模具制造加工操作技巧与禁忌[M].北京:机械工业出版社,2007.

[7] 傅建军.模具制造工艺[M].北京:机械工业出版社,2004.

[8] 华茂发.谢骐.机械制造技术[M].北京:机械工业出版社,2004.

[9] 李华.机械制造技术[M].修订版.北京:高等教育出版社,2009.

[10] 滕宏春.机床数控技术应用[M].北京:机械工业出版社,2009.

[11] 谷育红.数控铣削加工技术[M].2版.北京:北京理工大学出版社,2009.

[12] 周增文.机械加工工艺基础[M].长沙:中南大学出版社,2005.

[13] 齐卫东.塑料模具设计与制造[M].2版.北京:高等教育出版社,2009.

[14] 赵世友.模具装配与调试[M].北京:北京大学出版社,2010.

[15] 张华.模具钳工工艺与技能训练[M].北京:机械工业出版社,2006.

[16] 段雷,常云朋.密封圈模具的电火花成形铣削[J].制造技术与机床,2012(2):148-150.

[17] 石晓虎.上下异形面零件的线切割加工[J].宁夏机械,2011,33(2):70-72.

[18] 潘晓斌,雷天才,周林,等.成型模具中高精度凹模的电火花加工[J].机床与液压,2011,39(20):32-33.

[19] 王海,单宝春.凸模模具数控线切割加工方法[J].科技资讯,2012(11):80.